"十二五"国家重点图书出版规划项目

中国土系志
Soil Series of China

总主编　张甘霖

北京天津卷
Beijing & Tianjin

张凤荣　刘黎明　王秀丽　孔祥斌　著

科学出版社

北京

内 容 简 介

本书论述了北京和天津两市的自然地理条件、各种成土因素对土壤形成的影响、区域的主要成土过程以及产生的诊断层、诊断特性和主要土壤类型，详细描述了北京和天津两市151个土系的分布与环境条件、土系特征、代表性单个土体的剖面形态特性和理化性质、与其他土系的区别以及土系的合理利用等。

《中国土系志·北京天津卷》以最新的定量化的数据系统地展现了北京和天津两市主要土壤的特性及其发生特征，以《中国土壤系统分类检索（第三版）》和《中国土壤系统分类土族和土系划分标准》对调查土壤进行了土纲-亚纲-土类-亚类-土族-土系自上而下的系统分类，层级归属与各分类单元边界清楚，为土地、农业、环境、生态等专业应用提供了科学翔实的数据资料。

图书在版编目（CIP）数据

中国土系志·北京天津卷/张凤荣著. —北京：科学出版社，2016.12
ISBN 978-7-03-051332-8

I. ①中… II. ①张… III. ①土壤地理–中国 ②土壤地理–北京 ③土壤地理–天津 IV. ①S159.2

中国版本图书馆 CIP 数据核字（2017）第 003957 号

责任编辑：胡 凯 周 丹 梅靓雅/责任校对：张怡君
责任印制：张 倩/封面设计：许 瑞

科 学 出 版 社 出版
北京东黄城根北街 16 号
邮政编码：100717
http://www.sciencep.com

中国科学院印刷厂 印刷

科学出版社发行 各地新华书店经销

*

2017 年 4 月第 一 版　　开本：787×1092 1/16
2017 年 4 月第一次印刷　　印张：23
字数：545 000

定价：198.00 元
（如有印装质量问题，我社负责调换）

《中国土系志》编委会顾问

孙鸿烈　赵其国　龚子同　黄鼎成　王人潮
张玉龙　黄鸿翔　李天杰　田均良　潘根兴
黄铁青　杨林章　张维理　郧文聚

土系审定小组

组　长　张甘霖

成　员（以姓氏笔画为序）

王天巍　王秋兵　龙怀玉　卢　瑛　卢升高
刘梦云　杨金玲　李德成　吴克宁　辛　刚
张凤荣　张杨珠　赵玉国　袁大刚　黄　标
常庆瑞　章明奎　麻万诸　隋跃宇　慈　恩
蔡崇法　漆智平　翟瑞常　潘剑君

《中国土系志》编委会

主　编　张甘霖

副主编　王秋兵　李德成　张凤荣　吴克宁　章明奎

编　委　（以姓氏笔画为序）

《中国土系志·北京天津卷》作者名单

主要作者　张凤荣　刘黎明　王秀丽　孔祥斌

编写人员　徐　艳　王　数　吕贻忠　杨黎芳

　　　　　周　德　杜　艳　张青璞　李　超

　　　　　廉晓娟

丛 书 序 一

土壤分类作为认识和管理土壤资源不可或缺的工具，是土壤学最为经典的学科分支。现代土壤学诞生后，近150年来不断发展，日渐加深人们对土壤的系统认识。土壤分类的发展一方面促进了土壤学整体进步，同时也为相邻学科提供了理解土壤和认知土壤过程的重要载体。土壤分类水平的提高也极大地提高了土壤资源管理的水平，为土地利用和生态环境建设提供了重要的科学支撑。在土壤分类体系中，高级单元主要体现土壤的发生过程和地理分布规律，为宏观布局提供科学依据；基层单元主要反映区域特征、层次组合以及物理、化学性状，是区域规划和农业技术推广的基础。

我国幅员辽阔，自然地理条件迥异，人为活动历史悠久，造就了我国丰富多样的土壤资源。自现代土壤学在中国发端以来，土壤学工作者对我国土壤的形成过程、类型、分布规律开展了卓有成效的研究。就土壤基层分类而言，自20世纪30年代开始，早期的土壤分类引进美国C.F.Marbut体系，区分了我国亚热带低山丘陵区的土壤类型及其续分单元，同时定名了一批土系，如孝陵卫系、萝岗系、徐闻系等，对后来的土壤分类研究产生了深远的影响。

与此同时，美国土壤系统分类（soil taxonomy）也在建立过程中，当时Marbut分类体系中的土系（soil series）没有严格的边界，一个土系的属性空间往往跨越不同的土纲。典型的例子是Miami系，在系统分类建立后按照属性边界被拆分成为不同土纲的多个土系。我国早期建立的土系也同样具有属性空间变异较大的情形。

20世纪50年代，随着全面学习苏联土壤分类理论，以地带性为基础的发生学土壤分类迅速成为我国土壤分类的主体。1978年，中国土壤学会召开土壤分类会议，制定了依据土壤地理发生的"中国土壤分类暂行草案"。该分类方案成为随后开展的全国第二次土壤普查中使用的主要依据。通过这次普查，于20世纪90年代出版了《中国土种志》，其中包含近3000个典型土种。这些土种成为各行业使用的重要土壤数据来源。限于当时的认识和技术水平，《中国土种志》所记录的典型土种依然存在"同名异土"和"同土异名"的问题，代表性的土壤剖面没有具体的经纬度位置，也未提供剖面照片，无法了解土种的直观形态特征。

随着"中国土壤系统分类"的建立和发展，在建立了从土纲到亚类的高级单元之后，建立以土系为核心的土壤基层分类体系是"中国土壤系统分类"发展的必然方向。建立我国的典型土系，不但可以从真正意义上使系统完整，全面体现土壤类型的多样性和丰富性，而且可以为土壤利用和管理提供最直接和完整的数据支持。

在科技部基础性工作专项项目"我国土系调查与《中国土系志》编制"的支持下，以中国科学院南京土壤研究所张甘霖研究员为首，联合全国二十多大学和相关科研机构的一批中青年土壤科学工作者，经过数年的努力，首次提出了中国土壤系统分类框架内较为完整的土族和土系划分原则与标准，并应用于土族和土系的建立。通过艰苦的野外工作，先后完成了我国东部地区和中西部地区的主要土系调查和鉴别工作。在比土、评土的基础上，总结和建立了具有区域代表性的土系，并编纂了以各省市为分册的《中国土系志》，这是继"中国土壤系统分类"之后我国土壤分类领域的又一重要成果。

作为一个长期从事土壤地理学研究的科技工作者，我见证了该项工作取得的进展和一批中青年土壤科学工作者的成长，深感完善这项成果对中国土壤系统分类具有重要的意义。同时，这支中青年土壤分类工作者队伍的成长也将为未来该领域的可持续发展奠定基础。

对这一基础性工作的进展和前景我深感欣慰。是为序。

中国科学院院士

2017 年 2 月于北京

丛 书 序 二

　　土壤分类和分布研究既是土壤学也是自然地理学中的基础工作。认识和区分土壤类型是理解土壤多样性和开展土壤制图的基础，土壤分类的建立也是评估土壤功能，促进土壤技术转移和实现土壤资源可持续管理的工具。对土壤类型及其分布的勾画是土地资源评价、自然资源区划的重要依据，同时也是诸多地表过程研究所不可或缺的数据来源，因此，土壤分类研究具有显著的基础性，是地球表层系统研究的重要组成部分。

　　我国土壤资源调查和土壤分类工作经历了几个重要的发展阶段。20 世纪 30 年代至70 年代，老一辈土壤学家在路线调查和区域综合考察的基础上，基本明确了我国土壤的类型特征和宏观分布格局；80 年代开始的全国土壤普查进一步摸清了我国的土壤资源状况，获得了大量的基础数据。当时由于历史条件的限制，我国土壤分类基本沿用了苏联的地理发生分类体系，强调生物气候带的影响，而对母质和时间因素重视不够。此后虽有局部的调查考察，但都没有形成系统的全国性数据集。

　　以诊断层和诊断特性为依据的定量分类是当今国际土壤分类的主流和趋势。自 20 世纪 80 年代开始的"中国土壤系统分类"研究历经 20 多年的努力构建了具有国际先进水平的分类体系，成果获得了国家自然科学二等奖。"中国土壤系统分类"完成了亚类以上的高级单元，但对基层分类级别——土族和土系——仅仅开始了一些样区尺度的探索性研究。因此，无论是从土壤系统分类的完整性，还是土壤类型代表性单个土体的数据积累来看，仅仅高级单元与实际的需求还有很大距离，这也说明进行土系调查的必要性和紧迫性。

　　在科技部基础性工作专项的支持下，自 2008 年开始，中国科学院南京土壤研究所联合国内 20 多所大学和科研机构，在张甘霖研究员的带领下，先后承担了"我国土系调查与《中国土系志》编制"（项目编号 2008FY110600）和"我国土系调查与《中国土系志（中西部卷）》编制"（项目编号 2014FY110200）两期研究项目。自项目开展以来，近百名项目参加人员，包括数以百计的研究生，以省区为单位，依据统一的布点原则和野外调查规范，开展了全面的典型土系调查和鉴定。经过 10 多年的努力，参加人员足迹遍布全国各地，克服了种种困难，不畏艰辛，调查了近 7000 个典型土壤单个土体，结合历史土壤数据，建立了近 5000 个我国典型土系；并以省区为单位，完成了我国第一部包含30 分册、基于定量标准和统一分类原则的土系志，朝着系统建立我国基于定量标准的基层分类体系迈进了重要的一步。这些基础性的数据，无疑是我国自第二次土壤普查以来重要的土壤信息来源，相关成果可望为各行业、部门和相关研究者，特别是土壤质量提升、土地资源评价、水文水资源模拟、生态系统服务评估等工作提供最新的、系统的数据支撑。

　　我欣喜于并祝贺《中国土系志》的出版，相信其对我国土壤分类研究的深入开展、对促进土壤分类在地球表层系统科学研究中的应用有重要的意义。欣然为序。

中国科学院院士

2017 年 3 月于北京

丛 书 前 言

土壤分类的实质和理论基础，是区分地球表面三维土壤覆被这一连续体发生重要变化的边界，并试图将这种变化与土壤的功能相联系。区分土壤属性空间或地理空间变化的理论和实践过程在不断进步，这种演变构成土壤分类学的历史沿革。无论是古代朴素分类体系所使用的颜色或土壤质地，还是现代分类采用的多种物理、化学属性乃至光谱（颜色）和数字特征，都携带或者代表了土壤的某种潜在功能信息。土壤分类正是基于这种属性与功能的相互关系，构建特定的分类体系，为使用者提供土壤功能指标，这些功能可以是农林生产能力，也可以是固存土壤有机碳或者无机碳的潜力或者抵御侵蚀的能力，乃至是否适合作为建筑材料。分类体系也构筑了关于土壤的系统知识，在一定程度上厘清了土壤之间在属性和空间上的距离关系，成为传播土壤科学知识的重要工具。

毫无疑问，对土壤变化区分的精细程度决定了对土壤功能理解和合理利用的水平，所采用的属性指标也决定了其与功能的关联程度。在大陆或国家尺度上，土纲或亚纲级别的分布已经可以比较准确地表达大尺度的土壤空间变化规律。在农场或景观水平，土壤的变化通常从诊断层（发生层）的差异变为颗粒组成或层次厚度等属性的差异，表达这种差异正是土族或土系确立的前提。因此，建立一套与土壤综合功能密切相关的土壤基层单元分类标准，并据此构建亚类以下的土壤分类体系（土族和土系），是对土壤变异精细认识的体现。

基于现代分类体系的土系鉴定工作在我国基本处于空白状态。我国早期（1949 年以前）所建立的土系沿用了美国系统分类建立之前的 Marbut 分类原则，基本上都是区域的典型土壤类型，大致可以相当于现代系统分类中的亚类水平，涵盖范围较大。"中国土壤系统分类"研究在完成高级单元之后尝试开展了土系研究，进行了一些局部的探索，建立了一些典型土系，并以海南等地区为例建立了省级尺度的土系概要，但全国范围内的土系鉴定一直未能实现。缺乏土族和土系的分类体系是不完整的，也在一定程度上制约了分类在生产实际中特别是区域土壤资源评价和利用中的应用，因此，建立"中国土壤系统分类"体系下的土族和土系十分必要和紧迫。

所幸，这项工作得到了国家科技基础性工作专项的支持。自 2008 年开始，我们联合国内 20 多所大学和科研机构，先后组织了"我国土系调查与《中国土系志》编制"（项目编号 2008FY110600）和"我国土系调查与《中国土系志（中西部卷）》编制"（项目编号 2014FY110200）两期研究，朝着系统建立我国基于定量标准的基层分类体系迈近了重要的一步。自项目开展以来，近百名项目参加人员，包括数以百计的研究生，以省区为单位，依据统一的布点原则和野外调查规范，开展了全面的典型土系调查和鉴定。经过 10 多年的努力，参加人员足迹遍布全国各地，克服了种种困难，不畏艰辛，调查了近7000 个典型土壤单个土体，结合历史土壤数据，建立了近 5000 个我国典型土系，并以省区为单位，完成了我国第一部基于定量标准和统一分类原则的土系志。这些基础性的数据，无疑是自我国第二次土壤普查以来重要的土壤信息来源，可望为各行业部门和相关研究者提供最新的、系统的数据支撑。

项目在执行过程中，得到了两届项目专家小组和项目主管部门、依托单位的长期指导和支持。孙鸿烈院士、赵其国院士、龚子同研究员和其他专家为项目的顺利开展提供了诸多重要的指导。中国科学院前沿科学与教育局、科技促进发展局、中国科学院南京土壤研究所以及土壤与农业可持续发展国家重点实验室都持续给予关心和帮助。

值得指出的是，作为研究项目，在有限的资助下只能着眼主要的和典型的土系，难以开展全覆盖式的调查，不可能穷尽亚类单元以下所有的土族和土系，也无法绘制土系分布图。但是，我们有理由相信，随着研究和调查工作的开展，更多的土系会被鉴定，而基于土系的应用将展现巨大的潜力。

由于有关土系的系统工作在国内尚属首次，在国际上可资借鉴的理论和方法也十分有限，因此我们对于土系划分相关理论的理解和土系划分标准的建立上肯定会存在诸多不足乃至错误；而且，由于本次土系调查工作在人员和经费方面的局限性以及项目执行期限的限制，文中错误也在所难免，希望得到各方的批评与指正！

张甘霖

2017 年 4 月于南京

前　言

　　《中国土壤系统分类检索（第三版）》总结了上世纪之前国内外土壤分类的研究成果，基于当时中国的土壤调查资料和数据，对中国土壤进行了土纲、亚纲、土类和亚类的分类。但是，《中国土壤系统分类检索（第三版）》并没有全面提出土族和土系的划分标准。因此，2008 年起，科技部设置"我国土系调查与《中国土系志》编制（2008FY110600）国家基础性工作专项，支持开展基于中国系统分类的我国东部地区黑、吉、辽、京、津、冀、鲁、豫、鄂、皖、苏、沪、浙、闽、粤、琼 16 个省（直辖市）的土族和土系的系统性调查研究。中国农业大学承担了北京和天津两市的土系调查和土系志编制任务，本书是 2009-2014 五年期间北京和天津两市土系调查和土壤发生分类研究的成果。

　　《中国土系志·北京天津卷》分上下两篇。上篇是总论部分，论述了北京和天津两市的自然地理条件、各种成土因素对土壤形成的影响、区域的主要成土过程以及产生的诊断层、诊断特性和主要高级土壤单元；下篇是全书的重点，全面记述了 151 个土系所处的地理位置、土壤环境条件、土壤剖面形态特征、基本理化性质、土系的生产性能，并与分类学上相近的土系进行了比较分析。

　　土壤分类是土壤科学的一面镜子。随着土壤数据资料的不断累积和人们对土壤认知的深化，土壤分类也在不断革新；这是历史必然。虽然，在上世纪开展的两次全国性土壤普查工作中，北京市和天津市积累了不少土壤数据资料；但是，受土壤分类研究的时代水平局限，当时所用的分类系统的各分类单元的界限模糊，特别是没有检索系统，影响了土壤分类和制图的准确性和精度；也由于剖面描述和分析标准缺乏科学规范，所形成的土壤剖面描述和分析数据在准确性和精度上也很不够。我们这次土系调查过程中，严格按照《野外土壤描述与采样手册》，规范地记载了土壤剖面的环境条件、土壤剖面形态特征，采集了土壤分析样品；对所采集的土壤样品依照《土壤实验室分析项目及方法规范》，在标准实验室进行了土壤的理化性质的分析。因此，这 151 个土系的数据资料科学规范。因此，《中国土系志·北京天津卷》以最新的定量化的数据系统地展现了北京和天津两市主要土壤类型的发生和土壤特性，以《中国土壤系统分类检索（第三版）》和《中国土壤系统分类土族和土系划分标准》对调查土壤进行了土纲-亚纲-土类-亚类-土族-土系自上而下的系统分类，层级归属与各分类单元边界清楚，可以为土地、农业、环境、生态等专业应用提供科学翔实的数据资料。

　　从野外调查，到实验室分析，再到野外和室内数据的整理和分析，最后到土系确立的过程，凝聚着课题组成员的辛勤劳动。在专著出版之际，我要对课题组全体成员说，你们辛苦了！向你们的科学奉献精神敬礼。也借此机会感谢在《中国土系志·北京天津卷》编撰过程中给予指导和建议的专家们。

　　虽然我们在工作中根据北京和天津两市的自然地理特点，按照地质地貌的组合布局了调查样点，这 151 个土系基本代表了北京和天津的主要土壤类型；但是，本次土系调查毕竟不同于土壤普查，没有形成这些土系的土壤图。同时，北京和天津两市景观类型丰富、土地利用多样、成土过程复杂，肯定还有一些土系没有被调查到。特别是作为京津都市区，人类活动强度大，那些受人类干扰发生了质变或人工的土壤类型，此次没有调查研究。因此，对北京和天津的土壤分类和分布而言，本书仅是一个开端；我期待政府能够在未来投入更多的人力和物力，补充调查北京和天津两市的土系并全面开展土系调查制图工作。

张凤荣

2016 年 4 月

目 录

上 篇 总 论

下篇　区域典型土系

上篇 总论

第1章 区域概况与成土因素

土壤是各种成土因素共同交互作用下的产物。每个区域的成土因素不同,它们交互作用导致成土过程不同,所产生的土壤的各种性质也不同。因此,土壤类型的划分,必须先分析区域自然条件与人类活动等各种成土因素,弄清土壤发生和土壤性质及其分类类型的背景条件。

1.1 区 域 概 况

1.1.1 地理位置

北京市和天津市位于华北平原的北端,北依燕山山地与内蒙古高原接壤,西依太行山与山西黄土高原毗连,东北跨燕山经山海关与松辽大平原相通,东南面临渤海湾,南是一马平川的黄淮海大平原。山区主要在北京市行政辖区范围内;天津市主要是平原,只有蓟县的北部有部分山区。

北京市和天津市的范围为 38°33′~41°03′N,115°25′~118°03′E;东西宽约 226 km,南北长约 278 km,土地总面积为 2.83 万 km²。2015 年,北京市行政区划包括 16 个区,即东城区、西城区、朝阳区、丰台区、石景山区、海淀区、门头沟区、房山区、通州区、顺义区、昌平区、大兴区、平谷区、怀柔区、密云区、延庆区(图 1-1);北京市土地总面积 1.64 万 km²。2015 年,天津市行政区划包括 15 个区、1 个县,即滨海新区、和平区、河北区、河东区、河西区、南开区、红桥区、东丽区、西青区、津南区、北辰区、武清区、宝坻区、静海区、宁河区、蓟县;天津市土地总面积 1.19 万 km²。

京津周围被河北省的唐山市、承德市、张家口市、保定市、廊坊市和沧州市包围。而北京、天津又将河北省的三河市、大厂回族自治县和香河县圈围在内部。

1.1.2 土地利用

2010 年,北京市和天津市耕地总面积 6674.49 km²,占京津地区总面积的 23.56%;园地总面积 1705.36 km²,占京津地区总面积的 6.02%;林地总面积 7983.28 km²,占京津地区总面积的 28.19%;草地总面积 996.42 km²,占京津地区总面积的 3.52%;城镇村及工矿用地总面积 6018.30 km²,占京津地区总面积的 21.25%;交通运输用地总面积 873.07 km²,占京津地区总面积的 3.08%;水域及水利设施用地总面积 3619.16 km²,占京津地区总面积的 12.78%;其他土地总面积 454.49 km²,占京津地区总面积的 1.60%。

土地利用类型分布主要受地形影响。林地主要分布在太行山区和燕山山区。园地中的干果林主要分布在山区,鲜果林主要分布在山前地带;由于农业结构调整,平原区的果园越来越多。耕地主要在北京山前到天津渤海湾的平原区,这个区域也是城镇化的主要区域,耕地与建设用地此消彼长。

图 1-1　北京天津行政区划图

　　北京市的未利用土地大多分布在山区，其坡度大、土层薄，大多不能够开发利用；天津市的未利用地大多分布在滨海地区的盐碱荒地上，但在经济利益比较优势下，大多盐碱荒地被圈为工业用地或挖塘发展水产养殖业。因而，北京天津可用的耕地后备资源极少，应严格保护现有耕地，加大农田水利基础设施投入，建设高标准农田，保障粮食安全。

1.1.3　社会经济基本情况

　　北京市和天津市是环渤海经济圈的核心区，工业化、城市化程度很高。2012 年，北京天津总人口 3482.30 万人。地区生产总值 30 773.28 亿元，比上年增长 11.66%。整体一、二、三产业产值比重为 1.1∶34.8∶64.1，但相比北京而言，天津市第三产业发展较弱，目前仍以第二产业为主。农林牧渔业总产值 771.32 亿元，较上年增长 8.2%。近年来，虽然农业总产值比重不断下降，但随着现代都市农业的不断发展与科技投入的增加，农业产值不断提升。由于大城市郊区的位置优势，农业的生态服务价值和景观文化价值越发凸显。

1.2　成土因素

成土因素是指气候、生物、地形、母质、水文、成土时间以及人为影响等。北京市和天津市地域范围不大，对土壤的形成与分布，起主导作用的是地形因素和母质因素。地形因素还决定了本区的山地气候、植被和土壤的垂直分布规律以及水文规律。北京与天津由西北向东南整体呈现出中山—低山丘陵—洪积扇—冲积平原—海积冲积低平原—海积低平原的地形类型，这种地形变化是区域土壤类型变化的主要影响因素。母质因素是土壤的基本矿物质组成的差异的主要因素，也因风化难易不同影响着土壤发育及其特性。生物（主要是植被）影响着土壤形成过程的生物小循环，对土壤有机质含量及其在土壤剖面中的分布起着重要影响。水文则影响着土壤水分的运行及其在土壤中的状态。

1.2.1　气候

京津地处中纬地带，具有明显的暖温带半湿润大陆性季风气候。主要气候特征是四季分明：春季，多风少雨蒸发量大，气温回升较快，空气干燥；夏季，受太平洋暖湿气团的影响，盛行东南风，气温高，降雨多；秋季，暖空气势力减弱，冷空气开始活跃，气温明显下降，但气温稳定，冷暖适中，以晴为主，秋高气爽；冬季，受西伯利亚气团控制，盛行西北风，多晴天，气温寒冷少雪。四季中，冬季最长，夏季次之，秋季再次之，春季最短。

年均温最暖年为 12.8 ℃，最冷年为 10.5 ℃，年平均气温约为 12 ℃。无霜期 180~205 d，南部多于北部。1 月份是一年内气温最低的月份，月平均气温为 -4.6 ℃；7 月是一年内气温最高的月份，月平均气温为 26.1 ℃。天津的气温年较差比北京小些。

气温等值线分布与山脉等高线走向趋势一致。受海拔影响，山区较平原气温差异大。以长城为界，长城以南年均温在 10 ℃以上，平原和浅山区年均温在 10~11.5 ℃。长城以南的山前暖区年均温最高为 12 ℃，位于北京市昌平区。长城以北的山区年均温在 10 ℃以下，延庆区年均温为 8.4 ℃。随着海拔的增加，年均温下降。在门头沟区的东灵山（2303 m）和延庆区的海坨山（2234 m）的附近，年均温最低在 2 ℃左右。地处长城以内的昌平区和长城以外的延庆区两地相距不到 30 km，高差相差 400 m，年均温相差 3.4 ℃。天津的气温由南部及海岸向北部内陆逐渐降低，温差为 2 ℃左右（图 1-2）。

处于大陆性季风气候的京津地区，云雨天气少，热量资源充足，全年太阳总辐射量在 460~570 kJ/cm^2 之间，有明显的季节变化：从 1 月起，月总辐射开始增加，3~5 月增加最快，5、6 月为全年的最高值，6 月以后开始下降，7 月因雨季的到来月总辐射量下降较快，9~11 月次之，12 月为全年最低值。年日照时数为 2000~3090 h；大部分地区在 2600 h 左右。

年平均降水量大多在 500~700 mm，为华北地区降水量最多的地区之一（图 1-3）。受地形影响，年平均降水量等值线走向大体与山脉走向相一致。多雨中心沿燕山、太行

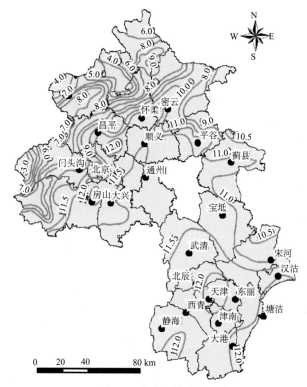

图 1-2 北京天津年均温度（℃）

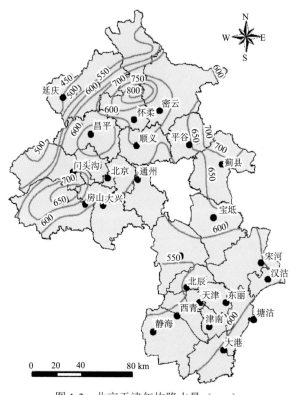

图 1-3 北京天津年均降水量（mm）

山迎风坡分布。700 mm 以上的地区有怀柔区的八道河、房山区的漫水河、平谷区的将军关一带。其中，八道河的最大值可达 820 mm、枣树林为 770 mm。由弧形山脉向西北、东南方向的降水量不断减少，延庆区康庄为 417 mm，是降水量最少的地区。通州、大兴平原地区和天津的大部分地区年降水量不足 600 mm。在山区，由于山脉的屏障作用，一山之隔降水量相差悬殊。如北京西山的百花山、老龙窝、青水尖到妙峰山一线，山南史家营年降水量在 700 mm 以上，大安山接近 650 mm，越过山岭处于背风坡的清水河流域的斋堂、杜家庄、燕家台、青白口和沿河城等地年降水量只有 500 mm，为少雨区。

年降水量四季分布不均，季节变化悬殊，夏季雨水集中，冬、春季降水稀少，6、7、8 三个月集中了全年降水量的 75%；秋季降水仅占全年降雨量的 14%。由于降水季节分布不均，给农业生产带来不利影响。春天雨季到来晚形成春旱，不但影响没有灌溉条件的冬小麦的收成，也使春玉米不能早播，只能种植中熟玉米。如雨季终结早或秋旱，则影响玉米三熟和冬小麦播种。夏天由于降水量集中，降水强度大，在排水不畅的地区，易引起局部洪涝，特别是"九河下梢"的天津。

降水量的年际变化较大，最多年降水量为 1406 mm（1959 年），最少年 261.8 mm（1965 年），前者为后者的 5.4 倍，最少年降水量不足常年降水量的一半；因此，旱年经常发生，涝年也时有。半湿润气候条件下，水资源不足是京津地区面临的基本问题；但是，通过修建了大量机井，抽取地下水灌溉，干旱对农业生产的威胁大大减少。然而，过量抽取地下水，造成地下水位下降和储备量降低，是可持续发展面临的最大问题之一。另一方面，虽然是季风气候，雨季经常有大雨、暴雨发生，但目前由于海河流域排水体系已经十分完善，已经基本无涝灾发生。

平均年蒸发量为 1850 mm 左右，约为降水量的 3 倍，年内春夏秋冬的蒸发量分配比例大约为 4：4：2：1，春季蒸发势强，全年以 5 月份蒸发量最强，最大为 2673 mm，所以春旱严重；这种气候条件也致使盐碱地在春季出现返盐高峰。夏秋雨季是土壤脱盐的季节。蒸发量秋冬季减少。蒸发势年际变化特征是旱年蒸发较多，涝年蒸发较少。

总体来看，北京市由于地形高差大，气候在全市区域内的变化大；而天津市地形高差小，因而气候状况在全市区域内的变化较小。

气候对土壤的影响主要在于水热状况，水热影响着土壤中的物理、化学和生物等过程，所以气候是直接影响土壤的发生、发展方向的因素。从水热条件的变化看，夏季高温多雨，是土壤物质与能量迁移转化最激烈的时期，土壤中的黏粒、可溶性盐分、碳酸钙及可溶性养分等处于淋溶阶段，同时土内风化作用明显。春季干旱，是土壤中可溶盐物质的相对累积时期。冬季寒冷干燥，生物属休眠期，土内物质处于相对稳定时期。这种季节性变化对土壤形成影响很大。夏秋季降水蓄纳于土壤中，在冬季发生冻结、春季融化，冻融交替，对矿物风化和土壤结构的形成具有明显作用。

1.2.2 水文

1）地表水

京津地区河流较多，但受季风气候年内降水不均的影响，这些河流多是季节性河流，特别是上游流程短、流域面积小的河流。海河流域的五大水系，即大清河、永定河、温榆北运河、潮白河及蓟运河水系，自西北即上游北京向东南流向下游的天津。大清河、永定河、温榆北运河与天津市境内的南运河、子牙河在三岔口汇合成海河，在塘沽入海。潮白河、蓟运河则于北塘汇流入海。滦河由河北遵化市境内的黎河流入天津，此外，天津市还有人工河道青龙湾、永定新河、独流减河、马厂减河、子牙新河等河流。

（1）大清河：发源于太行山，位于海河流域中部，地跨晋、冀、京、津四个省市。北支为白沟河水系，主要支流有南、北拒马河、小清河、琉璃河、中易水、北易水等。白沟河与南拒马河在白沟镇汇合后，始称大清河。北支洪水经新盖房分洪道汇入东淀。南支为赵王河水系，主要支流有瀑河、漕河、府河、唐河、潴龙河等，各河均汇入白洋淀。南支洪水经白洋淀调蓄后，由赵王新渠入东淀。东淀以下分别经独流减河和海河干流入海。

（2）永定河：源自山西省宁武县的桑干河，在河北省怀来县接纳源自内蒙古高原的洋河，流至官厅始名永定河，位于北京的西部。官厅山峡和下游上段是北京段，流经门头沟区；下段从门头沟区的三家店出山，经石景山区、丰台区、房山区、大兴区入京津平原到渤海口。永定河上游源自黄土覆盖区，携带的泥沙中粉砂含量大，其沉积物多为壤土；但在河道两侧的缓岗也沉积砂性土壤，在河流的背河洼地，水流缓慢，沉积物多为黏土。黄土性冲积物富含碳酸钙。

（3）北运河：发源于北京市居庸关附近，流经昌平、海淀、顺义。其上游为温榆河，源于军都山南麓，自西北而东南，至通州与通惠河相汇合后始称北运河。然后流经河北省香河县、天津市武清区，在天津市大红桥汇入海河。上游山区岩石类型主要是花岗岩，也有风成黄土覆盖，因此，土壤侵蚀向下游流失物质是粉砂和花岗岩风化颗粒的混合物；但在山前地带，因为多是季节性洪流，也含有砾石。历史上，北运河在山前平原区的河流上游常受潮白河干扰，中下游受永定河干扰，因此，北运河流域的沉积物实际上是多条河流的沉积物，既有砂质沉积物，也有少部分黏质沉积物，但大部分为壤质沉积物。

（4）潮白河：贯穿北京市、天津市。上游有两支流：潮河源于河北省丰宁县，向南流经古北口入密云水库。白河源出河北省沽源县，沿途纳黑河、汤河等，向东南流入密云水库。出库后，两河在密云县河槽村汇合始称潮白河。又有清水河、牤牛河、安道木河、怀河注入，历史上在下游没有固定河道，洪水来量大，每逢暴雨后经常泛滥成灾，含沙量大，沉积物质富含砂粒。顺义区、宝坻区西北部、武清区北部砂质冲积物多系由潮白河沉积所形成的。新中国成立后，潮白河上游先后兴建了北台上水库、怀柔水库、密云水库，修建了闸涵，开挖了潮白新河，从而根除了水害，现今洪水控制于溢洪河道中。

（5）蓟运河：发源于燕山南麓，主要支流有州河、沟河、鲍丘河、还乡河。①州河发源于河北省兴隆县南长城附近的罗夕峪，于九王庄汇合后始称蓟运河。暴雨季节，洪峰流量大，常向太和洼分洪。于桥水库兴建后，州河发生很大变化。太和洼不再汇集洪水，故地下水位下降，土壤由沼泽化过程向脱沼泽过程发育。②沟河发源于兴隆县青灰岭，昌平以下进入顺义、平谷平原区，遇暴雨洪水量大、湍急、含砂量大，新中国成立前曾多次于新集附近决口，宝坻区老高寨附近的缓岗砂地，即为河流决口大流的遗迹。青甸洼长期容纳洪沥，土壤为潜育土。新中国成立后，上游相继兴修了海子水库、西岭水库等小型水库，中游建立了分洪涵洞，条件发生了很大变化。青甸洼很少再分洪，过去的泽国水乡，现已辟为农田。③还乡河发源于河北省迁西县新集镇附近，于宁河县江洼口汇入蓟运河，携带土壤颗粒较细，偶见较薄的细砂沉积层。

2）地下水

地下水埋深及其性状对土壤发生影响很大。一般来讲，地下水埋深大于 4~6 m 时，对土壤形成影响不大；小于 4 m 时，地下水不同程度地参与土壤形成，使土壤发生潜育化、潜育化、盐渍化过程。

北京地区地下水主要来源包括大气降水、山区侧向径流补给、地表水和灌溉回水等。北京平原地下水分布不均匀：富水区分布在密云、怀柔、顺义交界处、平谷王都庄、房山窦店一带；中富水区分布在朝阳来广营、昌平沙河一带；弱富水区分布在大兴南部等地区；贫水区主要分布在山区和海淀苏家坨、昌平小汤山等地区。地下水的丰富程度取决于是否有地下河流与地面河流的水分补给和沉积物的孔隙度。

北京地处上游，地下水多为重碳酸盐水，只在通州区的永乐店和大兴区的龙王堂有氯化物-硫酸盐或硫酸盐-氯化物水。北京平原区，20 世纪 70 年代以前，地下水位高，土壤有"夜潮"现象，即白天表土被晒失水颜色变淡，晚上地下水通过土壤毛细管上升到达地表补偿土壤水分使表土颜色重新变暗；底部土壤因为地下水水位的升降发生氧化还原反应而产生锈纹、锈斑；因此，旧称为"潮土"。但因地下水长年过量开采，地下水水位普遍下降，土壤越来越干旱，大部分土壤不再出现夜潮现象；不过，底土仍然出现因氧化还原反应产生锈纹、锈斑的现象。

天津市影响地下水变化的因素与北京一样，但是受河流补给的影响更大。地下水水位变化与地形相关，并随季节变化而变化，但总趋势与地形高程一致。蓟县洪积冲积扇地带，地下水埋深 4~10 m，冲积平原 1.5~4 m，海积冲积平原 0.5~1.5 m，滨海平原 0.5~1 m。地下水的矿化度与地形变化相关，洪积扇区为淡水，冲积平原为弱矿化水，海积冲积平原区为矿化水或强矿化水，海积平原、滨海盐土区为强矿化水或盐水。而其化学类型的水平分布，符合地球化学的分异过程，即山麓洪积扇形成重碳酸盐盐水，冲积平原区为氯化物-硫酸盐或硫酸盐-氯化物水，海积平原为氯化物水，相应地形成轻度、中度、重度的各类型盐化土壤。但是，随着大规模、大范围的农田灌排系统工程的实施，地下水位下降，土壤水分逐步向以下行水为主的方向变化。总体上，土壤都朝着脱盐化的方向发展。

1.2.3　地形

北京与天津的地势大体都是西北高，东南低（图 1-4）。北京的西北和东北群山环绕，东南是缓缓向渤海倾斜的大平原。平原的海拔低于 100 m，山地一般海拔为 1000~2000 m，北京西与河北交界的东灵山海拔 2303 m，为最高峰。天津山区面积小，只有西北部的蓟县有部分山区，与北京的平谷和河北的兴隆同为燕山山脉，其与兴隆交界的北大楼山为天津市最高点，海拔 1078.5 m。天津平原广阔，河渠纵横，洼淀众多，海岸线宽广。地形影响地表物质与能量的分配，支配着地表径流，在很大程度上决定着地下水的活动情况，因而在一定的生物气候条件下，不同地形部位有着不同的水热状况和沉积物质，从而影响土壤的形成和分布。

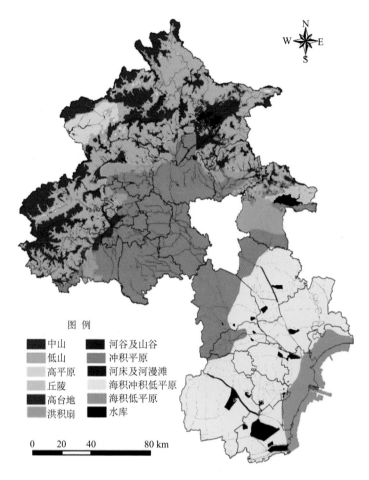

图 1-4　北京天津地形类型图

　　在山区，海拔的不同，造成土壤的垂直变化。在海拔 1800~1900 m 以上的一些中山顶部，气候冷湿，草甸植被茂密，形成具有团粒结构、颜色黑暗的暗沃表层土壤，分布着暗沃冷凉湿润雏形土及部分普通暗沃冷凉淋溶土。在 800 m 以上的中山针阔叶混交林带，有枯枝落叶层，但林间常伴生有草本植物，形成具有暗沃表层的湿润雏形土或者淋溶土。植被破坏严重的地区，虽然土壤腐殖质化过程不明显，但盐基淋溶充分，形成具有淡薄表层的雏形土。在 800 m 以下的低山丘陵区，降水量明显减少，植被条件差，形成具有淡薄表层的雏形土或淋溶土。由于淋溶不充分，在碳酸岩类母质上，大多数发育为具有石灰反应的雏形土；但是，在地表稳定的情况下，土内风化强烈，发生次生黏化作用；也有碳酸盐反应的淋溶土分布。在沟谷阶地分布着具有湿润土壤水分特征的雏形土、淋溶土和少数堆垫的人为土。在水土流失严重地区，裸岩裸露，多为石质类的新成土。由于山区土壤多含有岩石碎屑，土壤质地不黏重，土壤通透性强。

　　在洪积扇地区，由于地势较高、地下水位较深，有不具备氧化还原特征的干润类雏形土、淋溶土分布。在洪积扇与冲积平原交界的扇形洼地，有具备氧化还原特征或潜育特征的潮湿雏形土及部分潜育土分布；这是因为地下水为重碳酸盐型，土体中部和下部往往有碳酸盐新生体，即砂姜的出现。冲积平原地势平坦开阔，土壤多为壤土，剖面物质均一；地下水位较高，土体中下部常有氧化还原过程形成的锈纹锈斑。在河间洼地、湖泊洼地，土壤积水时间较长或常年积水，以潮湿和潜育化的土壤为主。在洼地边缘与平原交接处，地下水矿化度大的地区出现盐渍化现象。冲积平原在河流摆动下，引起微地形变化，造成土壤呈微域复区分布；随河道走向及距河道远近的变化，土壤母质的粗细变化很大，土壤多呈条带状分布。一般，河道附近的土壤为砂土；距河道远处，沉积物逐渐过渡为壤质土壤；背河洼地或河间洼地，沉积物多为黏质土壤。冲积平原的土壤因为沉积物中含有较多的黏粒，土壤质地较细，加之干湿交替、冻融交替，很容易形成块状土壤结构；但是由于成土年龄小、地下水位较高、淋溶不强烈，一般没有黏化层，多为雏形层。冲积平原土壤的另一个大特点就是土壤层理明显。

地形影响着沉积物的特征属性，也影响着土壤的侵蚀强度。山区坡陡，植被破坏严重、侵蚀强度大，多形成土层较薄、粗骨类的石质亚类新成土。薄层土与粗骨质类的土约占山区的 1/3。一般在深山人烟稀少的地区，植被条件好，土层相对较厚，土壤腐殖质累积明显。山区沟谷及河漫滩地区，沉积物一般较粗，底层多为大砾石。丘陵地区大部分分布在山地的外围，残积层较薄、坡积物较厚，大部分已开垦为耕地或栽植果树。

平原区的沉积物特征与所在地河流特征密切相关。源于黄土高原区的永定河沉积物以粉砂为主，属粉砂壤土；而源于以花岗岩山体为主的燕山山脉的潮白河沉积物，含砂量较大。而"九河下梢"的天津滨海平原，其沉积物中的粗颗粒很少，以黏土为主。永定河沉积物富含碳酸钙，而潮白河的沉积物碳酸钙含量少，所以在潮白河沉积物上发育的土壤，其石灰性反应弱或无石灰性反应。又因历史上河流的多次改道，更加重平原沉积物的复杂性。所以冲积平原沉积物土层复杂，有时夹层砂土或是黏土。平原区常发现埋藏黑土层，可能是过去的腐殖质表层又被后来的沉积物掩埋的缘故。有些原来的水稻种植区，因地下水水位下降，改旱作后依然保留原来的水耕潜育层特征。

一般在洪积扇的上部，沉积物底层多为砾石，上层为黄土状母质，大多为地带性土壤——淋溶土。洪积扇下部，分布着过渡性的淋溶土或雏形土。洪积扇下部与近代河流冲积平原交接处，出现交接洼地，土壤多发育为具有潜育特征的潮湿雏形土。近年来由于气候干旱，工、农业和生活用水不断开采，地下水水位日趋下降，土壤由潜育化向脱潜育化发展。洼地边缘，地下水水位相对较浅，地下水矿化度较高，土壤多发育为各类的盐化土壤。

1.2.4　母质

母质是土壤形成的物质基础，对土壤的形成、发育及理化性质有直接影响。年轻土壤的一些性质主要继承母质，如正常新成土、砂质新成土、冲积新成土和部分雏形土。母质的机械组成和化学成分直接影响土壤的形成、属性和肥力状况。山地丘陵区的成土母岩为各类基岩以及岩石风化后形成的残积、坡积风化物。因其母岩不同，矿物组成各异，故成土母质特性亦不相同。山地坡麓多为含砾石的堆积物及第四纪黄土性母质，洪积扇主要由洪积物组成，平原地区多为冲积母质所组成。湖泊、洼淀为静水沉积物，其周围经常出现埋藏的腐殖质层。

（1）酸性岩类风化物：主要分布在北京的北山、天津的盘山附近。包括花岗岩、花岗片麻岩、片麻岩、流纹岩、花岗正长岩以及正长岩等，其中以花岗岩所占面积最大、最具有代表性。这类岩石矿物组成复杂，因为矿物的膨胀收缩系数不同，易发生物理性风化，产生的风化壳较厚，其风化物质粗，多为砂质或粗骨质土壤，疏松通透性良好，有利于土壤发育，多发育雏形土和淋溶土。但在山势较陡，水土流失严重地区，土层较薄，多为新成土。

（2）硅质岩类风化物：主要分布在北京北部山区、门头沟清水河流域以及天津蓟县东北部山区。包括砂岩、砾岩、石英砂岩、石英岩、片岩、板岩等沉积岩和变质岩，其中砂岩、砾岩具有代表性。这类岩石岩性的差别较大，由于岩石矿物中胶结物质不同，性质有别：钙质或泥质为胶结物而形成的砂岩，风化较快，能形成较厚的土层；而以硅质为胶结物形成的砂岩，不易风化，形成的土层较薄、肥力差。砂、砾岩形成的土壤多为粗骨质的雏形土。

（3）中性和基性岩类风化物：主要分布在北京怀柔区汤河口—宝峰，古北口以及东灵山、百花山和妙峰山等山地。包括安山岩、闪长岩、玄武岩和辉长岩等中性和基性火成岩，其中安山岩分布较广、具有代表性。这类岩石含铁、镁矿物质多，物理风化作用较强，化学风化作用弱。风化后多呈岩屑，水分状况差，常有裸岩出露，利用困难。土壤类型较复杂，但多粗骨质的土壤。

（4）碳酸盐类风化物：主要分布在北京市西山，构成门头沟区和房山区山地主体；在北京密云区南部、延庆区东部等山地也有分布，天津市北部山地也以石灰岩的残积风化物分布最为广泛。包括石灰岩、白云岩、硅质灰岩、白云质灰岩等沉积岩和变质岩。石灰岩残积风化物一般土层较薄，富含棱角鲜明、大小不等的砾石，其细土物质的质地较黏。大多数石灰岩山地为裸岩或覆盖非常薄的风积黄土与石灰岩经物理崩解而成的碎块土石的混合物，与下面连续坚硬的基岩过渡明显，为正常新成土。碳酸盐类红色黏质风化物一般发现于基岩残丘的凹形部位，为古风化壳，所形成的土壤主要有铁质或简育的干润淋溶土。

（5）红黏土：主要分布在北京市昌平区红泥沟、平谷区大华山—乐政务一带以及周口店的古老山前洪积扇地区。这是一类较古老的第四纪沉积物，质地黏重、土色黄红—棕红、不含石灰，pH 为中性，土壤属于淋溶土。

（6）黄土状母质：由于风向的影响，黄土广泛分布于北京市山麓西北坡、山前地带和低山丘陵的沟谷、缓坡上，其中以延庆区最为集中。黄土的上界在半干旱区海拔可达 1000 m以上，如延庆区的大庄科、门头沟区的黄安坨等山地；在半湿润区上界达到 600~700 m，如平谷区、怀柔区和蓟县等山地。黄土状母质包括新黄土和红黄土两大类。从断面上看，新黄土位于上部，色黄，富含碳酸钙，垂直节理发育，群众称为黄土；红黄土位于下部，年代较久，色红黄—棕黄，碳酸钙含量少，垂直节理不发育，但红黄土也有部分出露地表的。由于碳酸盐淋溶程度不同，山地上红黄土形成非石灰性的干润淋溶土，新黄土形成具有石灰反应、个别有假菌丝体或砂姜新生体的淋溶土或雏形土。值得指出的是，在山区，虽然基岩不同，但在黄土降尘的影响下，土壤细土部分的颗粒组成与化学性质有着共同的基本特性，即细土部分的颗粒组成大都以粉粒为主，土体大多有石灰反应，普遍含有碳酸盐与其他交换性盐基离子，pH呈微碱性。这说明，在山地丘陵区，不能简单地以土壤的下层基岩类型定义土壤母质；就土壤细土部分的性质说，母质应该是黄土。黄土降尘的不断沉积，已经作为成土母质参与到土壤的成土过程中，使得土壤的主要性质为黄土降尘的性质，而下面的基岩性质对成土过程与土壤性质的影响不大。

（7）平原壤质沉积物：包括全新世的洪积冲积物、冲积洪积物和冲积物。由于京津地区地处黄土降尘区，上游山地一直以来都覆盖着黄土状物质，因此从山区剥蚀下来的河流沉积物也以粉砂壤土为主。土壤类型主要有简育湿润雏形土、简育干润雏形土、底锈干润雏形土和淡色潮湿雏形土，剖面土壤颗粒多为壤质、均质型。

（8）平原黏质沉积物：主要为全新世冲积物。分布在洼地、扇缘地区和滨海平原。土质黏、地下水位高，同时土体的中下部又多伴有砂姜出现。在此区域，水生植物生长旺盛，大量枯枝落叶在还原的条件下得到累积，故在土壤剖面常出现埋藏的腐殖质层。土壤类型主要有淡色潮湿雏形土中的弱盐、普通或石灰亚类，砂姜潮湿雏形土中的普通亚类，潮湿正常盐成土中的碱性亚类，简育正常潜育土中的普通亚类。

（9）平原砂质沉积物：为全新世近期冲积物，分布于平原河道两侧及决口扇形地。质地为粗砂或细砂。细砂经风力搬运，形成沙丘。但由于土地平整，现已鲜见沙丘。在地下水参与下，形成砂质的弱盐淡色潮湿雏形土、普通湿润冲积新成土；无地下水参与的土壤形成斑纹干润砂质新成土或普通简育干润雏形土。

（10）砂砾质沉积物：沉积物以大砾石、卵石和粗砂为主。主要分布在洪积扇上部和河流出山口的部位。典型地区有昌平区南口—阳坊一带、平谷区南独乐河一带。土层浅薄，卵石层或砂砾石层厚、甚至就是卵石滩，干旱缺水，利用时需除石垫土或挖坑填土。

（11）人工堆垫物：主要指山区谷地人造梯田和卵石滩造田时，所堆垫的物质，一般为黄土状母质，土层浅薄，底土或心土以下为砂砾石层。

1.2.5　生物

京津地处暖温带半湿润大陆性季风气候，受地形影响，不同的地形部位分布着不同的植被类型。在山区，植被基本上还是以自然植被为主；但在平原地区，基本上都是人工植被。

在山区，自高而低分布着山地草甸、针阔叶混交林、落叶阔叶林和灌木植被。海拔1800~1900 m及以上的山顶发育着山地杂类草甸。海拔800~1800 m的中山地带，森林覆盖率增大，以辽东栎林为主，常见有白桦、棘皮桦、红桦，以及蒙古栎、色木槭等，林内常见有槭属、椴属、大叶白蜡、山杨等树种混生；在森林群落破坏严重的地段，分布着以二色胡枝子、榛属、绣线菊属占优势的灌丛。海拔800 m以下的低山，代表性的植被类型是栓皮栎林、槲树林、油松林和侧柏林。由于受人为破坏严重，目前这些群落主要分布在自然保护区以及旅游景区、名胜古迹附近，为残存的次生林或经人工抚育的半自然林。大部分低山地区的优势群落是落叶灌丛或灌草丛。土壤侵蚀严重的阳坡，以荆条、酸枣、白羊草灌草丛占优势，植被稀疏，长势矮小；阴坡以蚂蚱腿子、大花溲疏、三桠绣线菊等中生落叶灌木组成的杂灌丛占优势。海拔 400 m 以下的低山丘陵区，土层较深厚，多数已开辟为果园或果粮间作地。

在平原地区，由于农业生产历史悠久，对植被影响深刻，目前绝大部分区域已成为农田和城镇。只在河岸两旁或局部洼地生长着以芦苇、香蒲、慈姑等为主的沼生植物，但近年在综合农业发展影响下，这些植被面积已大大缩小，甚至被开垦为耕地或鱼塘。湖泊和水塘中生长着沉水和浮水的水生植物。

植被类型通常对土壤侵蚀和土壤中有机质的含量及其特性有影响。在植被保存较好的中山地带，覆盖度较大，水土得以保持，植物有效吸收雨水、生产有机物，土壤有机质积累较多、腐殖质层厚，土壤淋溶程度也高。但低山区人为影响大，植被遭破坏的地区水土流失严重，多形成淡薄表层。阔叶林与针叶林比较，前者灰分中的钙、钾含量较后者高，后者灰分中硅占优势；因此，阔叶林下的表土颜色比针叶林下的黑。

1.2.6 时间

时间影响一定区域内土壤的发育状况，但是土壤的发育速度又取决于成土条件。如果土壤发育条件有利，母质可以在较短的时间内转变为幼年土。这个阶段的特征是有机质在表面累积，而风化、淋洗或胶体的迁移都是微弱的，仅存在 A 层与 C 层，随着 B 层的发育，土壤达到成熟阶段，出现了 Ah-Bt-C 的剖面构型。但由幼年土到成熟土的发育阶段并非定式，有些成熟的土壤因受到侵蚀而被剥掉土体，新的成土过程又重新开始。京津地区气候条件差异不大，成土速度主要受地形与成土母质的影响。在大部分山区，由于坡度陡，常遭受土壤侵蚀，土壤发育受阻，多为雏形土和新成土。在半湿润气候条件下，石灰岩相对比花岗岩难以风化，所以，石灰岩山地多裸岩和幼年土壤；而花岗岩山地多雏形土。冲积平原上，沉积物来自上游的土壤，由于冻融交替形成土壤结构，沉积下来的母质很快成为雏形土。在北京低山丘陵区，湿热气候条件下形成的淋溶土，由于受侵蚀的影响黏化层出露，是古土壤。

1.2.7 人为活动

平整土地、深翻、堆垫土、施肥等人为活动对土壤形成过程产生一定影响，从而形成堆垫表层、肥熟表层等诊断表上层。在北京山区，很多河道干涸，当地为增加耕地数量，在河道上堆垫土壤进行种植，堆垫厚度多大于 50 cm，形成人为土土纲或其他自然土壤土纲的堆垫亚类。长期使用大量有机肥，同时改善了耕层土壤的肥力和物理性状，如典型的菜园土。但是在耕作过程中大量使用农药和灌溉污水，也造成了土壤中有毒物质的积累。在天津滨海新区，甚至将耕地、坑塘水面填变为建设用地，在经济效益的驱动下原来的很多盐碱地变为渔产养殖用地。

1.3 主要土壤类型空间分布

北京天津的主要土壤类型有人为土、盐成土、潜育土、均腐土、淋溶土、雏形土、新成土，其中以雏形土最多。

人为土最少，主要分布在城市郊区，长期种植蔬菜或农作物的耕地上。

盐成土主要分布在天津海积低平原区，地势低平，潜水埋藏浅，地下水矿化度高，形成盐分含量高的盐成土，目前大多为盐碱荒地。

潜育土主要分布在天津几个地势低洼的沼泽湿地。但是，由于现代大规模的土地开发整理，现仅在七里海国家湿地自然保护区有少许分布。

均腐土主要分布在中山地带的草甸草原或者林下草本植物覆盖的区域。由于海拔高、低温时期长，土壤湿润，属于湿润均腐土亚纲。

淋溶土主要分布在低山丘陵区。在低山丘陵区的一些黄土母质上，碳酸盐尚未充分淋洗的，发育成一些钙积干润淋溶土；碳酸盐充分淋洗的，发育成一些简育干润淋溶土。在基岩残丘、高阶地、洪积扇和洪积台地等区域，零星残留着一些红色黏土，其上发育着铁质类的干润淋溶土。在燕山山区降水量多的区域也有一些湿润淋溶土。

雏形土在各地貌区均有分布，并且类型多、面积大。其中潮湿亚纲的雏形土主要分布在天津的海积冲积低平原与海积低平原区，地势较低，地下水埋藏浅，土体受到地下水浸润，土壤潮湿。地下水矿化度高的淡色潮湿雏形土多为弱盐淡色潮湿雏形土。还有一些淡色潮湿雏形土的土体内有碳酸盐结核，是砂姜淡色潮湿雏形土，多发育于地下水富含重碳酸盐的地区，如山前平原与冲积平原交接的扇缘洼地、海积冲积低平原。在山区、山前平原、冲积平原不受地下水影响的广大区域内，基本上都是干润雏形土，分布也最为广泛。

新成土主要分布在陡峭的山坡上，侵蚀强烈，土层十分浅薄，土壤物质主要是岩石风化的粗碎屑，形成微弱的 Ah-C-R 构型的正常新成土。在一些干涸的河床与河流低阶地上，为补充耕地进行填土造地，由于堆垫时间较短，土壤尚未发育成熟，形成扰动人为新成土。而在一些大的河道两边与冲积扇决口区，沉积物堆积年代非常近，分别有砂质新成土与冲积新成土的分布。

第 2 章 成土过程与诊断特征

成土过程是指在各种成土因素的综合作用下,土壤发生发育的过程。它是土壤中各种物理、化学和生物作用的总和,在此过程中将发生物质和能量的迁移和转化。在不同的成土因素作用下,有不同的成土作用和成土过程,从而形成不同类型的土壤。而现实中土壤的形成往往是几种成土过程作用的综合结果,在每种成土过程中,都蕴含着地形、气候、母质、植被等成土因素的综合作用,这种空间作用的时间发展及人类活动对土壤的形成和演变也有极其深刻的影响。

2.1 成 土 过 程

京津地区土壤的成土过程主要有:腐殖质化过程、黏化过程、碳酸盐的淋溶淀积过程、氧化−还原过程、盐渍化过程、碱化过程、还原过程。

2.1.1 腐殖质化过程

腐殖质化过程指的是土壤中的粗有机质,如植物的根、茎、叶等分解转化为腐殖质的过程,是土壤中普遍存在的过程。只是,土壤腐殖质化过程受土壤水分、温度和植物残体类型的影响不同,土壤腐殖质层的厚度、有机碳含量及其性质有所不同。

在京津地区,土壤水分和温度主要与地势高低和地貌类型有关。同时,因为海拔不同所造成的土壤水分和热量条件差异,也带来了植被状况和微生物活动的差异,使土壤有机质的积累与转化状况随着地形有一定的差异。

海拔 1800 m 以上的山顶平台或缓坡地带,生长着茂密的山地草甸草原植被(有时有岛状分布的灌木丛和森林植被)。这里较山前平原区年平均土温低 9~10 ℃,年平均土温仅 2~3 ℃,寒冷而且潮湿,冻土时间长,使大量有机残体的分解受到抑制,有利于有机碳的累积,土壤中有机碳含量为 25~30 g/kg。因是草本植被,有机碳在土壤剖面的分布是自上而下逐渐减少的,腐殖质层厚度可达 30 cm 以上。

海拔 800~1800 m 的山地土壤,处于森林灌丛植被下。夏季产生的大量有机物质,秋后主要以枯枝落叶形式堆积在地表,产生 1~3 cm 厚的枯枝落叶层,之下是 20~30 cm 厚的腐殖质层,进入 B 层有机碳含量明显减少,反映了森林灌木植被的特点。由于长期低温,使有机残体的分解受到抑制,腐殖质层的有机碳含量为 20~25 g/kg。

低山山地的土壤,其植被主要为旱生灌丛与杂草,有机物产量远不如中山地区;加之土壤温度增高,微生物对有机残体的分解快,有机碳的累积水平较低。一般有 1~2 cm 厚的枯枝落叶层,腐殖质层有机碳含量 10~16 g/kg;接着是有机碳含量锐减的 B 层或 C 层,有的有机碳含量仅 5 g/kg 或更低。这也和土壤经常遭受侵蚀,有机碳只是在表层积累有关。

平原或部分平缓的低山丘陵以及黄土台地，大部分已辟为农田。土壤经过了人工熟化过程，有机质分解加速。同时，由于作物多被收割，有机肥施用量不多，使得土壤有机碳含量不高，一般表层在 10~13 g/kg，心土层在 4 g/kg 左右。但在蔬菜种植区域，由于施用大量有机肥，使得有机碳含量较高，可达 20 g/kg 以上。值得指出的是，近些年，由于大量施用化肥，作物生物学产量大增，通过秸秆还田种植大田作物的耕地土壤有机碳含量不断增加。

在冲积平原的低洼地区，多生长着繁茂的芦苇、菖蒲等水生和湿生植物。因积水原因，厌氧型微生物活跃，极有利于有机物质的累积。当地下水位下降时，好氧型微生物活跃，使有机物质得以分解，呈现黑色；有时茂盛的植物被洪积物所覆盖而得不到分解时，腐烂形成黑色的粗纤维层，有机碳含量也较高。

2.1.2　黏化过程

黏化过程指黏粒在剖面中积聚过程中突出的形态表现，就是在亚表层或心土层形成颜色亮棕色、质地较黏重，乃至在土壤结构体表面有红棕色胶膜的黏化层。黏化过程分为残积黏化过程和淋淀黏化过程两种。

残积黏化过程是指黏粒由原生矿物进行原地风化形成次生黏土矿物的过程，如云母脱钾水化变成水云母或伊利石。残积黏化过程不涉及黏粒的机械移动，黏化层没有光性定向黏土出现，在土壤结构中看不到黏粒胶膜。但是，在土壤结构中看不到黏粒胶膜并不代表没有发生黏化过程。实际上，原生矿物进行原地风化变成次生黏土矿物的残积黏化过程是地球表面普遍存在的基本土壤形成过程，只是其黏化过程的强烈程度不同，显现度不一样。在降水较少和温度较低的地区，以物理风化为主，残积黏化的强度较低；随着温度和湿度的增加，逐渐向化学风化过渡，残积黏化的强度加大。含铁矿物的氧化与水解，形成部分游离氧化铁，与黏土矿物结合使土壤颜色发红，也可称之为铁红化作用。这也是黏化层的颜色一般呈棕色或红棕色的原因。京津地处大陆性半湿润季风气候区，雨季与高温耦合，有利于残积黏化的发生，特别是在水分条件好的心土部位。因此，只要地形稳定，经过一定时间，心土就会形成黏化层。

淋淀黏化过程是指土体上层风化的黏粒分散于土壤下渗水中形成悬液，并随渗漏水活动而在土体内迁移，也称为悬迁作用或黏粒的机械淋溶。这种黏粒移动到一定土层深度，由于物理（如土壤质地较细的阻滞层）或化学（如 Ca^{2+} 的絮凝作用）作用或因为迁移介质水分被吸收而淀积下来，使土壤结构中形成明显的胶膜，在偏光显微镜下可见到黏粒的叠瓦状淀积或光性定向黏粒。

从理论上讲，残积黏化是淋淀黏化的基础，因为有了黏粒才可能发生黏粒的淋溶淀积。但在一个剖面中，残积黏化和淋淀黏化常常同时存在，一般残积黏化层位往往稍高，淋淀黏化层位稍低。

大量的分析结果表明，在北京地区，凡淀积黏化层都发生在无碳酸钙或碳酸钙含量低的土壤中。因为较高含量的碳酸钙凝聚作用较强，能阻碍黏粒的移动和铁锰等氧化物的活化。只有解脱碳酸钙的集聚，土壤呈中性或微酸性时，黏粒失去钙的胶结，黏粒的移动性才强，形成淀积黏化层。故淀积黏化过程可能发生在碳酸盐的强烈淋洗基础上，淀积黏化层也必然在脱碳酸钙的淋溶层之下。中山区的土壤以淋洗过程为主，土壤容易脱钙，这就是我们往往在中山区可以看到黏化特征，特别是淋淀黏化特征明显的黏化层的原因。当然，北京也有一些淋淀黏化层是在古时湿热条件下形成的。

2.1.3　钙积过程

钙积过程指土壤剖面中碳酸盐的淋溶与淀积过程。碳酸盐的淋溶与淀积是矛盾的对立统一体，其反应式是：$CaCO_3 + H_2O + CO_2 \rightleftharpoons Ca(HCO_3)_2$。

淋溶/脱钙作用发生于水和二氧化碳存在的情况下，此反应式向右移动，形成可溶的重碳酸盐，并随水分移动淋溶出某一土层或整个土体；当土壤脱水或二氧化碳分压降低的情况下，上述反应式向左移动，溶液中的重碳酸盐转化为难溶的碳酸盐，在土壤中淀积下来即为钙积层。碳酸盐的淋溶与淀积过程有两个先决条件，其一是母质或土壤中含有碳酸盐，这是物质基础；其二是土壤中水分的季节性移动与停滞，这是外在条件。

在京津地区，土壤存在着季节性的干湿交替。在雨季，母质中原有的碳酸盐与含 CO_2 的土壤水的反应，由难溶的碳酸盐变为可溶的重碳酸盐随土壤重力水向下移动，其淋溶深度即为水分被毛管吸收而停止下渗之处。由于降水量不大，而且雨水多以地面径流形式损失，实际进入土壤参与淋洗过程的水分并不多，碳酸盐下移的深度并不大，因而土体不能完全脱碳酸盐。由于植被生长状况不太茂盛，根区的 CO_2 浓度低，加之雨季与高温同步，土壤溶液的 CO_2 浓度更低，造成了碳酸盐的溶解度降低，延缓了碳酸盐的淋溶过程。山地土壤常遭到侵蚀，土壤表层常处于幼年期，使碳酸盐的淋溶时间较短可能是造成碳酸盐淋洗不充分的主要原因。在旱季，土壤水沿毛管上升，一些溶解的碳酸盐也随之上升，随着干旱程度的加剧，土壤溶液浓缩，碳酸盐逐渐以晶体形式析出，似假菌丝状。旱季的这种复钙作用抵消了一部分淋溶作用。

在山区，土壤剖面中有无碳酸钙的积聚层以及积聚层位置和母质类型有极为密切的关系。非钙质母质发育的土壤中，整个剖面中没有钙积层，并且大多通体无石灰性反应，只在个别石质干润新成土中，由于黄土降尘的覆盖，使得土壤呈弱石灰反应；而在黄土母质发育的土壤，通体石灰性反应，并有大量的碳酸钙次生体存在，如白色假菌丝体、砂姜等。在山区，有些历史上湿润时期，土壤已经脱钙的土壤表层，由于近代风带来的含钙尘土降落或人为施肥（如施用含石灰、钙质土粪等），使表土层的含钙量大于 B 层，或者表层有石灰反应、心土层没有石灰反应，称为复钙过程。

在平原区，常出现含有砂姜的层次，因其地下水是重碳酸钙型，地下水在上升下降过程中，由于温度、地下水中重碳酸盐浓度的变化，而形成碳酸钙淀积，是富含碳酸盐的地下水参与成土过程的结果。

2.1.4　氧化-还原过程

氧化-还原过程，也称潴育化过程，是指潜水经常处于变动状况下，土体干湿交替，土壤中变价的铁锰物质淋溶与淀积交替，而使土体出现红棕色的铁锈斑纹、棕黑色的锰斑纹或较硬的铁锰结核、红色胶膜及"鳝血斑"等新生体。

氧化-还原过程主要发生在平原区，土壤受地下水浸润的土层中，由于地下水位在雨季升高、旱季下降，致使该土层干湿交替，引起该土层中铁、锰化合物的氧化态与还原态的变化，从而形成一个具有黑色、棕色的锰或铁的结核，在大的通气孔隙中具有锈纹的土层。挖土壤剖面时，锰或铁的结核被铁锹顶着，在土壤中擦出锈色擦痕，看似锈纹。

2.1.5　盐渍化过程

盐渍化过程多发生于干旱、半干旱、半湿润地区。土壤中的 $NaCl$、Na_2SO_4、$MgSO_4$、$Ca(HCO_3)_2$ 等易溶、可溶盐被淋洗到地下水中，并随地下水流动迁移到排水不畅的低洼地区，在蒸发量大于降水量的情况下，盐分又被土壤毛细管上行水携带到土壤表层集聚，从而形成盐化层的过程。

具有盐化层的土壤主要分布在天津渤海之滨的海积平原区，那里海退时间短、成土母质中含有大量盐分；同时，高矿化度的地下水位高，地下水不断地补给土壤，在蒸发作用下发生盐化作用。因为地下水矿物度高达 30 g/L，这里土壤积盐强烈，形成了盐成土。由于地下水中的盐分类型主要是钠质氯化物，因此，这里土壤中易溶盐成分主要是氯化钠；盐成土的另一个特点是，自表土到底土，盐分含量的垂直变化不大。

在京津冲积平原的一些水盐汇集的洼地也发生盐化作用，也有弱盐亚类的雏形土出现。但冲积平原土壤的含盐量比滨海平原的低，有些达不到盐成土标准，只是盐化土壤，且自表土到底土，盐分含量的垂直变化较大，表聚明显。

脱盐过程是积盐过程的逆反应面。在京津地区，积盐过程主要发生于旱季，脱盐过程主要发生于雨季。因此，半湿润的气候条件下，蒸发量大于降水量时，只要地下水位高，且含有盐分，盐分就会沿土壤毛细管随水分上升到地表，水散盐存造成地表积盐。但是，由于农田水利工程的实施和排水体系建设的完善，降低了地下水位，地下水不再沿着土壤毛细管上升到地表，土壤水分改为以下行水（无论是天然降水还是灌溉水）为主，土壤就朝着脱盐化方向发展，原来的盐土、重度盐渍化土壤中的盐分含量均已降低，有的甚至已经完全脱盐。

2.1.6　碱化过程

碱化过程指钠离子在土壤胶体上的累积，使土壤呈强碱性，并形成物理性质恶化的碱化层。具有碱化层的土壤称为碱积盐成土。土壤溶液中的所有阳离子可与胶体负电荷吸附的阳离子起可逆置换反应。在 Na^+ 析出之前，大多数 Ca^{2+} 和 Mg^{2+} 先被沉淀。这样，大大提高了留在土壤溶液中 Na^+ 的浓度，使 Na^+ 与胶体上吸附的其他阳离子发生置换反应的机遇增大了，从而引起碱化过程，造成胶体分散；黏重的土壤胶体分散后干裂形成棱柱状结构体（土壤干时缩水造成）。因此，碱化过程需要有 3 个条件：一是土壤质地黏，含有大量黏粒；二是土壤溶液中含有 Na^+；三是 Ca^{2+} 和 Mg^{2+} 先被沉淀，Na^+ 替换 Ca^{2+} 和 Mg^{2+} 到土壤胶体上。

在京津地区，由于土壤溶液中富含钙、镁离子，土壤胶体依然吸附大量 Ca^{2+}、Mg^{2+}，所以土壤胶体并没有分散，没有棱柱状土壤结构体产生；但是，虽没有碱积层，由于土壤的 pH 和 ESP 较高，有些淡色潮湿雏形土的碱性较强。

土壤的 pH 与土壤溶液中的碳酸钠和碳酸氢钠有关，但砂质土壤或壤质土壤即使土壤溶液中有碳酸钠和碳酸氢钠，土壤的 pH 高，但物理性质并不恶化，其渗透性也很好。

2.1.7　潜育过程

潜育过程是在土壤有渍水（包括常年或季节性渍水）且土壤含有大量有机物质的情况下发生的。由于有机物质分解耗氧，使得土壤处于缺氧状态，土壤矿物质中的铁处在低价还原状态下，可产生磷铁矿、菱铁矿等次生矿物，从而将土体染成灰蓝色或青灰色。

潜育化过程发生在平原的低洼地带，即"洼"地，如天津的七里洼。那里长期积水或季节性积水，或地下潜水接近地表，造成土内水气比例失调，水分饱和而闭气缺氧，还原过程占优势。

京津地区的沼泽或湖泊，因为面积较小，旱年和涝年造成水面和水位变化大，水置换频繁，水中的氧气并不缺乏；因此，虽然土壤淹水，其还原特征并不明显。或者是由于缺乏沼生植被的有机质积累，没有消耗那么多氧气，还原特征也不明显。

2.2　诊断层与诊断特性

2.2.1　诊断表层

1）暗沃表层

京津地区的暗沃表层主要出现在海拔 1800 m 以上的山顶平台或缓坡地带，那里气温低，寒冷潮湿，生长着草甸草原植被，夏季产生的大量有机残体的分解受到抑制，有利于有机质的累积；因此，形成土壤有机质含量高，有机质含量在剖面中的分布也是自上而下逐渐减少的，颜色暗黑，土壤结构为团粒状，疏松，有的土系有厚度可达 30 cm 以上的暗沃表层。暗沃表层主要出现在均腐土、雏形土的 6 个土系中，其厚度介于 10~45 cm，平均为 25 cm，干态明度在 3 左右，润态明度介于 2~3，润态彩度介于 1~2，有机质含量介于 43.7~64.1 g/kg，平均为 50.0 g/kg，盐基均呈饱和状态，土壤发育为屑粒或者团粒结构。暗沃表层上述指标在各土纲中的统计见表 2-1（土壤类型后括弧内数字为土系数目）。

表 2-1　暗沃表层的特征

土纲	厚度/cm		干态明度	润态明度	润态彩度	有机质/（g/kg）		盐基饱和度	结构
	范围	平均				范围	平均		
合计	10~45	25	3	2~3	1~2	43.7~64.1	50.0	100	屑粒，团粒
均腐土（3）	25~45	35	3	2~3	1~2	50.8~64.1	54.8	100	团粒
雏形土（3）	10~20	15	3	3	2	43.7~46.5	45.1	100	屑粒，团粒

2）淡薄表层

淡薄表层是京津地区土壤中最普遍存在的表土层。只要表层土壤不符合暗沃表层、盐积层、堆垫/土垫表层、肥熟表层等条件，无论是山地林灌植被的自然土壤，还是耕种的土壤，其表层基本上都是淡薄表层。京津地区淡薄表层主要出现在潜育土、淋溶土、雏形土、新成土的 134 个土系中，其厚度介于 5~40 cm，平均为 17 cm，干态明度介于 3~8，润态明度介于 3~7，有机质含量由于地上植被类型不同，差异较大，介于 1.9~59.4 g/kg，平均为 26.4 g/kg。淡薄表层上述指标在各土纲中的统计见表 2-2。

表 2-2　淡薄表层的特征

土纲	厚度/cm		干态明度	润态明度	有机质/（g/kg）	
	范围	平均			范围	平均
潜育土（3）	8~15	11	—	3~6	20.0~58.2	41.9
淋溶土（29）	10~40	24	3~7	3~5	8.2~34.6	19.7
雏形土（87）	5~40	20	3~7	3~7	1.9~52.7	18.2
新成土（15）	5~30	14	4~8	3~4	3.3~59.4	25.9
合计	5~40	17	3~8	3~7	1.9~59.4	26.4

3）堆垫表层

在京津地区，耕种土壤施用土杂肥是普遍的农事耕作现象，因此耕层土壤具有煤渣、木炭、砖瓦碎屑、陶瓷片等人为侵入体。过去"农业学大寨"和"农田基本建设"，由于深翻耕地、平整土地，造成很多耕地土壤从地表往下的 50 cm 深度内具有煤渣、木炭、砖瓦碎屑、陶瓷片等人为侵入体。因此，不少耕地土壤具有堆垫表层（由于深翻土壤掺和，但煤渣、木炭、砖瓦碎屑、陶瓷片等人为侵入体含量并不多，更具土垫特征）或具有堆垫现象。堆垫表层出现在人为土的 4 个土系中，堆垫厚度介于 50~125 cm，土表至 50 cm 有机质加权平均含量为 10.4~36.3 g/kg，含有煤渣、砖屑、碎陶片等人为侵入体。堆垫表层上述指标在各亚类中的统计见表 2-3。

表 2-3　堆垫表层的特征

亚类	厚度/cm	土表至 50 cm 有机质含量/（g/kg）	人为侵入体	土系
肥熟土垫旱耕人为土（1）	125	36.3	煤渣、碎陶片	东胡林系
斑纹土垫旱耕人为土（2）	50	10.4	砖屑、煤渣	申隆农庄系、黄港系
普通土垫旱耕人为土（1）	85	13.2	砖屑、煤渣	四家庄系

4）肥熟表层

城市郊区的老菜地，过去施用大量人畜粪便为主的有机肥，形成了肥熟表层。但因为城市化，这些耕地被建设占用了，肥熟表层被压在固化的水泥地或柏油路之下。而新的菜地，以化肥为主，大多土壤腐殖质和有机磷积累不够，达不到肥熟表层标准，只有肥熟现象。本次调查肥熟表层只出现在东胡林系 1 个土系中,高度熟化的土层厚达 125 cm,有机质含量加权平均为 31.7 g/kg,0~25 cm 土层内有效 P_2O_5 含量高达 253.5 g/kg。

5）盐积层与盐积现象

盐积层和盐积现象是在盐渍化过程中形成的。主要分布在天津海积低平原、海积冲积低平原等一些水盐汇集的地方。盐积层出现在盐成土的 7 个土系中,厚度介于 25~152 cm,含盐量介于 7.2~33.5 g/kg;盐积现象出现在雏形土的 30 个土系中,厚度介于 20~170 cm,含盐量介于 2.0~15.9 g/kg。盐分含量受采样季节影响。雨季后的采样,表层和上部土层盐分受降雨淋洗,测定结果偏低。因此,本书中弱盐亚类的表层和表下层,如果没有标注盐分积聚符号"z",不代表该层没有盐分积聚。不同亚类土壤的盐积层、盐积现象特征的统计见表 2-4、2-5。

表 2-4　盐积层的特征统计

亚类	盐积层厚度/cm		盐积层含盐量/（g/kg）	
	范围	平均	范围	平均
合计	25~152	75	7.2~33.5	16.2
弱碱潮湿正常盐成土（3）	31~134	66	10.4~33.5	18.0
海积潮湿正常盐成土（4）	25~152	84	7.2~25.0	14.5

表 2-5　盐积现象的特征

亚类	盐积现象厚度/cm		盐积现象含盐量/（g/kg）	
	范围	平均	范围	平均
合计	20~170	82	2.0~15.9	7.6
弱盐砂姜潮湿雏形土（3）	60~110	63	2.3~10.8	5.8
弱盐淡色潮湿雏形土（31）	20~170	89	2.0~15.9	12.3

2.2.2　诊断表下层

1）雏形层

雏形层是京津地区土壤中最普遍存在的表下层。雏形层很容易形成,因为只要土壤含有一定数量的黏粒,比如土壤是壤土或更黏的质地,在干湿交替、冻融交替作用下,土壤结构就很容易形成;有水分存在的情况下,土壤中游离出来的铁吸附在土壤胶体上,使得土壤颜色变艳;至于碳酸盐的淋溶淀积,在半湿润气候条件下,含碳酸盐的母质很容易产生。

在京津地区出现的土纲中,除新成土土纲外,其余土纲均有雏形层出现。

2）黏化层

京津地区土壤中诊断表下层中,最普遍是雏形层,其次是黏化层。理论上说,只要土壤发育过程稳定,既不遭受侵蚀,也不接受覆盖物,雏形层继续发育都可能转变为黏化层,即无论是残积黏化过程,还是淋淀黏化过程,黏粒含量积累到一定量,就会达到黏化层的标准。其实，雏形层并不排除有黏化过程发生，只是其黏粒含量或黏化现象没有达到黏化层的标准。黏化层是判定淋溶土纲的基本条件，本次调查黏化层出现在淋溶土的 29 个土系中，黏化层的厚度介于 15~150 cm，B/A 黏粒比介于 0.3~2.9 之间，黏粒胶膜含量在 5%~40%。各亚类土壤的黏化层特征的统计见表 2-6。

表 2-6　黏化层的特征

亚类	厚度/cm		B/A 黏粒比	黏粒胶膜含（体积分数）/ %
	范围	平均		
合计	15~150	85	0.3~2.9	5~40
普通钙积干润淋溶土（1）	52~84	63	–	5
表蚀铁质干润淋溶土（2）	52~120	86	1.0~1.2	5~10
斑纹铁质干润淋溶土（1）	150	150	1.6~2.1	5~10
石质简育干润淋溶土（1）	15	15	1.3	5
复钙简育干润淋溶土（2）	95	95	1.2-1.3	5~15
斑纹简育干润淋溶土（3）	62~100	81	1.3~2.9	15~40
普通简育干润淋溶土（11）	30~145	94	0.3~1.7	5~30
普通铁质湿润淋溶土（4）	90~130	112	1.3~2.9	5~20
普通简育湿润淋溶土（4）	63~98	73	0.8~2.5	5

3）碱积层和碱积现象

京津地区交换性钠饱和度（ESP）≥30%，pH≥9.0 的土壤，由于土体中下部长期湿润甚至饱和，没有干缩湿涨变化，也就没有棱柱状土壤结构体，因此不符合碱积层的标准也不符合碱积现象的标准。《中国土壤系统分类（第三版）》还规定碱积现象是"土上部 40cm 厚度以内的某一亚层中交换性钠饱和度为 5%~29%；pH 一般为 8.5~9.0。"但京津地区海积平原的许多土壤的 ESP>29%，pH≥9.0。建议《中国土壤系统分类（第三版）》将碱积现象改为"土层中具有一定碱化作用的特征。发育不明显的棱柱状结构或无棱柱状结构；上部 40cm 厚度以内的某一亚层中交换性钠饱和度>30%；pH≥9.0"；避免将高 pH 和 ESP 的潮湿正常盐成土都归类为海积潮湿正常盐成土。碱积现象出现在盐成土的 3 个土系中，见表 2-7。

表 2-7　碱积现象的特征

亚类	交换性钠饱和度/%	pH	表层含盐量/（g/kg）	
			范围	平均
合计	30.0~41.6	8.0~9.1	10.4~33.5	18.0

4）钙积层与钙积现象

在京津地区，土壤的碳酸钙含量没有达到 150~500 g/kg，而且没有比下垫或上覆土层至少高 50 g/kg 的现象，但是 $CaCO_3$ 相当物达到 50~150 g/kg，且在中部出现假菌丝体和碳酸盐结核（砂姜）的现象，该现象多出现在黄土母质发育的土壤中（质地为粉砂壤土），其含量大于 10%，这样满足钙积层的条件的土壤只发现一个（佛峪口土系）。在平原区，钙积现象主要以碳酸盐结核（砂姜）的形式出现，钙积现象特征见表 2-8。

表 2-8　钙积现象的特征

亚类	钙积现象出现层位上限/cm	碳酸钙结核含量（体积分数）/%	假菌丝体含量（体积分数）/%	碳酸钙含量（体积分数）/%	质地	土系
斑纹简育干润淋溶土	70~100	<2	—	8.0~128.6	粉砂壤土，粉砂质黏壤土	西南吕系，白庙村系
普通简育湿润淋溶土	95	—	—	68.1	壤土	龙门林场系
普通砂姜潮湿雏形土	40	2~5	—	1.3~1.5	砂质壤土	聂各庄系
石灰淡色潮湿雏形土	20~114	—	—	16.6~66.8	粉砂壤土，黏土	富王庄系
石灰底锈干润雏形土	60	—	—	117.5	粉砂壤土	伊庄系
普通简育干润雏形土	0~30	—	5~10	4.4~208.0	粉砂壤土，黏壤土	八达岭系

2.2.3　诊断特性

1）冲积物岩性特征

由于上游修建水库和植树造林有效防治水土流失，京津地区基本没有洪水泛滥的现象，平原地区甚至山区河谷地带，也基本不再接受新鲜冲积物。接受新鲜冲积物的只是在山区部分河谷滩地上。本次调查具有冲积物岩性特征的土系为西卓家营西系，位于北京山间盆地的河流低阶地上。

2）砂质沉积物岩性特征

京津地区，平原土壤的母质基本上都是壤质或质地更黏重的沉积物。渤海湾是泥质沉积物，没有砂质海岸带。因此，鲜见砂质沉积物。砂质沉积物仅在山区河谷和部分平原古河道发现，保留了砂质沉积物的岩性特征。本次调查具有砂质沉积物岩性特征的土系为北京平原区的太子务系、北小营系。

3）黄土和黄土状沉积物岩性特征

黄土是京津地区广泛分布的沉积物，特别是在山区。但处于暖温带半湿润的季风气候下，黄土母质很容易发生碳酸盐的淋溶淀积，即很容易看到假菌丝体；另一方面，黄土含有一定的黏粒，特别是粉砂含量多，也很易形成土壤结构（屑粒状或次棱块状）；因此，作为土壤分类的鉴别特征，没有黄土和黄土状沉积物岩性特征。黄土和黄土状沉积物岩性特征只是在山地深厚黄土母质上发育的土壤的土体以下部位出现。

4）石质接触面

石质接触面主要出现在山地正常新成土和部分土层浅薄的淡色雏形土中。任何坚硬的基岩埋藏浅于 50 cm，都鉴定为石质接触面。如张家坟系、西斋堂壤质系。

5）准石质接触面

准石质接触面主要出现在山地浅薄的淡色雏形土中。一般其基岩类型是易于发生物理风化的花岗岩类，风化的土状物厚度小于 50 cm，其下面就是用铁镐可以刨动的半风化的岩石。如北庄系、梁根村系。

6）土壤水分状况

（1）半干润土壤水分状况。在京津地区，广大的低山丘陵区和平原，只要土壤不受地下水影响，土壤的水分状况基本都是半干润的。

（2）湿润土壤水分状况。在京津地区，湿润土壤水分状况只出现在降水量较多的中山地带和部分燕山山区。那里降水量较多，坡度不是很陡，土层深厚，降水基本保留在土壤中。

（3）潮湿土壤水分状况。京津地区，具有潮湿土壤水分状况的土壤主要分布于海积低平原、海积冲积低平原，这里地下水位高，心土和底土长时间被地下水浸润。潮湿土壤水分状况往往与氧化还原特征伴生。但具有氧化还原特征并不意味着土壤具有潮湿土壤水分状况；因为氧化还原特征也可能是历史遗留下来的。潮湿土壤水分状况还是根据地形，特别是地下水位来判断。

7）潜育特征

潜育特征一般发生在冲积平原的洼地，那里有季节性地表积水，潜水位高。但由于长期的围垦，洼地已经所剩无几，潜育特征主要出现在潜育土中，主要分布在天津的刘岗扬水系、洛里坨系和七里海系等，且基本均是通体具有潜育特征。

8）氧化还原特征

氧化还原特征主要出现在人为土、盐成土、淋溶土、雏形土、新成土的 77 个土系中，主要表现特征为具有锈纹锈斑和铁锰结核。建立的土系中，具有氧化还原特征的统计见表 2-9。

表 2-9　氧化还原特征统计

亚类	锈纹锈斑/%	铁锰结核/%	土系数量
斑纹土垫旱耕人为土	2~5	2~15	2
普通土垫旱耕人为土	—	5~10	1
弱碱潮湿正常盐成土	5~30	—	3
海积潮湿正常盐成土	5~15	—	4
斑纹简育干润淋溶土	2~40	—	3
普通简育干润淋溶土	2~5	2~5	1
弱盐砂姜潮湿雏形土	0~35	1~15	3
普通砂姜潮湿雏形土	2~30	—	9
弱盐淡色潮湿雏形土	0~50	0~10	31
石灰淡色潮湿雏形土	0~20	—	9
普通淡色潮湿雏形土	2~20	—	2
石灰底锈干润雏形土	2~50	2~20	7
普通底锈干润雏形土	2~5	2~5	1
斑纹干润砂质新成土	2~15	—	2

9) 土壤温度状况

在京津地区，没有 50 cm 深处的土壤温度观测数据。土壤温度状况是通过年平均气温再加 2 ℃计算得出的。山区土壤的气温根据气象台站的海拔进行了修正，即海拔每上升 100 m，气温下降 0.6 ℃。

10) 均腐殖质特性

在京津地区，具有均腐殖质特性的土壤主要分布在中山地带，地上生长着草甸草原植被或者林下草本植物。由于海拔高、低温时期长，有助于有机质积累，形成了暗沃表层。同时，由于坡度大有助于土壤内排水，不存在滞水层，植物根系含量自表层向下逐渐减少，可以推测土壤有机质含量是逐步下降的，从而形成具有均腐殖质特性的土壤。

11) 铁质特性

具有铁质特性的土壤主要是一些古土壤，当时的气候比现在湿热得多，所以土壤的铁红化过程强烈。颜色介于 2.5YR~10R，游离铁含量介于 14.6~53.2 g/kg，游离铁占全铁的比例介于 23%~67%。不同亚类土系的铁质特性统计见表 2-10。

表 2-10 铁质特性指标

亚类	色调	游离铁/（g/kg）	游离铁占全铁的比例/%
合计	2.5YR~10R	14.6~53.2	23~67
表蚀铁质干润淋溶土（2）	2.5YR~10R	20.3~53.2	38~67
斑纹铁质干润淋溶土（1）	2.5YR-10R	22.0~32.6	42~51
普通铁质湿润淋溶土（4）	5.0YR~7.5YR	14.6~31.7	23~41

12) 石灰性

由于京津地区的沉积物多与黄土有渊源，黄土富含碳酸盐，因此很多土壤存在石灰性反应。

第3章 土壤分类

土壤具有各种各样的性质，人们根据土壤的发生发展规律和自然性状，按照一定的标准，把自然界的土壤划分为不同的类别。土壤分类不仅是在不同的概括水平上认识和区分土壤的线索，也为土壤调查、土地评价、土地利用规划、土壤科学研究和农业生产实践以及转移地方性土壤生产经营管理提供依据。

3.1 土壤分类的历史回顾

土壤分类是土壤科学发展的一面镜子，不同时期的土壤分类体系反映了当时土壤科学的发展水平。随着人们对土壤知识的增加与深化，土壤分类也在不断进步。而且，由于土壤知识背景不同、土壤分类的思想方法不同，同一时期也会存在多种土壤分类体系，每个土壤分类体系都有其自身的分类特点。但随着时间的推移，人们对土壤的认识逐步趋同，土壤分类也将逐渐趋于统一。

3.1.1 农业土壤系统分类（1958~1959年）

1958年中央决定在全国开展群众性的土壤普查，目的是改良土壤、发展农业生产。因此，调查对象以耕作土壤为主。北京市、天津市分别组织土壤调查队伍对当地土壤进行了普查鉴定。在制定分类系统时，以群众鉴别土壤的经验为基础，运用土壤发生特点充分反映土壤的肥力情况、耕作性能和生产性能，采用自下而上的方法逐级归纳，再自上而下加以验证。这项工作于1959年完成，并根据农民群众对土壤的称谓做了系统的整理和分类。

1）分类标准

土壤分类系统以土类、土种为基本单元，土类、土种间的中间类型是土组。土类可再分为亚类，土种可再分为变种。

土类：在自然因素及人为活动的综合影响下，相应的成土过程所发生的土壤性质上较为稳定的特征，土壤基本性态相似，足以反映农业利用方向和重大的改良措施，作为农业分区和土壤改良分区的依据。

亚类：在土类范围内发生了一定程度的变异，但还没有脱离本土类的范畴，或可根据几个土组的共性，进行归纳；亚类较土类所反映的改良利用方向更趋向一致。

土组：是土种的共同特性进一步编组，同时亦反映土类、亚类发育程度的差异，同组土壤在利用改良上有一致性，演变规律上有关联性，可作为改良措施上的依据。

土种：是农民区分土壤的基本单位，同一土种具有共同的土壤性状，反映土壤的肥力和耕性，各土种间在施肥、宜种作物选择上有一定的差别。

变种：同一土种内土壤性质和肥力有一定程度上的差异时，再细分为变种。

土种、变种可作为农业生产措施、深耕改土和施肥措施的依据。

2）命名原则

土种和变种大多采用农民对土壤的称谓，如鸡粪土、二合土。土类、亚类和土组名称，尽量从土种中提炼，同时土类、亚类名称考虑全国的统一性，避免重复。

这次农业土壤普查，主要是鉴别低级分类类型，即土种和变种。

3.1.2　土壤发生分类（1979~1983 年）

北京、天津第二次土壤普查是在认真贯彻落实国务院（1979）111 号文件的基础上，按照《全国第二次土壤普查暂行技术规程》、《北京市土壤普查规程》、《天津市土壤普查规程》的要求进行的，从 1979 年陆续开始到 1983 年年底结束。

1）分类标准

采用四级分类制，即土类、亚类、土属和土种。其中土类、亚类属高级分类单元，主要反映土壤形成过程的主导方向和发育分段。土属和土种属基层分类单元，主要反映土壤形成过程中土壤属性和发育程度上的差异。

土类：是根据成土条件、成土过程以及由此而产生的土壤属性的特点（包括剖面层次发育）划分的，土类之间是质的差别。

亚类：是土类范围或土类之间的过渡类型，根据主导土壤形成过程或主要形成过程以外的另一附加过程来划分。在平原土壤中，着重反映土壤水分状况和水渍作用（潴育化、潜育化），对土壤中有砂姜的从潮土中划出为砂姜潮土。在山地土壤中，着重反映淋溶淀积类型与强度及其植被和垂直地带的关系。

土属：亚类与土种间具有承上启下意义的单元，既是亚类的续分，又是土种的归纳，用来反映土壤的地区性特征。主要根据成土母质类型、地区性水文特征和盐分组成类型以及某些特殊熟化类型来划分。

土种：是土属内具有相类似的发育程度和剖面层次排列（土体质地构型）的土壤，土种特性具有相对稳定性。主要根据发育程度、腐殖质层厚度及剖面构型来划分。山地土壤按有效土层厚度及耕种情况来划分，平地土壤按质地、夹层类型及其层位厚度来划分。

2）命名原则

采用发生学的分级连续命名法，并附以群众名称提炼的统一名称，以资比较。

这次土壤普查，相对上次农业土壤普查，重视了高级分类类型，即土类和亚类的调查。

3.1.3　土壤系统分类（1985 年至今）

随着国际交往的日渐频繁，土壤系统分类和联合国土壤制图单元逐步传入我国。1981 年秋季，北京农业大学李连捷院士邀请曾经担任过国际土壤学会第 5 组（土壤发生分类组)主席、德国土壤学家 E. Schlichting 教授来北京农业大学讲授联合国的土壤分类，现代土壤分类学首次引入我国。当时，正值全国土壤普查进行得如火如荼之际，全国土壤普查办公室和各省市区的土壤普查技术负责人，包括许多大学的著名土壤地理学家，如沈阳农业大学的唐耀先、徐项成，山东农业大学李永昌、浙江农业大学的陆景岗和北京农业大学的师生（77 级本科生）共 50 多人听课，场面热烈空前，给刚刚开放了国门的中国土壤分类学界带来一阵清风。为了取得美国土壤系统分类的"真经"，李连捷院士又于 1982 年秋季邀请曾经担任过国际土壤学会第 5 组（土壤发生分类组）主席、时任美国农业部土壤保持局土壤调查处主任的著名土壤学家 R. W. Arnold 教授来北京农业大学讲授美国土壤系统分类学，场面同样火爆，国内各省市区的土壤普查技术负责人和许多大学讲授土壤地理学的教师共 40 多人听课。R. W. Arnold 在北京农业大学的讲课，将现代美国土壤诊断分类引入了我国，他的讲课稿被北京农业大学农业遥感技术应用与培训中心翻译整理成专册——《土壤分类》，并在土壤学界广为传播（没有正式出版），推动了美国土壤系统分类在中国的传播。张凤荣教授的硕士论文《北京南口山前冲洪积扇部分地区土壤系统分类》（北京农业大学硕士论文，1984）是中国第一篇应用美国 Soil Taxonomy 的概念和方法，进行土壤调查、分类和制图的硕士论文。在硕士论文基础上，张凤荣的博士论文《北京山地与山前土壤的系统分类》（北京农业大学博士论文，1988），博采美国土壤诊断分类和地理发生分类系统之优点，提出将土壤温度和水分状况放在最高分类阶层，以体现土壤宏观地理特性，将诊断层放在第二级分类阶层以体现土壤自然综合体特性的高级分类的原则、分类标准，并以北京山地山前地区的土壤为例进行了系统分类。

以土壤系统分类的方法为指导，自 1983 到 2002 年，张凤荣等在北京地区正式挖掘、描述、采样和分析了共计 276 个剖面。这些剖面，在 2000 年，根据《中国土壤系统分类检索（修订方案）》，被整理成山地土系 36 个，平原土系 19 个。可惜，由于这些剖面缺乏 GPS 定位，没有留土壤标本和分析土样，不符合本次"我国土系调查与《中国土系志》编制"（2008FY11060，2009-2013）项目建立土系的要求，不能总结进入《中国土系志·北京天津卷》。不过，本次土系调查之前的这些工作，为这次京津地区土系调查野外布点和土系建立奠定了很好的基础，也为新建土系提供了"相似的单个土体"。

我国自 1985 年开始了中国土壤系统分类的研究。从《首次方案》、《修订方案》，而后又提出了《中国土壤系统分类检索（第三版）》（中国科学技术大学出版社，2001年），确定了以发生学理论为指导，以诊断层和诊断特性为分类依据的中国土壤系统分类。《中国土壤系统分类检索（第三版）》拟定了高级分类单元，包括土纲、亚纲、土类、亚类四级。中国土壤系统分类与发生分类的最大区别是建立了定量化的鉴别土壤的诊断层和诊断特性，并配备了一个各级分类单元的检索系统，每一类土壤可以在这个检索系统中找到所属的分类位置，也只能找到一个位置。而此前的地理发生分类因为没有检索系统，只有一个各级分类单元的分类表，往往可能在鉴别土壤时，出现"同土异名"或"异土同名"的现象。

3.2　土系调查与分类

3.2.1　调查与分类方法

京津地区的土系调查和土系志编制课题负责人是中国农业大学张凤荣，依据《中国土壤系统分类检索（第三版）》中关于高层分类的划分标准和"我国土系调查与《中国土系志》编制"项目技术组拟定的土族和土系划分标准，根据自 2009 至 2013 年 5 年间京津地区土系调查的经验，确立了京津地区土壤从土纲到土系的各级分类单元的鉴定标准；并依据此标准，对调查的剖面进行了自上而下，即从土纲到土系的系统分类。

首先，收集京津地区已有的土壤资料，包括第二次土壤普查资料、发表的京津地区土壤论文、大学或科研院所有关京津地区土壤研究的硕士论文和博士论文。研读这些著作，了解京津地区的土壤类型及其特性与分布。

然后，将收集到的北京与天津市的土壤图、遥感影像图、土地利用现状图、地形图、地质图进行空间叠加，依据上述资料整理分析得到的土壤和地形、母质、土地利用类型、植被的发生关系及其空间分布特征，进行野外土壤剖面采样布点；实地主要根据母质类型和地形部位来选择确定剖面挖掘点。按照项目组制定的《野外土壤描述与采样规范（第一版）》进行剖面的挖掘、描述和分层取样。土壤颜色比色依据 Munsell 比色卡判定。

实验室分析测定方法依据《土壤调查实验室分析方法》（张甘霖等，2012）进行。其中，颗粒组成：吸管法（六偏磷酸钠分散，不洗钙）；含水率：烘干法；容重：环刀法；pH：电位法，同时用水浸提和氯化钙（0.01 mol/L）浸提两种方法测定（水土比 2.5：1）；$CaCO_3$：气量法；有机质：重铬酸钾-硫酸消化法；全氮（N）：硒粉、硫酸铜、硫酸消化-蒸馏法；全磷（P）：氢氧化钠碱溶-钼锑抗比色法；全钾（K）：氢氧化钠碱溶-火焰光度法；速效氮（N）采用碱解扩散法；有效磷（P）：碳酸氢钠浸提-钼锑抗比色法；速效钾（K）：乙酸铵浸提-火焰光度法；阳离子交换量：乙酸铵（pH＝7.0）交换法；交换性钾、钙、钠、镁：1 mol/L 乙酸铵（pH＝7.0）浸提，其中交换性钙、镁采用原子吸收光谱法，交换性钾、钠采用火焰光度法；盐分总量：质量法；八大盐基离子：HCO_3^-、CO_3^{2-}采用双指示剂滴定法，Cl^-采用硝酸银滴定法，SO_4^{2-}采用 EDTA 间接滴定法，Ca^{2+}、Mg^{2+}采用 EDTA 容量法，K^+和 Na^+采用火焰光度法；全铁（Fe_2O_3）：氢氟酸-高氯酸消解-原子吸收光谱法，其他形态的铁（游离铁 Fe_2O_3、无定形铁 Fe_2O_3、有效铁 Fe）均采用邻菲咯啉比色法测定，其中，游离铁用连二亚硫酸钠-柠檬酸-碳酸氢钠浸提，无定形铁用酸性草酸铵浸提；黏土矿物类型：X 射线衍射仪鉴定。

在野外剖面描述和实验室土样分析的基础上，参考剖面环境条件，主要依据剖面形态特征和理化性质，对照《中国土壤系统分类检索（第三版）》和《中国土壤系统分类土族和土系划分标准》，从土纲、亚纲、土类、亚类、土族、土系，自上而下逐级确定剖面的各级分类名称。新建 151 个土系，涉及 7 个土纲、13 个亚纲、20 个土类、32 个亚类、87 个土族（表 3-2），各土系的详细信息见"下篇区域典型土系"。

表 3-2　北京天津土系分布

土纲	亚纲	土类	亚类	土族	土系
人为土	1	1	3	4	4
盐成土	1	1	2	3	7
潜育土	1	1	1	2	3
均腐土	1	1	1	2	3

土纲	亚纲	土类	亚类	土族	土系
淋溶土	2	5	9	19	29
雏形土	3	6	11	46	90
新成土	4	5	5	11	15
合计	13	20	32	87	151

3.2.2 土壤类型及其空间分布

1）人为土

人为土纲是《中国土壤系统分类：理论·方法·实践》中在有机土纲之后检索出来的第二个土纲。它没有鉴定为有机土的有机土壤物质，但是有：①水耕表层和水耕氧化还原层；②肥熟表层和磷质耕作淀积层；③灌淤表层或堆垫表层。当然，它还可能有其他诊断层和诊断特性，但只要具有上述三条之一，就先鉴定为人为土。

在《中国土壤系统分类：理论·方法·实践》中，人为土土纲分成水耕人为土和旱耕人为土两个亚纲。京津地区虽然也有水稻种植，但由于种植水稻的土壤没有水耕人为土要求的人为滞水土壤水分状况、水耕表层和水耕氧化还原层，因此没有水耕人为土。京津地区只有旱耕人为土。

《中国土壤系统分类：理论·方法·实践》将旱耕人为土分为肥熟旱耕人为土、灌淤旱耕人为土、泥垫旱耕人为土和土垫旱耕人为土四个土类。京津地区没有西北灌水带来大量泥沙沉积与土杂肥混合形成的灌淤旱耕人为土和南方挖塘泥肥田形成的泥垫旱耕人为土，存在因为长期施用大量有机肥形成的肥熟表层和磷质耕作淀积层的肥熟旱耕人为土。但是，满足肥熟旱耕人为土要求的既有肥熟表层又有磷质耕作淀积层的老菜地因为城市化都被建筑物覆盖了，很少施用有机肥新菜地往往满足不了这种要求，因而不能分类为肥熟旱耕人为土。但是，不排除京津地区存在肥熟旱耕人为土，可能只是此次调查我们没有发现。但是，大量存在因为施用土杂肥、深翻土地和土地平整影响，距地表≥50 cm深度的土层中有机碳加权平均值≥4.5%，含有砖瓦陶瓷碎屑和煤渣等侵入体的土垫旱耕人为土。土垫旱耕人为土主要分布在京津地区的平原耕地上。

另一个值得注意的是，京津地区有许多垃圾填埋场，或地表堆垫了垃圾，这些是完全不同于自然土壤或耕种土壤的新的人为土壤类型。《中国土壤系统分类检索（第三版）》还没有将此类土壤纳入，本次也没有调查这类土壤。

2）盐成土

根据《中国土壤系统分类检索（第三版）》，盐成土是在矿质土表至30 cm深度范围内出现盐积层或在矿质土表至75 cm深度范围内出现碱积层的土壤。但是，在京津地区，由于修建排水系统和大量抽取地下水等原因，使得地下水位下降，无论是雨季的降水，还是灌溉，都使得表层土壤的盐分具有了被淋洗的条件。因此，盐积层向下移动。不过，京津地区的自然地理和水文条件并没有变化。不能因为人为的灌溉洗盐而将盐积层淋洗到心底土的土壤排除在盐成土之外。因此，只要在土体范围内有盐积层出现，依然分类为盐成土。

京津地区，盐成土主要分布在天津的滨海地区海积低平原上。由于长期受地下水浸润甚至下部土体长期水分饱和，即使土壤的黏粒含量交换性钠饱和度（ESP）高，但是因为不开裂，就形不成棱柱状或柱状结构以及舌状延伸物等特性，也就不能鉴定为碱积层。因此，也就检索不出碱积盐成土，只能顺序检索为正常盐成土。京津地区的正常盐成土，由于土壤水分状况是潮湿的，所以土类为潮湿正常盐成土，潮湿正常盐成土再根据交换性钠饱和度、pH、盐分含量的垂直分布等特征，分类为弱碱潮湿正常盐成土和海积潮湿正常盐成土两个亚类。本地区盐成土大多是未利用地，也有的开发为工矿用地，也有部分已开垦为耕地。

《中国土壤系统分类检索（第三版）》中设置了弱碱潮湿正常盐成土这个亚类。调查中发现，天津滨海地区，有些盐成土的 pH 和 ESP 很高，也没有形成棱柱状或柱状结构以及舌状延伸物等特性，也就不能鉴定为碱积现象；从这个特性上并不符合《中国土壤系统分类检索（第三版）》中的弱碱潮湿正常盐成土的要求。如果按现行《中国土壤系统分类检索（第三版）》顺序检索，所有潮湿正常盐成土都检索为海积潮湿正常盐成土。显然，将 pH 和 ESP 很高的盐成土都归为海积潮湿盐成土不合适。因此，建议《中国土壤系统分类（第三版）》将碱积现象改为"土层中具有一定碱化作用的特征。发育不明显的棱柱状结构或无棱柱状结构；上部 40cm 厚度以内的某一亚层中交换性钠饱和度>30%；pH≥9.0"。之所以将弱碱潮湿正常盐成土的交换性钠饱和度标准提高到≥30%，水浸 pH 提高到≥9.0，而不是碱积现象要求的交换性钠饱和度（ESP）为 5%~29%，pH 一般为 8.5~9.0，是因为如果按照此标准，大多数海积潮湿正常盐成土又都归类为弱碱潮湿正常盐成土了。并调整《中国土壤系统分类检索（第三版）》中潮湿正常盐成土亚类的检索顺序，将海积潮湿正常盐成土是京津地区潮湿正常盐成土土类中第二个检索出来的亚类，它与弱碱潮湿正常盐成土的区别是在 100 cm 深度以上没有土层的交换性钠饱和度（ESP）≥30%和（或）水浸 pH≥9.0。受海水影响，其盐积层的盐分组成以氯化钠占优势，且土壤剖面各土层含盐量相近。

3）潜育土

潜育土是矿质土表至 50 cm 范围内至少有一土层（厚度≥10 cm）呈现潜育特征的土壤。在《中国土壤系统分类检索（第三版）》中，潜育土是京津地区人为土和盐成土之后第三个检索出来的土纲。人为土，特别是盐成土，也可能有潜育特征，但只要土壤具有盐成土的盐积层和人为土的堆垫表层，就先分类为盐成土或人为土，而不分类为潜育土。潜育土分为永冻潜育土、滞水潜育土和正常潜育土。

在京津地区，既没有永冻潜育土，也没有滞水潜育土，只有正常潜育土。而且只有简育正常潜育土一个土类。京津地区的简育正常潜育土面积不大，仅分布在冲积平原的洼地。那里有季节性地表积水，潜水位高，但矿化度并不高，没有形成盐积层。历史上，处于上游的北京洼地不多，洼地主要分布在下游的天津。由于长期的围垦，特别是新中国成立后的"大开荒"和"根治海河"，平原区的洼地已经所剩无几。目前，潜育土主要分布在天津的七里海等为数不多的几个洼地区。

4）均腐土

均腐土的典型特征是具有暗沃表层，而且这个暗沃表层的有机质含量是从上部到下部逐渐降低的，即具有均腐殖质特性，同时其矿质土壤部分的盐基饱和度≥50%。均腐土在《中国土壤系统分类检索（第三版）》中是在潜育土之后检索出来的土纲，因此均腐土并不排除具有雏形层、黏化层、氧化还原特征等。

均腐土主要分布在我国东北草原性草甸和草甸性草原区，大致相当于全国第二次土壤普查的黑土土类和黑钙土土类。在京津地区，均腐土主要分布在中山地带。那里具有"生草现象"，生长着草甸性草原植被或者阔叶林下的草本植物。由于海拔高、低温时期长，有助于有机质积累，形成了暗沃表层。并且，由于坡度大有助于土壤内排水，不存在滞水层，植物根系含量自表层向下逐渐减少，造成土壤有机质含量逐步下降，因而具有均腐殖质特性。因此，虽然没有测定土表至 20 cm 与土表至 100 cm 的腐殖质储量比（Rh），但从剖面形态地形、土壤水分状况和植被类型可以判断，这些土壤的土表至 20 cm 与土表至 100 cm 的腐殖质储量比（Rh）≤0.4，满足均腐殖质特性的要求。

京津地区的中山地区降水量比基带高，加之气温低，土壤水分状况为湿润的，均腐土因而检索为湿润均腐土亚纲。因为没有其他诊断层而分类为简育湿润均腐土。其中，疏松土层厚度≥50 cm 的，属于普通简育湿润均腐土。本次调查的几个均腐土土系，均是普通简育湿润均腐土。京津地区肯定还存在疏松土层厚度小于 50 cm 的均腐土，50 cm 深度之内出现准石质接触面或石质接触面，应该不属于普通简育湿润均腐土，但此次没有调查到。

5）淋溶土

淋溶土的典型特征是具有黏化层，但具有黏化层的土壤不一定都分类为淋溶土。根据《中国土壤系统分类检索（第三版）》，在京津地区，淋溶土是在均腐土之后，雏形土之前检索出来的土纲。因此，即使土壤有黏化层，但如果同时具有定义在淋溶土之前检索出来的土纲所要求的诊断层或诊断特性，则首先分类那些土纲。淋溶土也可以有定义雏形土的雏形层。

京津地区淋溶土主要分布在山区和山前平原，这些地方土壤具有淋溶条件，只要土壤发育时间足够，风化过程形成的黏粒就会发生淋溶淀积，在土体中形成黏化层。暖温带半湿润的季风气候，在温暖的雨季，发生原生矿物转化为次生黏土矿物的残积黏化过程，只要时间足够，也形成黏化层。土壤是一个历史自然体，在京津地区，很多黏化层是在古气候条件下形成的，山区土壤因侵蚀露于地表时，往往造成黏化层的黏粒含量与表层的黏粒含量比值达不到黏化层的要求；但这些土壤只要在土壤结构体面上发现黏粒胶膜，即使黏粒含量与表层的黏粒含量比值达不到黏化层的要求，也依然定义为淋溶土。

京津地区的淋溶土有干润淋溶土和湿润淋溶土两个亚纲。干润淋溶土是京津地区第一个检索出来的淋溶土亚纲，是分布面积最大的淋溶土，主要分布在低山丘陵和山前洪积扇地区，土壤水分状况是半干润的，雨季发生黏粒的淋溶淀积作用或土体中部温暖湿润有利于残积黏化的作用，而具有黏化层。钙积干润淋溶土因为成土母质含有碳酸盐，在半干润水分条件下，发生碳酸盐的淋溶淀积作用，产生了钙积层。干润淋溶土不同于同地区具有半干润水分状况和黏化层，但没有钙积层的简育干润淋溶土；也不同于同地区具有半干润水分状况和黏化层以及铁质特性的铁质干润淋溶土。湿润淋溶土是京津地区淋溶土的第二个亚纲，其土壤水分状况是湿润的。湿润淋溶土分布面积不大，分布在北京北部降水量较大的燕山山区中，不同于冷凉湿润雏形土亚纲，其湿润土壤水分状况不是因为海拔高、气温低、蒸发量小造成的；而是因为所在区域是京津地区的降水中心（燕山）年降水量大，而使得土壤水分控制层段的水分状况是湿润的。土壤水分以下行水为主，具有淋溶条件，产生了黏化层，而分类为淋溶土。不同于同地区的同样具有湿润土壤水分状况，没有黏化层，只有雏形层的湿润雏形土。因为黏化层具有铁质特性，为铁质湿润淋溶土，不同于简育湿润淋溶土。

在京津地区，干润淋溶土根据有无钙积层、铁质特性等又分类为钙积干润淋溶土、铁质干润淋溶土和简育干润淋溶土 3 个土类。而湿润淋溶土根据有无铁质特性、斑纹等又分类为铁质湿润淋溶土、斑纹湿润淋溶土和简育干润淋溶土 3 个土类。

6）雏形土

在《中国土壤系统分类检索（第三版）》中，雏形土是在新成土之前淋溶土之后检索出来的土纲。雏形土是京津地区分布最为广泛的土壤。无论是山区，还是平原，都有分布。可能是因为成土时间短或者是因为母质的因素，没有发育成黏化层，也没有盐积层、潜育特征、人为表层；但是，还是因为具有雏形层而被分类为雏形土；从而区别于连雏形层都没有的更为年轻的土壤——新成土。

京津地区处于暖温带，因此没有寒冻雏形土亚纲。因为地处半湿润季风气候区，全年多数月份没有降水，土壤没有下行水湿润土壤水分控制层段，因此京津地区没有常湿润的水分状况，也就没有常湿润雏形土。在京津平原低洼地区，地下水位高，土壤具有潮湿水分状况，且矿质土表至 50 cm 深度具有氧化还原特征，具有这样特征的雏形土分类为潮湿雏形土。在山区和部分平原区，土壤不受地下水影响，土壤具有干润水分状况，这样的雏形土分类为干润雏形土。在部分降水量大的山区，土壤水分控制层段具有湿润水分状况，具有这样水分特征的雏形土分类为湿润雏形土。

京津地区，干润雏形土分布最广，主要分布在山地丘陵区以及土壤水分控制层段不受地下水影响的山前平原和冲积平原；其次是潮湿雏形土，主要分布于海积冲积低平原、扇缘洼地；湿润雏形土面积最小，主要分布于中山地带和降水量较多的燕山部分地区。

弱盐砂姜潮湿雏形土是潮湿雏形土中具有碳酸盐结核而且具有盐积现象的土壤，多分布在海积冲积低平原和海积低平原区。因为这些地方地下水位高，且地下水矿化度高，蒸发量大于降水量，地下水中的盐分在上层土壤积累。但是，盐分含量还达不到盐积层的标准。由于地下水或成土母质中富含碳酸盐，在土壤中形成碳酸盐结核（砂姜）。普通砂姜潮湿雏形土是潮湿雏形土中具有碳酸盐结核但没有盐积现象的土壤；多分布在山前平原与冲积平原的交接洼地、冲积平原和海积冲积低平原。地下水位高，具有潮湿土壤水分状况。由于地下水或成土母质中富含碳酸盐，在土壤中形成碳酸盐结核，但土壤中没有盐积现象。

弱盐淡色潮湿雏形土是京津地区淡色潮湿雏形土中第一个检索出的亚类，主要分布于天津海积平原、海积冲积低平原和部分低冲积平原区。弱盐淡色潮湿雏形土没有碳酸盐结核或碳酸盐结核含量不足而不能够分类为砂姜潮湿雏形土，但它具有淡薄表层、潮湿水分状况、氧化还原特征和盐积现象。由于母质主要来源于海积物或冲积物，土壤矿物学组成都是混合型的，土壤温度状况相同（温性），土族就根据土族控制层段内颗粒大小级别及其突然变化和石灰性的有无进行划分。土系则在土族及其以上分类阶层分类标准基本相同的情况下，根据表土质地、土体质地构型、有无贝壳、有无腐殖质埋藏层等其他差异划分。石灰淡色潮湿雏形土是京津地区淡色潮湿雏形土中第二个检索出的亚类，主要分布于天津海积平原、海积冲积平原和部分低冲积平原区。它是淡色潮湿雏形土中没有盐积现象，因此不能分类为弱盐淡色潮湿雏形土；因为具有石灰性反应，而区别于普通淡色潮湿雏形土。普通淡色潮湿雏形土是京津地区淡色潮湿雏形土中第三个检索出的亚类，主要分布于海积冲积平原和部分低冲积平原区。它是淡色潮湿雏形土中，没有盐积现象和石灰性反应，因此不能分类为弱盐淡色潮湿雏形土和石灰淡色潮湿雏形土，就称为普通淡色潮湿雏形土。

石灰底锈干润雏形土是雏形土中具有干润土壤水分状况、氧化还原特征和石灰性反应的雏形土。其中某些土层的碳酸钙测出物含量达不到 1%，但某些土层可见碳酸钙结核，也归类到石灰底锈干润雏形土。干润土壤水分状况是由半湿润大陆性季风气候条件决定的。氧化还原特征说明过去地下水位高，氧化还原过程曾影响着土壤的中下部位，留下了活动迹象。但是今天由于地下水位下降，土壤不但不再发生氧化还原反应，而且地下水也不能借助土壤毛管力上升补充土壤水，使得主要靠降水的土壤水分控制层段的水分状况是干润的。在京津地区，石灰底锈干润雏形土是先于普通底锈干润雏形土检索出来的底锈干润雏形土亚类，普通底锈干润雏形土在石灰底锈干润雏形土之后检索出来的底锈干润雏形土亚类。在亚类这个阶层的分类标准上，它与石灰底锈干润雏形土不同的是，即使有石灰性反应，但某些土层的碳酸钙测出物含量达不到 1%，而且整个土体也没有见碳酸钙结核。目前，在京津地区，普通底锈干润雏形土只发现一个土系。普通简育干润雏形土是心底土没有氧化还原特征的具有干润土壤水分状况的雏形土。可能是雏形土中分布面积最大的亚类，主要分布在低山丘陵地区和山前洪冲积平原。因为气候是半干润的，且土壤不受地下水影响，而使土壤具有干润水分状况。

暗沃冷凉湿润雏形土因为海拔高、气温低、雨雾多、蒸发量小，土壤水分状况是湿润的。冷凉的气候和长时间的土壤冻结，使得有机质分解缓慢，形成了暗沃表层。暗沃表层之下是雏形层。该亚类同均腐土一样，也分布于京津地区的中山地带。虽然也具有暗沃表层，但是因为不具有均腐殖质特性，而不能分类为均腐土。因为颗粒大小级别的差异和土层厚度不同，而又划分为不同的土族和土系。普通冷凉湿润雏形土分布于京津地区的中山地带。可能是土壤侵蚀的原因或因为成土时间短，该亚类没有形成暗沃表层，且不同于暗沃冷凉湿润雏形土。

普通简育湿润雏形土亚类分布于京津低山区。不同于冷凉湿润雏形土亚纲，其湿润土壤水分状况不是因为海拔高、气温低、蒸发量小造成的；而是因为所在区域是京津地区的降水中心，年降水量大而使得土壤水分控制层段的水分状况是湿润的。土壤不受地下水影响，水分来自于降水和地面与土内径流，具有淋溶条件。但是，可能是成土时间短的原因，或者是由于母质风化慢，或者因为遭受侵蚀与堆积阻碍了土壤的系统发育，只有雏形层没有黏化层，因而不同于同区域的具有黏化层的简育湿润淋溶土。

7）新成土

在《中国土壤系统分类检索（第三版）》，新成土是最后一个检索出来的土纲。新成土主要分布在地形陡峭、缺少植被保护、水土流失严重的山区，或分布在平原区砂性沉积物和沉积层理还十分明显的近代冲积物上。因为成土时间十分短或者是因为母质的因素，除了可能存在的淡薄表层外，没有任何定义人为土、淋溶土、盐成土、潜育土的诊断层或诊断现象存在，甚至连最年轻的雏形层都没有；从剖面形态上看，是最年幼的土壤。

石灰扰动人为新成土是新成土中在矿质土表至 50 cm 范围内有人为扰动层次，且土壤具有石灰性反应的土壤；面积很小。石灰扰动人为新成土的人为干扰留下的特征还达不到定义人为土的标准，但它的成土时间非常短，也没有形成雏形土的雏形层。

斑纹干润砂质新成土是新成土中具有砂质沉积物岩性特征，且土壤水分状况为干润、底土出现斑纹特征的土壤。由于砂质沉积物抗风化或沉积下来的时间不长，没有形成雏形层。在暖温带半湿润季风气候区，土体得不到地下水补给的条件下，土壤水分是干润的。砂粒色调浅，即使短暂的积水还原也容易造成铁锈染色，或者土体底部出现的斑纹特征也可能是遗留特征，因为现代土壤不具备发生氧化还原的条件。

普通湿润冲积新成土是新成土中具有冲积物岩性特征，且土壤水分状况为湿润的土壤。由于冲积物沉积下来的时间不长，没有形成雏形层。而且土体又得不到地下水水分的补给，造成土壤水分控制层段的水分状况是干润的。

石质干润正常新成土是京津地区新成土中分布最为广泛的亚类，广泛分布在山区。因为土壤侵蚀，土壤发育受阻，甚至都没有形成雏形层。这些土壤土层浅薄，一般只有有机质含量非常低的腐殖质表层，其下即为基岩；或者砾石含量极高。因为土层薄，粗骨性强，持水能力差，土壤水分状况是干润的。根据土壤颗粒大小划分为不同的土族、土系，或根据基岩岩性的不同划分为不同的土族、土系，因为基岩不同，其风化速度及其风化物质的性质也不同。

下篇　区域典型土系

第4章 人 为 土

4.1 肥熟土垫旱耕人为土

4.1.1 东胡林系（Donghulin Series）

土　族：壤质混合型石灰性温性-肥熟土垫旱耕人为土
拟定者：王秀丽，张凤荣

分布与环境条件　暖温带半湿润大陆性季风气候。冬春干旱多风，夏季炎热多雨，年平均温度 9.1 ℃，降水量 505 mm 左右。降水集中在 7～8 月，接近占全年的 70%；降雨年际间变化大，而且多大雨，甚至暴雨，容易造成地表径流。地形是低山宽谷。

东胡林系典型景观

土系特征与变幅　本土系诊断层是肥熟表层，诊断特性包括堆垫现象、半干润土壤水分状况、温性土壤温度状况、石灰性。位于清水河河道上，原本为河流低阶地；但很早就开辟为耕地，且多种植蔬菜。因为长期不断地施用土杂肥，形成厚 1 m 左右的混杂大量侵入物土层，其表层有效磷和有机碳含量满足了肥熟表层的要求，可以诊断为肥熟表层。但是肥熟表层之下的土层因为不符合磷质耕作淀积层的有效磷≥18 mg/kg 的要求，该土壤不能分类为肥熟旱耕人为土，只能分类为肥熟土垫旱耕人为土。该土系的剖面有效土层厚至少 1.5 m，质地构型为粉砂壤土夹砂质壤土，上部厚 90 cm 左右为含有大量侵入体的堆垫层，大约 1 m 深以下即为阶地沉积物质河滩卵石层。该堆垫层中土壤动物活动迹象明显，疏松多孔；有机质含量高，颜色黑暗。

对比土系　门头沟河道堆垫系，堆垫的是生黄土，没有侵入体、煤渣等，不同土纲，属于新成土。门头沟塔河系是在自然河道冲积物上修筑堤坝造田，虽然将土内影响耕作的大块砾石拣走（用于修筑堤坝地埂），但仍然含有大量砾石（大于 2 mm 的岩石碎屑大于 50%）；其土壤肥力也低，不是堆垫层。申隆农庄系，虽然也有人为侵入体，但侵入体含量少、有机碳含量低、具有氧化还原特征，不同亚类，属于斑纹土垫旱耕人为土。

四家庄系，虽然也有堆垫表层，但没有肥熟现象，不同亚类，为普通土垫旱耕人为土。

利用性能综述　土层深厚疏松，细土物质为壤土，结构和空隙状况良好，肥力很高。虽处于较干旱地区，但因为处于河流阶地，土壤的内外排水均好，而且有灌溉条件，为优质农田，宜种蔬菜。

参比土种　学名：轻壤质菜园潮褐土；群众名称：园田灰黄土。

代表性单个土体　位于北京市门头沟区斋堂镇东胡林村，坐标39°58′54.8″N，115°45′04″E。地貌是清水河阶地，母质为冲积物，表土和心土为堆垫的含有大量侵入体的黄土状物质。海拔390 m，土地利用类型是菜地。野外调查时间是2011年9月8日，野外编号是门头沟15。

东胡林系代表性单个土体剖面

Ap：0~26 cm，暗棕色（10YR 3/1，润）；粉砂壤土；发育较好的小团粒结构；干、湿态都松散；有5%~8%的半风化圆状的岩石碎屑，3~5 mm大；富含大量人工侵入物（煤渣、碎陶片等），面积百分数8~10；土壤动物活动明显，含大量动物粪便；石灰反应强；向下平滑明显过渡。

Bu1：26~55 cm，暗灰棕色（10YR 3/2，润）；砂质壤土；发育较好的小团粒结构；干、湿态都松散；有5%~8%的半风化圆状的岩石碎屑，3~5 mm大；富含大量人工侵入物（煤渣、碎陶片等），面积百分数8~10；土壤动物活动明显，含大量动物粪便；石灰反应强；渐变平滑过渡。

Bu2：55~98 cm，深黄棕色（10YR 3/4，润）；粉砂壤土；发育较好的小屑粒状结构；干、湿态都松散；有5%~8%的半风化圆状的岩石碎屑，3~5 mm大；富含大量人工侵入物（煤渣、碎陶片等），面积百分数5~8；土壤动物活动明显，含大量动物粪便；石灰反应强；向下平滑明显过渡。

Bu3：98~125 cm，暗棕色（10YR 3/3，润）；粉砂壤土；发育弱的细小屑粒结构；干时松散，湿时松脆；有<5%的半风化圆状的岩石碎屑，2~4 mm大；人工侵入物（煤渣、碎陶片等）渐少，面积百分数<5左右；土壤动物活动迹象减少，粪便较少；石灰反应较强。

东胡林系代表性单个土体物理性质

土层	深度 /cm	砾石* （>2 mm，体积分数）/%	细土颗粒组成（粒径：mm）/（g/kg）			质地
			砂粒 2~0.05	粉粒 0.05~0.002	黏粒<0.002	
Ap	0~26	5~8	429	490	81	粉砂壤土
Bu1	26~55	5~8	656	245	99	砂质壤土
Bu2	55~98	5~8	359	549	92	粉砂壤土
Bu3	98~125	<5	291	568	141	粉砂壤土

* 砾石：包括岩石、矿物碎屑及矿质瘤状结核（下同）

东胡林系代表性单个土体化学性质

深度 /cm	pH		有机质 /（g/kg）	有效磷(P) /（mg/kg）	CaCO₃ /（g/kg）	全铁 /（g/kg）	游离铁 /（g/kg）	无定形铁 /（g/kg）	有效铁 （Fe） /（mg/kg）	CEC /[cmol（+）/kg]
	H₂O	CaCl₂								
0~26	8.0	7.4	40.8	253.5	64.9	39.2	11.1	7.0	1.8	14.2
26~55	8.2	7.6	31.4	17.3	51.6	42.4	5.3	7.4	1.4	13.2
55~98	8.4	7.6	33.8	12.6	44.9	43.1	5.6	9.3	1.2	15.7
98~125	8.3	7.6	24.4	18.5	34.6	41.9	3.3	8.6	0.9	17.7

4.2 斑纹土垫旱耕人为土

4.2.1 黄港系（Huanggang Series）

土　族：砂质混合型石灰性温性-斑纹土垫旱耕人为土
拟定者：孔祥斌，张青璞

分布与环境条件　暖温带半湿润大陆性季风气候。冬春干旱多风，夏季炎热多雨，年均温 12.0 ℃，年均降水量 602 mm。降水集中在 7~8 月，接近占全年的 70%；降雨年际间变化大。受降雨的季节性影响，地下水位有季节变化，最低水位出现在 5 月底或 6 月初，雨季以后地下水得到补给，水位上升，9~10 月达到最高水位。地处冲积平原，地下水位较高，成土母质是冲积物。地下水或成

黄港系典型景观

土母质中富含碳酸盐。过去主要种植大田作物，现改为园地，栽培果树。

土系特征与变幅　本土系诊断层包括堆垫表层、雏形层，诊断特性包括平整土地造成的人为扰动层次、氧化还原特征、潮湿水分状况、温性土壤温度。地势平坦、土层深厚、地下水埋深 90 cm，15 cm 以下至底层均有铁锰结核和铁锰斑纹，30 cm 以下出现少量大块砂姜。通体砂质壤土。有砖屑、煤渣等侵入体的土层厚达 50 cm，可能是土地平整工程造成的。极强的石灰反应。

对比土系　申隆农庄系，同一亚类，但颗粒大小级别不同，水分状况是干润的，没有钙积层。常乐村系，含砖瓦屑等侵入体的人为扰动层次浅薄，不同土纲，属于雏形土。

利用性能综述　地形平坦、土层深厚、土壤肥沃、通透性较好，但地下水位高，应注意排水；通体砂质壤土，比较适宜喜砂作物生长。

参比土种　学名：砂壤质砂姜潮土；群众名称：面砂潮黑土。

黄港系代表性单个土体剖面

代表性单个土体　位于北京市朝阳区黄港乡黄港村，坐标为 40°03′16.83″N，16°29′26.33″E。地貌为冲积平原，母质为冲积物，海拔 43 m。野外调查时间 2010 年 9 月 27 日，野外调查编号是 KBJ-23。与其相似的单个土体是 2002 年 9 月 7 日"北京中关村农林科技园区土壤调查研究工作"中挖掘描述的位于北京市海淀区上庄镇卫生院西的 19 号剖面。

Ap1：0~15 cm，深灰色（7.5YR 3/0，润）；砂质壤土；细屑粒状结构；疏松；很少量的细根系；有少量的砖屑、煤渣侵入体；极强石灰反应；向下平滑逐渐过渡。

Ap2：15~30 cm，暗棕色（7.5YR 3/2，润）；砂质壤土；细屑粒状结构；疏松；很少量的细根系；很少量模糊的小铁锈纹；少量的小球形结核；有少量的砖屑、煤渣侵入体；极强石灰反应；向下平滑明显过渡。

Burk1：30~43 cm，暗棕色（10YR 3/3，润）；砂质壤土；细屑粒状结构；疏松；很少量的细根系；少量模糊小铁锈纹；有少量球形和不规则状铁锰、碳酸钙结核和瘤状物；有少量的砖屑、煤渣侵入体；极强石灰反应；向下平滑突然过渡。

Burk2：43~80 cm，黄棕色（10YR 5/6，润）；砂质壤土；无结构；疏松；中量中等模糊小铁锈纹；有少量球形和不规则状铁锰、碳酸钙结核和瘤状物；有少量的砖屑、煤渣侵入体；极强石灰反应；80 cm 见地下水。

黄港系代表性单个土体物理性质

土层	深度 /cm	砾石（>2 mm，体积分数）/%	细土颗粒组成（粒径：mm）/（g/kg）			质地
			砂粒 2~0.05	粉粒 0.05~0.002	黏粒<0.002	
Ap1	0~15	0	559	308	133	砂质壤土
Ap2	15~30	0	569	293	138	砂质壤土
Burk1	30~43	2~5	572	301	127	砂质壤土

黄港系代表性单个土体化学性质

深度 /cm	pH		有机质 /（g/kg）	速效氮（N）/（mg/kg）	有效磷（P）/（mg/kg）	速效钾（K）/（mg/kg）	全氮（N）/（g/kg）	全磷（P）/（g/kg）	全钾（K）/（g/kg）	CaCO3 /（g/kg）
	H2O	CaCl2								
0~15	8.4	7.8	14.0	52.4	21.5	110.2	0.98	0.84	27.1	27.1
15~30	8.6	7.8	9.2	22.9	4.4	58.2	0.13	0.61	25.6	25.2
30~43	8.5	7.7	4.7	8.2	2.8	18.2	0.13	0.36	23.4	49.8

深度 /cm	全铁 /（g/kg）	游离铁 /（g/kg）	无定形铁 /（g/kg）	有效铁（Fe）/（mg/kg）	CEC /[cmol（+）/kg]
0~15	34.4	7.9	1.4	19.6	7.7
15~30	35.2	8.6	1.0	9.4	7.9
30~43	29.6	7.7	0.6	4.8	4.2

4.2.2 申隆农庄系（Shenlongnongzhuang Series）

土　族：壤质混合型石灰性温性-斑纹土垫旱耕人为土
拟定者：孔祥斌，张青璞

分布与环境条件 处于暖温带半湿润季风气候区。冬春干旱多风，夏季炎热多雨，年均温 11.7 ℃，年均降水量 583 mm。降水集中在 7～8 月，接近占全年的 70%；降雨年际间变化大，而且多大雨，甚至暴雨，容易造成短暂洪涝。位于冲积平原上部，坡度<2°，成土母质是洪冲积物。

申隆农庄系典型景观

土系特征与变幅 本土系诊断层包括淡色表层、雏形层，诊断特性包括平整土地造成的人为扰动层次、氧化还原特征、半干润水分状况、温性土壤温度。天然植被类型原为草甸，现在为农田。历史上曾种植水稻，是"京西稻"栽培区。因为水资源短缺，地下水位下降，已经改为旱作。土层深厚，粉粒含量基本在 450 g/kg 以上，质地构型为粉砂壤土与壤土交替排列。氧化还原特征层出现在 35 cm 以下，厚度 60 cm 以上。距地表 80 cm 左右有埋藏的腐殖质层，厚度 40 cm，可能是老耕作层。土壤中有大量蚯蚓等土壤动物，少量人为侵入体。

对比土系 黄港系，同一亚类不同土族，黄港系的水分状况是潮湿的，有砂姜钙积层，颗粒大小级别也不同。常乐村系，含砖瓦屑等侵入体的人为扰动层次浅薄，属于雏形土，且常乐村系的土壤水分状况为潮湿。东胡林系，具有堆垫土层，但土体内没有氧化还原特征，属于肥熟亚类。四家庄系，氧化还原特征出现在 1 m 以下，属于普通亚类。

利用性能综述 地形平坦，土层深厚，土壤质地适中，既具有一定持水力，通透性也好，综合肥力水平高。但处于平原，过去地下水位较高，有短暂洪涝，所以要做好排水系统。

参比土种 学名：厚层堆垫物褐土性土；群众名称：厚层堆垫黄土。

代表性单个土体 位于北京市海淀区上庄辛力屯村上庄中国农大实验站，坐标为 40°08′27.7″N，116°10′39.2″E。地形属于山前平原，母质为洪冲积物，海拔 52 m，土地利用类型是耕地。野外调查时间是 2010 年 9 月 1 日，野外调查编号是 KBJ-01。与其相似的单个土体是 2004 年 6 月上旬中国农业大学上庄实验站建站进行土壤基础调查挖掘的 PN3 号剖面（40°08′19.0″N，116°10′36.2″E）和 1992 年 4 月 26 日采集于北京市海淀区东北旺乡马连洼的菜地 Dbw9 号剖面。

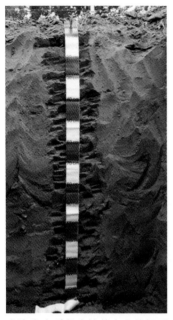

申隆农庄系代表性单个土体剖面

Ap1：0～10 cm，黄棕色（10YR 5/4，润）；粉砂壤土；发育较弱的团粒状结构；坚实；中量极细根系；有很少的侵入体；少量蚯蚓和蚯蚓孔；轻度石灰反应；向下平滑明显过渡。

Ap2：10～35 cm，暗棕色（10YR 4/3，润）；壤土；发育弱的片状结构；坚实；少量极细根系；有很少的侵入体；少量蚯蚓和蚯蚓孔；轻度石灰反应；向下平滑明显过渡。

Bur：35～80 cm，黄棕色（10YR 5/4，润）；粉砂壤土；屑粒状结构；坚实；有少量的铁锰结核；有很少的侵入体；向下平滑明显过渡。

2Auhb：80～120 cm，黄棕色（10YR 6/5，润）；壤土；片状结构；坚实；少量极细根系；有少量的侵入体；向下平滑逐渐边界。

2Bur：120～140 cm，棕黄色（10YR 6/8，润）；粉砂壤土；屑粒状结构；坚实；中量中粗根系；有中量的明显的铁锰斑纹；有很少的侵入体；向下平滑突然过渡。

3Buhr：140～160 cm，深黄棕色（10YR 4/6，润）；粉砂壤土；屑粒状结构；很坚实；中量极细深根系；有中量明显的铁锰斑纹；有很少的人为侵入体。

申隆农庄系代表性单个土体物理性质

土层	深度/cm	砾石（>2 mm，体积分数）/%	细土颗粒组成（粒径：mm）/（g/kg）			质地
			砂粒 2～0.05	粉粒 0.05～0.002	黏粒<0.002	
Ap1	0～10	0	276	553	171	粉砂壤土
Ap2	10～35	0	351	487	162	壤土
Bur	35～80	0	334	515	151	粉砂壤土
2Auhb	80～120	0	403	448	149	壤土
2Bur	120～140	0	114	743	144	粉砂壤土
3Buhr	140～160	0	68	692	240	粉砂壤土

申隆农庄系代表性单个土体化学性质

深度/cm	pH		有机质/（g/kg）	速效氮（N）/（mg/kg）	有效磷（P）/（mg/kg）	速效钾（K）/（mg/kg）	全氮（N）/（g/kg）	全磷（P）/（g/kg）	全钾（K）/（g/kg）	CaCO₃/（g/kg）
	H₂O	CaCl₂								
0～10	8.5	7.8	10.5	41.0	5.1	74.2	0.44	0.17	20.5	8.3
10～35	8.5	7.8	13.0	41.0	4.2	58.2	0.50	0	19.7	11.7
35～80	8.6	7.8	9.1	16.4	2.6	46.2	0.35	0.10	21.5	8.9
80～120	8.4	7.7	6.7	26.2	2.0	46.2	0.25	0.29	21.7	4.2
120～140	8.0	7.5	6.8	11.5	1.6	54.2	0.16	0.67	22.6	1.3
140～160	8.3	7.6	11.2	14.7	2.0	114.2	0.23	0.31	23.9	4.1

深度/cm	全铁/（g/kg）	游离铁/（g/kg）	无定形铁/（g/kg）	有效铁（Fe）/（mg/kg）	CEC/[cmol（+）/kg]
0～10	36.6	10.7	1.2	9.7	13.5
10～35	37.3	10.0	1.3	10.5	10.0
35～80	36.5	12.0	1.3	9.2	9.6
80～120	35.3	12.7	0.9	7.7	9.8
120～140	39.3	11.5	0.6	6.0	10.8
140～160	51.3	14.1	1.0	8.1	19.3

4.3　普通土垫旱耕人为土

4.3.1　四家庄系（Sijiazhuang Series）

土　族：壤质混合型石灰性温性-普通土垫旱耕人为土
拟定者：孔祥斌，张青璞

分布与环境条件　暖温带半湿润大陆性季风气候。冬春干旱多风，夏季炎热多雨，年均温 11.9 ℃，年均降水量 601 mm；降水集中在 7～8 月，接近占全年的 70%；降雨年际间变化大，而且多大雨，甚至暴雨，容易造成短暂洪涝。其地形为山前平原，母质为冲积物。土地利用类型为耕地，植被主要为玉米等。

四家庄系典型景观

土系特征与变幅　本土系诊断层有堆垫表层、雏形层，诊断特性包括半干润水分状况、温性土壤温度、石灰性、氧化还原现象。土层深厚，质地为壤土。耕作层之下厚 80～90 cm 的土层也有煤渣、砖瓦屑等人为浸入体，距地表 105 cm 处才出现氧化还原现象。土体中有少量蚯蚓等土壤动物。通体具有石灰反应。
对比土系　申隆农庄系，氧化还原现象在土层 1 m 以内出现，属于斑纹亚类。东胡林系具有肥熟现象，属肥熟亚类。
利用性能综述　地形平坦，土层深厚，内排水良好，外排水平衡，不易产生地表径流。土体质地适中，上层为壤土，下层为粉砂壤土，持水力较好，通透性良好，适宜作物生长。渗透性较好，种植作物施肥被淋失的可能性存在，可能污染水源。
参比土种　学名：厚层堆垫物褐土性土；群众名称：厚层堆垫黄土。

代表性单个土体　位于北京市昌平区阳坊镇四家庄，坐标为 40°10′04.23″N，116°09′32.20″E。地貌为山前平原，母质是冲积物，海拔 50 m，土地利用类型是耕地。野外调查时间 2010 年 9 月 10 日，野外调查编号 KBJ-13。

Ap：0～20 cm，灰色（10YR 5/3，润）；壤土；中等棱块状结构；疏松；中量细根系；孔隙类型为中等根孔、动物穴；侵入体为砖屑、煤渣、砂姜；少量蚯蚓；轻石灰反应；向下平滑逐渐过渡。

Bu：20～105 cm，黄棕色（10YR 5/4，润）；粉砂壤土；中片状结构；坚实；少量细浅根系；侵入体为砖屑、煤渣和砂姜；少量蚯蚓；强石灰反应；向下平滑逐渐过渡。2Br：105～140 cm；粉砂壤土；中等棱块状结构；松脆；很少量细根系；孔隙类型为细管道状气孔；中量明显～清楚的小铁锰结核；强石灰反应；渐变平滑过渡。

四家庄系代表性单个土体剖面

四家庄系代表性单个土体物理性质

土层	深度 /cm	砾石 （>2 mm，体积 分数）/%	细土颗粒组成（粒径：mm）/（g/kg）			质地
			砂粒 2～0.05	粉粒 0.05～0.002	黏粒<0.002	
Ap	0～20	0	368	481	151	壤土
Bu	20～105	0	360	512	128	粉砂壤土
2Br	105～140	0	361	515	124	粉砂壤土

四家庄系代表性单个土体化学性质

深度 /cm	pH		有机质 /（g/kg）	速效氮（N） /（mg/kg）	有效磷（P） /（mg/kg）	速效钾（K） /（mg/kg）	全氮（N） /（g/kg）	全磷（P） /（g/kg）	全钾（K） /（g/kg）	CaCO₃ /（g/kg）
	H₂O	CaCl₂								
0～20	8.5	7.8	16.3	95.0	10.4	46.2	0.64	0.68	25.7	8.6
20～105	8.5	7.8	11.1	29.5	4.0	50.2	0.43	0.81	26.9	25.2
105～140	8.4	7.7	7.0	9.8	2.2	34.2	0.18	0.48	27.2	44.6

深度 /cm	全铁 /（g/kg）	游离铁 /（g/kg）	无定形铁 /（g/kg）	有效铁（Fe） /（mg/kg）	CEC /[cmol (+) /kg]
0～20	43.3	14.3	1.3	10.0	11.3
20～105	40.8	12.2	1.4	14.6	9.5
105～140	38.4	11.9	0.7	5.8	7.9

第5章 盐 成 土

5.1 弱碱潮湿正常盐成土

5.1.1 创业路系（Chuangyelu Series）

土　族：黏质混合型石灰性温性-弱碱潮湿正常盐成土
拟定者：王秀丽

分布与环境条件　暖温带半湿润季风型大陆性气候，四季分明。年平均气温为 12 ℃，大于 10 ℃的积温 4297 ℃，全年无霜期 209 天。年平均降水量 567.5 mm，全年降水量多集中在 7、8、9 三个月，历年平均值为 480.5 mm，占全年降水量 85%，年蒸发量远大于年降水量，除了雨季，绝大部分时间蒸发量大于降水量。地貌为海积低平原，地势低平洼下，地下水位高且矿化度高。母质为海积物，

创业路系典型景观

质地黏重。剖面所在地 1964 年前为水库用地，水库面积缩小后成盐碱荒地，植被为盐蒿、碱蓬，覆盖度为 20%~30%。由于堆积过建筑石子，因而地表有 10%~15%遗留的砖块、石子等。

土系特征与变幅　本土系的诊断层有盐积层，诊断特性包括潮湿水分状况、温性土壤温度、氧化还原特征、碱积现象。表土有 2~3 mm 宽的裂隙以及大面积的盐晶。剖面通体质地较黏重，为粉砂黏壤土或黏土，通体有贝壳。

对比土系　港北系和建国村系，同一亚类不同土族，颗粒大小级别为黏质。

利用性能综述　土壤盐分含量高，地下水位浅且矿化度高，如果种植作物，需排水降低地下水位，灌溉洗盐，成本高昂。天津市是极度缺乏淡水的。不适宜耕种。适宜利用方向是水产养殖和晒盐或保留天然耐盐碱植物作为生态用地。

参比土种　学名：壤质滨海盐土；群众名称：无。

代表性单个土体　　位于天津市大港油田创业路,坐标为38°43′35.25″N,117°28′08.92″E。地貌为滨海平原,母质为海积物。海拔-2.89 m,未利用地。野外调查时间2013年5月14日采自天津市大港油田创业路,野外调查编号为W-12。

创业路系代表性单个土体剖面

Azn:0~7 cm,棕色(10YR 4/3,干),深棕色(10YR 3/3,润);粉砂质黏壤土;发育中等薄片状结构;湿时松脆;<1 mm的草本根系5~10条/dm²;有中量的破碎的砖块、砂石建筑材料;强石灰反应;向下平滑明显过渡。

Bzrn1:7~20 cm,棕色(10YR 4/3,干),暗深棕色(10YR 2/2,润);粉砂质黏壤土;小棱块状结构;湿时很坚实;<1 mm的草本根系<5条/dm²;2~5 mm的圆形锰斑约5%,对比度明显;多贝壳;强石灰反应;向下平滑逐渐过渡。

Bzrn2:20~31 cm,黄棕色(10YR 5/4,干),棕色(10YR 4/3,润);粉砂质黏壤土;中棱块状结构;湿时很坚实;结构面上有少量2~5 mm宽的铁锈纹,对比度明显;多贝壳;强石灰反应;向下平滑逐渐过渡。

Bnr:31~66 cm,淡棕色(10YR 6/3,干),黄棕色(10YR 5/4,润);黏壤土;大块状结构;湿时很坚实;结构体面上有少量2~3 mm宽的铁锈纹,对比度不明显;多贝壳;强石灰反应;向下平滑明显过渡。

Bn:66~102 cm,棕色(7.5YR 4/4,干),深棕色(7.5YR 3/4,润);黏土;大块状结构;湿时很坚实;多贝壳;强石灰反应。

创业路系代表性单个土体物理性质

土层	深度 /cm	细土颗粒组成(粒径:mm)/(g/kg)			质地	容重 /(g/cm³)
		砂粒 2~0.05	粉粒 0.05~0.002	黏粒<0.002		
Azn	0~7	155	526	319	粉砂质黏壤土	—
Bzrn1	7~20	130	533	337	粉砂质黏壤土	—
Bzrn2	20~31	79	598	322	粉砂质黏壤土	—
Bnr	31~66	212	498	290	黏壤土	—
Bn	66~102	210	363	427	黏土	—

创业路系代表性单个土体化学性质

深度 /cm	pH		有机质 /(g/kg)	ESP /%	含盐量 /(g/kg)	盐基离子 /(g/kg)							
	H₂O	CaCl₂				K⁺	Na⁺	Ca²⁺	Mg²⁺	HCO₃⁻	CO₃²⁻	Cl⁻	SO₄²⁻
0~7	8.3	7.9	12.2	20.5	33.5	0.2	10.1	0.3	1.0	0.3	0	15.7	0.9
7~20	8.4	8.1	12.7	34.4	17.9	0.2	3.0	0.1	0.2	0.3	0	9.2	0.4
20~31	8.9	8.2	8.2	39.5	10.4	0.1	2.0	0.1	0.1	0.3	0	5.5	0.2
31~66	9.1	8.3	4.5	37.5	5.5	0.1	1.0	0	0	0.4	0.1	2.7	0.2
66~102	9.0	8.3	0.8	41.6	7.9	0.1	1.5	0	0	0.6	0.1	3.9	0.3

5.1.2 港北系（Gangbei Series）

土　族：黏壤质混合型石灰性温性-弱碱潮湿正常盐成土
拟定者：王秀丽

分布与环境条件　属于海积低平原，暖温带半湿润季风型大陆性气候，四季分明。年平均气温为 12 ℃，大于 10 ℃的积温 4297 ℃，全年无霜期 209 天。年平均降水量 567.5 mm，全年降水量多集中在 7、8、9 三个月，历年平均值为 480.5 mm，占全年降水量 85%。年蒸发量远远大于年降雨量。蒸发量历年平均值，以 5 月份为最大，其值为 345.6 mm；12 月份最小，其值为 44.9 mm。该土

港北系典型景观

系位于海冲积平原上，母质为滨海冲积物。剖面所在地原为水库，后干涸成荒草地。地表有盐斑、裂隙、轻微结皮现象。植被为碱蓬、盐蒿，覆盖度为 50%~60%。

土系特征与变幅　本土系的诊断层是盐积层，诊断特性包括潮湿水分状况、温性土壤温度、碱积现象、氧化还原特征。土壤质地通体黏重，剖面通体都有锈纹，沉积层理清晰，在距地表 50 cm 左右出现了约 15 cm 厚的黑色淤泥层。在 80 cm 深处以下有贝壳。土体质地构型为粉砂质壤土夹粉砂黏壤土。

对比土系　创业路系，同一亚类不同土族，颗粒大小级别为黏质。建国村系，同一土族，但土体质地构型为粉砂黏壤土夹粉砂壤土，通体有贝壳。

利用性能综述　土壤盐分含量高，地下水位浅且矿化度高，如果种植作物，需排水降低地下水位，灌溉洗盐，成本高昂。天津市是极度缺乏淡水的。不适宜耕种。适宜利用方向是水产养殖和晒盐或保留天然耐盐碱植物作为生态用地。

参比土种　学名：壤质滨海盐土；群众名称：无。

代表性单个土体　位于天津市大港区港北生活区南，坐标为 38°48′00.56″N，117°28′56.72″E。地貌是滨海平原，母质为冲积物。海拔-4.70 m，未利用地。野外调查时间 2013 年 5 月 16 日，野外调查编号 W-15。与其相似的单个土体为 2013 年 4 月 25 日采自天津市大港区北穿港路与西围堤道交叉口西南（38°41′38.11″N，117°24′38.56″E）的剖面 W-04。

　　Azn：0~21 cm，深灰棕色（10YR 4/2，干），深棕色（10YR 3/3，润）；粉砂壤土；片状结构；

港北系代表性单个土体剖面

湿时很坚实，在结构体面有大量斑点状或块状腐殖质物质，对比度明显；强石灰反应；向下平滑明显过渡。

Brn1：21~54 cm，深灰棕色（10YR 4/2，干），深棕色（10YR 3/3，润）；粉砂质黏壤土；片状结构；湿时很坚实；结构体面上还有铁锈圈或粉末（圆形），颜色为 7.5YR 5/8 和斑点状或块状腐殖质，对比度明显；强石灰反应；向下波状突然边界。

Brn2：54~73 cm，暗深灰棕色（10YR 3/2，干），暗黑灰色（10YR 3/1，润）；粉砂质黏壤土；片状结构；湿时很坚实；结构体面上大量浊红色（2.5YR 3/2）铁锈圈或粉末（圆形、椭圆）或块状腐殖质，对比度明显；强石灰反应；向下平滑突然过渡。

2Ahb：73~94 cm，暗黑灰色（10YR 3/1，干），暗黑灰色（7.5YR 3/0，润）；粉砂质黏壤土；片状结构；湿时很坚实；1~10 mm 粗的芦苇、草本等根系 10~15 条/dm²；有少量的贝壳；弱石灰反应；向下平滑突然过渡。

3Brn3：94~134 cm，深黄棕色（10YR 4/4，干），棕色（10YR 4/3，润）；粉砂壤土；大块状结构；湿时坚实；0.5~2.0 mm 粗的草本根系<5 条/dm²；在结构体面有少量 3~5 mm 粗的铁锈纹，对比度明显；有贝壳存在；弱石灰反应。

港北系代表性单个土体物理性质

土层	深度 /cm	细土颗粒组成（粒径：mm）/（g/kg）			质地
		砂粒 2~0.05	粉粒 0.05~0.002	黏粒<0.002	
Azn	0~21	60	673	267	粉砂壤土
Brn1	21~54	100	602	298	粉砂质黏壤土
Brn2	54~73	103	625	272	粉砂质黏壤土
2Ahb	73~94	135	562	303	粉砂质黏壤土
3Brn3	94~134	98	700	202	粉砂壤土

港北系代表性单个土体化学性质

深度 /cm	pH		电导率 /(mS/cm)	有机质 /（g/kg）	ESP /%	含盐量 /（g/kg）	盐基离子/（g/kg）							
	H_2O	$CaCl_2$					K^+	Na^+	Ca^{2+}	Mg^{2+}	HCO_3^-	CO_3^{2-}	Cl^-	SO_4^{2-}
0~21	8.5	8.1	7.1	4.5	34.0	12.0	0.1	2.4	0.1	0.2	0.3	0	6.8	0.9
21~54	8.1	8.0	8.1	6.7	31.1	14.9	0.2	2.4	0.2	0.2	0.3	0	8.1	1.6
54~73	8.4	8.1	7.5	7.1	33.0	13.3	0.2	2.8	0.1	0.2	0.4	0	7.1	1.3
73~94	8.4	8.1	7.0	8.0	31.1	11.7	0.2	2.3	0.1	0.2	0.4	0	6.3	1.6
94~134	8.5	8.2	6.1	2.0	27.8	10.3	0.1	1.9	0.1	0.2	0.3	0	5.5	0.9

5.1.3 建国村系（Jianguocun Series）

土　族：黏壤质混合型石灰性温性-弱碱潮湿正常盐成土
拟定者：王秀丽

分布与环境条件　属于海积低平原，暖温带半湿润季风型大陆性气候，四季分明。年平均气温为 12 ℃，大于 10 ℃的积温 4297 ℃，全年无霜期 209 天。年平均降水量 567.5 mm，全年降水量多集中在 7、8、9 三个月，历年平均值为 480.5 mm，占全年降水量 85%。年蒸发量远远大于年降雨量。蒸发量历年平均值，以 5 月份为最大，其值为 345.6 mm，12 月份最小，其值为 44.9 mm。该土系

建国村系典型景观

位于海积低平原上，母质为滨海冲积物。剖面所在地原为水面，现为盐碱荒地，剖面周边有盐斑、轻微裂纹。植被为碱蓬、盐蒿，覆盖度为 40%~50%。

土系特征与变幅　本土系的诊断层有盐积层，诊断特性包括潮湿水分状况、温性土壤温度、盐积层、碱积现象、氧化还原特征。土壤质地通体黏重，剖面通体都有锈纹，沉积层理清晰，在距地表 30 cm 左右出现了约 20 cm 厚的浅黑色的边界不清晰的土层。土壤通体有贝壳。土体质地构型为粉砂质黏壤土夹粉砂壤土。

对比土系　创业路系，同一亚类不同土族，颗粒大小级别为黏质。港北系，同一土族，但土体质地构型为粉砂壤土夹粉砂黏壤土，在 80 cm 深处以下才有贝壳。

利用性能综述　土壤盐分含量高，地下水位浅且矿化度高，如果种植作物，需排水降低地下水位，灌溉洗盐，成本高昂。天津市是极度缺乏淡水的。不适宜耕种。适宜利用方向是水产养殖和晒盐或保留天然耐盐碱植物作为生态用地。

参比土种　学名：壤质滨海盐土；群众名称：无。

代表性单个土体　位于天津市大港区上古林乡建国村，坐标为 38°47′43.11″N，117°29′15.16″E。地貌为滨海平原，母质为冲积物。海拔-6.27 m，未利用地。野外调查时间 2013 年 5 月 16 日，野外调查编号 W-16。

　　Azn: 0~20 cm，棕色（10YR 4/3，干），暗深灰棕色（10YR 3/2，润）；粉砂质黏壤土；片状结构；湿时松脆；结构体内有大量粉末状铁锈（7.5YR 5/8），结构体面的近一半面积是斑点状或块状腐殖质物质，结构体内有类似铁结核的物质（7.5YR 4/6），对比度明显；有少量贝壳；弱石灰反应；清晰平滑过渡。

建国村系代表性单个土体剖面

Brn1：20~34 cm，黄棕色（10YR 5/4，干），棕色（10YR 4/3，润）；粉砂壤土；片状结构；湿时坚实；在结构体面有少量的斑点状或块状腐殖质，有铁锈纹，对比度明显；有少量贝壳；弱石灰反应；突然平滑过渡。

2Ahb：34~65 cm，暗灰棕色（10YR 4/2，干），暗深灰色（10YR 3/1，润）；粉砂质黏壤土；粒状结构；湿时松脆；0.5~10 mm 粗的芦苇、草本等根系 20~30 条/dm²；在结构体面有<5%的铁锈斑，对比度明显；有少量贝壳；强石灰反应；突然平滑过渡。

3Brn2：65~74 cm，棕色（10YR 4/3，干），棕色（7.5YR 4/2，润）；粉砂质黏壤土；弱发育的中片状结构；湿时坚实；0.5~5 mm 粗的草本根系 10~15 条/dm²；在结构体面有少量铁锈斑，对比度明显；多贝壳；弱石灰反应；清晰平滑过渡。

3Brn3：74~78 cm，亮黄棕色（10YR 6/4，干），棕色（10YR4/3，润）；粉砂质黏壤土；片状结构；湿时坚实；在结构体面上有少量铁锈斑，对比度明显；多贝壳；强石灰反应；清晰平滑过渡。

3Brn4：78~109 cm，深黄棕色（10YR 4/4，干），棕色（10YR 4/3，润）；粉砂质黏壤土；大块状结构；湿时坚实；<1 mm 粗的草本根系<5 条/dm²；结构体面有少量铁锈纹，对比度明显；有少量贝壳；强石灰反应。

建国村系代表性单个土体物理性质

土层	深度 /cm	细土颗粒组成（粒径：mm）/ (g/kg)			质地
		砂粒 2~0.05	粉粒 0.05~0.002	黏粒<0.002	
Azn	0~20	59	617	324	粉砂质黏壤土
Brn1	20~34	88	645	267	粉砂壤土
2Ahb	34~65	199	528	273	粉砂质黏壤土
3Brn2	65~74	130	581	289	粉砂质黏壤土
3Brn3	74~78	88	618	294	粉砂质黏壤土
3Brn4	78~109	43	667	290	粉砂质黏壤土

建国村系代表性单个土体化学性质

深度 /cm	pH		有机质 / (g/kg)	ESP /%	含盐量 / (g/kg)
	H_2O	$CaCl_2$			
0~20	8.2	7.9	7.2	16.7	27.1
20~34	8.3	8.1	6.2	19.3	16.3
34~65	8.5	8.1	10.4	22.5	10.0
65~74	8.6	8.2	3.7	22.8	8.0
74~78	8.5	8.2	3.3	27.8	8.3
78~109	8.6	8.1	3.7	31.3	8.9

5.2 海积潮湿正常盐成土

5.2.1 大神堂系（Dashentang Series）

土　族：黏壤质混合型石灰性温性-海积潮湿正常盐成土
拟定者：刘黎明

分布与环境条件　地处天津市滨海平原,地势低平洼下，平均高程为 2.2 m，地下水位高且矿化度高。母质为海积物，质地黏重。暖温带半湿润季风型大陆性气候，年平均气温 13.0 ℃，年降水量 572.7 mm，但多集中在 6～8 月份，降水量为 424.2 mm，占全年降雨量的 74%；年蒸发量为 1754.3 mm，是年降雨量的 3 倍。

大神堂系典型景观

土系特征与变幅　本土系诊断层包括盐积层，诊断特性包括潮湿水分状况、温性土壤温度。盐分含量高且通体含量基本相同。质地通体黏重，在 60 cm 深处出现厚约 15 cm 的黑色黏土层。受海水影响，盐分组成以氯化钠为主，且通体都具有石灰反应。

对比土系　板南路系，同一亚类不同土族，颗粒大小级别为壤质。营城系和远景三村系，同一土族，都有埋藏的有机质含量较高的黑色土层，但其厚度与色调深浅不同，土壤质地不同，本土系质地最黏重。

利用性能综述　土壤盐分含量高，地下水位浅且矿化度高，如果种植作物，需排水以降低地下水位，灌溉洗盐，成本高昂。天津市是极度缺乏淡水的。不适宜耕种。适宜利用方向是水产养殖和晒盐，也可保护盐碱植物作为自然景观。

参比土种　学名：黏质滨海盐土；群众名称：无。

大神堂系代表性单个土体剖面

代表性单个土体　位于天津市汉沽区大神堂村东北，坐标为 39°13′11.94″N，117°58′12.42″E。母质为海积物。海拔−1.0 m，采样点为荒地，植被为各种杂草与盐生植物。野外调查时间 2011 年 9 月 29 日，野外调查编号为 12-74。与其相似的单个土体为 2011 年 9 月 29 日采自天津市汉沽区大神堂村（39°13′29.16″N，117°56′55.68″E）的剖面 12-073 号剖面和 2011 年 9 月 22 日采自天津市滨海新区中塘镇甜水井村（38°44′54.48″N，117°14′24.9″E）的 12-048 号剖面。

Az：0～25 cm，白色（10YR 8/1，干）；粉砂质黏壤土；片状结构；干时较硬；多量细根系；强石灰反应；向下平滑逐渐过渡。

Bgz1：25～60 cm，灰黄橙色（10YR 6/2，干）；黏土；块状结构；干时极坚硬；少量细根系；5%的 10 mm 大的锈纹锈斑；潜育特征明显；强石灰反应；向下平滑突然过渡。

2Bgz2：60～80 cm，黑灰色（10YR 6/1，干）；黏土；大块状结构；干时极坚硬；潜育特征明显；中度石灰反应；突然平滑过渡。

3Bgz3：80～110 cm，灰色（10YR 5/1，干）；粉砂质黏土；大块状结构；干时极坚硬；潜育特征明显；强石灰反应。

大神堂系代表性单个土体物理性质

| 土层 | 深度 /cm | 细土颗粒组成（粒径：mm）/（g/kg） | | | 质地 | 容重 /（g/cm³） |
		砂粒 2～0.05	粉粒 0.05～0.002	黏粒<0.002		
Az	0～25	158	483	358	粉砂质黏壤土	1.75
Bgz1	25～60	266	326	408	黏土	1.80
2Bgz2	60～80	284	275	442	黏土	1.68
3Bgz3	80～110	59	453	489	粉砂质黏土	1.83

大神堂系代表性单个土体化学性质

深度 /cm	pH H₂O	有机质 /（g/kg）	速效钾（K） /（mg/kg）	有效磷（P） /（mg/kg）	交换性钠 /[cmol（+）/kg]	CEC /[cmol（+）/kg]	ESP /%
0～25	8.6	13.1	701	12.1	5.0	24.0	20.8
25～60	8.8	12.3	696	11.7	4.4	23.6	18.8
60～80	8.7	14.1	780	11.9	—	—	—
80～110	8.7	13.3	729	10.6	—	—	—

| 深度 /cm | 含盐量 /（g/kg） | 盐基离子 /（g/kg） | | | | | | | |
		K⁺	Na⁺	Ca²⁺	Mg²⁺	CO₃²⁻	HCO₃⁻	Cl⁻	SO₄²⁻
0～25	20.4	0.3	4.8	0.2	0.5	0	0.3	9.3	2.2
25～60	21.3	0.4	5.0	0.3	0.6	0	0.6	9.6	2.7
60～80	25.0	0.6	5.7	0.4	1.0	0	0.6	11.8	4.4
80～110	22.3	0.5	4.6	0.2	0.5	0	0.6	8.2	2.1

5.2.2 营城系（Yingcheng Series）

土 族：黏壤质混合型石灰性温性-海积潮湿正常盐成土
拟定者：王秀丽

分布与环境条件 主要分布在天津海积平原区，地下水位高，且矿化度高。成土母质为海积物，质地黏重。暖温带半湿润季风型大陆性气候，四季分明。年平均气温为 12 ℃，大于 10 ℃的积温 4297 ℃，全年无霜期 209 天。年平均降水量 567.5 mm，全年降水量多集中在 7、8、9 三个月，历年平均值为 480.5 mm，占全年降水量 85%。年蒸发量远远大于年降水量。蒸发量历年平均值，以 5 月份为最大，其值

营城系典型景观

为 345.6 mm；12 月份最小，其值为 44.9 mm。植被为碱蓬、蒿类，覆盖度为 20%~25%。
土系特征与变幅 本土系的诊断层有盐积层，诊断特性包括潮湿水分状况、温性土壤温度、氧化还原特征。土体质地较均一，为黏壤质，但是颜色上层次变化明显。土体中有贝壳。剖面盐分上下基本一致。
对比土系 板南路系，同一亚类不同土族，颗粒大小级别为壤质。大神堂系和远景三村系，同一土族，都有埋藏的有机质含量较高的黑色土层，但其厚度与色调深浅不同，土壤质地不同，本土系的质地比远景三村系黏重，但比大神堂系的质地轻。
利用性能综述 土壤盐分含量高，地下水位浅且矿化度高，如果种植作物，需排水降低地下水位，灌溉洗盐，成本高昂。天津市是极度缺乏淡水的。不适宜耕种。适宜利用方向是水产养殖和晒盐或保留天然耐盐碱植物作为生态用地。
参比土种 学名：壤质滨海盐土；群众名称：无。
代表性单个土体 位于天津市汉沽区营城生态城，坐标为 39°10′25.16″N，117°46′36.78″E。地貌类型为滨海平原，母质为冲积物。海拔-2.89 m，未利用地。野外调查时间 2013 年 5 月 21 日，野外调查编号为 W-17。

营城系代表性单个土体剖面

Az：0~14 cm，棕色（10YR 5/3，干），深黄棕色（10YR 4/4，润）；黏壤土；发育很弱的薄片状结构；湿时松脆；0.5~1.0 mm 粗的草本根系 5~10 条/dm²；在结构体面有＜5%的铁锈纹，对比度明显；有少量螺蛳壳；弱石灰反应；向下平滑明显过渡。

Brz：14~48 cm，暗深灰棕色（10YR 3/2，干），暗黑棕色（10YR 2/2，润）；黏壤土；中等发育的中棱块结构；湿时坚实；0.5~1 mm 粗的草本根系<5 条/dm²；在结构体面有少量的铁锈纹锈斑，对比度明显；有少量螺蛳壳；强石灰反应；向下波状突然过渡。

2Abhz：48~121 cm，深灰棕色（10YR 4/2，干），深黑灰色（10YR 3/1，润）；壤土；大块状结构；湿时坚硬；在结构体面有少量铁锈纹，对比度不明显；有少量螺蛳壳；强石灰反应；向下平滑突然过渡。

3Bgz：121~152 cm，棕色（10YR 4/3，干），深棕色（7.5YR 3/4，润）；粉砂质黏壤土；大块状结构；潜育特征明显；湿时很坚实，强石灰反应。

营城系代表性单个土体物理性质

土层	深度 /cm	细土颗粒组成（粒径：mm）/（g/kg）			质地
		砂粒 2~0.05	粉粒 0.05~0.002	黏粒<0.002	
Az	0~14	222	448	330	黏壤土
Brz	14~48	282	431	287	黏壤土
2Abhz	48~121	451	341	209	壤土
3Bgz	121~152	71	548	381	粉砂质黏壤土

营城系代表性单个土体化学性质

深度 /cm	pH		有机质 /（g/kg）	ESP /%	含盐量 /（g/kg）	盐基离子 /（g/kg）							
	H₂O	CaCl₂				K⁺	Na⁺	Ca²⁺	Mg²⁺	HCO₃⁻	CO₃²⁻	Cl⁻	SO₄²⁻
0~14	8.5	8.2	7.7	23.4	7.2	0.1	1.4	0	0.1	0.5	0	3.3	1.2
14~48	8.2	8.1	8.5	28.1	13.6	0.3	2.4	0.3	0.2	0.3	0	6.7	2.5
48~121	8.1	8.0	4.0	24.5	13.7	0.3	2.5	0.3	0.2	0.3	0	7.2	2.1
121~152	8.3	8.0	8.0	34.1	17.9	0.2	3.0	0.2	0.3	0.2	0	9.5	1.7

5.2.3　远景三村系（Yuanjingsancun Series）

土　　族：黏壤质混合型石灰性温性-海积潮湿正常盐成土
拟定者：王秀丽

分布与环境条件　属于海积低平原，暖温带半湿润季风型大陆性气候，四季分明。年平均气温为 12 ℃，大于 10 ℃的积温 4297 ℃，全年无霜期 209 天。年平均降水量 567.5 mm，全年降水量多集中在 7、8、9 三个月，历年平均值为 480.5 mm，占全年降水量 85%，蒸发量历年平均值，以 5 月份为最大，其值为 345.6 mm，12 月份最小；其值为 44.9 mm。该土系位于鱼塘附近，地形略有倾斜，坡度为 3°~5°。表层为冲积层理清晰的土层，中间为挖鱼塘时堆积的泥浆，底层才为原状土层，剖面所在地植被为碱蓬、黄须菜等草本植物，覆盖度为 60%~70%。

远景三村系典型景观

土系特征与变幅　本土系诊断层包括盐积层，诊断特性包括潮湿水分状况、温性土壤温度、石灰性。有效土层厚度约 100 cm。0~48 cm 为块状无结构的壤土层，中间夹杂 3 层厚 1 cm 的粉砂壤土层，48~82 cm 处为泥浆层（挖鱼塘堆积），由于时间较短，尚未形成结构；82~103 cm 为黏壤土的原状土层。

对比土系　板南路系，同一亚类不同土族，颗粒大小级别为壤质。大神堂系和营城系，同一土族，都有埋藏的有机质含量较高的黑色土层，但其厚度与色调深浅不同，土壤质地不同，本土系的质地比远景三村和营城系的质地都轻。

利用性能综述　上部 80 cm 的淤泥物质，无结构，不适宜作物生长，宜进行客土改良后再进行利用。但是，改良成本高昂。而且天津市是极度缺乏淡水的。因此，应保留为自然生态用地。

参比土种　学名：壤质滨海盐土；群众名称：无。

代表性单个土体 位于天津市大港区砂井乡远景三村，坐标为38°38′28.33″N，117°23′37.46″E。地貌为滨海平原，母质为冲积物。海拔2.08 m，未利用地。野外调查时间2013年5月9日，野外调查编号为W-09。

Ahz: 0~48 cm，棕色（10YR 5/3，干），深灰棕色（10YR 4/2，润）；壤土；块状无结构；松脆；0.5~3.0 mm粗的草本根系5条/dm²；强石灰反应；向下平滑突然过渡。

2Bgz: 48~82 cm，淡棕灰色（10YR 6/2，干），灰棕色（10YR 5/2，润）；壤土（泥浆）；无结构；可见到贝壳；潜育特征明显；强石灰反应；向下平滑突然过渡。

3Bg: 82~103 cm，灰色（10YR 5/1，干），深灰棕色（7.5YR 4/0，润）；黏壤土；沉积层理明显；潜育特征明显；坚实；可见到贝壳；强石灰反应。

远景三村系代表性单个土体剖面

远景三村系代表性单个土体物理性质

土层	深度	细土颗粒组成（粒径：mm）/（g/kg）			质地
	/cm	砂粒 2~0.05	粉粒 0.05~0.002	黏粒<0.002	
Ahz	0~48	378	430	193	壤土
2Bgz	48~82	438	378	184	壤土
3Bg	82~103	265	353	381	黏壤土

远景三村系代表性单个土体化学性质

深度	pH		有机质	ESP	含盐量	盐基离子 /（g/kg）							
/cm	H₂O	CaCl₂	/（g/kg）	/%	/（g/kg）	K⁺	Na⁺	Ca²⁺	Mg²⁺	HCO₃⁻	CO₃²⁻	Cl⁻	SO₄²⁻
0~48	7.9	7.9	16.5	24.8	10.5	0.1	1.6	0.2	0.2	0.3	0	4.8	1.0
48~82	8.1	8.1	8.9	20.4	10.1	0.1	1.7	0.1	0.2	0.3	0	4.9	0.5
82~103	8.3	8.2	11.7	7.6	8.8	0.1	1.6	0.1	0.1	0.4	0	4.2	0.5

5.2.4 板南路系（Bannanlu Series）

土 族：壤质混合型石灰性温性-海积潮湿正常盐成土
拟定者：王秀丽

分布与环境条件 主要分布在天津海积平原区，地下水位高，且矿化度高。该土系位于海积平原退海地上，成土母质为滨海冲积物，土层深厚，质地黏重。暖温带半湿润季风型大陆性气候，四季分明。年平均气温为 12 ℃，大于 10 ℃的积温 4297 ℃，全年无霜期 209 天。年平均降水量 567.5 mm，全年降水量多集中在 7、8、9 三个月，历年平均值为 480.5 mm，占全年降水量 85%，蒸发量历

板南路系典型景观

年平均值，以 5 月份为最大，其值为 345.6 mm；12 月份最小，其值为 44.9 mm。植被为碱蓬、蒿子、柽柳，覆盖度为 50%左右。

土系特征与变幅 本土系的诊断层有盐积层，诊断特性包括潮湿水分状况、温性土壤温度、氧化还原特征。地表大量裸露的贝壳、海螺壳等。剖面周边有盐结皮，其上有较多结晶的盐斑。土体质地构型为上砂下黏。在 25~88 cm 处有有机质含量较高、较上下层颜色较黑的土层，存在较多贝壳。

对比土系 大神堂系、营城系、远景三村系，同一亚类不同土族，但颗粒大小级别分布为黏质、黏壤质。

利用性能综述 土壤盐分含量高，地下水位浅且矿化度高，如果种植作物，需排水降低地下水位，灌溉洗盐，成本高昂。天津市是极度缺乏淡水的。不适宜耕种。适宜利用方向是水产养殖和晒盐或保留天然耐盐碱植物作为生态用地。

参比土种 学名：砂质滨海盐土；群众名称：无。

代表性单个土体 位于天津市大港区板桥农场 2 队，坐标为 38°52′25.75″N，117°28′28.22″E。母质为滨海冲积物。海拔-4.3 m，未利用地。野外调查时间 2013 年 5 月 15 日，野外调查编号为 W-14。与其相似的单个土体为 2011 年 9 月 23 日采自天津市滨海新区上古林镇马棚口村废弃盐场（38°40′12.18″N，117°30′53.1″E）的 12-052 号剖面。

Az：0~25 cm，淡棕色（10YR 6/3，干），棕色（10YR 5/3，润）；壤质砂土；无结构；湿时松脆；<1mm 粗的草本根系小于10 条/dm²；在结构体面有少量的铁锈纹，对比度不明显；有中量的贝壳；强石灰反应；向下波状突然过渡。

BC：25~88 cm，棕色（10YR 5/3，干），深灰棕色（10YR 4/2，润）；砂土；无结构；湿时松脆；有中量的贝壳；强石灰反应；向下波状突然过渡。

Br1：88~117 cm，深棕色（10YR 3/3，干），暗灰棕色（10YR 3/2，润）；粉砂质黏壤土；大块状结构；湿时很坚实；15~20 mm 粗的芦苇根系 5~10 条/dm²；在结构体面有少量铁锈纹，对比度不明显；有少量的贝壳；强石灰反应；向下平滑逐渐过渡。

Br2：117~140 cm，棕色（10YR 4/3，干），棕色（7.5YR 4/4，润）；粉砂质黏壤土；大块状结构；湿时很坚实；强石灰反应；在结构体面有少量铁锈纹，对比度不明显；有少量的贝壳。

板南路系代表性单个土体剖面

板南路系代表性单个土体物理性质

土层	深度 /cm	细土颗粒组成（粒径：mm）/（g/kg）			质地
		砂粒 2~0.05	粉粒 0.05~0.002	黏粒<0.002	
Az	0~25	822	94	84	壤质砂土
BC	25~88	883	51	66	砂土
Br1	88~117	152	560	288	粉砂质黏壤土
Br2	117~140	86	543	371	粉砂质黏壤土

板南路系代表性单个土体化学性质

深度 /cm	pH		电导率 /（mS/cm）	有机质 /（g/kg）	ESP /%	含盐量 /（g/kg）
	H₂O	CaCl₂				
0~25	8.4	8.0	6.7	2.9	25.1	11.4
25~88	8.5	7.8	5.4	2.8	24.7	8.7
88~117	8.5	8.1	3.9	12.9	23.5	5.2
117~140	8.7	8.3	2.9	9.8	30.1	4.9

第6章 潜 育 土

6.1 石灰简育正常潜育土

6.1.1 洛里坨系（Luolituo Series）

土　族：黏质混合型温性-石灰简育正常潜育土
拟定者：徐　艳

分布与环境条件　地处七里
海东海区域，气候暖温带半
湿润季风型，四季分明。年
平均降水量 600 mm，蒸发量
1000 mm 左右。受季风影响，
77%的降水量集中在 6、7、8
三个月。年平均气温 11.2 ℃，
1 月份气温最低，月平均气温
−5.8 ℃；7 月份气温最高，
月平均气温 25.7 ℃，平均温
差 31.5 ℃。无霜期平均每年
180～190 天。中地形为冲积
平原，小地形为平原洼地，
有时季节性积水。潜水位高，
且地下水为淡水。成土母质
为冲积物。植被为芦苇。

洛里坨系典型景观

土系特征与变幅　本土系诊断特性包括常潮湿水分状况、温性土壤温度、潜育特征。由
于地势低洼，潜水位高，有时季节性积水，土体长期淹水缺氧条件下形成潜育特征。剖
面通体为粉砂质黏土，质地均一。由于表层有新的沉积物，使得原来的腐殖质表层被覆
盖，在淹水条件下发生厌氧，24～38 cm 处的埋藏的腐殖质层，亚铁反应明显；除此层
无石灰反应外，其余土层均有石灰反应。

对比土系　七里海系，同一土族，但有埋藏的腐殖质层，而潜育层具有亚铁反应。

利用性能综述　地处七里海国家级湿地自然保护区内，生长天然芦苇，对于保护生态系
统安全，维护生态系统平衡具有重要作用，不可开发耕种。

参比土种　学名：黏质潮湿土；群众名称：无。

代表性单个土体　位于天津市宁河区俵口乡洛里坨村（七里海东海），坐标为 39°17′59.89″N，117°34′52.97″E。母质为冲积物。海拔-10.8 m，芦苇地。野外调查时间 2012 年 10 月 30 日，野外调查编号 XY17。

Ah：0～10 cm，黄灰色（2.5Y 5/1，润）；粉砂质黏土；无结构；大量较粗的芦苇根；湿时强石灰反应；向下平滑突然过渡。

Bg：10～24 cm，黄灰色（2.5Y 5/1，润）；粉砂质黏土；无结构；大量芦苇根；潜育特征明显；湿时强石灰反应；向下平滑突然过渡。

2Abhg：24～38 cm，黄灰色（2.5Y 5/1，润）；粉砂质黏土；无结构；大量芦苇根；潜育特征明显；湿时无石灰反应；有亚铁反应；向下平滑突然过渡。

3Bg：38～80 cm，黄灰色（2.5Y 5/1，润）；粉砂质黏土；无结构；很少量根系；潜育特征明显；强石灰反应。

洛里坨系代表性单个土体剖面

洛里坨系代表性单个土体物理性质

土层	深度 /cm	砾石（>2 mm，体积分数）/%	细土颗粒组成（粒径：mm）/（g/kg）			质地
			砂粒 2～0.05	粉粒 0.05～0.002	黏粒<0.002	
Ah	0～10	0	37	500	463	粉砂质黏土
Bg	10～24	0	39	525	436	粉砂质黏土
2Abhg	24～38	0	59	514	427	粉砂质黏土
3Bg	38～80	0	18	492	490	粉砂质黏土

洛里坨系代表性单个土体化学性质

深度 /cm	pH H$_2$O	有机质 /（g/kg）	CaCO$_3$ /（g/kg）	全铁 /（g/kg）	游离铁 /（g/kg）	无定形铁 /（g/kg）	有效铁（Fe） /（mg/kg）	CEC /[cmol（+）/kg]	电导率 /（mS/cm）
0～10	8.2	20.0	60.5	64.0	9.9	5.8	29.7	16.6	1.7
10～24	8.7	20.1	29.9	61.1	10.2	4.8	93.5	19.3	1.2
24～38	8.3	33.0	11.6	61.4	11.5	6.3	70.1	26.4	2.0
38～80	8.7	17.8	61.1	64.2	3.0	6.5	163.3	17.6	1.6

6.1.2 七里海系（Qilihai Series）

土　　族：黏质混合型温性-石灰简育正常潜育土
拟定者：徐　艳

分布与环境条件　地处七里海东海区域，气候属暖湿带半湿润季风型，四季分明。年平均降水量 600 mm，蒸发量>1000 mm。受季风影响，77%的降水量集中在 6、7、8 三个月。年平均气温 11.2 ℃，1 月份气温最低，月平均气温−5.8 ℃；7 月份气温最高，月平均气温 25.7 ℃，平均温差 31.5 ℃。全年无霜期 180～190 天。中地形为冲积平原，小地形为平原洼地，有时季节性积水。潜水位高，地下水为淡水。成土母质为湖相沉积物。处于湿地保护区内，植被为芦苇。

七里海系典型景观

土系特征与变幅　本土系诊断特性包括常潮湿水分状况、温性土壤温度、潜育特征。由于地势低洼，有季节性积水；潜水埋深浅，50 cm 处即见地下水，且为淡水。长期淹水条件下形成潜育特征。质地通体为粉砂质黏土，剖面特征均一。各土层都有石灰反应。
对比土系　洛里坨系，同一土族，但没有埋藏的腐殖质层，而潜育层不具有亚铁反应。
利用性能综述　地处七里海国家级湿地自然保护区内，生长天然芦苇，对于保护生态系统安全，维护生态系统平衡具有重要作用，不可开发耕种。
参比土种　学名：黏质潮湿土；群众名称：无。

七里海系代表性单个土体剖面

代表性单个土体　位于天津市宁河区北淮淀乡乐善村（七里海东海），坐标为39°17′58.74″N，117°33′30.64″E。母质为湖相沉积物。海拔−9.4 m，沼泽地，植被为芦苇。野外调查时间2012年10月30日，野外调查编号XY16。

Ah：0～8 cm，黄灰色（2.5Y 5/1，润）；粉砂质黏土；发育较弱的屑粒状结构；大量较粗的芦苇根；潜育特征明显；轻度石灰反应；突然平滑过渡。

Bg1：8～20 cm，黄灰色（2.5Y 5/1，润）；粉砂质黏土；发育较弱的屑粒状结构；少量芦苇根系；潜育特征明显；弱石灰反应；逐渐平滑过渡。

Bg2：20～40 cm，黄灰色（2.5Y 5/1，润）；粉砂质黏土；无明显结构体；很少量根系；潜育特征明显；潜育特征明显；中度石灰反应；逐渐平滑过渡。50 cm出现地下水。

七里海系代表性单个土体物理性质

土层	深度 /cm	砾石 (>2 mm, 体积分数) /%	细土颗粒组成（粒径：mm）/（g/kg）			质地
			砂粒 2～0.05	粉粒 0.05～0.002	黏粒<0.002	
Ah	0～8	0	105	474	421	粉砂质黏土
Bg1	8～20	0	45	480	476	粉砂质黏土
Bg2	20～40	0	33	420	547	粉砂质黏土

七里海系代表性单个土体化学性质

深度 /cm	pH H$_2$O	有机质 /（g/kg）	CaCO$_3$ /（g/kg）	全铁 /（g/kg）	游离铁 /（g/kg）	无定形铁 /（g/kg）	有效铁(Fe) /（mg/kg）	CEC /[cmol（+）/kg]	电导率 /（mS/cm）
0～8	8.5	58.2	25.0	55.3	3.2	5.8	41.1	25.2	1.8
8～20	8.8	25.6	6.0	60.5	5.5	5.0	129.6	25.4	1.3
20～40	9.0	13.9	71.9	64.6	11.1	5.7	66.1	19.0	1.6

6.1.3　刘岗扬水系（Liugangyangshui Series）

土　族：黏壤质混合型温性-石灰简育正常潜育土
拟定者：徐　艳

分布与环境条件　暖温带半湿润大陆性季风气候，受季风环流影响很大，四季分明。年平均气温为 11.9 ℃，年平均降水量 560 mm，全年无霜期 205 天。地形为海积冲积低平原；成土母质为冲积物；土地利用类型是水库；植被是芦苇。

刘岗扬水系典型景观

土系特征与变幅　本土系诊断特性包括常潮湿水分状况、温性土壤温度、潜育特征、石灰性。由于地势低洼，潜水埋深浅，50 cm 处即见地下水，长期淹水条件下形成潜育特征。通体为粉砂壤土；表层黑色腐殖质处有亚铁反应；通体有石灰反应。
对比土系　洛里坨系和七里海系，同一亚类不同土族，颗粒大小级别为黏质。
利用性能综述　地处大港水库库区，对于保护库区水环境安全具有重要作用，不可开发耕种。
参比土种　学名：壤质潮湿土；群众名称：无。

代表性单个土体　位于天津市大港区小王庄镇刘岗村扬水站，坐标为 38°45′18.04″N，117°15′58.97″E。地貌为冲积平原，海拔 2.8 m；母质为冲积物，但因为是水库，表层可能有湖相沉积物。地处大港水库库区，土地利用类型属于水库用地，生长芦苇。野外调查时间 2012 年 11 月 2 日，野外调查编号 XY18。

Ahgr：0～15 cm，黄灰色（2.5Y 5/1，润）；粉砂壤土；无结构；大量芦苇根；有少量锈纹锈斑；强石灰反应；黑色腐殖质处有亚铁反应；向下平滑突然过渡。

Bgr1：15～35 cm，灰黄色（2.5Y 6/2，润）；粉砂壤土；无结构；偶见螺蛳壳；有锈纹锈斑；潜育特征明显；极强石灰反应；向下平滑突然过渡。

Bgr2：35～60 cm，黄灰色（2.5Y 5/1，润）；粉砂壤土；无结构；有锈纹锈斑；潜育特征明显；极强石灰反应。

刘岗扬水系代表性单个土体剖面

刘岗扬水系代表性单个土体物理性质

土层	深度 /cm	砾石 (>2 mm，体积分数) /%	细土颗粒组成（粒径：mm）/（g/kg）			质地
			砂粒 2～0.05	粉粒 0.05～0.002	黏粒<0.002	
Ahgr	0～15	0	92	659	249	粉砂壤土
Bgr1	15～35	0	31	761	208	粉砂壤土
Bgr2	35～60	0	39	708	253	粉砂壤土

刘岗扬水系代表性单个土体化学性质

深度 /cm	pH H$_2$O	有机质 /（g/kg）	CaCO$_3$ /（g/kg）	全铁 /（g/kg）	游离铁 /（g/kg）	无定形铁 /（g/kg）	有效铁(Fe) /（mg/kg）	CEC /[cmol(+)/kg]	电导率 /（mS/cm）
0～15	8.0	47.7	41.9	46.1	6.1	6.5	27.2	4.0	0.4
15～35	8.4	12.1	63.9	63.7	2.7	2.9	94.7	7.6	2.1
35～60	8.4	15.8	77.3	49.8	5.3	3.6	60.3	9.7	2.3

第7章 均 腐 土

7.1 普通简育湿润均腐土

7.1.1 109 京冀垭口系（109jingjiyakou Series）

土　族：粗骨壤质混合型非酸性冷性-普通简育湿润均腐土
拟定者：张凤荣

分布与环境条件　暖温带半湿润大陆性季风气候。冬春干旱多风，夏季炎热多雨，降水量 511 mm 左右。降水集中在 7~8 月，接近占全年的 70%；降雨年际间变化大，而且多大雨，甚至暴雨。地形上属于中山。由于海拔高，气温降低，年平均温度 3.8 ℃。地形是垭口，垭口地带风大。地形坡度 20°。成土母质为花岗岩残

109 京冀垭口系典型景观

积物。植被为中生栎树、松，郁闭度 100%；但垭口地带风大，草甸草原类植被，有苔草和风毛菊，草地覆盖度 100%。

土系特征与变幅　本土系诊断层包括雏形层、暗沃表层，诊断特性包括均腐殖质特性、湿润水分状况、冷性土壤温度。土层厚度约 60 cm，厚薄不一，最薄>40 cm，含大量花岗岩风化碎屑，剖面深度范围内可见半风化的母岩；表层为厚度 40~50 cm 的黑色腐殖质层，向下颜色变浅；表层质地为粉砂壤土，向下砂粒含量增加，底层为砂土。

对比土系　灵山草甸系和灵山阔叶系，同一亚类不同土族，颗粒大小级别为壤质。灵山系，腐殖质含量较少，没有暗沃表层，不同土纲，为雏形土。

利用性能综述　虽然有肥沃的腐殖质层，但因处于中山地带，气候寒冷，不能农作。适宜利用方向是林地。处于自然保护区，应该封山育林。

参比土种　学名：酸性岩类生草棕壤；群众名称：无。

109 京冀垭口系代表性单个土体剖面

代表性单个土体　位于 109 国道北京市门头沟区与河北省涿鹿县交界界牌东 50 m，坐标 39°59′17.90″N，115°25′43.00″E。地貌为中山山地，母质为花岗岩风化残积物，海拔 1410 m。野外调查时间 2010 年 9 月 19 日，野外调查编号门头沟 2。

Ah：0~30 cm，暗棕色（10YR 3/2，干），暗灰色（7.5YR 3/1，润）；含大量花岗岩风化物碎屑，大于 35%；质地为粉砂壤土；团聚较好的小屑粒与细团粒状；松脆；0.2~2 mm 粗的草本根系 5 条/dm²；无石灰反应；向下平滑逐渐过渡。

BA：30~62 cm，暗棕色（7.5YR 3/2，润）；含大量花岗岩风化物碎屑，大于 45%；质地砂质壤土；团聚较差的小屑粒与细团粒状；松脆；0.2~2 mm 粗的草本根系 5 条/dm²；无石灰反应；向下平滑逐渐过渡。

C：62~85 cm，暗棕色（7.5YR 3/4，润）；含大量花岗岩风化物碎屑，大于 50%；质地砂土；无结构；松散；无根系；无石灰反应；逐渐平滑过渡。

R：花岗岩。

109 京冀垭口系代表性单个土体物理性质

土层	深度 /cm	砾石 (>2 mm, 体积分数) /%	细土颗粒组成（粒径：mm）/（g/kg）			质地	容重 /（g/cm³）
			砂粒 2~0.05	粉粒 0.05~0.002	黏粒<0.002		
Ah	0~30	>35	293	561	146	粉砂壤土	—
BA	30~62	>45	602	283	115	砂质壤土	—
C	62~85	>50	908	76	17	砂土	—

109 京冀垭口系代表性单个土体化学性质

深度 /cm	pH		有机质 /（g/kg）	全铁 /（g/kg）	游离铁 /（g/kg）	无定形铁 /（g/kg）	有效铁(Fe) /（mg/kg）	CEC /[cmol（+）/kg]
	H₂O	CaCl₂						
0~30	7.1	6.5	64.1	41.4	18.2	11.8	4.2	20.7
30~62	7.1	6.4	21.0	45.2	14.4	8.3	7.0	9.6
62~85	7.4	6.5	13.8	55.1	7.1	2.9	8.2	6.5

7.1.2 灵山草甸系（Lingshancaodian Series）

土　族：壤质混合型非酸性冷性-普通简育湿润均腐土
拟定者：王秀丽，张凤荣

分布与环境条件　暖温带半湿润大陆性季风气候。冬春干旱多风，夏季炎热多雨，年平均温度 0.8 ℃，降水量 506 mm 左右。地形上属于中山，雨雾较多，湿润。该土系处于中山山坡；海拔 2000 m 左右，坡度约 30°。植被为山地中生型草甸草原植被：菊科、蓟科，水蓼，苔草；植被盖度 100%。草甸草原植被的形成可能是由于山地森林受破

灵山草甸系典型景观

坏，山顶平坦寒冷、风大，森林不易恢复而形成的。因为在周围海拔更高处，仍然可以见到有森林。

土系特征与变幅　本土系诊断层为暗沃表层，诊断特性包括均腐殖质特性、湿润水分状况、冷性土壤温度。因为海拔高，雨雾多，加上气温低，土壤水分属于湿润的，且全年冻结时间长，有机质分解慢。下伏基岩为花岗岩，但矿质土壤物质主要来自风积黄土，质地为粉砂壤土。黄土通透性强，雨季有机质分解形成的腐殖质随下行水向下渗透，浸染整个土层，形成较为深厚的黑色腐殖质层，团粒结构较好，比较平凹的地方腐殖质层厚可达 70～80 cm，凸起的地方腐殖质层较薄，厚约 40 cm。黑色腐殖质层之下即为花岗岩基岩。土壤通体无石灰反应。

对比土系　灵山落叶系和灵山阔叶系，但表下层不黏化，而且有薄层枯枝落叶层。109 京冀垭口系，同一亚类不同土族，颗粒大小级别为粗骨壤质。与 109 京冀界东系比，109 京冀界东系没有均腐殖质特性，土纲不同，并且 109 京冀界东系土层深厚，而本土系土层厚度不到 100 cm。

利用性能综述　由于地势高，温度低，不适宜种植作物，可以种植林木，周围比剖面点高的地方也有林木生长。但最佳利用方式是保持现在的草甸草原景观，发展旅游。因为处于山区，有坡度，注意保护草甸植被，防止水土流失。目前，在游人小路和骑马路上，已经产生沟蚀。

参比土种　学名：酸性岩类山地草甸土；群众名称：麻石草渣土。

代表性单个土体　位于北京市门头沟区灵山自然保护区，坐标 40°02′09.2″N，115°28′04.6″E。地貌为中山山地，母质为黄土与花岗岩风化物。海拔 1983 m，植被为草甸草原。野外调查时间 2011 年 9 月 15 日，野外调查编号门头沟 20。

Ah：0～45 cm，暗灰棕色（10YR 3/2，干），暗棕色（10YR 2/2，润）；粉砂壤土；发育较好的小团粒结构；湿时松脆；土体内有小于 50 mm 左右的弱风化花岗岩碎屑，丰度<5%；大量（20 条/dm²）左右草本根系，0.5～1.0 mm 粗；土壤动物较少；向下平滑逐渐过渡。

BA：45～75 cm，暗灰棕色（10YR 3/2，干），暗棕色（10YR 2/2，润）；粉砂壤土；发育较好的小团粒结构；湿时松脆；土体内有小于 50 mm 左右的弱风化花岗岩碎屑，丰度<5%；少量（5 条/dm²）左右草本根系，0.5～1.0 mm 粗；土壤动物较少。

灵山草甸系代表性单个土体剖面

灵山草甸系代表性单个土体物理性质

土层	深度 /cm	砾石（>2 mm，体积分数）/%	细土颗粒组成（粒径：mm）/（g/kg）			质地
			砂粒 2～0.05	粉粒 0.05～0.002	黏粒<0.002	
Ah	0～45	<5	254	613	132	粉砂壤土
BA	45～75	<5	162	623	215	粉砂壤土

灵山草甸系代表性单个土体化学性质

深度 /cm	pH		有机质 /（g/kg）	CaCO₃ /（g/kg）	全铁 /（g/kg）	游离铁 /（g/kg）	无定形铁 /（g/kg）	有效铁（Fe） /（mg/kg）	CEC /[cmol（+）/kg]
	H₂O	CaCl₂							
0～45	6.7	6.1	50.8	1.6	43.6	13.5	5.0	59.2	30.0
45～75	6.7	6.0	41.3	2.0	49.6	15.7	7.0	61.3	26.2

7.1.3　灵山阔叶系（Lingshankuoye Series）

土　族：壤质混合型非酸性冷性-普通简育湿润均腐土
拟定者：张凤荣

分布与环境条件　暖温
带半湿润大陆性季风气
候。冬春干旱多风，夏季
炎热多雨，年平均温度
0.8℃，降水量 506 mm 左
右。地形上属于中山，地
形雨较多。该土系处于中
山山坡；海拔 2000 m 左
右，坡度约 25°。因为海
拔高，地形雨多，加上气
温低，土壤水分属于湿润，
且全年冻结时间长，有机
质分解慢。下伏基岩为花
岗岩，但矿质土壤物质还
受黄土降尘影响。植被为

灵山阔叶系典型景观

桦树林，林木郁闭度 80%左右，林冠下多草灌；因此，有机质中灰分元素较针叶林下的
高，形成的腐殖质中胡敏酸含量较富里酸高。

土系特征与变幅　本土系诊断层包括暗沃表层，诊断特性包括均腐殖质特性、湿润水分
状况、冷性土壤温度。剖面矿质土表之上有约 4 cm 厚的阔叶树凋落物层。质地通体为粉
砂土，通透性强，雨季有机质分解形成的腐殖质随下行水向下渗透，浸染整个土层，形
成较为深厚的黑色腐殖质层，厚度约 50 cm，形成良好的团粒结构；黑色腐殖质层之下
即为基岩。

对比土系　109 京冀垭口系，同一亚类不同土族，颗粒大小级别为粗骨壤质。109 京冀界
东系比，没有均腐殖质特性，土纲不同，并且 109 京冀界东系土层深厚，而本土系土层
厚度不到 100 cm。灵山落叶系，发育于落叶松下，矿质土表上有厚 10~15 cm 的毡状松
针凋落物层，因而区分为不同土纲。灵山草甸系，发育于山地草甸植被下，没有明显的
凋落物层，且表下层有黏化。灵山系，腐殖质含量较少，没有暗沃表层，不同土纲，为
雏形土。

利用性能综述　虽然有肥沃的腐殖质层，但因处于中山地带，气候寒冷，不能农作。适
宜利用方向是林地。地形坡度大，若植被被破坏，有水土流失风险。因此，应该封山育
林，防止水土流失。处于自然保护区内，可利用自然资源适度发展旅游，但一定要保护
好森林。

参比土种　学名：酸性岩类棕壤；群众名称：麻石落叶土。

代表性单个土体　位于北京市门头沟灵山自然保护区的中上部位的阔叶林下，坐标 40°02′12.00″N，115°28′14.20″E。地貌为山地，母质为黄土与花岗岩风化物，海拔 1970 m。野外调查时间 2011 年 9 月 15 日，野外调查编号门头沟 21。与其相似的单个土体是 2001 年 9 月 2 日采集于北京门头沟百花山的 2 号（39°49′44″N，115°35′14″E）剖面。

+4~0 cm，没有腐解和半腐解的枯枝落叶层。

Ah：0~20 cm，暗棕色（10YR 3/3，干），暗棕色（10YR 2/2，润）；粉砂土；发育较弱的小团粒结构；湿时松脆；土体内有小于 10 mm 左右的弱风化的花岗岩碎屑，丰度小于 5%；大量木本与草本根系，1~3 mm 粗；土壤动物少；向下平滑模糊过渡。

BA：20~51 cm，暗棕色（10YR 3/3，干），暗棕色（10YR 2/2，润）；粉砂土；发育弱的小团粒结构；湿时松脆；土体内有小于 10 mm 左右的弱风化的花岗岩碎屑，丰度小于 5%；较多的木本与草本根系，粗 2~5 mm；土壤动物少。

灵山阔叶系代表性单个土体剖面

灵山阔叶系代表性单个土体物理性质

土层	深度 /cm	砾石（>2 mm，体积分数）/%	细土颗粒组成（粒径：mm）/（g/kg）			质地
			砂粒 2~0.05	粉粒 0.05~0.002	黏粒<0.002	
Ah	0~20	<5	161	732	107	粉砂土
BA	20~51	<5	173	728	99	粉砂土

灵山阔叶系代表性单个土体化学性质

深度 /cm	pH H$_2$O	pH CaCl$_2$	有机质 /（g/kg）	CaCO$_3$ /（g/kg）	全铁 /（g/kg）	游离铁 /（g/kg）	无定形铁 /（g/kg）	有效铁（Fe）/（mg/kg）	CEC /[mol（+）/kg]
0~20	6.8	6.1	52.6	1.4	41.9	63.1	12.3	4.1	32.4
20~51	6.8	6.1	53.0	1.4	43.1	63.7	10.8	4.8	36.8

第8章 淋 溶 土

8.1 普通钙积干润淋溶土

8.1.1 佛峪口系（Foyukou Series）

土　族：黏壤质混合型温性-普通钙积干润淋溶土
拟定者：王秀丽，张凤荣

分布与环境条件　暖温带半湿润大陆性季风气候。冬春干旱多风，夏季炎热多雨，年平均温度 8.8 ℃，降水量 469 mm 左右。降水集中在 7～8 月，接近占全年的 70%；降雨年际间变化大，而且多大雨，甚至暴雨，容易造成地表径流。地形上属于低山。成土母质为次生黄土。在季节淋溶条件下，黄土中的碳酸钙发生淋溶淀积作用，形成假菌丝

佛峪口系典型景观

体、絮状凝团和砂姜。在温热条件下，也产生残积黏化作用，形成黏化层（但该黏化层深度大，似乎是古老的）。该土系位于山坡的下部，曾经造梯田耕种过，现为荒草地。剖面植被覆盖度为 100%，主要植被类型为灌草，有柏树、杏树、榆树、铁杆蒿等。
土系特征与变幅　本土系诊断层包括黏化层、钙积层，诊断特性包括半干润水分状况、温性土壤温度。上部 110 cm 左右厚的黄棕色的雏形层覆盖在亮棕色的黏化层之上，上部 110 cm 厚的土层中含有大量砂姜（10%，体积分数），下部砂姜较少，但有些成絮状大团块，通体具有强石灰反应，碳酸钙含量约 100 g/kg，且在孔隙内有星点状假菌丝体。
对比土系　青龙桥系，只是有假菌丝体状碳酸盐结晶，且碳酸钙含量低，不同土类，为简育干润淋溶土。马栏系，虽然也有假菌丝体状和砂姜状碳酸盐结核，但碳酸钙含量低，不同亚类，为简育干润淋溶土。黄安坨系、清水江系，虽然也是黄土母质，有黏化层，但没有石灰性反应，更无碳酸盐新生体，且温度状况和水分状况也不同，不同亚纲。太平庄系，虽然也发育在次生黄土上，但通体没有石灰反应，更没有碳酸盐新生体，不同土类。

利用性能综述　土层深厚，通体粉砂壤土，通透性和保水性好。但因为地处半干旱区，容易干旱。适宜利用方向是林地，人工经济林品种为耐旱型。土体内含有大量碳酸盐，结持性好，道路建设要注意排水，因为黄土具有湿陷性。曾修筑成梯田，但因为在坡地上，还是要加强坡面植被保护，防止水土流失。

参比土种　学名：中壤质褐土；群众名称：黏性杏黄土。

代表性单个土体　位于北京市延庆区张山营镇佛峪口村，坐标 40°28′59.9″N，115°50′10.1″E。地貌为山前台地，母质为次生黄土，海拔 530 m。荒草地。野外调查时间 2011 年 10 月 4 日，野外调查编号：延庆 1。

佛峪口系代表性单个土体剖面

Ah: 0～30 cm，黄色（10YR 7/6，干），黄棕色（10YR 5/6，润）；粉砂壤土；发育弱的细屑粒状结构；干时松脆；土体内有 10～20 mm 大的半风化碎屑，各种砾石混杂物，丰度小于 5%；3～10 mm 粗的草、木根系 7 条/dm²；土体内有 20～40 mm 大的白色圆状砂姜，丰度小于 5%；石灰反应强烈；向下平滑明显过渡。

Bck：30～110 cm，棕黄色（10YR 6/6，干），深黄棕色（10YR 4/6，润）；粉砂壤土；发育弱的细屑粒状结构；干时松脆；土体内有 10～20 mm 大的半风化碎屑，各种砾石混杂物，丰度小于 5%；0.5～2.0 mm 粗的草、木根系 1 条/dm²；孔隙内可见明显的 5%～10% 左右的假菌丝体；20～40 mm 大的白色圆状砂姜，丰度为 10%～15%；石灰反应强烈；向下平滑明显过渡。

Btck：110～170 cm，深棕色（7.5YR 5/6，干），棕色（7.5YR 4/4，润）；粉砂壤土；发育较好的细屑粒状结构；干时较坚实；土体内有 10～20 mm 大的半风化碎屑，各种砾石混杂物，丰度小于 5%；孔隙内和结构体面上可见胶膜，还有细微不明显的 5% 左右的假菌丝体；20～40 mm 大的白色圆状砂姜，丰度大约 5%；且可见大团状碳酸钙凝团；石灰反应强烈。

佛峪口系代表性单个土体物理性质

土层	深度 /cm	砾石 (>2 mm，体积分数) /%	细土颗粒组成（粒径：mm）/（g/kg）			质地
			砂粒 2～0.05	粉粒 0.05～0.002	黏粒<0.002	
Ah	0～30	<5	406	366	229	粉砂壤土
Bck	30～110	<5	269	529	202	粉砂壤土
Btck	110～170	<5	167	593	240	粉砂壤土

佛峪口系代表性单个土体化学性质

深度 /cm	pH		有机质 /（g/kg）	CaCO₃ /（g/kg）	全铁 /（g/kg）	游离铁 /（g/kg）	无定形铁 /（g/kg）	有效铁（Fe） /（g/kg）	CEC /（cmol(+)/kg）
	H₂O	CaCl₂							
0～30	8.1	7.5	8.9	149.6	42.5	8.0	0.9	7.5	11.8
30～110	8.4	7.6	5.3	113.6	36.1	8.0	0.8	6.0	10.7
110～170	8.4	7.7	7.2	90.7	51.3	11.0	1.1	5.8	14.8

8.2 表蚀铁质干润淋溶土

8.2.1 垤子峪系（Dieziyu Series）

土　族：极黏质伊利石混合型非酸性温性-表蚀铁质干润淋溶土
拟定者：张凤荣

分布与环境条件　暖温带半湿润大陆性季风气候。冬春干旱多风，夏季炎热多雨，年平均温度 10.3 ℃，降水量 718 mm 左右。降水集中在 7～8 月，接近占全年降水量的 70%；降雨年际间变化大，而且多大雨，甚至暴雨，容易造成地表径流。地形上属于低山，上坡为陡峭直线坡，中坡为较陡的直线坡，下坡为和缓的直线

垤子峪系典型景观

坡。上坡侵蚀强烈，岩石裸露多；下坡有坡积，母岩风化残留物被埋藏。该土系在中坡地带，坡度 15°左右，侵蚀较强烈。成土母质为母岩残积物，母岩为白云岩。植被类型为乔灌混交林，乔木多为人工栽培，常见树种为油松、刺槐；灌木自然旱生，主要是荆条、酸枣等。林下有草，主要生长地网草；植被覆盖度 100%。

土系特征与变幅　本土系诊断层包括淡薄表层、黏化层，诊断特性包括半干润水分状况、温性土壤温度、铁质特性。可能是侵蚀的原因，某些地方出露了厚达 150 cm 之多的红色黏土，其黏粒含量在 710 g/kg 以上。现在的腐殖质表层也发育于红色黏土层上，但由于发生在出露的红色黏土层的新的腐殖化过程历时短，腐殖质层并不明显。红色黏土层的结构体面上有明显的光亮黏粒胶膜。黏土矿物类型主要是伊利石以及绿泥石、蒙脱石和少量高岭石等。黏土层导水孔隙很少，但干裂有大裂隙可以达 20 mm 宽。红色黏土层应该是古气候条件下形成，湿热气候下白云岩风化残留物都是黏土，湿热条件下氧化铁含量多，使土壤呈红色。当时性质上应该与南方的红色石灰土一样。只是在现代暖温带半湿润条件下，由于黄土降尘，土壤有复盐基过程，使得 pH>7。这种古红色石灰土根据出露后侵蚀程度不同，红色黏土物质厚薄不一样，薄层约 30 cm，厚层可达 1 m 以上，而且多数其上有现代覆盖土层，覆盖物厚薄也不一样。就本土系来说，红色黏土层深厚，达 60~100 cm，而且没有覆盖层。

对比土系　叠海公墓系，同一亚类不同土族，古黏化层上有覆盖，其质地较轻，颗粒大

小级别为黏质。陈庄系，同一土类不同亚类，为斑纹铁质亚类。水峪系，没有铁质特性，不同土类，为简育干润淋溶土。

利用性能综述　土壤黏重，干时坚硬，湿时黏泞；导水孔隙主要是干时裂隙和结构体之间的孔隙，内排水（渗透慢）不好，宜耕性差，加上坡度大，所以不宜农用，适宜利用方向是林地。不过，由于植被覆盖度高，没有严重的土壤流失。黏粒含量很高的黏土可用于打井时防止井壁坍塌的泥浆。土壤透水性差，特别是在坡地上，易水土流失；黏土层与基岩之间形成滑擦面，容易产生滑坡。

参比土种　学名：红黏土质褐土；群众名称：红黏土。

垤子峪系代表性单个土体剖面

代表性单个土体　位于北京市平谷区垤子峪拆迁村东侧，坐标40°09′16.6″N，117°17′38.4″E。地貌为低山，母质为大理化石灰岩风化物，海拔152 m，剖面点为灌木林。野外调查时间2010年9月8日，野外调查编号：平谷2。

AB：0～30 cm，暗红色（2.5YR 3/6，干）；黏土；团聚好的大棱块状结构；干时极硬；1～5 mm 粗的草、灌根系 10 条/dm²；多微裂隙，10 mm 宽；结构体面上有5%的光亮黏粒胶膜；10%～20%的坚硬棱角分明的岩石（同母岩）碎屑；无石灰反应；向下平滑逐渐过渡。

Bt：30～150 cm，暗红色（10R 3/6，干）；黏土；团聚好的粗大棱块状结构；干时极硬；5 mm 粗的灌木根系 1 条/dm²；多微裂隙，20 mm 宽；结构体面上有5%的光亮黏粒胶膜；10%～20%的坚硬棱角分明的岩石（同母岩）碎屑；无石灰反应；向下平滑明显过渡。

R：白云岩，研碎粉末有石灰反应。

垤子峪系代表性单个土体物理性质

土层	深度 /cm	砾石 （>2 mm，体积分数）/%	细土颗粒组成（粒径：mm）/（g/kg）			质地
			砂粒 2～0.05	粉粒 0.05～0.002	黏粒<0.002	
AB	0～30	10～20	57	228	716	黏土
Bt	30～150	10～20	65	87	848	黏土

垤子峪系代表性单个土体化学性质

深度 /cm	pH		有机质 /（g/kg）	CaCO₃ /（g/kg）	全铁 /（g/kg）	游离铁 /（g/kg）	无定形铁 /（g/kg）	有效铁（Fe） /（mg/kg）	CEC /[cmol（+）/kg]
	H₂O	CaCl₂							
0～30	6.8	5.7	14.0	1.1	63.6	35.6	1.8	9.6	43.3
30～150	8.0	7.2	10.3	1.3	80.0	53.2	1.6	4.7	53.4

8.2.2 叠海公墓系（Diehaigongmu Series）

土　族：黏质伊利石混合非酸性温性-表蚀铁质干润淋溶土
拟定者：张凤荣

分布与环境条件　暖温带半湿润大陆性季风气候。冬春干旱多风，夏季炎热多雨，年平均温度 10.3 ℃，降水量 718 mm 左右。降水集中在 7～8 月，接近占全年的 70%；降雨年际间变化大，而且多大雨，甚至暴雨，容易造成地表径流。地形上属于低山，上坡为陡峭直线坡，中坡为较陡的直线坡，

叠海公墓系典型景观

下坡为和缓的直线坡；该土系在下坡地带，坡度 10°左右。上坡侵蚀强烈，基岩裸露多；下坡有坡积，没有岩石出露。基岩为白云岩。因为处于华北降尘（黄土）地区，土壤受黄土降尘影响较大。植被类型为乔灌混交林，乔木多为人工栽培，常见树种为油松、刺槐；灌木自然旱生，主要是荆条、酸枣等。林下有草，以地网草为主；植被覆盖度 100%。

土系特征与变幅　本土系诊断层包括淡薄表层、黏化层，诊断特性包括半干润水分状况、温性土壤温度、铁质特性。质地通体为粉砂质黏壤土。表层 10 cm 左右厚的腐殖质层，下面有 40～60 cm 厚的红色黏土，其结构体面上有大量光亮胶膜。黏土矿物类型主要是伊利石、水云母、蒙脱石和绿泥石等。黏土层导水孔隙很少，但干裂后有大裂隙可以达 5 mm 宽。下面突然过渡到灰白色岩石风化物，厚 30～40 cm，再下为坚硬的白云岩。这种古红色石灰土根据出露后侵蚀程度不同，红色黏土物质厚薄不一样，薄层的 30 cm，厚层可达 1 m 以上，而且多数其上有现代覆盖土层，覆盖物厚薄也不一样。就本土系来说，红色黏土层厚度 30～60 cm。红色黏土层应该是古气候条件下形成，湿热气候下白云岩脱钙留下残留物都是黏土，湿热条件下氧化铁多，使土壤呈红色。当时性质上应该与南方的红色石灰土一样。可能是有所移动或黄土降尘加入黄土的原因，颜色已不是那么红；而且在现代暖温带半湿润条件下，土壤有复盐基过程（黄土降尘带来），使得土壤呈微碱性。

对比土系　垤子峪系，同一亚类不同土族，红色黏化层出露地表，没有覆盖层，而且其厚度大，质地更黏，颗粒大小级别为极黏质。陈庄系，不同亚类，为斑纹亚类。水峪系，没有铁质特性，不同土类，属于简育干润淋溶土。

利用性能综述　土壤质地黏重，宜耕性差。因为在坡地上，虽然土壤黏重内排水（渗透慢）不好，但外排水（径流）好；不过，由于植被覆盖度高，没有严重的水土流失；地

表有岩石碎屑，加之坡度大，所以适宜利用方向是林地。由于黏粒含量高，透水性差，特别是在坡地上，黏土层与其他较粗质地层之间形成滑擦面，容易产生滑坡。

参比土种　学名：红黏土质褐土；群众名称：红黏土。

代表性单个土体　位于北京市平谷区水峪村惠和叠海公墓东侧，坐标 40°09′23″N，117°17′21″E。地貌为低山，母质为白云岩风化物，海拔 150 m，剖面点为灌木林。野外调查时间 2010 年 9 月 8 日，野外调查编号：平谷 1。与其相似的单个土体是 2010 年 9 月 8 日采自于平谷区水峪村垄子峪拆迁村西北的编号为"平谷 4"的剖面。

Ah：0~10 cm，棕色（7.5YR 4/2，干），暗棕色（7.5YR 3/2，润）；粉砂质黏壤土；团聚较好的

粒状结构，小于 2 mm；干时硬，湿时较黏；1~5 mm 粗的草、灌根系 10 条/dm²；多量细孔；5%~10%的坚硬棱角分明的岩石（同母岩）碎屑，4~6 cm 大；无石灰反应；向下平滑逐渐过渡。

Bt1：10~41 cm，黄红色（5YR 4/6，干），红棕色（5YR 4/4，润）；粉砂质黏壤土；团聚好的次棱状结构，2~3 mm 大；干时很硬，湿时黏；5 mm 粗的灌木根系 1 条/dm²；多微裂隙；结构体面上有 5%~10%的光亮黏粒胶膜；5%~10%的坚硬棱角分明的岩石（同母岩）碎屑，4~6 cm 大；无石灰反应；向下平滑逐渐过渡。

Bt2：41~62 cm，黄红色（5YR 4/6，干），红棕色（5YR 4/4，润），粉砂质黏壤土；团聚好的棱块状结构，3 mm 大；干时极硬，湿时黏；5 mm 粗的灌木根系 1 条/dm²；多微裂隙；结构体面上有大于 10%的光亮黏粒胶膜；5%~10%的坚硬棱角分明的岩石（同母岩）碎屑，4~6 cm 大；无石灰反应；向下平滑突然过渡。

C：62~95 cm，淡灰色（5YR 7/1，干）；粉砂质黏壤土；似石灰状，向下平滑突然过渡。

R：白云岩，研碎粉末有石灰反应。

叠海公墓系代表性单个土体剖面

叠海公墓系代表性单个土体物理性质

土层	深度 /cm	砾石（>2 mm，体积分数）/%	细土颗粒组成（粒径：mm）/（g/kg）			质地
			砂粒 2~0.05	粉粒 0.05~0.002	黏粒<0.002	
Ah	0~10	5~10	144	514	342	粉砂质黏壤土
Bt1	10~41	5~10	67	545	388	粉砂质黏壤土
Bt2	41~62	5~10	108	549	344	粉砂质黏壤土
C	62~95	5~10	144	514	342	粉砂质黏壤土

叠海公墓系代表性单个土体化学性质

深度 /cm	H_2O	$CaCl_2$	有机质 /（g/kg）	$CaCO_3$ /（g/kg）	全铁 /（g/kg）	游离铁 /（g/kg）	无定形铁 /（g/kg）	有效铁（Fe）/（mg/kg）	CEC /[cmol（+）/kg]
0~10	7.2	6.3	32.8	0.7	51.7	21.7	1.7	10.1	29.8
10~41	7.0	6.1	16.8	1.3	53.1	20.3	2.0	12.5	24.3
41~62	7.2	6.4	14.2	1.0	51.1	19.3	2.1	12.7	23.8
62~95	8.0	7.7	9.2	176.1	12.7	1.8	0.4	5.0	19.7

8.3　斑纹铁质干润淋溶土

8.3.1　陈庄系（Chenzhuang Series）

土　　族：粗骨黏质混合型非酸性温性-斑纹铁质干润淋溶土
拟定者：张凤荣

分布与环境条件　暖温带半湿润大陆性季风气候。冬春干旱多风，夏季炎热多雨，年平均温度 11.5 ℃，降水量 601 mm 左右。降水集中在 7～8 月，接近占全年的 70%；降雨年际间变化大，而且多大雨，甚至暴雨。地形上属于山前古老洪积扇中部。该土系分布于山前平原（古洪积扇），坡度缓和。成土母质为古冲洪积物。土地利用是荒草地，主要是旱生白草。

陈庄系典型景观

土系特征与变幅　本土系诊断层包括淡薄表层、黏化层，诊断特性包括半干润水分状况、温性土壤温度、铁质特性。上层厚达 1 m 多的夹杂大量风化砾石的红色黏土层应该是上新世的红色石灰土，可能在中更新世之后被侵蚀堆积在剖面下部的中更新世的黄土上。无论是夹杂大量风化砾石的红色黏土还是老黄土，pH>7，可能是在现代暖温带半湿润条件下，土壤有复盐基过程（黄土降尘带来），使得土壤呈微碱性；而它们形成时是湿热气候下，应该是脱盐基呈酸性的。夹杂大量风化砾石的红色黏土在结构体面上有明显的光亮胶膜；中更新世的黄土结构体面上有>5%的光亮黏粒胶膜和大量的黑色铁锰斑纹。黏土矿物类型主要是伊利石、绿泥石，以及蒙脱石和蛭石等。黏土层导水孔隙很少，但干裂有大裂隙可以达 20 mm 宽。

对比土系　埪子峪系和叠海公墓系，下有基岩，不同亚类，为表蚀型。

利用性能综述　本土系黏粒含量高，透水性差；黏土矿物以胀缩性较强的蒙脱石为主，湿润黏性强，干时开裂、极硬，宜耕性差，不宜农用。但去除夹杂的砾石，黏土可用于打井时防止井壁坍塌的泥浆。

参比土种　学名：红黏土质褐土；群众名称：红黏土。

陈庄系代表性单个土体剖面

代表性单个土体　位于北京市昌平南口镇陈庄西，坐标 40°14′12.0″N，116°09′26.0″E。地貌为山前台地，母质为黏质冲洪积物，海拔 138 m，土地利用为荒草地，植被类型为灌草丛；灌木自然旱生，主要是荆条、酸枣；草为菅草、白草；植被覆盖度 100%。野外调查时间 2010 年 10 月 5 日，野外调查编号昌平 3。与其相似的单个土体是张凤荣博士论文中的采集于 1986 年 9 月的位于昌平区南口红泥沟的编号为 8602 的剖面。

Ah：0～30 cm，深棕色（7.5YR 4/6，干）；壤土；团聚好的中次棱块状结构；干时硬；0.5～1.0 mm 粗的草、灌根系 5 条/dm²；多微裂隙 10 mm 宽；结构体面上有 5%的光亮黏粒胶膜；10%～30%的高度风化的磨圆的砾石，砾石岩性混杂，20～30 mm 大；无石灰反应；向下平滑明显过渡。

Bt1：30～110 cm，红色（10R4/6，干），暗红色（10R 3/6，润）；黏土；团聚好的中次棱块状结构；干时极硬，0.5 mm 粗的草本根系 1 条/dm²；多微裂隙 20 mm 宽；结构体面上有>5%的光亮黏粒胶膜，与基质颜色对比不明显；70%的高度风化的磨圆的砾石，砾石岩性混杂，20～50 mm 大，还有更大的；无石灰反应；向下波状突然过渡。

2Bt2：110～180 cm，黄红色（5YR 5/6，干），黄红色（5YR 4/6，润）；粉砂质黏土；团聚极好的大棱块状结构；干时非常硬；无根系；多微细孔；结构体面上有大于 5%的光亮黏粒胶膜和大量黑色锰网膜，与基质颜色对比明显；5%的高度风化的磨圆的砾石，主要组成物质为硅质，10～20 mm 大；无石灰反应；向下平滑逐渐过渡。

陈庄系代表性单个土体物理性质

土层	深度 /cm	砾石（>2 mm，体积分数）/%	细土颗粒组成（粒径：mm）/（g/kg）			质地
			砂粒 2～0.05	粉粒 0.05～0.002	黏粒<0.002	
Ah	0～30	10～30	327	416	257	壤土
Bt1	30～110	70	167	291	542	黏土
2Bt2	110～180	5	105	492	403	粉砂质黏土

陈庄系代表性单个土体化学性质

深度 /cm	pH		有机质 /（g/kg）	CaCO₃ /（g/kg）	全铁 /（g/kg）	游离铁 /（g/kg）	无定形铁 /（g/kg）	有效铁（Fe） /（mg/kg）	CEC /[cmol（+）/kg]
	H₂O	CaCl₂							
0～30	8.1	7.5	25.3	7.8	44.2	16.3	1.5	8.6	18.2
30～110	7.9	7.5	11.6	1.5	63.6	32.6	1.7	4.0	25.4
110～180	7.9	7.4	13.7	0.8	52.3	22.0	1.1	5.5	23.8

8.4 石质简育干润淋溶土

8.4.1 桃园系（Taoyuan Series）

土　族：黏壤质混合型石灰性温性-石质简育干润淋溶土
拟定者：王秀丽，张凤荣

分布与环境条件　暖温带半湿润大陆性季风气候。冬春干旱多风，夏季炎热多雨，年平均温度 8.8 ℃，降水量 620 mm 左右。降水集中在 7～8 月，接近占全年的 70%；降雨年际间变化大。地形上属于低山。坡度陡峭，侵蚀强烈。成土母质为风积黄土与石灰岩风化残积物。土地利用类型为林地，自然植被主要为旱生林灌，如荆条、酸枣、菅草等。

桃园系典型景观

土系特征与变幅　本土系诊断层包括淡薄表层、黏化层，诊断特性包括半干润水分状况、温性土壤温度、石质接触面、石灰性。疏松土层厚度一般只有 30～40 cm，在局部岩石露头凹陷处稍厚，可达 50 cm 左右。细土物质大多来自于风积黄土，质地通体为粉砂壤土，但也有石灰岩风化残积的黏粒与粉砂结合在一起，形成团聚较好的次棱块状结构。腐殖质层下即为 20～30 cm 厚的黏化层，该黏化层是石灰岩风化残余物，有时可能夹杂一些坡积黄土状物，再下即为石灰岩基岩。

对比土系　前桑峪系、西斋堂粗骨系、军响系，均为石质，但不同土纲，均为新成土。临近的涧沟系，不同土纲，为雏形土，细土物质粉砂含量较高，主要来自于风积黄土，基岩是花岗岩。龚庄子系、巨各庄系，具有铁质特性，不同亚类，属于普通亚类，且土体内的粗碎屑为花岗岩风化物。临近的西胡林系，发育在老黄土上，土层深厚，不同亚类，为复钙亚类。

利用性能综述　由于地势陡峭，土层浅薄，下面即是石灰岩基岩，且石灰岩区缺水，不适宜种植作物；最好是封山育林，保持水土，因为处于河流上游而且是妙峰山风景区，注意保护天然植被防止水土流失。

参比土种　学名：中壤质褐土；群众名称：黏性杏黄土。

桃园系代表性单个土体剖面

代表性单个土体　位于北京市门头沟妙峰山镇桃园村，坐标 40°00′38.9″N，116°02′48.6″E。地貌为低山，母质为风积黄土与石灰岩风化残积物，海拔 160 m。植被类型为灌丛。野外调查时间 2011 年 11 月 5 日，野外调查编号：门头沟 32。

Ah：0～20 cm，灰棕色（10YR 5/4，干）；粉砂壤土；弱发育的细小屑粒状结构；干时松脆；土体内有 10～30 mm 左右的棱块状岩石碎屑，为石灰岩碎屑，极弱风化，丰度 10%～30%；1～5 mm 粗的草本根系 10 条/dm²；石灰反应强烈；向下平滑逐渐过渡。

Bt：20～35 cm，黄棕色（7.5YR 4/6，干）；粉砂壤土；发育较好的中等次棱块状结构；干时松脆；有些土壤结构体面上可见星点胶膜；土体内有 10～20 mm 左右的棱块状岩石碎屑，组成物质为石灰岩，极弱风化，丰度约 25%；1～5 mm 粗的草本根系 5 条/dm²；石灰反应强烈。

R：石灰岩。

桃园系代表性单个土体物理性质

土层	深度 /cm	砾石（>2 mm，体积分数）/%	细土颗粒组成（粒径：mm）/（g/kg）			质地
			砂粒 2～0.05	粉粒 0.05～0.002	黏粒<0.002	
Ah	0～20	10～30	373	420	207	粉砂壤土
Bt	20～35	25	308	425	267	粉砂壤土

桃园系代表性单个土体化学性质

深度 /cm	pH		有机质 /（g/kg）	CaCO₃ /（g/kg）	全铁 /（g/kg）	游离铁 /（g/kg）	无定形铁 /（g/kg）	有效铁（Fe） /（mg/kg）	CEC /[cmol（+）/kg]
	H₂O	CaCl₂							
0～20	8.1	7.6	31.6	150.4	46.9	11.3	1.1	12.4	14.7
20～35	8.2	7.6	31.1	104.9	51.1	14.7	1.4	13.1	20.4

8.5 复钙简育干润淋溶土

8.5.1 桑峪系（Sangyu Series）

土 族：黏壤质混合型温性-复钙简育干润淋溶土

拟定者：王秀丽，张凤荣

分布与环境条件 暖温带半湿润大陆性季风气候。冬春干旱多风，夏季炎热多雨，年平均温度 9.1 ℃，降水量 504 mm 左右。降水集中在 7～8 月，接近占全年降水量的 70%；降雨年际间变化大，而且多大雨，甚至暴雨。地形上属于低山黄土台地，黄土台地面上坡度小于 10°；黄土沟壁立，坡度陡峭，大于 70°。目前

桑育系典型景观

已经人工修筑成梯田。成土母质为黄土，少见砾石，基本为风成。自然植被为旱生灌丛，主要为荆条、酸枣等，郁闭度 100%。刚刚栽植的核桃和金银花。地表发现少量砂姜，可能是修梯田时将剖面下部砂姜层翻上来所致。

土系特征与变幅 本土系诊断层包括黏化层，诊断特性包括半干润水分状况、石灰性、温性土壤温度。剖面发育于深厚均匀的马兰黄土母质上。上部 25 cm 左右为黄棕色的耕层；中部 70～80 cm 左右的颜色稍红的残积黏化层，质地为黏壤土，含大量假菌丝体；黏化层下部为含少量假菌丝体的雏形层。偶见 5 cm 大的砂姜（石灰结核）。

对比土系 西胡林系，同一土族，但土体中没有砂姜。邻近的马栏系，不同亚类，因为碳酸盐含量表层低于下层，为普通亚类。龙门林场系，土壤温度状况为冷性，水分为湿润，不同亚纲，土体中也无钙积层。

利用性能综述 土层深厚，通透性强，心土保水保肥。但因处于较干旱的缺水山地，不能灌溉情况下，适宜利用方向是旱作，宜种作物为谷子、甘薯、花生，宜种果树是核桃等干果。黄土湿陷性强，需有良好的排水系统。虽已经修筑成梯田，但要维护地埂，防止水土流失。

参比土种 学名：中壤质复石灰性褐土；群众名称：黏性立黄土。

桑育系代表性单个土体剖面

代表性单个土体　位于北京市门头沟斋堂镇桑峪村老马台，坐标 40°00′15.6″N，115°44′54.6″E。地貌为山间平原，母质为黄土。海拔 450 m。野外调查时间 2011 年 9 月 6 日，野外调查编号门头沟 10。与其相似的单个土体是张凤荣博士论文中的采集于 1986 年 9 月的位于门头沟区军响乡西范沟老马台的编号为 8623 的剖面。

Ap：0～25 cm，暗黄棕色（10YR 4/6，润）；粉砂壤土；发育较弱的细小屑粒；非常松脆；<1 mm 粗的草本根系 5 条/dm²；石灰反应强；向下平滑明显过渡。

Btk：25～109 cm，棕色（7.5YR 4/4，润）；黏壤土；发育较强的中团块状；较松脆；<1 mm 粗的草本根系 4 条/dm²；含大量明显的假菌丝体，面积 20%～30%，石灰反应弱；向下平滑逐渐过渡。

Bk：109～160 cm，深棕色（7.5YR 4/6，润）；粉砂壤土；屑粒结构，非常松脆；草本根系<2 mm 粗的 1～2 条/dm²；有较多假菌丝体，面积 10%～20%，见少量 20 mm 大的白色硬砂姜，石灰反应弱。

桑育系代表性单个土体物理性质

土层	深度 /cm	砾石 (>2 mm，体积分数) /%	细土颗粒组成（粒径：mm）/（g/kg）			质地
			砂粒 2～0.05	粉粒 0.05～0.002	黏粒<0.002	
Ap	0～25	5	262	589	149	粉砂壤土
Btk	25～109	0	229	485	285	黏壤土
Bk	109～160	0	300	504	196	粉砂壤土

桑育系代表性单个土体化学性质

深度 /cm	pH		有机质 /（g/kg）	CaCO₃ /（g/kg）	全铁 /（g/kg）	游离铁 /（g/kg）	无定形铁 /（g/kg）	有效铁（Fe） /（mg/kg）	CEC /[cmol（+）/kg]
	H₂O	CaCl₂							
0～25	8.1	7.6	8.7	96.7	38.8	7.3	0.7	4.9	17.6
25～109	8.1	7.6	3.4	7.2	52.9	11.6	1.1	2.4	16.6
109～160	8.1	7.6	2.7	4.8	44.7	9.4	0.7	2.4	14.0

8.5.2　西胡林系（Xihulin Series）

土　族：黏壤质混合型温性-复钙简育干润淋溶土
拟定者：张凤荣

分布与环境条件　暖温
带半湿润大陆性季风气
候。冬春干旱多风，夏季
炎热多雨，年平均温度
9.0 ℃，降水量 501 mm
左右。降水集中在 7～8
月，接近占全年降水量的
70%；降雨年际间变化大，
而且多大雨，甚至暴雨。
地形上属于低山。该土系
位于低山围拢的盆地周
边的黄土台地上。因为烧
砖或垫地取土将上部的

西胡林系典型景观

马兰黄土剥离，露出下部的老黄土，再复垦耕种果树。自然植被为旱生灌丛，主要为荆
条、酸枣等，郁闭度 100%。

土系特征与变幅　本土系诊断层包括淡薄表层、黏化层，诊断特性包括半干润水分状况、
石灰性、温性土壤温度。剖面发育于深厚均匀的老黄土母质上，棕色，质地为黏壤土，
有石灰性反应。约 100 cm 以下为古老埋藏的质地更为黏重的红棕色的黏化层，没有石灰
反应，黏粒含量在 330 g/kg 以上，次棱块状结构。黏化层上界与上面的新黄土层被剥离
的多少有关；但黏化层下界均在 150 cm 以下。

对比土系　桑峪系，同一土族，但土体中有砂姜。邻近的马栏系，不同亚类，因为碳酸
盐含量表层低于下层，为普通亚类；邻近的养鹿场系，没有黏化层，不同土纲，属于雏
形土。

利用性能综述　土层深厚，虽然保水保肥性好，但质地黏重，通透性较差，耕性差。又
因处于较干旱的缺水山地，在缺少灌溉情况下，适宜利用方向是旱作，宜种作物为谷子；
宜种果树是核桃等干果。

参比土种　学名：中壤质复石灰性褐土；群众名称：黏性立黄土。

西胡林系代表性单个土体剖面

代表性单个土体　位于北京市门头沟斋堂镇西胡林砖厂，坐标 39°58′51.5″N，115°43′40.8″E。地形为河谷阶地（黄土台地），梯田，种植杏树。母质为老黄土。海拔 440 m。野外调查时间 2011 年 9 月 8 日，野外调查编号门头沟 14。

Ap: 0～35 cm，深棕色（7.5YR 4/6，润）；粉砂质黏壤土；发育较强的很小屑粒；干时较硬，湿时较坚实；有 5%左右的风化次棱状岩石碎屑，2～4 mm；2 mm 粗的草本根系 3～5 条/dm²；有少量煤渣，直径<2 mm；可见蚯蚓、蚂蚁活动；强石灰性反应；向下平滑明显过渡。

Bt1: 35～71 cm，深棕色（7.5YR 4/6，润）；粉砂质黏壤土；发育较强的小团块状；可见少量黏粒胶膜；干时硬，湿时坚实；有 3%左右高度风化的次棱状岩石碎屑，2～3 mm；草本根系<1 mm 粗的 2～3 条/dm²；中石灰性反应；向下平滑逐渐过渡。

Bt2: 71～98 cm，棕色（7.5YR 4/4，润）；粉砂质黏壤土；发育强的小次棱块状；可见少量黏粒胶膜；干时硬，湿时坚实；有 3%左右高度风化的次棱状岩石碎屑，2～3 mm；草本根系<0.5 mm 粗的 1～2 条/dm²；轻石灰性反应；向下平滑明显过渡。

2Bt3: 98～130 cm，棕色（5YR 3/4，润）；黏壤土；发育非常强的中等次棱块状；可见大量黏粒胶膜；干时非常硬，湿时非常坚实；有 5%左右高度风化的次棱状岩石碎屑，3～5 mm；<0.5 mm 粗的草本根系 1 条/dm²；无石灰性反应。

西胡林系代表性单个土体物理性质

土层	深度 /cm	砾石 (>2 mm，体积分数) /%	细土颗粒组成（粒径：mm）/（g/kg）			质地
			砂粒 2～0.05	粉粒 0.05～0.002	黏粒<0.002	
Ap	0～35	5	155	567	278	粉砂质黏壤土
Bt1	35～71	<3	115	554	332	粉砂质黏壤土
Bt2	71～98	<3	126	542	332	粉砂质黏壤土
2Bt3	98～130	<5	219	430	351	黏壤土

西胡林系代表性单个土体化学性质

深度 /cm	pH		有机质 /（g/kg）	CaCO₃ /（g/kg）	全铁 /（g/kg）	游离铁 /（g/kg）	无定形铁 /（g/kg）	有效铁（Fe） /（mg/kg）	CEC /[cmol（+）/kg]
	H₂O	CaCl₂							
0～35	8.3	7.6	12.8	14.7	44.9	12.5	1.4	6.6	17.8
35～71	8.2	7.5	6.7	5.5	48.1	12.5	1.8	5.6	20.0
71～98	8.1	7.3	5.7	1.9	45.3	14.2	1.3	5.6	19.8
98～130	8.2	7.4	4.7	2.0	59.9	15.7	1.7	5.3	23.8

8.6 斑纹简育干润淋溶土

8.6.1 白庙村系（Baimiaocun Series）

土　族：黏壤质混合型石灰性温性-斑纹简育干润淋溶土
拟定者：孔祥斌，张青璞

分布与环境条件　暖温带半湿润大陆性季风气候。冬春干旱多风，夏季炎热多雨，年均温 12.1 ℃，年均降水量 613 mm；降水集中在 7~8 月，接近占全年降水量的 70%；降雨年际间变化大，而且多大雨，甚至暴雨。其地形为平原，易发生短暂洪涝，中下部土体曾受地下水影响，发生氧化还原反应。

白庙村系典型景观

土地利用是耕地，种植玉米等大田作物。

土系特征与变幅　本土系诊断层包括淡薄表层、黏化层，诊断特性包括半干润水分状况、温性土壤温度、氧化还原特征。地势平坦，土层深厚，通体质地较为均一，粉砂壤土或粉砂质黏壤土；38 cm 处出现厚约 60 cm 的黏化层，并伴有锈纹锈斑及铁锰结核。通体具有石灰反应。

对比土系　邻近的年丰村系、牌楼村系，没有黏化层，不同土纲，属于雏形土。赵各庄系，但氧化还原现象在 120 cm 处出现，不属于斑纹亚类。西南吕系，同一土族，但剖面中土层的质地分异比本土系明显，有的土层黏粒含量达 40% 以上。中农西区系，同一亚类不同土族，通体没有石灰性。

利用性能综述　地势平坦，土层深厚，但黏化层靠上，利于保水保肥。地下水丰富，有灌溉条件和良好的排水条件，属于高产稳产田。

参比土种　学名：黏层轻壤质潮褐土；群众名称：夹黏灰黄土。

代表性单个土体　位于北京市顺义区赵全营镇白庙村，坐标为 39°11′41.99″N，116°34′42.05″E。地貌为冲积平原，母质为冲积物，海拔 46 m，耕地。野外调查时间 2010 年 9 月 23 日，野外调查编号 KBJ-17。

Ap1：0～10 cm，暗棕色（10YR 3/3，润）；粉砂壤土；中等屑粒结构；松散；中量中等中细根系；少量砖屑、煤渣侵入；中量蚯蚓及其粪便；中度石灰反应；向下平滑明显过渡。

Ap2：10～38 cm，暗棕色（10YR 3/3，润）；粉砂壤土；中等棱块结构；疏松；中量中根；很少量明显的小铁锈纹；中量球形软小铁锰结核；很少量砖屑、煤渣侵入体；中量蚯蚓及其粪便；中度石灰反应；向下平滑明显过渡。

Btr1：38～50 cm，暗棕色（10YR 3/3，润）；粉砂质黏壤土；中等棱块结构；疏松；少量细根；中量明显的小铁锈纹；中量软的小铁锰结核；中量蚯蚓及其粪便；轻度石灰反应；向下平滑明显过渡。

Btr2：50～65 cm，深黄棕色（10YR 3/4，润）；粉砂质黏壤土；中等棱块结构；坚实；少量细根；中量明显的小铁锈纹；中量软的小铁锰结核；轻度石灰反应；向下平滑明显过渡。

Btr3：65～100 cm，深黄棕色（10YR 3/4，润）；粉砂质黏壤土；小棱块结构；很坚实；很少量细根；中量明显的小铁锈纹；中量软的小铁锰结核；向下平滑明显过渡。

Bk：>100 cm，浅黄棕色（10YR 6/4，干）；粉砂壤土；中等棱块状；疏松；中量明显的小铁锈纹；很少量大的瘤状碳酸钙结核。

白庙村系代表性单个土体剖面

白庙村系代表性单个土体物理性质

土层	深度 /cm	砾石（>2 mm,体积分数）/%	细土颗粒组成（粒径：mm）/（g/kg）			质地
			砂粒 2～0.05	粉粒 0.05～0.002	黏粒<0.002	
Ap1	0～10	0	263	521	216	粉砂壤土
Ap2	10～38	0	223	553	225	粉砂壤土
Btr1	38～50	0	139	579	282	粉砂质黏壤土
Btr2	50～65	0	162	548	290	粉砂质黏壤土
Btr3	65～100	0	136	567	297	粉砂质黏壤土
Bk	>100	0	247	582	171	粉砂壤土

白庙村系代表性单个土体化学性质

深度 /cm	pH		有机质 /（g/kg）	速效氮（N） /（mg/kg）	有效磷（P） /（mg/kg）	速效钾（K） /（mg/kg）	全氮（N） /（g/kg）	全磷（P） /（g/kg）	全钾（K） /（g/kg）	CaCO$_3$ /（g/kg）
	H$_2$O	CaCl$_2$								
0～10	8.2	7.3	19.6	75.4	7.1	106.2	0.87	0.55	28.9	2.3
10～38	8.5	7.6	14.7	49.1	3.4	94.2	0.65	0.32	28.9	2.7
38～50	8.3	7.5	11.0	42.6	2.6	102.2	0.48	0.19	27.1	1.5
50～65	8.3	7.5	10.6	18.0	2.0	114.2	0.33	0.05	27.9	1.5
65～100	8.4	7.5	11.2	14.7	1.4	130.2	0.26	0.19	27.2	1.7
>100	8.6	7.7	8.1	6.6	2.6	82.2	0.18	0.29	29.2	8.0

深度 /cm	全铁 /（g/kg）	游离铁 /（g/kg）	无定形铁 /（g/kg）	有效铁（Fe） /（mg/kg）	CEC /[cmol（+）/kg]
0～10	36.5	10.0	1.2	14.7	19.4
10～38	36.6	10.0	1.3	15.4	16.6
38～50	42.7	12.6	1.3	13.1	19.5
50～65	36.6	12.8	1.0	7.3	21.1
65～100	42.7	12.1	0.8	6.9	21.9
>100	35.0	8.9	0.6	6.3	11.7

8.6.2 西南吕系（Xinanlü Series）

土　族：黏壤质混合型石灰性温性-斑纹简育干润淋溶土
拟定者：孔祥斌，张青璞

分布与环境条件　暖温带半湿润大陆性季风气候。冬春干旱多风，夏季炎热多雨，年均温 11.9 ℃，年均降水量 570 mm；降水集中在 7～8 月，接近占全年降水量的 70%；降雨年际间变化大，而且多大雨，甚至暴雨。地形为冲积平原。中下部土体曾受地下水影响，发生氧化还原反应。土地利用类型是耕地，种植玉米、冬小麦等大田作物。

西南吕系典型景观

土系特征与变幅　本土系诊断层包括黏化层，诊断特性包括半干润水分状况、温性土壤温度、氧化还原特征、石灰性。地势平坦，土层深厚，剖面中土层质地有变化，质地为粉砂壤土或粉砂质黏壤土。30 cm 处出现黏化层，厚约 80 cm。按氧化还原特征可分上下两层，上部 40 cm 无铁锈纹，下部 40 cm 中有铁锈纹，110 cm 以下锈斑明显增多。通体强石灰反应。

对比土系　二合庄系，土体中无氧化还原现象，不同亚类，属于普通亚类。赵各庄系，氧化还原现象在 120 cm 处出现，不属于斑纹亚类。白庙村系，同一土族，但剖面中土层的质地分异没有本土系明显，各土层的黏粒含量不超过 30%。中农西区系，同一亚类不同土族，通体没有石灰性。

利用性能综述　地形平坦，土层深厚，通透性较好，内排水条件较好；保水保肥性能一般，比较适宜作物生长。种植作物施肥被淋失的可能性大，可能污染地下水水源。

参比土种　学名：黏层轻壤质潮褐土；群众名称：夹黏灰黄土。

代表性单个土体　位于北京市房山区琉璃河镇西南吕，坐标为 39°35′59.49″N，116°05′30.50″E。地貌为冲积平原，母质为冲积物，海拔 34 m。土地利用类型为耕地，种植小麦、玉米。野外调查时间 2010 年 9 月 7 日，野外调查编号 KBJ-07。

　　Ap1：0～15 cm，暗灰棕色（10YR 4/2，润）；粉砂壤土；棱块状结构；疏松；中量细根；少量的人工侵入体；大量蚯蚓和蚯蚓粪便；强度石灰反应；向下平滑明显过渡。

　　Ap2：15～30 cm，暗棕色（10YR 4/3，润）；粉砂壤土；棱块状结构；疏松；少量极细根系；少量人工侵入体；大量蚯蚓和蚯蚓粪便；强度石灰反应；向下平滑明显过渡。

Bt：30～70 cm，灰色（10YR 5/3，润）；粉砂质黏壤土；棱块状结构；疏松；少量极细根系；大量较粗孔隙；中量蚯蚓和蚯蚓粪便；强度石灰反应；向下平滑明显过渡。

Btr：70～110 cm，暗灰棕色（10YR 4/2，润）；粉砂质黏壤土；团粒状结构；疏松；很少量极细根系；少量明显的小锈纹；有中量的蚯蚓和蚯蚓粪便；强石灰反应；向下平滑明显过渡。

2Bwr1：110～130 cm，红黄色（10YR 6/3，润）；粉砂壤土；片状结构；坚实；很少量极细根系；大量的结构体表有多量明显的小铁锈纹；有少量蚯蚓和蚯蚓粪便；强石灰反应。

2Bwr2：>130 cm，亮灰棕色（10YR 6/2，润）；粉砂质黏壤土；棱柱状结构；很少量极细根系；中量的结构体表有多量明显的小铁锈纹；有少量蚯蚓和蚯蚓粪便；强石灰反应。

西南吕系代表性单个土体剖面

西南吕系代表性单个土体物理性质

土层	深度/cm	砾石（>2 mm，体积分数）/%	细土颗粒组成（粒径：mm）/（g/kg）			质地
			砂粒 2～0.05	粉粒 0.05～0.002	黏粒<0.002	
Ap1	0～15	0	145	645	210	粉砂壤土
Ap2	15～30	0	55	734	211	粉砂壤土
Bt	30～70	0	66	654	280	粉砂质黏壤土
Btr	70～110	0	55	500	445	粉砂质黏壤土
2Bwr1	110～130	0	61	758	181	粉砂壤土
2Bwr2	>130	0	56	629	315	粉砂质黏壤土

西南吕系代表性单个土体化学性质

深度/cm	pH		有机质/（g/kg）	速效氮(N)/（mg/kg）	有效磷(P)/（mg/kg）	速效钾(K)/（mg/kg）	全氮(N)/（g/kg）	全磷(P)/（g/kg）	全钾(K)/（g/kg）	CaCO₃/（g/kg）
	H₂O	CaCl₂								
0～15	8.5	7.8	27.6	121.2	28.5	158.3	1.21	0.90	28.0	49.1
15～30	8.6	7.9	14.3	34.4	7.9	122.2	0.59	0.45	27.9	63.1
30～70	8.5	7.9	17.0	29.5	4.9	154.3	0.55	0.37	28.9	67.5
70～110	8.5	7.9	15.0	39.3	4.2	198.3	0.80	0.23	27.7	128.7
110～130	8.7	8.0	9.6	21.3	1.8	86.2	0.26	0.14	26.3	75.2
>130	8.6	8.0	14.3	39.3	5.3	174.3	0.56	0.61	27.9	87.0

深度/cm	全铁/（g/kg）	游离铁/（g/kg）	无定形铁/（g/kg）	有效铁（Fe）/（mg/kg）	CEC/[cmol（+）/kg]
0～15	51.1	11.7	1.6	12.5	15.4
15～30	45.9	11.9	1.4	9.7	14.1
30～70	43.1	12.8	1.6	8.1	17.3
70～110	55.9	16.3	4.0	20.4	27.0
110～130	36.7	9.3	1.7	15.4	10.8
>130	49.3	13.3	3.0	20.0	23.6

8.6.3 中农西区系（Zhongnongxiqu Series）

土　族：黏壤质混合型非酸性温性-斑纹简育干润淋溶土
拟定者：孔祥斌，张青璞

分布与环境条件　暖温
带半湿润大陆性季风气
候。冬春干旱多风，夏季
炎热多雨，年均温 12.1 ℃，
年均降水量 591 mm；降
水集中在 7～8 月，接近
占全年降水量的 70%；降
雨年际间变化大，而且多
大雨，甚至暴雨，容易造
成短暂洪涝。其地形为平
原。中下部土体曾受地下
水影响，发生氧化还原反
应。自然植被是草甸，但
开垦历史悠久，目前土地

中农西区系典型景观

利用类型为耕地，种植冬小麦、玉米、蔬菜等。

土系特征与变幅　本土系诊断层包括黏化层，诊断特性包括半干润水分状况、温性土壤
温度、氧化还原特征。地势平坦，土层深厚，质地为壤土-黏土，120 cm 以上为壤土，
120 cm 以下为黏土。表层为 40 cm 的腐殖质层，下层即为>110 cm 的深厚黏化层，并有
大量球形铁锰结核，至下层逐渐增多；70 cm 处往下可见明显胶膜，向下胶膜丰度增加，
120 cm 以下的光亮胶膜丰度>80%。仅表层具有弱石灰反应。

对比土系　西南吕系、白庙村系，同一亚类不同土族，没有石灰性反应。赵各庄系，氧
化还原现象在 120 cm 处出现，不属于斑纹亚类。

利用性能综述　土壤黏化层靠上，块状结构，通透性差。

参比土种　学名：轻壤质潮褐土；群众名称：灰黄土

代表性单个土体　位于北京市海淀区农大西区实验田，坐标为 40°01′40.06″N，
116°16′55.11″E。地貌为山前平原，母质为冲积物，海拔 39 m。曾经是近郊区的菜地。
野外调查时间 2011 年 11 月 04 日，野外调查编号 KBJ-39。与其相似的单个土体是 1992
年 4 月 23 日采集于北京市海淀区东北旺乡马连洼的菜地 Dbw4 号剖面。

Ap：0～40 cm，棕色（10YR 5/3，干）；壤土；5 mm 团粒结构；发育程度弱；少量 0.5～2.0 mm 细根系；土体内有<10%的砖屑、煤渣侵入体；有大量蚯蚓及蚯蚓粪；弱石灰反应；向下平滑明显过渡。

Btr1：40～70 cm，亮棕色（7.5YR 5/6，干）；壤土；5～20 mm 棱块结构；发育程度弱；极少量 0.5～2.0 mm 细根系；土体内有 5%～15%铁锰结核，大小为 2 mm，稍软；有大量蚯蚓及蚯蚓粪；无石灰反应；向下平滑明显过渡。

Btr2：70～120 cm，红黄色（7.5YR 6/6，干）；壤土；5～20 mm 棱块结构；发育程度较弱；极少量 0.5～2.0 mm 细根系；结构体表面有黏粒胶膜，对比度明显；土体内有 15%～40%的铁锰结核，大小为 2.0 mm，稍软；有大量蚯蚓及蚯蚓粪；无石灰反应；向下平滑明显过渡。

Btr3：>120 cm，亮棕色（7.5YR 5/6，干）；黏土；5～20 mm 棱块结构；发育程度较强；结构体表面大量黏粒胶膜，对比度明显；土体内有 15%～40%铁锰结核，大小为 2 mm，稍软；无石灰反应。

中农西区系代表性单个土体剖面

中农西区系代表性单个土体物理性质

土层	深度 /cm	砾石（>2 mm，体积分数）/%	细土颗粒组成（粒径：mm）/（g/kg）			质地
			砂粒 2～0.05	粉粒 0.05～0.002	黏粒<0.002	
Ap	0～40	0	448	391	161	壤土
Btr1	40～70	0	321	424	256	壤土
Btr2	70～120	0	263	489	248	壤土
Btr3	>120	0	178	356	467	黏土

中农西区系代表性单个土体化学性质

深度 /cm	pH		有机质 /（g/kg）	速效氮（N）/（mg/kg）	有效磷（P）/（mg/kg）	速效钾（K）/（mg/kg）	全氮（N）/（g/kg）	全磷（P）/（g/kg）	全钾（K）/（g/kg）	CaCO₃ /（g/kg）
	H₂O	CaCl₂								
0～40	8.1	7.5	14.3	58.8	65.7	73.7	0.82	1.05	16.3	18.6
40～70	8.0	7.4	9.3	37.8	30.2	63.9	0.49	0.48	16.0	2.7
70～120	7.9	7.4	8.4	25.2	11.0	73.7	0.34	0.37	15.4	2.8
>120	7.7	7.3	7.2	29.4	6.8	154.9	0.28	0.39	16.2	3.3

深度 /cm	全铁 /（g/kg）	游离铁 /（g/kg）	无定形铁 /（g/kg）	有效铁（Fe）/（mg/kg）	CEC /[cmol（+）/kg]
0～40	28.3	10.4	1.6	12.1	12.1
40～70	13.4	12.6	1.6	8.7	14.0
70～120	13.3	14.9	2.0	8.9	15.2
>120	7.7	15.0	2.5	14.1	26.2

8.7　普通简育干润淋溶土

8.7.1　青龙桥系（Qinglongqiao Series）

土　族：粗骨壤质混合型石灰性温性-普通简育干润淋溶土

拟定者：张凤荣

分布与环境条件　暖温带半湿润大陆性季风气候。冬春干旱多风，夏季炎热多雨，年平均温度7.9 ℃，降水量 545 mm左右。降水集中在 7～8月，接近占全年降水量的70%；降雨年际间变化大，而且多大雨，甚至暴雨。地形上属于低山，位于山坡的中部，容易发生土壤侵蚀。土地利用类型为灌

青龙桥系典型景观

木林地，覆盖度为 100%，主要植被类型为旱生灌草，有荆条、马拉腿子、山杏、蒿等。地处蒙古高原边缘，冬春多风沙。西北风遇燕山，大量尘土沉降，与花岗岩风化物混杂在一起成为成土母质。

土系特征与变幅　本土系诊断层有黏化层，诊断特性包括半干润水分状况、温性土壤温度。整个土体有效土层厚度 120 cm 左右。土壤物质为黄土降尘与花岗岩基岩风化碎屑混杂物，质地构型为上部 70 cm 的粉砂壤土，下为砂质壤土。腐殖质层覆盖在厚 70 cm 左右的黄棕色黏化层之上，细土物质粉砂含量高，花岗岩风化物碎屑较少；再下为厚 50 cm左右的主要是花岗岩风化物碎屑的土层。因此，虽然基岩是花岗岩，本身不含游离碳酸盐，但沉降的黄土含有碳酸盐，因此在半湿润条件下，发生碳酸钙的淋溶与淀积，在根孔和孔隙壁上，有星点假菌丝体出现。但由于整个母质本身碳酸盐较少，因此，碳酸盐新生体并不是很明显，剖面通体弱石灰反应。

对比土系　新农村系，同一土族，但土体内没有发现假菌丝体。马栏系，同一亚类不同土族，均有假菌丝体和石灰性反应，但颗粒大小级别为壤质。

利用性能综述　土层深厚，细土物质壤质且含有大量粗碎屑，通透性好，因为深厚具有一定的保水性能；但地处半干旱区和陡峭山坡上，容易干旱。适宜利用方向是林地。在坡地上，还是要加强坡面植被保护，防止水土流失。

参比土种　学名：酸性岩类粗骨褐土；群众名称：麻石渣土。

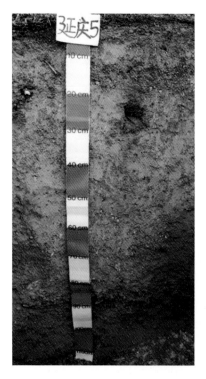

青龙桥系代表性单个土体剖面

代表性单个土体　位于北京市延庆县八达岭古长城青龙桥隧道北，坐标 40°20′56.6″N，115°58′38.3″E。地貌为低山，母质为黄土混杂花岗岩风化物碎屑，海拔663 m。野外调查时间 2011 年 10 月 5 日，野外调查编号延庆 5。

Ah：0～18 cm，深黄棕色（10YR 4/4，干）；粉砂壤土；发育弱的细屑粒状结构；干时稍硬；土体内有 2～12 mm 大的半风化棱状花岗岩碎屑，丰度 30%左右；0.5～2.0 mm 粗的草本根系 15 条/dm²；石灰反应弱；向下平滑明显过渡。

Btk：18～70 cm，黄棕色（10YR 5/4，干）；粉砂壤土；发育弱的细屑粒状结构；干时稍硬；土体内有 2～12 mm 大的半风化棱状花岗岩碎屑，丰度 25%左右；3～20 mm 粗的草木根系 5 条/dm²；孔隙壁与根孔上可见不太明显的假菌丝体，丰度<5%；石灰反应弱；向下斜平滑逐渐过渡。

BCk：70～100 cm，黄棕色（10YR 5/4，干）；砂质壤土；单粒状结构；干时松散；土体内有 2～12 mm 大的半风化棱状花岗岩碎屑，丰度 70%左右；1 mm 粗的草本根系 3 条/dm²；孔隙壁与根孔上可见不太明显的假菌丝体，丰度<5%；轻度石灰反应。

青龙桥系代表性单个土体物理性质

土层	深度 /cm	砾石 （>2 mm，体积 分数）/%	细土颗粒组成（粒径：mm）/（g/kg）			质地
			砂粒 2～0.05	粉粒 0.05～0.002	黏粒<0.002	
Ah	0～18	30	489	395	115	粉砂壤土
Btk	18～70	25	352	477	171	粉砂壤土
BCk	70～100	70	620	260	120	砂质壤土

青龙桥系代表性单个土体化学性质

深度 /cm	pH		有机质 /（g/kg）	CaCO₃ /（g/kg）	全铁 /（g/kg）	游离铁 /（g/kg）	无定形铁 /（g/kg）	有效铁（Fe） /（mg/kg）	CEC /[cmol（+）/kg]
	H₂O	CaCl₂							
0～18	7.6	7.2	34.6	2.2	28.1	9.7	1.1	12.7	13.1
18～70	8.1	7.6	14.7	3.7	40.3	12.3	1.7	8.4	10.4
70～100	7.9	7.5	10.3	7.8	47.4	11.1	1.6	4.9	8.7

8.7.2 新农村系（Xinnongcun Series）

土　族：粗骨壤质混合型石灰性温性-普通简育干润淋溶土
拟定者：孔祥斌，张青璞

分布与环境条件　暖温带半湿润大陆性季风气候。年均温 11.9 ℃。冬春干旱多风，夏季炎热多雨。年均降水量 585 mm；降雨年际间变化大，降水集中在 7～8 月，接近占全年降水量的 70%，而这期间多大雨，甚至暴雨。年蒸发量远大于年降水量。其地形为丘陵。母质为黄土状物质洪积物，自然植被主要为酸枣、荆条等。土地利用类型为荒草地。

新农村系典型景观

土系特征与变幅　本土系诊断层包括淡薄表层、黏化层，诊断特性包括半干润水分状况、温性土壤温度。地势平坦，土层深厚，质地上部 45 cm 为砂质壤土，下部为粉砂壤土。黏化层出现在 45 cm 处，厚约 50 cm。通体轻度石灰反应，土体内有石英粗碎屑。

对比土系　青龙桥系，同一土族，但土体中有假菌丝体。

利用性能综述　地形起伏，坡度较大，易发生水土流失；土体内含粗碎屑较多，通透性强。因此，不太适宜种植作物，应该植树造林。

参比土种　学名：砂壤质洪积物褐土；群众名称：面砂砾杏黄土。

新农村系代表性单个土体剖面

代表性单个土体 位于房山区青龙湖镇新农村东南，坐标为 39°46′27.44″N，116°02′29.41″E。地貌为山前台地，母质为洪积物，海拔 97 m。地势起伏，坡度 15°～25°。目前的土地利用类型为荒草地。野外调查时间 2010 年 9 月 9 日，野外调查编号 KBJ-10。

Ah：0～10 cm，暗棕色（10YR 4/3，润）；砂质壤土；中等屑粒状结构；松软；中量中根系；有棱角分明的和次圆状的石英粗碎屑，丰度为中；大量蚂蚁和蚯蚓孔；轻度石灰反应，向下平滑明显过渡。

Bw：10～45 cm，暗棕色（10YR 4/3，润）；砂质壤土；很小棱块状结构；松软；有棱角分明的和次圆状的石英粗碎屑，丰度为中；轻度石灰反应；向下平滑明显过渡。

Bt：45～90 cm，深黄棕色（10YR 4/4，润）；粉砂壤土；小棱块结构，稍坚硬；少量粗根系；有棱角分明的和次圆状的石英粗碎屑，丰度为中；少量蚂蚁；轻石灰反应。

新农村系代表性单个土体物理性质

土层	深度 /cm	砾石 （>2 mm，体积分数）/%	细土颗粒组成（粒径：mm）/（g/kg）			质地
			砂粒 2～0.05	粉粒 0.05～0.002	黏粒<0.002	
Ah	0～10	5～15	488	367	145	砂质壤土
Bw	10～45	20	470	386	144	砂质壤土
Bt	45～90	>25	249	501	250	粉砂壤土

新农村系代表性单个土体化学性质

深度 /cm	pH H₂O	pH CaCl₂	有机质 /（g/kg）	速效氮（N）/（mg/kg）	有效磷（P）/（mg/kg）	速效钾（K）/（mg/kg）	全氮（N）/（g/kg）	全磷（P）/（g/kg）	全钾（K）/（g/kg）	CaCO₃ /（g/kg）
0～10	8.6	7.9	17.4	37.7	1.6	86.2	0.76	0.02	29.8	4.3
10～45	8.7	8.0	12.8	39.3	1.4	78.2	0.61	0.17	30.8	5.2
45～90	8.5	7.9	11.1	42.6	1.8	94.2	0.48	0.16	28.7	1.0

深度 /cm	全铁 /（g/kg）	游离铁 /（g/kg）	无定形铁 /（g/kg）	有效铁（Fe）/（mg/kg）	CEC /[cmol（+）/kg]
0～10	47.1	13.7	1.0	5.6	18.6
10～45	41.4	14.3	1.0	5.4	19.5
45～90	46.2	14.2	1.0	7.0	20.4

8.7.3 龚庄子系（Gongzhuangzi Series）

土　　族：黏质混合型非酸性温性-普通简育干润淋溶土
拟定者：孔祥斌，张青璞

分布与环境条件　暖温带半湿润大陆性季风气候。冬春干旱多风，夏季炎热多雨，年均温 11.0 ℃，年均降水量 644 mm；降水集中在 7～8 月，接近占全年降水量的 70%；降雨年际间变化大，而且多大雨，甚至暴雨。地形为丘陵，坡度 15°～25°。母质为残坡积物。自然植被为旱生中生灌草丛；有些地方开垦为农田。

龚庄子系典型景观

土系特征与变幅　本土系诊断层包括淡薄表层、黏化层，诊断特性包括半干润水分状况、温性土壤温度。土层深厚，质地为壤土-砂质黏土，表层 40 cm 为壤土，下面即为厚约 100 cm 的黏化层，质地为砂质黏土，并有大量明显胶膜；剖面通体有花岗岩碎屑，风化程度较高，无石灰反应。

对比土系　与本亚类其他土系的差异在于，本土系颗粒大小级别为黏质。

利用性能综述　土壤质地黏重，黏化层出现部位靠上，渗透性较差，不利于作物生长；最好林用。

参比土种　学名：重壤质红黄土质褐土；群众名称：红黄黏土

KBJ-35

龚庄子系代表性单个土体剖面

代表性单个土体　位于北京市密云区西田各庄镇龚庄子，坐标为 40°26′30.88″N，116°47′40.15″E。地貌为山前台地，母质为洪积物，海拔 86 m。土地利用类型为荒草地。野外调查时间 2010 年 9 月 25 日，野外调查编号 KBJ-35。

Ah：0～40 cm，深棕色（7.5YR 4/6，干）；壤土；为发育较弱的团块结构；干时稍硬，湿时坚实；少量 0.5～2.0 mm 粗的根系；土体内可见少量 2～5 mm 花岗岩碎屑；可见蚯蚓及蚯蚓粪；无石灰反应；向下波状明显过渡。

2Bt1：40～90 cm，红棕色（5YR 4/4，干）；砂质黏土；为发育较好的块状结构，干时很硬，湿时很坚实；很少的 0.5～2.0 mm 粗的根系；土体内有 5～20 mm 花岗岩碎屑，其丰度为 5%～15%，风化弱；土壤结构体表面有胶膜，胶膜物质为黏粒，丰度为 5%～15%；无石灰反应；向下波状明显过渡。

2Bt2：90～140 cm，红棕色（5YR 4/3，干）；砂质黏土；为发育较好的块状结构；土层紧实，干时很硬、湿时很坚实；很少的 0.5～2.0 mm 粗的根系；土体内有 5～20 mm 花岗岩碎屑，其丰度为 15%～40%，风化弱；结构体表面有明显胶膜，胶膜物质为黏粒；无石灰反应。

龚庄子系代表性单个土体物理性质

土层	深度 /cm	砾石 （>2 mm，体积分数）/%	细土颗粒组成（粒径：mm）/（g/kg）			质地
			砂粒 2～0.05	粉粒 0.05～0.002	黏粒<0.002	
Ah	0～40	2～5	308	425	267	壤土
2Bt1	40～90	5～15	122	436	442	砂质黏土
2Bt2	90～140	15～40	125	464	411	砂质黏土

龚庄子系代表性单个土体化学性质

深度 /cm	pH		有机质 /（g/kg）	速效氮（N） /（mg/kg）	有效磷（P） /（mg/kg）	速效钾（K） /（mg/kg）	全氮（N） /（g/kg）	全磷（P） /（g/kg）	全钾（K） /（g/kg）	CaCO₃ /（g/kg）
	H₂O	CaCl₂								
0～40	7.5	7.0	11.0	42.0	2.6	83.4	0.58	0.39	17.0	2.6
40～90	7.3	7.0	7.3	21.0	7.0	106.2	0.39	0.33	16.5	2.4
90～140	7.6	6.9	5.6	16.8	9.0	96.4	0.30	0.37	16.7	2.7

深度 /cm	全铁 /（g/kg）	游离铁 /（g/kg）	无定形铁 /（g/kg）	有效铁（Fe） /（mg/kg）	CEC /[cmol（+）/kg]
0～40	33.4	16.7	2.2	11.5	16.4
40～90	23.2	23.1	2.5	5.4	22.3
90～140	10.6	29.2	3.6	13.6	15.6

8.7.4 二合庄系（Erhezhuang Series）

土　　族：黏壤质混合型石灰性温性-普通简育干润淋溶土
拟定者：孔祥斌，张青璞

分布与环境条件　暖温
带半湿润大陆性季风气
候。冬春干旱多风，夏
季炎热多雨，年均温
12.4 ℃，年均降水量 575
mm；降水集中在 7～8
月，接近占全年降水量
的 70%；降雨年际间变
化大，而且多大雨，甚
至暴雨。其地形为山前
平原，不受地下水影响，
土壤有淋溶条件。成土
母质为洪冲积物，土层
深厚。自然植被应该为
中生型的；早已经开垦为农田。

二合庄系典型景观

土系特征与变幅　本土系诊断层包括黏化层，诊断特性包括半干润水分状况、温性土壤
温度。地势平坦，土层深厚，通体粉砂壤土，强石灰反应；通透性好；28 cm 的耕作层
下为厚约 1 m 的黏化层。

对比土系　赵各庄系，同一土族，但土层 1 m 之下有氧化还原现象。西南吕系、白庙村
系，同一土类不同亚类，氧化还原现象在 1 m 以内出现，不同亚类，为斑纹亚类。巨各
庄系和兵马营系，同一亚类不同土族，土体内无石灰性。新农村系、龚庄子系，同一亚
类不同土族，颗粒大小级别分别为粗骨壤质和黏质。

利用性能综述　地势平坦，不易发生水土流失。土层深厚、通透性好、排水良好、土壤
肥沃、质地适中、保水保肥性能良好，适宜作物生长。

参比土种　学名：轻壤质褐土；群众名称：杏黄土。

代表性单个土体　位于北京市房山区闫村镇新二合庄，坐标为 39°41′2.26″N，
116°04′45.84″E。地形为山前平原，母质为冲积物，海拔 60 m。土地利用类型为耕地，
主要种植玉米等大田作物。野外调查时间 2010 年 9 月 9 日，野外调查编号 KBJ-11。

Ap1：0～12 cm，黄棕色（10YR 5/4，润）；粉砂壤土；中等屑粒状结构；疏松；少量中根系；有少量人工侵入体；少量蚯蚓；强石灰反应；向下平滑明显过渡。

Ap2：12～28 cm，深黄棕色（10YR 4/4，润）；粉砂壤土；中等片状结构；疏松；少量细根系；少量蚯蚓；强石灰反应；向下平滑明显过渡。

Bt：28～80 cm，暗棕色（10YR 4/3，润）；粉砂壤土；中等棱块结构；坚实；很少量细根系；少量蚯蚓；强石灰反应；清晰平滑过渡。

Bw：80～120 cm，深黄棕色（10YR 4/4，润）；粉砂壤土；中等棱块结构；疏松；很少量细根系；少量蚯蚓；强石灰反应。

二合庄系代表性单个土体剖面

二合庄系代表性单个土体物理性质

| 土层 | 深度 /cm | 砾石（>2 mm，体积分数）/% | 细土颗粒组成（粒径：mm）/（g/kg） | | | 质地 |
			砂粒 2～0.05	粉粒 0.05～0.002	黏粒<0.002	
Ap1	0～12	0	293	573	133	粉砂壤土
Ap2	12～28	0	243	613	144	粉砂壤土
Bt	28～80	0	207	568	226	粉砂壤土
Bw	80～120	0	260	571	170	粉砂壤土

二合庄系代表性单个土体化学性质

| 深度 /cm | pH | | 有机质 /（g/kg） | 速效氮(N) /（mg/kg） | 有效磷(P) /（mg/kg） | 速效钾(K) /（mg/kg） | 全氮(N) /（g/kg） | 全磷(P) /（g/kg） | 全钾(K) /（g/kg） | CaCO₃ /（g/kg） |
	H₂O	CaCl₂								
0～12	8.5	7.9	18.7	72.1	9.6	70.2	0.84	0.26	27.1	5.0
12～28	8.6	7.9	9.7	34.4	1.8	62.2	0.52	0.01	23.5	10.3
28～80	8.4	7.7	11.1	32.8	2.2	66.2	0.44	0.07	25.0	2.4
80～120	8.2	7.9	7.9	13.1	3.0	70.2	0.26	0.14	25.0	1.7

深度 /cm	全铁 /（g/kg）	游离铁 /（g/kg）	无定形铁 /（g/kg）	有效铁（Fe）/（mg/kg）	CEC /[cmol（+）/kg]
0～12	38.7	11.1	1.2	11.0	17.0
12～28	35.7	10.6	1.1	8.7	8.5
28～80	43.7	15.4	2.2	9.0	13.2
80～120	36.8	13.8	1.8	9.0	11.5

8.7.5 赵各庄系（Zhaogezhuang Series）

土　　族：黏壤质混合型石灰性温性-普通简育干润淋溶土
拟定者：孔祥斌，张青璞

分布与环境条件　暖温带半湿润大陆性季风气候。冬春干旱多风，夏季炎热多雨，年均温 12.2 ℃，年均降水量 564 mm；降水集中在 7～8 月，接近占全年降水量的 70%；降雨年际间变化大，而且多大雨，甚至暴雨。地形为山前平原，不受地下水影响，土壤有淋溶条件。成土母质为洪冲积物，土层深厚。自然植被应该为中生型的，早已经开垦为农田。

赵各庄系典型景观

土系特征与变幅　本土系诊断层包括淡色表层、黏化层，诊断特性包括半干润水分状况、温性土壤温度、氧化还原特征。地势平坦，土层深厚，通体粉砂壤土，轻度石灰反应，中量蚯蚓；黏化层 20 cm 处出现，厚度大于 1 m，120 cm 以下出现氧化还原现象。
对比土系　二合庄系，同一土族，但土体内没有氧化还原现象。西南吕系、白庙村系，氧化还原现象在 1 m 以内出现，土类不同亚类，属于斑纹亚类。新农村系、龚庄子系，同一亚类不同土族，颗粒大小级别分别为粗骨壤质和黏质。
利用性能综述　地形平坦，土层深厚，通透性较好，内排水条件较好；土壤通体为粉砂壤土，质地适中，保水保肥性能好；有灌溉条件，适宜作物生长。
参比土种　学名：轻壤质褐土；群众名称：杏黄土。

赵各庄系代表性单个土体剖面

代表性单个土体　　位于北京市房山区韩村河镇赵各庄，39°36′35.21″N，115°58′04.18″E。地貌为冲积平原，母质为冲积物，海拔 40 m。土地利用类型为耕地，种植小麦、玉米等大田作物。野外调查时间 2010 年 9 月 4 日，野外调查编号 KBJ-06。

Ap1：0～10 cm，暗灰色（7.5YR 4/1，润）；粉砂壤土；碎屑状结构；松散；大量浅根系；少量的蚯蚓粪，中量蚯蚓；轻度石灰反应；向下平滑明显过渡。

Ap2：10～20 cm，棕色（7.5YR 5/3，润）；粉砂壤土；块状结构；松软；少量中根系；有少量的侵入体砖块；中等蚯蚓和蚯蚓孔；轻度石灰反应；向下平滑明显过渡。

Bt1：20～120 cm，棕色（7.5YR 5/4，润）；粉砂壤土；块状结构；稍坚硬；少量极细根系；中量蚯蚓和蚯蚓粪便；轻度石灰反应；向下平滑明显过渡。

Bt2：>120 cm，灰色（7.5YR 6/1，润）；粉砂壤土；块状结构；稍坚硬；很少量极细深根系；有中量蚯蚓孔道。

赵各庄系代表性单个土体物理性质

土层	深度 /cm	砾石（>2 mm，体积分数）/%	细土颗粒组成（粒径：mm）/（g/kg）			质地
			砂粒 2～0.05	粉粒 0.05～0.002	黏粒<0.002	
Ap1	0～10	0	250	587	162	粉砂壤土
Ap2	10～20	0	158	679	163	粉砂壤土
Bt1	20～120	0	113	624	263	粉砂壤土
Bt2	>120	0	101	699	200	粉砂壤土

赵各庄系代表性单个土体化学性质

深度 /cm	pH H₂O	pH CaCl₂	有机质 /（g/kg）	速效氮(N) /（mg/kg）	有效磷(P) /（mg/kg）	速效钾(K) /（mg/kg）	全氮(N) /（g/kg）	全磷(P) /（g/kg）	全钾(K) /（g/kg）	CaCO₃ /（g/kg）
0～10	8.4	7.8	27.6	86.8	9.0	86.2	0.99	0.36	26.0	15.3
10～20	8.6	7.9	13.8	47.5	1.8	62.2	0.65	0.41	26.1	21.0
20～120	8.4	7.7	8.2	26.2	2.6	82.2	0.35	0.19	26.1	6.8
>120	8.4	7.7	8.2	16.4	1.8	74.2	0.26	0.32	28.1	4.5

深度 /cm	全铁 /（g/kg）	游离铁 /（g/kg）	无定形铁 /（g/kg）	有效铁（Fe） /（mg/kg）	CEC /[cmol (+) /kg]
0～10	36.5	10.1	1.0	11.2	12.8
10～20	36.5	9.3	1.0	9.4	10.9
20～120	45.9	14.8	1.2	7.5	15.5
>120	46.6	14.3	0.8	6.2	13.9

8.7.6 兵马营系（Bingmaying Series）

土　族：黏壤质混合型非酸性温性-普通简育干润淋溶土
拟定者：张凤荣

分布与环境条件　暖温带半湿润大陆性季风气候。冬春干旱多风，夏季炎热多雨，年平均温度 10.2 ℃，降水量 706 mm 左右。降水集中在 7～8 月，接近占全年降水量的 70%；降雨年际间变化大，而且多大雨，甚至暴雨，容易造成地表径流。地形上属于丘陵，该剖面位于低丘的南坡面上。成土母质为花岗岩风化物与老黄土混杂的残坡积物。土地利用类型为荒草地，植被覆盖度为 100%，

兵马营系典型景观

主要植被类型为旱生灌草，有荆条、菅草、蒿等。

土系特征与变幅　本土系诊断层包括淡薄表层、黏化层，诊断特性包括半干润水分状况、温性土壤温度。质地构型为上部 140 cm 的粉砂壤土，下为砂质壤土。表层 30 cm 左右厚的腐殖质层，下面为厚达 140 cm 左右的黏化层（砂粒表面和孔隙壁上有光亮胶膜），土壤结持性极强，形成大棱块状。剖面通体含有硬岩石碎屑，但含量低于 30%。

对比土系　巨各庄系，同一土族，但土壤结构体为块状，团聚程度弱，层次质地构型为壤土-黏壤土。水峪系，同一土族，但层次质地构型为粉砂壤土-粉砂质黏壤土。太平庄系，同一土族，但通体为粉砂壤土，土体中未见岩石碎屑。樱桃沟系，同一土族，但土体中含有大量的大块岩石碎屑，层次质地构型为粉砂壤土-黏壤土。临近的慈悲峪系、大窝铺系、狼窝系、望宝川系和沙岭村系，因降水量稍大，土壤水分状况为湿润，不同亚纲，为湿润淋溶土。且黏化层厚度相对较薄。

利用性能综述　土壤质地较黏重，渗透性较差，又处于丘陵台地，容易发生干旱，不利于作物生长；应该退耕恢复自然植被；或种植核桃、柿子等耐旱果树。

参比土种　学名：中壤质红黄土质褐土；群众名称：红黄土。

代表性单个土体　位于北京市密云区不老屯镇兵马营村，坐标 40°35′42.0″N，117°01′02.1″E。地形为低山，母质为花岗岩风化物与老黄土混杂的残坡积物，海拔 140 m，荒草地。野外调查时间 2011 年 10 月 7 日，野外调查编号密云 8。与其相似的单个土体 2010 年 9 月采自密云古北口镇小岭村的编号为密云 2 号的剖面。

兵马营系代表性单个土体剖面

Ah：0～30 cm，深棕色（7.5YR 5/4，干），亮棕色（7.5YR 4/6，润）；粉砂壤土；发育较强的中等次棱块结构；干时硬，湿时坚实；土体内有 5～20 mm 大的弱风化的花岗岩碎屑，丰度20%左右；1～2 mm 粗的草本根系 5 条/dm²；无石灰反应；向下平滑明显过渡。

Bt1：30～50 cm，深棕色（7.5YR 5/6，干），亮棕色（7.5YR 4/6，润）；粉砂壤土；发育非常强的大棱块结构；结构体面上大量明显的铁质胶膜；干时非常硬，湿时非常坚实；土体内有 5～15 mm 大的半棱状弱风化的花岗岩硬碎屑，丰度15%～30%；1 mm 粗的草本根系 2～3 条/dm²；无石灰反应；向下平滑明显过渡。

Bt2：50～140 cm，深棕色（7.5YR 5/6，干），亮棕色（7.5YR 4/6，润）；粉砂壤土；发育极强的大棱块结构；结构体面上大量明显的铁质胶膜；干时极硬，湿时极坚实；土体内有 5～15 mm 大的半棱状半风化的花岗岩硬碎屑，丰度15%～30%；1 mm 粗的草本根系 1 条/dm²；无石灰反应；向下平滑突然过渡。

BC：140～170 cm，浅黄棕色（2.5Y 6/4，干），浅黄褐色（2.5Y 5/4，润）；砂质壤土；岩块状结构；干时，湿时都松散；岩块面上有明显的铁质胶膜，丰度5%左右；无石灰反应。

兵马营系代表性单个土体物理性质

土层	深度 /cm	砾石（>2 mm，体积分数）/%	细土颗粒组成（粒径：mm）/（g/kg）			质地
			砂粒 2～0.05	粉粒 0.05～0.002	黏粒<0.002	
Ah	0～30	20	490	337	174	粉砂壤土
Bt1	30～50	15～30	356	420	224	粉砂壤土
Bt2	50～140	15～30	301	470	229	粉砂壤土
BC	140～170	5	603	353	44	砂质壤土

兵马营系代表性单个土体化学性质

深度 /cm	pH		有机质 /（g/kg）	CaCO₃ /（g/kg）	全铁 /（g/kg）	游离铁 /（g/kg）	无定形铁 /（g/kg）	有效铁（Fe） /（mg/kg）	CEC /[cmol（+）/kg]
	H₂O	CaCl₂							
0～30	7.0	6.0	22.5	1.7	50.0	16.9	2.2	29.8	16.7
30～50	7.0	6.1	10.6	1.9	64.2	17.4	2.4	28.1	13.2
50～140	7.3	6.4	5.4	2.3	68.8	17.4	2.4	28.0	16.6
140～170	7.3	6.3	1.6	2.1	88.5	11.2	0.9	15.4	7.6

8.7.7 巨各庄系（Jugezhuang Series）

土　族：黏壤质混合型非酸性温性-普通简育干润淋溶土
拟定者：孔祥斌，张青璞

分布与环境条件　暖温带半湿润大陆性季风气候。冬春干旱多风，夏季炎热多雨，年均温 10.7 ℃，年均降水量 663 mm；降水集中在 7～8 月，接近占全年降水量的 70%；降雨年际间变化大，而且多大雨，甚至暴雨。具有季节淋溶条件。地形上属于山前丘陵台地区，在植被破坏情况下，水土易流失。母

巨各庄系典型景观

质为坡洪积次生老黄土，成土时间较长。自然植被为旱生中生灌草丛；土地利用类型为耕地。

土系特征与变幅　本土系诊断层包括淡色表层、黏化层，诊断特性包括半干润水分状况、温性土壤温度。土层深厚，质地为黏壤土。黏化层块状结构，结构体面上有黏粒胶膜。土体内夹杂有较多的花岗岩风化碎屑，黏化层在 33 cm 处出现，至底层厚度约 110 cm，土层深厚；通体无石灰反应。

对比土系　兵马营系，同一土族，但棱块状结构，团聚程度强，通体粉砂壤土。水峪系，同一土族，但层次质地构型为粉砂壤土-粉砂质黏壤土。太平庄系，同一土族，但通体为粉砂壤土，土体中未见岩石碎屑。樱桃沟系，同一土族，但土体中含有大量的大块岩石碎屑，层次质地构型为粉砂壤土-黏壤土。

利用性能综述　土壤质地较黏重，渗透性较差，又处于丘陵台地，容易发生干旱，不利于作物生长；应该退耕恢复自然植被；或种植核桃、柿子等耐旱果树。

参比土种　学名：中壤质红黄土质褐土；群众名称：红黄土。

代表性单个土体　位于北京市密云区巨各庄镇巨各庄，坐标为 40°23′01.60″N，116°57′12.87″E。地貌为山间平原，母质为老黄土，海拔 4 m，地形低丘台地，土地利用类型为耕地，种植玉米。野外调查时间 2010 年 10 月 22 日，野外调查编号 KBJ36。与其相似的单个土体 2010 年 9 月采自房山区韩村河镇罗家峪村 KBJ-05 剖面。

巨各庄系代表性单个土体剖面

Ap：0～33 cm，黄棕色（10YR 5/6，干）；壤土；10～20 mm 的团块状结构；发育程度弱；干时稍硬，湿时松脆；少量 0.5～2.0 mm 粗的根系；有 5～20 mm 动物穴；土体内有小于 2 mm 花岗岩碎屑，风化程度高，丰度为 5%～15%；无石灰反应；向下平滑明显过渡。

Bt1：33～70 cm，黄棕色（10YR 5/6，润）；黏壤土；10～20 mm 的块状结构；发育程度弱；干时硬，湿时松脆；少量 0.5～2.0 mm 粗的根系；有小于 2 mm 花岗岩碎屑，风化程度高，丰度为 5%～15%；无石灰反应；向下平滑明显过渡。

Bt2：70～95 cm，棕色（7.5YR 4/4，润）；壤土；10～20 mm 的块状结构；发育程度弱；土壤结构体面上可见明显黏粒胶膜；干时硬，湿时松脆；少量 0.5～2.0 mm 粗的根系；土体内有小于 2 mm 花岗岩碎屑，风化程度高，丰度为 5%～15%；无石灰反应；清晰平滑过渡。

Bt3：95～140 cm，深棕色（7.5YR 4/6，润）；壤土；10～20 mm 块状结构；发育程度弱；土壤结构体面上可见明显黏粒胶膜；干时硬，湿时坚实；少量 0.5～2.0 mm 粗的根系；有小于 2 mm 花岗岩碎屑，风化程度高，丰度为 5%～15%；无石灰反应；向下平滑明显过渡。

巨各庄系代表性单个土体物理性质

土层	深度 /cm	砾石 （>2 mm，体积分数）/%	细土颗粒组成（粒径：mm）/（g/kg）			质地
			砂粒 2～0.05	粉粒 0.05～0.002	黏粒<0.002	
Ap	0～33	5～15	305	481	214	壤土
Bt1	33～70	5～15	250	469	280	黏壤土
Bt2	70～95	5～15	302	453	244	壤土
Bt3	95～140	5～15	290	460	250	壤土

巨各庄系代表性单个土体化学性质

深度 /cm	pH		有机质 /（g/kg）	速效氮（N） /（mg/kg）	有效磷（P） /（mg/kg）	速效钾（K） /（mg/kg）	全氮（N） /（g/kg）	全磷（P） /（g/kg）	全钾（K） /（g/kg）	CaCO₃ /（g/kg）
	H₂O	CaCl₂								
0～33	7.6	6.9	8.2	37.8	1.9	76.9	0.54	0.59	16.4	2.4
33～70	7.8	7.2	4.9	12.6	1.9	96.4	0.57	0.64	17.1	2.4
70～95	7.8	7.2	5.2	12.6	7.0	89.9	0.30	0.59	16.7	3.0
95～140	7.5	7.1	5.5	16.8	10.3	96.4	0.27	0.69	16.3	4.7

深度 /cm	全铁 /（g/kg）	游离铁 /（g/kg）	无定形铁 /（g/kg）	有效铁（Fe） /（mg/kg）	CEC /[cmol (+) /kg]
0～33	22.0	16.4	2.1	14.1	15.0
33～70	16.8	20.5	2.7	12.2	18.8
70～95	23.6	21.1	2.9	11.9	18.6
95～140	35.2	20.0	2.7	12.7	18.6

8.7.8 水峪系（Shuiyu Series）

土　族：黏壤质混合型非酸性温性-普通简育干润淋溶土
拟定者：张凤荣

分布与环境条件　暖温带半湿润大陆性季风气候。冬春干旱多风，夏季炎热多雨，年平均温度 10.3 ℃，降水量约 600 mm。降水集中在 7～8 月，接近占全年降水量的 70%；降雨年际间变化大，而且多大雨，甚至暴雨，容易造成地表径流。地形上属于低山，上坡为陡峭直线坡，中坡为较陡的直线坡，下坡为和缓的直线坡；该土系在下坡地带，坡度 10°～15°。

水峪系典型景观

成土母质为黄土状物，剖面下部的基岩为白云岩。黄土状土层在第二次土壤普查称"老黄土"，属于晚更新世早期，比现代气候湿热，因此黄土中的碳酸钙被淋洗掉了。但在现代暖温带半湿润条件下，土壤有复盐基过程（黄土降尘带来）。植被类型为乔灌混交林灌木，乔木多为人工栽培，常见树种为油松、刺槐；灌木自然旱生，主要是荆条、酸枣等。林下有草，以地网草为主；植被覆盖度 100%。

土系特征与变幅　本土系诊断层包括黏化层，诊断特性包括半干润水分状况、温性土壤温度。质地为粉砂壤土-粉砂质黏壤土，上部 60 cm 左右为粉砂壤土，下为粉砂质黏壤土。表层 20 cm 左右厚的腐殖质层，下面有 120～150 cm 厚的黄土状物质，在导水孔隙（结构体面）上有少量光亮胶膜。黏土矿物类型主要是伊利石、水云母、蒙脱石和绿泥石等。黄土状土层在第二次土壤普查称"老黄土"，属于晚更新世早期，比现代气候湿热，因此黄土中的碳酸钙被淋洗掉了。当时，土壤有可能是酸性的。只是在现代暖温带半湿润条件下，土壤有复盐基过程（黄土降尘带来），使得土壤呈微碱性。

对比土系　兵马营系，同一土族，通体粉砂壤土。巨各庄系，同一土族，层次质地构型为壤土-黏壤土。太平庄系，同一土族，但通体为粉砂壤土，土体中未见岩石碎屑。樱桃沟系，同一土族，但土体中含有大量的大块岩石碎屑，层次质地构型为粉砂壤土-黏壤土。临近的叠海公墓系、垇子峪系，均有铁质特性，不同土类，为铁质土类。

利用性能综述　因为在坡地上，虽然土壤质地较黏，内排水（渗透慢）不好，但外排水（径流）好；不过，由于植被覆盖度高，没有严重的水土流失。地表有岩石碎屑，加上坡度大，所以适宜利用方向是林地。

参比土种　学名：轻壤质黄土质褐土；群众名称：立杏黄土。

水峪系代表性单个土体剖面

代表性单个土体　位于北京市平谷区水峪村惠和叠海公墓东，平谷区垡子峪拆迁村西北，坐标40°09′25.3″N，117°17′34.6″E。地貌为低山，母质为黄土状坡积物，海拔150 m，剖面点为灌木林。野外调查时间2010年9月8日，野外调查编号平谷3。

Ah：0～20 cm，暗棕色（7.5YR 3/2，干）；粉砂壤土；团聚较好的粒状结构，2 mm大；干时较硬；1 mm粗的草本根系<20条/dm²；30%的坚硬棱角分明的岩石（同基岩）碎屑，2～5 cm大；无石灰反应；向下平滑逐渐过渡。

Bt1：20～58 cm，棕色（7.5YR 4/4，干）；粉砂壤土；团聚很好的棱块状结构，2～3 mm大；干时硬；0.5 mm粗的草本根系5条/dm²；结构体面上可见光亮黏粒胶膜；<5%的棱角分明的岩石（同基岩）碎屑，<5 cm大；无石灰反应；向下平滑逐渐过渡。

Bt2：58～120 cm，深棕色（7.5YR 5/6，干）；粉砂质黏壤土；团聚好的块状结构，5～10 mm大；干时极硬；0.5 mm粗的草本根系1条/dm²；结构体面上有小于5%的光亮黏粒胶膜；<5%的棱角分明的岩石（同基岩）碎屑，<5 cm大；无石灰反应。

水峪系代表性单个土体物理性质

土层	深度/cm	砾石（>2 mm，体积分数）/%	细土颗粒组成（粒径：mm）/（g/kg）			质地
			砂粒 2～0.05	粉粒 0.05～0.002	黏粒<0.002	
Ah	0～20	30	80	676	244	粉砂壤土
Bt1	20～58	<5	98	634	268	粉砂壤土
Bt2	58～120	<5	102	617	281	粉砂质黏壤土

水峪系代表性单个土体化学性质

深度/cm	pH		有机质/（g/kg）	CaCO₃/（g/kg）	全铁/（g/kg）	游离铁/（g/kg）	无定形铁/（g/kg）	有效铁（Fe）/（mg/kg）	CEC/[cmol（+）/kg]
	H₂O	CaCl₂							
0～20	7.3	6.7	39.5	1.1	47.2	15.3	2.4	15.7	21.1
20～58	7.0	6.2	18.4	0.7	45.7	15.8	2.8	14.0	18.2
58～120	7.1	6.3	20.9	0.7	45.2	16.3	2.6	15.7	22.5

8.7.9 太平庄系（Taipingzhuang Series）

土 族：黏壤质混合型非酸性温性-普通简育干润淋溶土
拟定者：张凤荣

分布与环境条件 暖温带半湿润大陆性季风气候。冬春干旱多风，夏季炎热多雨，年平均温度 11.3 ℃，降水量 622 mm 左右。降水集中在 7～8 月，接近占全年降水量的 70%；降雨年际间变化大，而且多大雨，甚至暴雨。该土系位于山前台地上。成土母质为深厚的晚更新世早期黄土。自然植被为中生旱生的灌木。曾开垦为农田，现已退耕还林。

太平庄系典型景观

土系特征与变幅 本土系诊断层包括淡薄表层、黏化层，诊断特性包括半干润水分状况、温性土壤温度。土层深厚，厚度>150 cm 的棕色无石灰反应的均质黄土，粉粒含量 570 g/kg以上，团聚较弱的细屑粒状结构，孔隙度大，渗透性好。

对比土系 兵马营系，同一土族，通体粉砂壤土。巨各庄系，同一土族，层次质地构型为壤土-黏壤土。水峪系，同一土族，但层次质地构型为粉砂壤土-粉砂质黏壤土。樱桃沟系，同一土族，但土体中含有大量的大块岩石碎屑，层次质地构型为粉砂壤土-黏壤土。临近的陈庄系，具有铁质特性，不同土类，为铁质土类。

利用性能综述 土层深厚，均匀壤质，内、外排水都好。因为处于半湿润区，容易干旱。适宜利用方向是林地，人工经济林类型为耐旱型。处于山前台地，虽然已有些平整，植树造林，但仍然要加强植被保护，生态涵养。

参比土种 学名：轻壤质红黄土质褐土；群众名称：盖黄红黄土。

代表性单个土体　位于北京市昌平区南口镇太平庄，坐标 40°15′35.3″N，116°10′12.6″E。地貌为山前台地，母质为黄土，海拔 110 m，土地利用类型为林地，主要植被为松树、柏树、柿子树、荆条等，植被覆盖度为 100%。野外调查时间 2011 年 9 月 26 日，野外调查编号昌平 9。与其相似的单个土体是张凤荣博士论文中的 1985 年 9 月 24 日采集的位于昌平区南口镇太平庄北柿子园的编号为 8503 的剖面和张凤荣硕士论文中的 1983 年 6 月 20 日采集的位于昌平区南口镇雪山庄北的编号为 31 的剖面。

Ah：0～15 cm，深棕色（7.5YR 5/6，干）；粉砂壤土；发育弱的 1～2 mm 的屑粒状结构；干时硬，湿时松脆；土体内有 20～30mm 大的中度风化的棱角状灰岩，丰度<5%；有极少的土壤动物活动；无石灰反应；向下平滑明显过渡。

Bt：15～160 cm，棕色（7.5YR 6/6，干）；粉砂壤土；发育很弱的 1～2 mm 的屑粒状结构；干时硬，湿时松脆；土体内有 30 mm 大的中度风化的棱角状灰岩，丰度<2%；有极少的土壤动物活动；无石灰反应。

太平庄系代表性单个土体剖面

太平庄系代表性单个土体物理性质

土层	深度 /cm	砾石（>2 mm，体积分数）/%	细土颗粒组成（粒径：mm）/（g/kg）			质地
			砂粒 2～0.05	粉粒 0.05～0.002	黏粒<0.002	
Ah	0～15	<5	187	625	188	粉砂壤土
Bt	15～160	<2	173	573	254	粉砂壤土

太平庄系代表性单个土体化学性质

深度 /cm	pH		有机质 /（g/kg）	CaCO₃ /（g/kg）	全铁 /（g/kg）	游离铁 /（g/kg）	无定形铁 /（g/kg）	有效铁（Fe）/（mg/kg）	CEC /[cmol（+）/kg]
	H₂O	CaCl₂							
0～15	7.0	6.4	12.5	1.4	44.7	12.5	1.6	22.5	14.5
15～160	7.7	7.2	4.9	1.3	50.8	14.1	2.1	21.1	20.5

8.7.10 櫻桃溝系（Yingtaogou Series）

土　族：黏壤质混合型非酸性温性-普通简育干润淋溶土
拟定者：张凤荣

分布与环境条件　暖温带半湿润大陆性季风气候。冬春干旱多风，夏季炎热多雨，年平均温度 9.8 ℃，降水量 602 mm 左右。降水集中在 7～8 月，接近占全年降水量的 70%；降雨年际间变化大。地形上属于低山。基岩为砂岩。成土母质为砂岩的坡残积物。

櫻桃溝系典型景观

土系特征与变幅　本土系诊断层包括淡色表层、黏化层，诊断特性包括半干润水分状况、温性土壤温度。质地构型为上粉砂壤土，下为黏壤土。30 cm 左右的腐殖质表层下为 30 cm 左右的雏形层，之下又为>80 cm 厚的黏化层，黏化层为粗大棱块状结构。结构体面上有明显的黄褐色铁质胶膜，而结构体内颜色较淡，为红黄色；黏化层结构体内含砂粒，多孔，其导水性好于老黄土发育的黏化层。上部 60 cm 黄棕色的土层与下面的黄褐色黏化层可能不是同一时期的（不整合）。通体无石灰反应。

对比土系　兵马营系，同一土族，通体粉砂壤土。巨各庄系，同一土族，层次质地构型为壤土-黏壤土。水峪系，同一土族，但层次质地构型为粉砂壤土-粉砂质黏壤土。太平庄系，同一土族，但通体为粉砂壤土，土体中未见岩石碎屑。邻近涧沟系、妙峰山系，没有黏化层，不同土纲，为雏形土。

利用性能综述　土层深厚，黏化层出现层段靠下，保水保肥性强，由于处于山地和旅游风景区，缺乏灌溉条件，最好发展为林地，加强保护天然植被，防止水土流失。

参比土种　学名：硅质岩类厚层淋溶褐土；群众名称：砂石山黄土。

樱桃沟系代表性单个土体剖面

代表性单个土体　位于北京市门头沟区妙峰山镇樱桃沟村，坐标为 40°02′24.6″N，116°02′09″E。地形为低山，母质为砂岩的坡残积物，海拔 520 m，土地利用类型为林地，自然植被主要为灌木，如荆条、胡枝子等。野外调查时间2011 年 11 月 9 日，野外调查编号门头沟 35。

Ah：0～30 cm，棕色（7.5YR 4/6，干）；粉砂壤土；弱发育的细屑粒状结构；干时较硬；土体内有 8～20 mm 左右的棱块状岩石碎屑，组成物质为砂岩，弱风化，丰度约 10%；1～3 mm 粗的草本根系 10 条/dm²；无石灰反应；向下平滑逐渐过渡。

Bw：30～60 cm，棕色（7.5YR 5/4，干）；粉砂壤土；弱发育的中等屑粒状结构；干时较硬；土体内有 10～40 mm 左右的棱块状岩石碎屑，组成物质为砂岩，弱风化，丰度约 15%；无石灰反应；向下平滑明显过渡。

Bt：60～140 cm，黄红色（5YR 4/6，干）；黏壤土；发育较强的棱块状结构；结构体面上可见明显的铁质胶膜，黄红色（5YR 4/6），占结构体表面面积的 10%；而掰开结构体内，颜色为红黄色（7.5YR 6/8），干时非常硬；土体内有 5～10 mm 左右的棱块状岩石碎屑，组成物质为砂岩，强风化，丰度约 8%；无石灰反应。

樱桃沟系代表性单个土体物理性质

土层	深度 /cm	砾石 （>2 mm，体积分数）/%	细土颗粒组成（粒径：mm）/（g/kg）			质地
			砂粒 2～0.05	粉粒 0.05～0.002	黏粒<0.002	
Ah	0～30	10	272	502	226	粉砂壤土
Bw	30～60	15	247	501	252	粉砂壤土
Bt	60～140	8	299	408	293	黏壤土

樱桃沟系代表性单个土体化学性质

深度 /cm	pH		有机质 /（g/kg）	CaCO₃ /（g/kg）	全铁 /（g/kg）	游离铁 /（g/kg）	无定形铁 /（g/kg）	有效铁（Fe） /（mg/kg）	CEC /[cmol（+）/kg]
	H₂O	CaCl₂							
0～30	7.8	7.2	24.1	1.9	41.2	11.1	1.7	20.1	14.5
30～60	7.7	7.1	14.2	2.5	42.3	11.2	1.6	16.8	17.0
60～140	7.4	6.8	5.1	1.7	47.5	14.8	1.1	13.1	22.0

8.7.11 马栏系（Malan Series）

土　族：壤质混合型石灰性温性-普通简育干润淋溶土
拟定者：张凤荣

分布与环境条件　暖温带半湿润大陆性季风气候。冬春干旱多风，夏季炎热多雨，年平均温度 8.2 ℃，降水量 522 mm 左右。降水集中在 7～8 月，接近占全年降水量的 70%；降雨年际间变化大，而且多大雨，甚至暴雨，容易造成地表径流。地形上属于低山黄土台地，黄土台地面上坡度<10°；但黄土沟壁立，坡度陡峭，>70°。邻近有一条采煤坑道的塌陷坑，可见整个黄土层厚 2～3 m，其下为洪积岩屑。目前已经人工修筑成梯田。成土母质为黄土，少见砾石，基本为风成。自然植被为旱生灌丛，主要为荆条、酸枣等，郁闭度 100%。曾经为耕地种植大田作物，现在为果园（杏）。

马栏系典型景观

土系特征与变幅　本土系诊断层包括黏化层，诊断特性包括半干润水分状况、温性土壤温度。剖面发育于深厚均匀的次生马兰黄土母质上。土体上部 60 cm 土层含较多岩屑，以下为基本不含砾石的马兰黄土；中部 60 cm 左右为含假菌丝体的颜色稍红的残积黏化层；黏化层下部为含少量假菌丝体的雏形层，偶见 3 cm 大的砂姜（石灰结核）。

对比土系　与本亚类其他土系的区别在于，本土系颗粒大小级别为壤质。其中，最相似的是青龙桥系，都有石灰性反应，都有假菌丝体，但青龙桥系颗粒大小级别是粗骨壤质。

利用性能综述　土层深厚，通透性强，心土保水保肥。但因处于较干旱的山地，不能灌溉，适宜利用方向是旱作，宜种作物为谷子、甘薯、花生，宜种果树是核桃等干果。黄土湿陷性强，需有良好的排水系统。虽已经修筑成梯田，但要维护地埂，防止水土流失。

参比土种　学名：轻壤质黄土质褐土；群众名称：立杏黄土。

代表性单个土体　　位于北京市门头沟区斋堂镇马栏台（黄土台）梯田，坐标为 39°56′46.8″N，115°41′50.7″E。地貌为山间盆地，母质为黄土，海拔 570 m，园地。野外

调查时间 2011 年 9 月 7 日，野外调查编号门头沟 11。与其相似的单个土体是张凤荣博士论文中的采集于 1985 年 9 月位于昌平县十三陵乡小宫门村西的编号为 8505 的剖面。

Ap：0～25 cm，深棕色（7.5YR 3/4，润）；粉砂壤土；发育较弱的细小屑粒，松散；10 mm 粗的草本根系 5 条/dm²；土体内有 <5% 的煤渣等侵入体；有 30～70 cm 的棱角状半风化的砂岩碎屑，体积 10%～20%；较强石灰反应；向下平滑明显过渡。

Btk1：25～60 cm，深棕色（7.5YR 3/4，润）；粉砂壤土；发育较弱的细小屑粒，较硬；1 mm 粗的草本根系 4 条/dm²；有 30～50 cm 的棱角状半风化的砂岩碎屑，体积 15%；可见明显的假菌丝体，面积 10%，较强石灰反应；向下平滑逐渐过渡。

Btk2：60～80 cm，深棕色（7.5YR 3/4，润）；粉砂壤土；发育较强的屑粒结构，较硬；<1 mm 粗的草本根系 1 条/dm²；有 20～30 cm 的次棱角状半风化的砂岩碎屑，体积 <5%；有假菌丝体，面积百分数 20；较强石灰反应；向下平滑逐渐过渡。

Bk：80～110 cm，棕色（7.5YR 4/4，润）；粉砂壤土；发育较弱的屑粒结构，较松脆；有 10～20 cm 的次棱角状半风化的硬砂岩碎屑，体积 <5%；有假菌丝体，面积 10%；石灰反应较强。

马栏系代表性单个土体剖面

马栏系代表性单个土体物理性质

土层	深度 /cm	砾石（>2 mm，体积分数）/%	细土颗粒组成（粒径：mm）/（g/kg）			质地
			砂粒 2～0.05	粉粒 0.05～0.002	黏粒 <0.002	
Ap	0～25	10～20	464	412	124	粉砂壤土
Btk1	25～60	15	342	496	162	粉砂壤土
Btk2	60～80	<5	288	524	188	粉砂壤土
Bk	80～110	<5	350	541	108	粉砂壤土

马栏系代表性单个土体化学性质

深度 /cm	pH H₂O	pH CaCl₂	有机质 /（g/kg）	CaCO₃ /（g/kg）	全铁 /（g/kg）	游离铁 /（g/kg）	无定形铁 /（g/kg）	有效铁（Fe） /（mg/kg）	CEC /[cmol（+）/kg]
0～25	8.0	7.6	27.3	4.4	41.9	10.0	1.2	6.1	11.8
25～60	8.1	7.6	10.4	8.1	51.5	11.0	1.3	5.1	12.3
60～80	8.1	7.5	7.2	4.6	47.1	7.5	1.9	6.9	13.0
80～110	8.1	7.4	5.3	3.9	43.8	11.9	2.2	8.9	8.0

8.8　普通铁质湿润淋溶土

8.8.1　慈悲峪系（Cibeiyu Series）

土　族：粗骨壤质混合型非酸性温性-普通铁质湿润淋溶土
拟定者：王秀丽，张凤荣

分布与环境条件　暖温带半湿
润大陆性季风气候。冬春干旱
多风，夏季炎热多雨，年平均
温度 9.7 ℃，降水量 592 mm 左
右。降水集中在 7～8 月，接近
占全年降水量的 70%；降雨年
际间变化大，而且多大雨，甚
至暴雨，容易造成地表径流。
地形上属于低山。该土系位于
山坡上部，有松树、荆条、胡
枝子等植物，植被覆盖度为
100%。在高度植被覆盖，成土
母质为花岗岩风化残积物，渗
透性好的情况下，土壤容易发生黏粒淋溶淀积作用。

慈悲峪系典型景观

土系特征与变幅　本土系诊断层包括淡色表层、黏化层，诊断特性包括湿润水分状况、
温性土壤温度、铁质特性。质地构型为上部 110 cm 的粉砂壤土，下为黏壤土。厚达 2 m
多深的花岗岩高度风化残积物，发育了红棕色的黏化层。30 cm 厚的腐殖质层下面即为
深厚的黏化层，下界超过 150 cm。黏化层分三部分：30～70 cm 土壤结构看似片状，但
扰动即为屑粒，可能是冻融造成，少量次棱块结构体面上有不明显的胶膜；70～110 cm
为大块状，大量石英砂粒，砂粒表面和大块状结构体上有明显胶膜；110～160 cm 为大
块状，在大块状面上有少量胶膜，且在大块状结构体面上有大量黑色面状锰纹。该土壤
的黏化层可能是古土壤层，可能与老黄土同一时期形成。

对比土系　大窝铺系，同一土族，但土层较薄，50 cm 以下即为似岩石状高度风化的花
岗岩风化物，80% 以上为砂粒，岩块面上有黏粒胶膜。清水江系，同一亚类不同土族，
但土族颗粒组成级别为壤质盖黏质，温度状况为冷性。狼窝系，同一亚类不同土族，但
颗粒大小级别为砂质。临近的望宝川系、沙岭村系，同一亚纲但不同土类，没有铁质特
性，为简育土类。邻近的黑山寨系、北庄系、海字村系、辛庄系和南庄系，没有黏化层，
不同土纲，为雏形土。

利用性能综述　土层深厚，地处坡的上部，外排水好；心土虽然黏化，但因为在花岗岩
风化物上形成，渗透性还好。适宜利用方向是林地。因为土体内没有游离碳酸钙，呈微

酸性，最适宜种植板栗经济林。处于坡面上部，水土易流失，应加强坡面植被保护。

参比土种　学名：酸性岩类粗骨褐土；群众名称：厚层麻石渣土。

代表性单个土体　位于北京市昌平区延寿镇慈悲峪村内，坐标 40°20′33.6″N，116°20′23.2″E。地貌为低山，母质为花岗岩风化物，海拔 245 m，林地。野外调查时间 2011 年 9 月 26 日，野外调查编号昌平 8。与其相似的单个土体是张凤荣博士论文中的采集于 1986 年 8 月的位于昌平区黑山寨乡政府后沟的编号为 8613 的剖面。

昌平 8

慈悲峪系代表性单个土体剖面

Ah：0～30 cm，棕色（7.5YR 5/4，干），暗棕色（7.5YR 3/4，润）；花岗岩风化物碎屑，粉砂壤土；发育弱的团粒结构；干湿时都松散；土体内有 3 mm 大的中度风化的石英碎屑，丰度<10%；5～20 mm 粗的草、灌根系 5～10 条/dm²；有蚂蚁等动物活动；无石灰反应；向下平滑明显过渡。

Bt1：30～70 cm，红黄色（7.5YR 6/6，干），深棕色（7.5YR 5/6，润）；花岗岩风化物碎屑，粉砂壤土；发育较弱的屑粒结构；干湿时松脆；土体内有 3 mm 大的中度风化的石英碎屑，丰度<25%；2～5 mm 粗的草本根系 5 条/dm²；砂粒表面和结构体面上有<5%的铁质胶膜；无石灰反应；向下平滑明显过渡。

Bt2：70～110 cm，红棕色（5YR 6/6，干），黄红色（5YR 4/6，润）；花岗岩风化物碎屑，粉砂壤土；发育较强的大块状结构；干时硬，湿时坚实；土体内有 3 mm 大的中度风化的石英碎屑，丰度 35%～40%；0.5～1.0 mm 粗的草本根系 1 条/dm²；基质面上有 5%～10%的锰斑；砂粒表面和结构体上有 5%～10%铁质胶膜；无石灰反应；向下平滑明显过渡。

Bt3：110～160 cm，红棕色（5YR 6/6，干），黄红色（5YR 5/6，润）；花岗岩风化物碎屑，黏壤土；大块状结构；干时硬，湿时坚实；土体内有 3 mm 大的中度风化的石英碎屑，丰度<15%；0.5 mm 粗的草本根系 1 条/dm²；结构体面上有约 5%的铁质胶膜；无石灰反应。

R：花岗岩。

慈悲峪系代表性单个土体物理性质

| 土层 | 深度 /cm | 砾石（>2 mm，体积分数）/% | 细土颗粒组成（粒径：mm）/（g/kg） | | | 质地 |
			砂粒 2～0.05	粉粒 0.05～0.002	黏粒<0.002	
Ah	0～30	<10	240	557	203	粉砂壤土
Bt1	30～70	<25	387	436	177	粉砂壤土
Bt2	70～110	35～40	390	347	263	粉砂壤土
Bt3	110～160	<15	292	423	285	黏壤土

慈悲峪系代表性单个土体化学性质

深度 /cm	pH H₂O	pH CaCl₂	有机质 /（g/kg）	CaCO₃ /（g/kg）	全铁 /（g/kg）	游离铁 /（g/kg）	无定形铁 /（g/kg）	有效铁（Fe） /（mg/kg）	CEC /[cmol（+）/kg]
0～30	6.4	6.0	37.8	1.9	41.5	14.7	2.4	37.3	16.1
30～70	6.6	5.7	5.3	1.7	38.8	16.0	2.0	23.4	9.5
70～110	6.8	5.7	2.8	1.3	49.5	17.0	1.6	15.1	17.1
110～160	6.7	5.7	2.2	1.5	45.4	13.6	0.9	14.2	18.7

8.8.2 大窝铺系（Dawopu Series）

土　族：粗骨壤质混合型非酸性温性-普通铁质湿润淋溶土
拟定者：王秀丽，张凤荣

分布与环境条件　暖温带半湿润大陆性季风气候。冬春干旱多风，夏季炎热多雨，年平均温度 10.3 ℃，降水量 712 mm 左右。降水集中在 7~8 月，接近占全年降水量的 70%；降雨年际间变化大，而且多大雨，甚至暴雨；雨季具有淋溶条件，但坡度大无植被覆盖情况下，容易造成地表径流。成土母质是花岗岩风化残积物。地形上属于丘陵，坡度和缓。许多地方已经修成梯田和坡式梯田，

大窝铺系典型景观

土地利用类型为果园，植被郁闭度为 70%，有核桃、板栗。

土系特征与变幅　本土系诊断层包括淡色表层、黏化层，诊断特性包括湿润水分状况、温性土壤温度、铁质特性。表层为 20 cm 左右厚的耕层，下面有 30 cm 左右厚的黏化层（砂粒表面和孔隙壁上有光亮胶膜），再下是高度风化的花岗岩，虽依然呈岩石状，但用铁镐可以刨动，而且用手就能够碾碎为土状物。在风化岩块面上，也可以看到胶膜。

对比土系　慈悲峪系，同一土族，但土层厚度达 1m 以上。清水江系，同一亚类不同土族，但颗粒组成级别为壤质盖黏质，温度状况为冷性。狼窝系，同一亚类不同土族，但颗粒大小级别为砂质。邻近的望宝川系、沙岭村系，同一亚纲不同土类，没有铁质特性，为简育土类。邻近的黑山寨系、北庄系、海字村系、辛庄系和南庄系，没有黏化层，不同土纲，为雏形土。

利用性能综述　虽然细土物质黏粒含量较高，但未扰动的土壤因含粗骨颗粒，渗透性较好，土壤微酸性，适宜种植板栗。地处丘陵，有一定坡度，虽修成梯田，但田面并不平，且梯坎不好，容易发生水土流失；加强水土保持的生物措施和工程措施建设。因为地处密云水库一级保护区内，注意防止面源污染。

参比土种　学名：酸性岩类粗骨褐土；群众名称：麻石渣土。

大窝铺系代表性单个土体剖面

代表性单个土体　位于北京市密云区不老屯镇大窝铺村，坐标 40°33′47.2″N，117°01′39.7″E。地貌为低山，母质为花岗岩风化物，海拔 110 m，经济林地。野外调查时间 2011 年 10 月 7 日，野外调查编号密云 7。与其相似的单个土体是张凤荣博士论文中的 1986 年 9 月的采集于密云县高岭乡四合村后山的编号为 8615 的剖面。

Ap：0～20 cm，棕色（7.5YR 5/4，干），棕色（7.5YR 4/4，润）；砂质壤土；发育弱的中等屑粒状结构；湿时松脆；土体内有 2～20 mm 大的中度风化的半圆状花岗岩碎屑，丰度>35%；0.5～2 mm 粗的草本根系 15 条/dm²；无石灰反应；向下平滑突然过渡。

Bt：20～50 cm，深棕色（7.5YR 5/6，干），黄红色（5YR 5/6，润）；壤土；发育强的中等屑粒状结构；湿时松脆；土体内有 2～4 mm 大的高度风化的圆状花岗岩碎屑，丰度>35%；3～8 mm 粗的草本根系 2 条/dm²；在砂粒面上有不明显的铁质胶膜，丰度 10%左右；无石灰反应；向下平滑逐渐过渡。

C：50～110 cm，黄红色（7.5YR 5/8，干），黄红色（5YR 4/6，润）；壤质砂土；风化强烈，有 3～50 mm 大的高度风化的棱状和圆状花岗岩碎屑，丰度>35%；但大部分依然呈大块状岩石结构；湿时松脆；在砂粒面和裂隙面上有不明显的铁质胶膜，丰度 10%左右；无石灰反应。

大窝铺系代表性单个土体物理性质

土层	深度/cm	砾石（>2 mm，体积分数）/%	细土颗粒组成（粒径：mm）/（g/kg）			质地
			砂粒 2～0.05	粉粒 0.05～0.002	黏粒<0.002	
Ap	0～20	>35	610	288	102	砂质壤土
Bt	20～50	>35	538	270	192	壤土
C	50～110	>35	806	123	72	壤质砂土

大窝铺系代表性单个土体化学性质

深度/cm	pH		有机质/（g/kg）	CaCO₃/（g/kg）	全铁/（g/kg）	游离铁/（g/kg）	无定形铁/（g/kg）	有效铁（Fe）/（mg/kg）	CEC/[cmol（+）/kg]
	H₂O	CaCl₂							
0～20	6.9	5.9	18.9	1.0	70.9	19.9	2.1	27.5	18.6
20～50	6.8	5.6	11.6	1.4	117.0	31.7	2.7	14.3	15.3
50～110	7.0	6.1	3.5	0.9	110.6	30.8	2.3	13.5	20.1

8.8.3 狼窝系（Langwo Series）

土　族：砂质混合型非酸性温性-普通铁质湿润淋溶土
拟定者：张凤荣

分布与环境条件　暖温带半湿润大陆性季风气候。冬春干旱多风，夏季炎热多雨，年平均温度 10.3 ℃，降水量 705 mm 左右。降水集中在 7～8 月，接近占全年降水量的 70%；降雨年际间变化大，而且多大雨，甚至暴雨。雨季具有淋溶条件，但因为丘陵地区，地形起伏，没有植被覆盖容易造成地表径流。地形上属于丘陵，位于丘陵坡麓。母质为花岗岩风化残坡积物，土层深厚。人工地貌是梯田，修梯田时可能为填土区和取土区。土地利用类型为耕地，种植的玉米，植被覆盖度为 90%。

狼窝系典型景观

土系特征与变幅　本土系诊断层包括淡薄表层、黏化层，诊断特性包括湿润水分状况、温性土壤温度、铁质特性。有效土层厚达 150 cm，深棕色，质地和结构较为均一，通体为砂质壤土，质地适中，结构性好，孔隙多。可能因为修梯田填土的原因，土体上部 40 cm 左右的土层疏松多孔，富含土壤动物粪便，覆盖在厚达 100 cm 左右的没有黏粒胶膜的黏化层上。剖面通体含有硬岩石碎屑，但含量低于 15%。

对比土系　慈悲峪系、大窝铺系、清水江系，同一亚类不同土族，但颗粒大小级别不同，分别为粗骨壤质、壤质盖黏质。

利用性能综述　土层深厚，质地为砂质壤土，通透性和保水保肥性能较好；可以耕种。但毕竟是丘陵，有一定坡度；土壤没有游离碳酸钙，呈微酸性，最适宜用途是栽培板栗。不过，应加强坡面植被保护，防止水土流失。地处密云水库水质保护区，要防止污染。

参比土种　学名：耕种酸性岩类淋溶褐土；群众名称：麻石坡黄土。

代表性单个土体　位于北京市密云区不老屯镇狼窝村,坐标40°33′42.0″N,117°00′56.9″E。地形为低山,母质为花岗岩残坡积物,海拔150 m,耕地,种植玉米。野外调查时间2011年10月7日,野外调查编号密云9。

Ap1：0～28 cm,深棕色（7.5YR 5/6,干）,深棕色（7.5YR 4/6,润）;砂质壤土;发育弱的中等屑粒状结构;湿时松脆;土体内有5～10 mm大的中度风化的棱状花岗岩碎屑,丰度30%左右;0.5 mm粗的草本根系5 条/dm²;土体内有较多动物粪便;无石灰反应;向下平滑明显过渡。

Ap2：28～42 cm,棕色（7.5YR 5/4,干）,棕色（7.5YR 4/4,润）;砂质壤土;发育弱的细屑粒状结构;湿时松脆;土体内有3～8 mm大的中度风化的棱状花岗岩碎屑,丰度10%～15%;0.5～3.0 mm粗的草本根系15 条/dm²;土体内有大量动物粪便;无石灰反应,向下平滑逐渐过渡。

Bt：42～140 cm,深棕色（7.5YR 5/6,干）,深棕色（7.5YR 4/6,润）;砂质壤土;发育较好的次棱块结构;结构体面上少量胶膜;湿时松脆;土体内有4～15 mm大的高度风化的棱状花岗岩硬碎屑,丰度10%～15%;土体内有较多动物粪便;无石灰反应。

狼窝系代表性单个土体剖面

狼窝系代表性单个土体物理性质

土层	深度 /cm	砾石 (>2 mm,体积分数)/%	细土颗粒组成（粒径: mm）/（g/kg）			质地
			砂粒 2～0.05	粉粒 0.05～0.002	黏粒<0.002	
Ap1	0～28	30	653	261	87	砂质壤土
Ap2	28～42	10～15	629	279	92	砂质壤土
Bt	42～140	10～15	646	240	115	砂质壤土

狼窝系代表性单个土体化学性质

深度 /cm	pH H₂O	pH CaCl₂	有机质 /（g/kg）	CaCO₃ /（g/kg）	全铁 /（g/kg）	游离铁 /（g/kg）	无定形铁 /（g/kg）	有效铁（Fe）/（mg/kg）	CEC /[cmol (+) /kg]
0～28	5.9	5.0	12.2	1.8	95.2	17.1	2.2	44.9	17.1
28～42	6.3	5.6	23.7	1.4	90.4	17.7	1.9	37.1	15.0
42～140	6.9	6.1	10.9	2.0	93.5	21.5	2.1	22.3	16.5

8.8.4 清水江系（Qingshuijiang Series）

土　族：壤质盖黏质混合型非酸性冷性-普通铁质湿润淋溶土
拟定者：王秀丽，张凤荣

分布与环境条件　暖温带半湿润大陆性季风气候。冬春干旱多风，夏季炎热多雨，年平均温度 4.7 ℃，降水量 515 mm 左右。地形上属于中山，海拔 1100 m 左右。处于直线坡下部，坡度约 25°。母质为次生黄土状物质。土地利用类型为林地，覆盖度高。

清水江系典型景观

土系特征与变幅　本土系诊断层包括黏化层，诊断特性包括湿润水分状况、温性土壤温度、铁质特性。剖面为 50～60 cm 的新黄土覆盖在深厚老黄土上。老黄土部分为古老埋藏的红棕色的黏化层。黏化层的上部分为棱块状结构，结构体面上黏粒胶膜明显。黏化层下部分的黏粒胶膜主要在大块状老黄土裂隙面上，大块状老黄土掰开内部没有黏粒胶膜，但见大量明显古老黑锈色根孔。由于黏化层的上界在 60 cm 左右出现，黏化层的下界一直达到 190 cm 以下，即黏化层深厚可分类为"强黏化"类型。整个土体，无论是新黄土还是老黄土都已无石灰性反应。该土系由于老黄土被埋藏深度不同，而黏化层的上界与下界不同，且黏化层的黏粒胶膜多少和质地不同。

对比土系　与本亚类其他土系的差异在于，本土系颗粒大小级别为壤质盖黏质。邻近的灵山落叶系、灵山阔叶系，有暗沃表层和均腐殖质特性，不同土纲，为均腐土。邻近的黄安坨壤质系、灵山系和洪水口村系，没有黏化层，不同土纲，为雏形土。

利用性能综述　由于地势高、温度低，不适宜种植作物。最好的利用方式为林地。但因为处于山区，有坡度，要加强坡面植被的保护，防止水土流失。

参比土种　无。

清水江系代表性单个土体剖面

代表性单个土体　位于北京市门头沟清水镇清水江村，坐标 40°00′19.1″N，115°29′02.1″E。地貌为中山，母质为黄土，海拔 1150 m，林地。野外调查时间 2011 年 9 月 15 日，野外调查编号门头沟 24。

Ap：0～60 cm，暗黄棕色（10YR 4/4，干）；粉砂壤土；发育较好的细小屑粒；干时松散，湿时松脆；土体内有 5 mm 左右的半风化棱状硅质灰岩碎屑，丰度<10%；2～5 mm 粗的草本根系 5~8 条/dm²；向下平滑突然过渡。

2Bt1：60～130 cm，红棕色（5YR 4/4，干）；砂质黏土；发育极强的棱块结构；在结构体面上可见较明显的铁质胶膜，丰度为 10%～20%；干时极硬；土体内有 50 mm 左右的半风化棱状硅质灰岩碎屑，丰度<10%；1～2 mm 粗的木本根系 1~2 条/dm²；向下平滑明显过渡。

2Bt2：130～190 cm，深棕色（7.5YR 4/6，干）；粉砂质黏壤土；发育非常强的大块结构；干时极硬；土体内有 50 mm 左右的半风化棱状硬硅质灰岩，丰度<10%；在裂隙面上可见明显的铁质胶膜，丰度为 5%。

清水江系代表性单个土体物理性质

土层	深度 /cm	砾石（>2 mm，体积分数）/%	细土颗粒组成（粒径：mm）/（g/kg）			质地
			砂粒 2～0.05	粉粒 0.05～0.002	黏粒<0.002	
Ap	0～60	<10	249	603	148	粉砂壤土
2Bt1	60～130	<10	125	444	431	砂质黏土
2Bt2	130～190	<10	108	556	335	粉砂质黏壤土

清水江系代表性单个土体化学性质

深度 /cm	pH		有机质 /（g/kg）	CaCO₃ /（g/kg）	全铁 /（g/kg）	游离铁 /（g/kg）	无定形铁 /（g/kg）	有效铁（Fe） /（mg/kg）	CEC /[cmol（+）/kg]
	H₂O	CaCl₂							
0～60	8.0	7.6	30.4	1.9	37.0	11.3	1.7	17.3	16.2
60～130	7.8	7.1	7.7	2.5	53.9	14.6	2.2	17.4	21.6
130～190	7.7	7.2	4.8	2.8	39.5	12.5	1.1	11.4	21.7

8.9 普通简育湿润淋溶土

8.9.1 望宝川系（Wangbaochuan Series）

土　族：粗骨砂质混合型非酸性温性-普通简育湿润淋溶土
拟定者：张凤荣

分布与环境条件　暖温带半湿润大陆性季风气候。冬春干旱多风，夏季炎热多雨，年平均温度 9.5 ℃，降水量 600 mm 以上。降水集中在 7～8 月，接近占全年降水量的 70%，雨季具有淋溶条件。但降雨年际间变化大，而且多大雨，甚至暴雨，容易造成地表径流。地形上属于低山。该土系位于山坡中部地带，坡度 15°～25°。成土母质为花岗岩风化残积物，基岩为花岗岩。植被为旱生乔（刺槐，松）、果（板栗）、灌（荆条、酸枣）混交林，林下有白草；覆盖度 100%。植被覆盖度高，成土母质为花岗岩风化残积物，渗透性好的情况下，土壤容易发生黏粒淋溶淀积作用。

望宝川系典型景观

土系特征与变幅　本土系诊断层包括淡薄表层、黏化层，诊断特性包括湿润水分状况、温性土壤温度。表层为 15 cm 左右厚的腐殖质层，下面有 60 cm 左右厚的黏化层（结构体面上有少量光亮胶膜），黏化层发育于花岗岩风化物残积物上，由于多孔、通透性强，水分淋洗好，黏粒移动淀积形成淀积黏化层。再下是花岗岩半风化物，但用铁镐可以刨动。但该土壤的黏化层可能是古土壤层，可能与老黄土同一时期形成。

对比土系　邻近的慈悲峪系、大窝铺系、狼窝系，同一亚纲不同土类，有铁质特性，为铁质土类。邻近的沙岭村系，同一亚类不同土族，黏化层有大量粗大砾石，坡积现象明显，颗粒大小级别为壤质盖粗骨壤质。

利用性能综述　外排水好，植被覆盖度高，不容易发生水土流失。低山丘陵，适宜利用方向是林地，宜种植干果林。

参比土种　学名：酸性岩类淋溶褐土；群众名称：麻石坡黄土。

望宝川系代表性单个土体剖面

代表性单个土体　位于北京市昌平长陵镇望宝川村，坐标 40°19′56.9″N，116°17′07.3″E。地貌为低山，母质为花岗岩风化物，海拔 470 m，剖面点林地改为果园（板栗）。野外调查时间 2010 年 10 月 5 日，野外调查编号昌平 5。

Ah：0～15 cm，棕色（7.5YR 4/4，干）；壤土；团聚较好的 2～3 mm 屑粒状结构；干时硬；1～2 mm 粗的草本根系 5~10 条/dm²；10%的半风化石英碎屑，3～5 mm 大；无石灰反应；向下平滑明显过渡。

Bt：15～80 cm，黄红色（5YR 4/6，干）；砂质壤土；团聚好的 3 mm 大的次棱块状结构；干时很硬；<3 mm 粗的草本根系 3 条/dm²；结构体面上有 5%的光亮黏粒胶膜；5%～10%的半风化石英碎屑，3～5 mm 大；无石灰反应；向下波状逐渐过渡。

BC：80～120 cm，黄棕色（10YR 5/4，润）；壤质砂土；无结构；干时松散；无根系；10%的半风化石英碎屑，3 mm 大；无石灰反应；向下平滑模糊过渡。

R：花岗岩。

望宝川系代表性单个土体物理性质

土层	深度 /cm	砾石（>2 mm，体积分数）/%	细土颗粒组成（粒径：mm）/（g/kg）			质地
			砂粒 2～0.05	粉粒 0.05～0.002	黏粒<0.002	
Ah	0～15	10	395	407	198	壤土
Bt	15～80	5～10	614	234	151	砂质壤土
BC	80～120	10	759	207	33	壤质砂土

望宝川系代表性单个土体化学性质

深度 /cm	pH		有机质 /（g/kg）	CaCO₃ /（g/kg）	全铁 /（g/kg）	游离铁 /（g/kg）	无定形铁 /（g/kg）	有效铁（Fe） /（mg/kg）	CEC /[cmol（+）/kg]
	H₂O	CaCl₂							
0～15	6.7	6.0	31.8	1.5	40.8	13.1	5.4	16.1	17.5
15～80	6.7	5.7	12.5	0.7	43.6	9.6	6.3	15.1	13.1
80～120	6.7	5.5	11.6	0.8	39.6	6.3	7.7	14.2	18.5

8.9.2　黄安坨系（Huangantuo Series）

土　族：黏质混合型非酸性冷性-普通简育湿润淋溶土
拟定者：张凤荣

分布与环境条件　暖温带半湿润大陆性季风气候。冬春干旱多风，夏季炎热多雨，年平均温度 7.1 ℃，降水量 559 mm 左右。降水集中在 7～8 月，接近占全年降水量的 70%；降雨年际间变化大，而且多大雨，甚至暴雨，容易造成地表径流。地貌上属于中山，垂直地带造成气温较低。地形属于山间黄土台地，黄土台地面上坡度<10°；但黄土沟壁陡峭，坡度>70°。黄土台地多已有人工平整，

黄安坨系典型景观

或修筑成梯田种植作物或果树，近些年退耕还林居多。成土母质为老黄土，当地人称为"劈土"。在邻近的一个取土场上，可见上部马兰黄土，中部老黄土的断面。自然植被为乔灌林，主要为松树、山杏、荆条、三桠绣线菊等，郁闭度 100%。

土系特征与变幅　本土系诊断层包括淡薄表层、黏化层，诊断特性包括湿润水分状况、冷性土壤温度。剖面发育于深厚均匀的老黄土母质上，可能是因为侵蚀或人工取土将上部的马兰黄土剥离，露出下部的老黄土。整个剖面为古老埋藏的红棕色的黏化层，质地较黏重，通体为粉砂质黏壤土，未见明显假菌丝体，也无石灰性反应。黏化层的黏粒胶膜主要在大块裂隙面上，大块状老黄土掰开基质内没有黏粒胶膜，但见大量明显古老黑锈色根孔。该土系由于老黄土出露部位不同，造成黏化层的结构与胶膜多少及出现部位不同。总体上，黏化层深厚，属于强黏化型。

对比土系　西胡林系，海拔不同，温度状况与水分状况不同，不同亚纲，为干润淋溶土。邻近的黄安坨壤质系，发育于富含碳酸盐的黄土母质上，土层中有假菌丝体钙积现象，没有黏化层，不同土纲，为雏形土。望宝川系、沙岭村系、龙门场系，同一亚类不同土族，颗粒大小级别不同，分别为粗骨砂质、壤质盖粗骨壤质、壤质。

利用性能综述　土层深厚，保水保肥性强，但内排水较慢。因处于较冷凉的山地，适宜利用方向是林地。因为处于山区，坡度长，还是要防止水土流失。

参比土种　无。

代表性单个土体　　位于门头沟清水镇黄安坨村，坐标 39°52′3.0″N，115°34′13.5″E。地貌为中山，母质为老黄土，海拔 1018 m，林地。野外调查时间 2011 年 9 月 14 日，野外调查编号门头沟 18。与其相似的单个土体是 2001 年 8 月 31 日采集于北京门头沟区黄塔乡

黄安坨村 5 号（39°52′27″N，115°34′44″E）剖面。

Ah：0～30 cm，深棕色（7.5YR 4/6，干），深棕色（7.5YR 3/4，润）；粉砂质黏壤土；发育较好的中屑粒；干时结持性较强；土体内有 3～5 mm 大的风化弱的次棱状岩石碎屑，组成物质为花岗岩，丰度<5%；0.5～10.0 mm 粗的草本根系 10 条/dm²；石灰反应弱；向下平滑明显过渡。

Bt1：30～70 cm，黄红色（5YR 5/6，干），棕色（7.5YR 4/4，润）；粉砂质黏壤土；发育很好的大块状结构；干时结持性强；土体内有 3～5 mm 大的半风化岩石碎屑，组成物质为花岗岩，丰度<5%；0.5～2.0 mm 粗的草本根系 2 条/dm²；在土体裂隙部位可见明显的胶膜，丰度为 5%左右；向下平滑逐渐过渡。

Bt2：70～128 cm，黄红色（5YR 5/6，干），深棕色（7.5YR 4/6，润）；粉砂质黏壤土；发育很好的大块状结构；干时结持性强；土体内有 3 mm 大的半风化岩石碎屑，组成物质为花岗岩，丰度<5%；在土体裂隙部位可见明显的胶膜，丰度为 5%左右；向下平滑逐渐过渡。

BC：128～150 cm，棕色（7.5YR 6/6，干），深棕色（7.5YR 4/6，润）；粉砂质黏壤土；发育很好的大块状结构；未见胶膜；干时结持性强；土体内有 3 mm 大的半风化岩石碎屑，组成物质为花岗岩，丰度<3%。

黄安坨系代表性单个土体剖面

黄安坨系代表性单个土体物理性质

土层	深度/cm	砾石（>2 mm，体积分数）/%	细土颗粒组成（粒径：mm）/（g/kg）			质地
			砂粒 2～0.05	粉粒 0.05～0.002	黏粒<0.002	
Ah	0～30	<5	113	510	377	粉砂质黏壤土
Bt1	30～70	<5	123	531	347	粉砂质黏壤土
Bt2	70～128	<5	144	491	365	粉砂质黏壤土
BC	128～150	<3	159	557	284	粉砂质黏壤土

黄安坨系代表性单个土体化学性质

深度/cm	pH		有机质/（g/kg）	CaCO₃/（g/kg）	全铁/（g/kg）	游离铁/（g/kg）	无定形铁/（g/kg）	有效铁（Fe）/（mg/kg）	CEC/[mol (+) /kg]
	H₂O	CaCl₂							
0～30	7.5	6.7	13.6	1.7	51.9	12.5	1.3	12.4	25.6
30～70	8.0	7.4	3.0	2.2	34.9	13.9	1.1	8.5	22.9
70～128	8.1	7.3	2.9	2.1	56.0	14.0	1.2	9.2	22.4
128～150	7.6	6.9	3.2	1.9	43.3	13.2	1.1	10.0	19.2

8.9.3 沙岭村系（Shalingcun Series）

土　族：壤质盖粗骨壤质混合型非酸性温性-普通简育湿润淋溶土
拟定者：张凤荣

分布与环境条件　暖温带半湿润大陆性季风气候。冬春干旱多风，夏季炎热多雨，年平均温度 9.5 ℃，降水量 579 mm 左右。降水集中在 7~8 月，接近占全年降水量的 70%；降雨年际间变化大，而且多大雨，甚至暴雨，容易造成地表径流。地形上属于低山，小地形山坡上部。成土母质为花岗岩残坡积物。土地利用类型为林地，主要植被为板栗、野菊花、荆条等，植被覆盖度为 100%。在高度植被覆盖，土壤物质起源于花岗岩风化物，渗透性好的情况下，土壤容易发生黏粒淋溶淀积作用。

沙岭村系典型景观

土系特征与变幅　本土系诊断层包括淡薄表层、黏化层，诊断特性包括湿润水分状况、温性土壤温度。质地均为粉砂壤土，上部 75 cm 左右为深棕色的屑粒结构发育的土壤，含<25%的棱角分明的岩屑；75~140 cm 为一砾石层，砾石成分主要为花岗正长岩，棱角分明，在大砾石之间有细土物质团聚为屑粒状，在土壤结构体面上和砂粒面上有胶膜发育。

对比土系　邻近的望宝川系，同一亚类不同土族，颗粒大小级别为粗骨砂质。邻近的黑山寨系、海字村系、辛庄系、南庄系，没有黏化层，不同土纲，为雏形土。黄安坨系、龙门场系，同一亚类不同土族，颗粒大小级别不同，分别为黏质、壤质。

利用性能综述　土层深厚，地处坡的中部，外排水好；心土虽然黏化，但因为在花岗岩风化物上形成，渗透性好。适宜利用方向是林地，人工经济林类型为耐旱型。处于坡面上，水土易流失，应加强坡面植被保护。

参比土种　学名：酸性岩类粗骨褐土；群众名称：麻石渣土。

沙岭村系代表性单个土体剖面

代表性单个土体　位于北京市昌平区延寿镇沙岭村内，坐标 40°19′52.8″N，116°16′58.4″E。地貌为低山，母质为花岗岩坡积物，海拔 390 m，林地。野外调查时间 2011 年 9 月 26 日，野外调查编号昌平 10。

Ap: 0～22 cm，深棕色（7.5YR 5/6，干），深棕色（7.5YR 4/6，润）；粉砂壤土；发育较好的中等屑粒状结构；干时松散；土体内有 2～50 mm 大的棱状花岗正长岩碎屑，丰度 15%～25%；2～5 mm 粗的草、木根系 5 条/dm²；无石灰反应；向下平滑明显过渡。

Bw: 22～75 cm，红黄色（7.5YR 6/6，干），深棕色（7.5YR 4/6，润）；粉砂壤土；发育较好的中等屑粒状结构；干时松散；土体内有 2～50 mm 大的棱状花岗正长岩碎屑，丰度 15%～25%；2～10 mm 粗的草、木根系 3 条/dm²；无石灰反应；向下齿状明显过渡。

Bt: 75～140 cm，深棕色（7.5YR 5/6，干），暗棕色（7.5YR 4/4，润）；粉砂壤土；发育弱的细小屑粒状结构；干时松散；土体内有 2～250 mm 大的棱状花岗正长岩碎屑，丰度 60%～70%；2～5 mm 粗的草本根系 1 条/dm²；在结构体和砂粒面上有 5%左右的铁质胶膜；无石灰反应。

沙岭村系代表性单个土体物理性质

土层	深度 /cm	砾石 （>2 mm，体积分数）/%	细土颗粒组成（粒径：mm）/（g/kg）			质地
			砂粒 2～0.05	粉粒 0.05～0.002	黏粒<0.002	
Ap	0～22	15～25	383	463	154	粉砂壤土
Bw	22～75	15～25	345	500	156	粉砂壤土
Bt	75～140	60～70	425	432	142	粉砂壤土

沙岭村系代表性单个土体化学性质

深度 /cm	pH		有机质 /（g/kg）	CaCO₃ /（g/kg）	全铁 /（g/kg）	游离铁 /（g/kg）	无定形铁 /（g/kg）	有效铁（Fe） /（mg/kg）	CEC /[cmol（+）/kg]
	H₂O	CaCl₂							
0～22	6.3	5.5	20.5	0.8	65.2	12.5	3.3	39.7	15.5
22～75	6.1	5.4	13.0	1.3	59.7	14.0	2.6	40.4	11.4
75～140	6.1	5.3	8.2	1.2	57.9	13.8	6.1	40.3	8.8

8.9.4 龙门林场系（Longmenlinchang Series）

土　族：壤质混合型石灰性冷性-普通简育湿润淋溶土
拟定者：张凤荣

分布与环境条件　暖温带半湿润大陆性季风气候。冬春干旱多风，夏季炎热多雨。地形上属于中山，垂直地带造成气温较低，年平均温度 4.1 ℃，降水量 511 mm 左右。降水集中在 7～8 月，接近占全年降水量的 70%，具有淋溶条件。降雨年际间变化大，而且多大雨，甚至暴雨，容易造成地表径流。是山坡中下部，坡度 5°～8°。成土母质为花岗岩风化物与黄土物质的混合残坡积物，基岩为花岗岩。植被为中生栎树、松，林下有苔草；覆盖度 100%。

龙门林场系典型景观

土系特征与变幅　本土系诊断层包括淡薄表层、黏化层，诊断特性包括湿润水分状况、冷性土壤温度。质地为上部 10 cm 的砂质壤土，下为壤土。厚度 30 cm 的腐殖质层覆盖在厚约 50 cm 的黏化层上，黏化层发育于花岗岩风化物与黄土物质的混合残坡积物上，由于多孔通透性强，水分淋洗好，黏粒移动淀积形成淀积黏化层（结构体面上有少量光亮胶膜）。

对比土系　望宝川系、黄安坨系、沙岭村系，同一亚类不同土族，颗粒大小级别不同，分别为粗骨砂质、黏质、壤质盖粗骨壤质。109 京冀垭口系、109 京冀界东系，没有黏化层，不同土纲，为雏形土。

利用性能综述　中山地区，温度低，不能农用。处于自然保护区，只适宜林地。

参比土种　学名：酸性岩类棕壤；群众名称：麻石落叶土。

龙门林场系代表性单个土体剖面

代表性单个土体　位于 109 国道门头沟北京门头沟区小龙门林场场部西，坐标 39°58′38.2″N，115°25′42.9″E。地貌为中山，母质为花岗岩风化物与黄土物质的混合残坡积物，海拔 1280 m，剖面点为林地。野外调查时间 2010 年 10 月 4 日，野外调查编号门头沟 4。

Ah1：0～10 cm，暗黄棕色（10YR 4/4，干），深暗棕色（10YR 2/2，润）；砂质壤土；团聚较差的小屑粒状结构；松散；1～5 mm 粗的草本根系 10 条/dm²；<5%的风化弱的石英碎屑，3 mm 大；轻度石灰反应；向下平滑明显过渡。

Ah2：10～32 cm，棕色（10YR 5/3，干），暗灰棕色（10YR 4/2，润）；壤土；团聚较差的小屑粒状结构；松散；0.5～10.0 mm 粗的草本根系 15 条/dm²；<5%的风化弱的石英碎屑，3 mm 大；微弱石灰反应；向下平滑明显过渡。

Bt：32～95 cm，棕色（7.5YR 4/4，润）；壤土；团聚弱的中等次棱块状结构；干时很硬；0.5～5.0 mm 粗的草本根系 5 条/dm²；结构体面上有 5%的光亮黏粒胶膜；15%～20%的风化弱的石英碎屑，3 mm 大；微弱石灰反应；向下波状逐渐过渡。

Bw：95～155 cm，暗黄棕色（10YR 4/4，润）；壤土；团聚弱的大块状结构；干时很硬；0.5 mm 粗的草本根系 1 条/dm²；10%的圆硬的石英碎屑，3 mm 大；中度石灰反应；向下平滑模糊过渡。

龙门林场系代表性单个土体物理性质

土层	深度/cm	砾石（>2 mm，体积分数）/%	细土颗粒组成（粒径：mm）/（g/kg）			质地
			砂粒 2～0.05	粉粒 0.05～0.002	黏粒<0.002	
Ah1	0～10	<5	517	416	67	砂质壤土
Ah2	10～32	<5	423	494	83	壤土
Bt	32～95	15～20	500	332	168	壤土
Bw	95～155	10	319	523	158	壤土

龙门林场系代表性单个土体化学性质

深度/cm	pH		有机质/（g/kg）	CaCO₃/（g/kg）	全铁/（g/kg）	游离铁/（g/kg）	无定形铁/（g/kg）	有效铁（Fe）/（mg/kg）	CEC/[cmol（+）/kg]
	H₂O	CaCl₂							
0～10	7.7	7.4	64.7	3.3	40.2	9.8	1.7	10.9	18.4
10～32	7.6	7.2	32.8	1.2	41.8	9.1	2.4	13.5	12.2
32～95	7.8	7.4	24.9	1.8	49.4	10.6	1.8	13.4	11.8
95～155	8.1	7.8	18.7	68.1	43.5	9.6	1.1	9.9	10.7

第9章 雏 形 土

9.1 弱盐砂姜潮湿雏形土

9.1.1 大孙庄系（Dasunzhuang Series）

土　族：黏壤质混合型温性-弱盐砂姜潮湿雏形土
拟定者：刘黎明

分布与环境条件　气候暖温带半湿润季风型大陆性气候，光照充足，四季分明，雨热同期。春季多风，干旱少雨；夏季炎热，降雨集中；秋冬干燥。年平均日照时数 2659 小时，年平均气温 13.4 ℃，农作物生长活动积温 4431.8 ℃，年平均无霜期 215 天，年平均地面温度 15.2 ℃，年平均降水量 556.4 mm。出现于地势较低的平原地区，河道纵横，属海河携带泥沙与古渤海潮汐、风浪搬运海底物质共同

大孙庄系典型景观

堆积而成的。因为地下水位高，且地下水矿化度高，蒸发量大于降水量，地下水中的盐分在上层土壤积累。由于地下水或成土母质中富含碳酸盐，在土壤中形成碳酸盐结核（砂姜）。曾种植水稻，经长期旱耕熟化形成旱作土壤，现多种植棉花。

土系特征与变幅　本土系诊断层包括雏形层、钙积层（砂姜），诊断特性包括潮湿水分状况、温性土壤温度、盐积现象。通体具有贝壳。

对比土系　扶头后街系、五村系，同一土族，但土体内均无贝壳，而且五村系的表土质地为壤土。

利用性能综述　原本为盐荒地，由于"根治海河"，修建了良好排水体系，雨季淋盐和灌溉洗盐，已成为良好农田。但土壤含少量盐分，注意维护排水系统，防止土壤次生盐渍化。但耕作层质地黏重，耕性不是很好。

参比土种　壤质硫酸盐-氯化物中度盐化潮土。

大孙庄系代表性单个土体剖面

代表性单个土体　位于天津市津南区八里台镇大孙庄，坐标为38°54′10.68″N，117°18′32.10″E。地形为滨海平原，母质为海河水系冲积物，海拔−3.5 m，种植棉花。野外调查时间2010年9月14日，野外调查编号12-003。

Apz1：0~20 cm，黄灰色（2.5Y 6/1，干），暗棕色（10YR 3/3，润）；黏壤土；小粒状结构；极疏松；少量细棉花根系；中量细小裂隙；少许盐斑；少量贝壳；强石灰反应；向下平滑逐渐过渡。

Apz2：20~55 cm，淡灰色（2.5Y 7/1，干），灰棕色（7.5YR 4/2，润）；粉砂壤土；小粒状结构；疏松；很少量细棉花根系；少量贝壳；强石灰反应；向下平滑逐渐过渡。

Brz：55~90 cm，灰白色（2.5Y 8/2，干），棕色（7.5YR 4/3，润）；粉砂质黏壤土；中等粒状结构；坚实；很少量极细棉花根系；少量贝壳；少量锈纹锈斑；中度石灰反应；向下平滑逐渐过渡。

Brkz：90~110 cm，灰橄榄色（7.5Y 6/2，干），灰棕色（7.5YR 4/2，润）；粉砂质黏壤土；中等团粒状结构；疏松；无根系；少量贝壳；少量锈纹锈斑；少量小的碳酸钙团聚体（砂姜）；强石灰反应。

大孙庄系代表性单个土体物理性质

土层	深度 /cm	砾石 (>2 mm, 体积分数)/%	细土颗粒组成（粒径：mm）/（g/kg）			质地	容重 /（g/cm³）
			砂粒 2~0.05	粉粒 0.05~0.002	黏粒<0.002		
Apz1	0~20	0	312	416	272	黏壤土	1.86
Apz2	20~55	0	136	627	237	粉砂壤土	1.87
Brz	55~90	0	137	484	380	粉砂质黏壤土	2.02
Brkz	90~110	2~5	138	475	387	粉砂质黏壤土	1.64

大孙庄系代表性单个土体化学性质

深度 /cm	pH H₂O	有机质 /（g/kg）	速效钾（K） /（mg/kg）	有效磷（P） /（mg/kg）	游离铁 /（g/kg）	交换性钠 /[cmol(+)/kg]	CEC /[cmol(+)/kg]	ESP /%
0~20	8.8	16.7	429.0	2.9	11.4	0.9	16.1	5.6
20~55	9.0	9.9	385.0	0	12.1	1.5	25.2	6.0
55~90	9.0	5.9	293.0	2.0	15.8	—	—	—
90~110	8.5	5.5	342.0	3.2	15.2	—	—	—

深度 /cm	含盐量 /（g/kg）	盐基离子/（g/kg）							
		K⁺	Na⁺	Ca²⁺	Mg²⁺	CO₃²⁻	HCO₃⁻	Cl⁻	SO₄²⁻
0~20	4.2	0.1	1.3	0.2	0.1	0	0.3	0.7	0.3
20~55	4.1	0	1.3	0.1	0.1	0	0.3	0.7	0.5
55~90	3.4	0	1.1	0.1	0.1	0	0.4	0.6	0.3
90~110	3.8	0	1.1	0.1	0.1	0	0.4	0.6	0.4

9.1.2 扶头后街系（Futouhoujie Series）

土　族：黏壤质混合型温性-弱盐砂姜潮湿雏形土
拟定者：刘黎明

分布与环境条件　暖温带半湿润大陆季风性气候。降雨偏少，蒸发量大于降雨量，雨量分配不均。年均温 11.6 ℃，全年日照时数 4436.3 小时，大于 10 ℃的积温为 4169.1 ℃。年降水量 606.8 mm，主要集中在 6~9 月份，平均 513.3 mm，占全年降水量的 70%，干燥度 1.18。地处冲积平原区，因为地下水位高，且地下水矿化度高，蒸发量大于降水量，地下水中的盐分在上层土壤积累。地下水或成土母质中富含碳酸盐。

扶头后街系典型景观

土系特征与变幅　本土系诊断层包括雏形层、钙积层（砂姜），诊断特性包括潮湿水分状况、温性土壤温度、盐积现象、氧化还原特征（铁锰斑纹和结核）。沉积层理清晰，形成粉砂壤土与粉砂质黏壤土交替的多层不连续界面，但不同土壤质地的土层厚度有些不同，土壤质地较轻的土层无石灰，黏重土层均有石灰反应。60~100 cm 裂隙内有少量小沙砾。

对比土系　五村系、大孙庄系，同一土族，但大孙庄系土体内通体具有贝壳，五村系表土质地为壤土。

利用性能综述　具有良好的灌溉排水系统，表层土壤质地粉砂壤土，耕性较好；心土粉砂质黏壤土，保水保肥；很好的土体结构，为优质农田。但土壤含少量盐分，注意维护排水系统，防止土壤次生盐渍化。

参比土种　壤质氯化物中度盐化潮土。

代表性单个土体　位于天津市武清区河西务镇扶头后街村，坐标为 39°36′17.70″N，116°54′17.28″E。地形为滨海平原，母质为海河水系冲积物，海拔−6.2 m，采样点为耕地，种植香菜。野外调查时间 2011 年 9 月 30 日，野外调查编号 12-079。与其相似的单个土体是 2011 年 9 月 23 日采自天津市滨海新区中塘镇甜水井村（38°44′55.62″N，117°14′33.84″E）的 12-049 号剖面。

Apz：0~12 cm，浊黄棕色（10YR 5/4，干），灰黄棕色（10YR 4/2，润）；粉砂壤土；发育弱的细粒状结构；疏松；有中量中根系；无石灰反应；向下平滑逐渐过渡。

ACz：12~30 cm，浊黄棕色（10YR 5/4，干），浊棕色（7.5YR 6/3，润）；粉砂壤土；单粒状结构；疏松；稍少量细根系；弱石灰反应；向下平滑突然过渡。

2Brz：30~60 cm，浊黄橙色（10YR 6/3，干），浊橙色（7.5YR 6/4，润）；粉砂质黏壤土；发育弱的中等片状结构；疏松；稍少量细根系；有少量铁锰结核；中度石灰反应；向下平滑突然过渡。

3Br：60~65 cm，浊黄橙色（10YR 7/3，干），浊橙色（7.5YR 6/4，润）；粉砂壤土；单粒状结构；疏松；在裂隙内有少量小沙砾；有少量铁锰结核；无石灰反应；向下平滑突然过渡。

4Brz：65~100 cm，浊黄橙色（10YR 6/4，干），浊橙色（7.5YR 6/4，润）；粉砂质黏壤土，发育弱的细片状结构；疏松；无根系；在裂隙内有少量小沙砾；有少量铁锰结核；中度石灰反应；向下平滑逐渐过渡。

4Brk：100~125 cm，浊黄棕色（10YR 5/4，干），棕色（10YR 4/6，润）；粉砂壤土；单粒状结构；疏松；中量球形褐色软小铁锰结核；少量砂姜；无石灰反应。

扶头后街系代表性单个土体剖面

扶头后街系代表性单个土体物理性质

土层	深度/cm	砾石（>2 mm，体积分数）/%	细土颗粒组成（粒径：mm）/（g/kg）			质地	容重/（g/cm³）
			砂粒 2~0.05	粉粒 0.05~0.002	黏粒<0.002		
Apz	0~12	0	338	541	121	粉砂壤土	1.99
ACz	12~30	0	347	531	122	粉砂壤土	1.74
2Brz	30~60	<2	25	662	314	粉砂质黏壤土	1.84
3Br	60~65	<2	248	710	42	粉砂壤土	1.71
4Brz	65~100	<2	58	656	286	粉砂质黏壤土	1.75
4Brk	100~125	15~40	277	651	72	粉砂壤土	1.84

扶头后街系代表性单个土体化学性质

深度/cm	pH H₂O	有机质/（g/kg）	有效磷（P）/（mg/kg）	含盐量/（g/kg）	交换性钠/[cmol（+）/kg]	CEC/[cmol（+）/kg]	ESP/%
0~12	8.1	13.1	12.4	3.3	0.2	21.2	1.1
12~30	8.3	6.7	2.3	2.3	0.2	27.0	0.9
30~60	8.2	13.8	1.4	3.1	—	—	—
60~65	8.6	3.2	2.1	1.3	—	—	—
65~100	8.2	9.7	2.8	3.9	—	—	—
100~125	8.4	4.1	3.4	1.0	—	—	—

9.1.3 五村系（Wucun Series）

土　族：黏壤质混合型温性-弱盐砂姜潮湿雏形土
拟定者：徐　艳，罗　丹

分布与环境条件　暖温带半湿润大陆性季风气候，平均气温 11.4 ℃，最冷的 1 月份为 −5.4 ℃，最热的 7 月份为 25.9 ℃，历年极端最高气温 40.8 ℃，最低为−23.3 ℃。年均降水量 603.6 mm，季节差异明显，降雨主要集中在夏季；无霜期平均 197 天；全年光照充足，年日照时数 2560 小时；大于 0 ℃的积温为 4507.9 ℃，大于 10 ℃积温 4116.3 ℃；年蒸发量为 1612.0 mm。位于河流冲积和海积交错的冲积平原，因为地下水位高，且地下水矿化度高，蒸发量大于降水量，地下水中的盐分在上层土壤积累。由于地下水或成土母质中富含碳酸盐，在土壤中形成碳酸盐结核（砂姜）。

五村系典型景观

土系特征与变幅　本土系诊断层包括雏形层、钙积层（砂姜），诊断特性包括潮湿水分状况、温性土壤温度、盐积现象、氧化还原特征。地处河流冲积与海积交错的平原区，地势低，地下水埋深较浅，一般在 1 m 左右。18 cm 处即出现具有砂姜的氧化还原层，土壤通体具有大量的铁锰斑纹，且具有石灰反应。

对比土系　大孙庄系、扶头后街系，同一土族，但大孙庄系土体内通体具有贝壳，扶头后街系表土质地为砂质壤土。

利用性能综述　自然植被群落已被农作物所代替。具有良好的灌溉排水系统，通体壤土，耕性通透性较好，为优质农田。但土壤含少量盐分，注意维护排水系统，防止土壤次生盐渍化。

参比土种　壤质硫酸盐-氯化物中度盐化潮土。

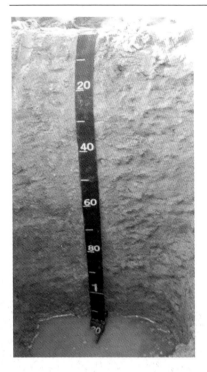

五村系代表性单个土体剖面

代表性单个土体　位于天津市宝坻区林亭口镇五村，坐标为 39°37′06.29″N，117°30′23.97″E。地形为冲积平原，母质为黄泛平原的河湖相沉积物，海拔 1.5 m，采样点为水浇地，种植白菜。野外调查时间 2010 年 9 月 11 日，野外调查编号 XY11。

Apz：0~18 cm，暗棕色（10YR 3/3，润）；壤土；小粒状结构；疏松；中量细的根系；中量细小裂隙；少量蚯蚓和蚯蚓孔；大量锈纹锈斑；有砖块等侵入体；轻度石灰反应；向下平滑逐渐过渡。

Brk：18~54 cm，棕色（10YR 4/3，润）；砂质壤土；小粒状结构；疏松；大量的小铁锰斑纹；有中量砂姜；有砖块等侵入体；中度石灰反应；向下平滑明显过渡。

Brk1：54~118 cm，棕色（7.5YR 4/2，润）；砂质黏壤土；棱块状结构；坚实；少量作物根系；大量的小铁锰斑纹；有大量砂姜；中度石灰反应；向下平滑明显过渡。

Brk2：118 cm 以下，见地下水，棕色（7.5YR 4/2，润）；中等棱柱状结构；很少量极细根系；结构体表有多量的小铁锰斑纹；多量不规则面状的砂姜；中度石灰反应。

五村系代表性单个土体物理性质

土层	深度 /cm	砾石（>2 mm，体积分数）/%	细土颗粒组成（粒径：mm）/（g/kg）			质地
			砂粒 2~0.05	粉粒 0.05~0.002	黏粒<0.002	
Apz	0~18	0	356	487	157	壤土
Brk	18~54	5~15	563	265	172	砂质壤土
Brk1	54~118	15~40	534	185	281	砂质黏壤土

五村系代表性单个土体化学性质

深度 /cm	pH H₂O	有机质 /（g/kg）	CaCO₃ /（g/kg）	全铁 /（g/kg）	游离铁 /（g/kg）	无定形铁 /（g/kg）	有效铁（Fe）/（g/kg）	CEC /[cmol (+) /kg]	电导率 /（mS/cm）
0~18	7.6	9.7	12.5	31.2	8.1	2.4	20.5	13.5	1.6
18~54	8.1	13.8	8.8	42.3	12.4	0.5	6.2	17.4	0.6
54~118	8.5	18.3	10.0	47.4	11.9	0.7	5.1	24.2	0.3

9.2　普通砂姜潮湿雏形土

9.2.1　曹村砂姜系（Caocunshajiang Series）

土　族：黏质盖壤质混合型温性-普通砂姜潮湿雏形土
拟定者：刘黎明

分布与环境条件　暖温带半湿润半干旱大陆季风性气候，冬季寒冷干燥，夏季炎热多雨，四季分明。年平均气温 11.9 ℃，大于 10 ℃的积温为 4226.7 ℃，全年无霜期 219.8 天；年平均降水量为 588.9 mm，多集中在 6~9 月份，占全年降水量的 75%左右，7 月份最多，为 205.5 mm；年平均蒸发量为 1888.4 mm，以 5~6 月份最大，可达 309.8 mm，蒸发量远大于降水量。受降雨的季节性变化，地下水位

曹村砂姜系典型景观

有季节变化，最低水位出现在 5 月底或 6 月初，雨季以后地下水得到补给，水位上升，9~10 月达到最高水位。地处海积冲积平原，沉积物层理明显，地下水位较高，地下水矿化度较高，富含碳酸盐。

土系特征与变幅　本土系诊断层包括雏形层、钙积层（砂姜），诊断特性包括潮湿水分状况、温性土壤温度、氧化还原特征。地势低平，土层层理清晰，但每层都较厚。土体 75 cm 处出现厚 45 cm 的含大量锈纹锈斑的氧化还原层，并且上部 25 cm 处有很多砂姜，下部 20 cm 则没有；土壤表层含盐量很低；通体都具有石灰反应。

对比土系　与本亚类其他土系差异，本土系颗粒大小级别为黏质盖壤质。

利用性能综述　表土壤土，心土黏土，利于保水保肥。但地势低洼，处于河流下游，容易发生洪涝和渍涝。目前虽然有排水系统，但需维护。最好的利用是种植水稻，但缺乏淡水情况下，只好利用降雨种植玉米。

参比土种　学名：轻壤质潮土；群众名称：无。

代表性单个土体　位于天津市静海区陈官屯镇曹村，坐标为 38°51′13.86″N，117°46′42.06″E。地形为冲积平原，母质为海河水系冲积物，海拔-3.4 m，采样点为耕地，种植棉花。野外调查时间 2011 年 9 月 26 日，野外调查编号 12-064。

曹村砂姜系代表性单个土体剖面

Ap：0~25 cm，浊黄棕色（10YR 5/4，干），灰黄棕色（10YR 5/2，润）；壤土；发育较弱的粒状结构；干时较硬；多量中根系；强石灰反应；向下平滑明显过渡。

Br1：25~47 cm，浊黄橙色（10YR 6/3，干），灰黄橙色（10YR 5/2，润）；粉砂质黏土；发育较强的中块状结构；干时非常硬；少量中根系；中量锈纹锈斑；极强石灰反应；向下平滑突然过渡。

2Br2：47~65 cm，浊黄橙色（10YR 6/4，干），浊橙色（7.5YR 6/4，润）；壤土；发育弱的细粒状结构；干时较疏松；少量细棉花根系；中量锈纹锈斑；极强石灰反应；向下平滑突然过渡。

3BC：65~75 cm，浊黄橙色（10YR 7/3，干），浊橙色（7.5YR 6/4，润）；粉砂壤土；发育极弱的单粒状结构；干时松散；少量棉花根系；中量锈纹锈斑；极强石灰反应；向下平滑突然过渡。

4Brk：75~100 cm，浊黄橙色（10YR 6/4，干），棕灰色（10YR 6/1，润）；粉砂质黏土；发育较强的片状结构；干时硬；中量的锈纹锈斑；多量很小的不规则状的碳酸钙结核；极强石灰反应；向下平滑逐渐过渡。

4Br：100~120 cm，浊黄棕色（10YR 5/3，干），浊棕色（7.5YR 5/3，润）；粉砂质黏土；发育较强的块状结构；干时较硬；10%的 2 mm 锈纹锈斑；极强石灰反应。

曹村砂姜系代表性单个土体物理性质

土层	深度/cm	砾石（>2 mm, 体积分数）/%	细土颗粒组成（粒径：mm）/（g/kg）			质地	容重/（g/cm³）
			砂粒 2~0.05	粉粒 0.05~0.002	黏粒<0.002		
Ap	0~25	0	347	448	204	壤土	1.78
Br1	25~47	0	31	457	511	粉砂质黏土	1.83
2Br2	47~65	0	514	291	196	壤土	1.89
3BC	65~75	<2	381	551	67	粉砂壤土	1.59
4Brk	75~100	15~40	161	439	401	粉砂质黏土	1.85
4Br	100~120	0	128	460	412	粉砂质黏土	1.95

曹村砂姜系代表性单个土体化学性质

深度/cm	pH H₂O	有机质/（g/kg）	速效钾（K）/（mg/kg）	有效磷（P）/（mg/kg）	电导率/（mS/cm）	交换性钠/[cmol (+) /kg]	CEC/[cmol (+) /kg]	ESP/%
0~25	8.7	10.4	80	0.8	0.2	0.4	16.9	2.1
25~47	8.8	11.7	89	1.1	0.5	1.7	13.7	12.2
47~65	9.3	6.6	75	1.6	0.3	—	—	—
65~75	9.8	4.3	26	1.8	0.2	—	—	—
75~100	8.9	8.9	125	1.7	0.6	—	—	—
100~120	8.8	9.1	165	2.0	0.6	—	—	—

深度/cm	含盐量/（g/kg）	盐基离子/（g/kg）							
		K⁺	Na⁺	Ca²⁺	Mg²⁺	CO₃²⁻	HCO₃⁻	Cl⁻	SO₄²⁻
0~25	1.9	0	0.1	0.1	0.1	0	0.3	0.1	0.0
25~47	2.1	0	0.4	0.1	0.1	0	0.3	0.2	0.5
47~65	1.1	0	0.4	0	0	0	0.3	0.1	0.3
65~75	0.9	0	0.3	0	0	0	0.3	0.1	0.2
75~100	3.0	0	0.7	0.1	0.1	0	0.4	0.4	0.7
100~120	2.8	0	0.5	0.1	0.0	0	0.4	0.3	0.8

9.2.2　丰台南系（Fengtainan Series）

土　族：黏质混合型温性-普通砂姜潮湿雏形土
拟定者：刘黎明

分布与环境条件　暖温带半湿润季风型大陆性气候，具有冷暖干湿差异明显，四季分明等特点。年平均气温 11.1 ℃，平均最低气温为-10.9 ℃，极端最低温为-22.0 ℃，平均最高气温为 29.7 ℃，极端最高气温为 39.3 ℃，大于 0 ℃的积温 4455.4 ℃，大于 10 ℃的积温为 4050.1 ℃，全年无霜期为 196 天，年降水量为 637.0 mm，季节差异明显，6~8 月份降水量占全年降水量的 77%。受降雨的季节性变化，地下水位有相应的季节变化。地处海积冲

丰台南系典型景观

积平原，地下水位较高，地下水矿化度较高，富含碳酸盐。

土系特征与变幅　本土系诊断层包括雏形层、钙积层（砂姜），诊断特性包括潮湿水分状况、温性土壤温度、氧化还原特征。地处海积冲积平原区，地势低洼，地下水埋藏浅，一般在 1 m 左右。土壤通体为黏土。30 cm 处出现含有大量锈纹锈斑以及砂姜的土层，直至见地下水出现层都有。除表层无石灰反应外，其余土层均有石灰反应。

对比土系　邱庄子系、小茄系，同一土族，但表层质地为黏壤土。

利用性能综述　地势低洼，处于河流下游，容易发生洪涝和渍涝。土壤通体质地黏重，利于保水保肥，最好的利用是种植水稻。但在天津市淡水资源缺乏情况下，只好利用降雨种植玉米，但要保持好现有的排水系统，防止洪涝和渍涝发生以及次生盐渍化。土壤质地较黏重，不利于根系纵深生长，不适合种植棉花。

参比土种　学名：黏质湿潮土；群众名称：无。

代表性单个土体　位于天津市宁河区丰台镇丰台南村，坐标为 39°33′11.10″N，117°45′27.36″E。地形为冲积平原，母质为海河水系冲积物，海拔-1.3 m，采样点为耕地，种植棉花。野外调查时间 2011 年 9 月 28 日，野外调查编号 12-070。与其相似单个土体是 2011 年 9 月 28 日采自天津市宁河县岳龙镇岳龙村（39°33′40.68″N，117°51′21.60″E）的 12-071 号剖面。

Ap：0~30 cm，深黄棕色（10YR 4/4，干），深棕色（10YR 3/3，润）；粉砂质黏土；粒状结构；干时较松；多量中根系；无石灰反应；向下平滑突然过渡。

Brk1：30~55 cm，灰棕色（10YR 5/2，干），深灰棕色（10YR 4/2，润）；黏土；小次棱块状结构；干时较硬；多量粗根系；5%的 2 mm 大的锈纹锈斑；5%左右的不规则小碳酸钙结核；强石灰反应；向下平滑突然过渡。

Brk2：55~80 cm，淡灰色（10YR 7/2，干），灰色（10YR 5/1，润）；粉砂质黏土；大次棱块状结构；干时硬；无根系；10%的 5 mm 大的锈纹锈斑；5%左右的不规则小碳酸钙结核；极强石灰反应；向下平滑逐渐过渡。

Brk3：80~120 cm，浅灰色（10YR 7/2，干），灰色（10YR 5/1，润）；黏土；大次棱块状结构；干时硬；湿时坚实；10%的 5 mm 大的锈纹锈斑；5%左右的不规则小碳酸钙结核；极强石灰反应。

丰台南系代表性单个土体剖面

丰台南系代表性单个土体物理性质

土层	深度 /cm	砾石（>2 mm，体积分数）/%	细土颗粒组成（粒径：mm）/（g/kg）			质地	容重 /（g/cm³）
			砂粒 2~0.05	粉粒 0.05~0.002	黏粒<0.002		
Ap	0~30	0	91	507	401	粉砂质黏土	1.60
Brk1	30~55	5	59	355	586	黏土	1.88
Brk2	55~80	5	74	430	496	粉砂质黏土	1.84
Brk3	80~120	5	152	374	474	黏土	1.86

丰台南系代表性单个土体化学性质

深度 /cm	pH H₂O	有机质 /（g/kg）	速效钾（K） /（mg/kg）	有效磷（P） /（mg/kg）	交换性钠 /[cmol（+）/kg]	CEC /[cmol（+）/kg]	ESP /%
0~30	8.8	16.5	183	3.9	0.8	58.2	1.4
30~55	8.8	9.2	113	0.9	1.3	38.1	3.5
55~80	9.1	4.8	159	1.2	—	—	—
80~120	9.0	5.2	141	1.3	—	—	—

深度 /cm	含盐量 /（g/kg）	盐基离子/（g/kg）							
		K⁺	Na⁺	Ca²⁺	Mg²⁺	CO₃²⁻	HCO₃⁻	Cl⁻	SO₄²⁻
0~30	1.5	0	0.1	0.1	0	0	0.1	0.1	0
30~55	1.2	0	0.3	0.1	0	0	0.5	0.2	0.1
55~80	1.7	0	0.2	0.1	0.1	0	0.4	0.3	0.4
80~120	1.3	0	0.2	0.1	0	0	0.4	0.3	0.2

9.2.3 邱庄子系（Qiuzhuangzi Series）

土　族：黏质混合型温性-普通砂姜潮湿雏形土
拟定者：刘黎明

分布与环境条件　暖温带半湿润季风型大陆性气候，四季分明。年平均气温为 12 ℃，大于 10 ℃的积温 4297 ℃，全年无霜期 209 天。年平均降水量 567.5 mm，多集中在 7、8、9 三个月，历年平均值为 480.5 mm，占全年降水量 85%，蒸发量历年平均值，以 5 月份为最大，值为 345.6 mm，12 月份最小，值为 44.9 mm。受降雨的季节性变化，地下水位有季节变化。地处海积冲积平原，地下水位较高，地下水矿化度较高，富含碳酸盐。

邱庄子系典型景观

土系特征与变幅　本土系诊断层包括雏形层、钙积层（砂姜），诊断特性包括潮湿水分状况、氧化还原特征、温性土壤温度。在 20 cm 的耕作层下即为 70 cm 厚的含有碳酸钙新生体的雏形层，通体强石灰反应。通体土壤质地较黏，黏粒含量在 270~470 g/kg。
对比土系　丰台南系，同一土族，但表层质地为粉砂质黏土。小茄系，同一土族，但下部土体质地为粉砂质黏土。
利用性能综述　地势低洼，处于河流下游，容易发生洪涝和渍涝。土壤通体质地黏重，利于保水保肥，最好的利用是种植水稻。但在天津市淡水资源缺乏情况下，只好利用降雨种植玉米，但要保持好现有的排水系统，防止洪涝和渍涝发生以及次生盐渍化。
参比土种　学名：浅位中层夹黏中壤质湿潮土；群众名称：无。

邱庄子系代表性单个土体剖面

代表性单个土体　位于天津市大港区小王庄镇邱庄子，坐标为 38°40′40.14″N，117°14′59.58″E。地形为滨海平原，母质为海河水系冲积物，海拔 0.6 m，种植玉米。野外调查时间 2010 年 9 月 15 日，野外调查编号 12-007。

Ap：0~20 cm，浊黄橙色（10YR 7/2，干），灰棕色（7.5YR 4/2，润）；黏壤土；小粒状结构；疏松；中量细玉米和杂草根系；强石灰反应；向下平滑明显过渡。

Brk1：20~40 cm，灰黄棕色（10YR 6/2，干），棕色（7.5YR 4/3，润）；黏壤土；小粒状结构；疏松；少量细根系；少量锈纹锈斑；少量小的碳酸钙结核；极强石灰反应；向下平滑明显过渡。

Brk2：40~70 cm，橙白色（10YR 8/2，干），棕色（7.5YR 4/4，润）；黏土；中等粒状结构；坚实；很少量的极细根系；少量锈纹锈斑；少量小的碳酸钙结核；强石灰反应；向下平滑明显过渡。

Brk3：70~90 cm，橙白色（10YR 8/2，干），棕色（10YR 4/6，润）；黏壤土；中等粒状结构；坚实；很少量的极细根系；少量锈纹锈斑；少量小的碳酸钙结核体；强石灰反应。

邱庄子系代表性单个土体物理性质

土层	深度 /cm	砾石（>2 mm，体积分数）/%	细土颗粒组成（粒径：mm）/（g/kg）			质地	容重 /（g/cm³）
			砂粒 2~0.05	粉粒 0.05~0.002	黏粒<0.002		
Ap	0~20	0	241	484	274	黏壤土	1.81
Brk1	20~40	2~5	281	409	310	黏壤土	1.78
Brk2	40~70	2~5	278	255	467	黏土	1.85
Brk3	70~90	2~5	320	368	312	黏壤土	1.35

邱庄子系代表性单个土体化学性质

深度 /cm	pH H₂O	有机质 /（g/kg）	速效钾（K）/（mg/kg）	有效磷（P）/（mg/kg）	游离铁 /（g/kg）	交换性钠 /[cmol(+)/kg]	CEC /[cmol(+)/kg]	ESP /%
0~20	8.5	15.6	135	2.0	13.9	0.1	18.8	0.6
20~40	8.7	9.7	97	0.5	15.7	0.4	23.0	1.6
40~70	8.7	8.2	102	0.6	24.2	—	—	—
70~90	8.3	6.2	92	1.2	20.1	—	—	—

深度 /cm	含盐量 /（g/kg）	盐基离子/（g/kg）							
		K^+	Na^+	Ca^{2+}	Mg^{2+}	CO_3^{2-}	HCO_3^-	Cl^-	SO_4^{2-}
0~20	1.9	0	0.3	0.1	0	0	0.3	0.2	0.1
20~40	2.4	0	0.2	0.1	0	0	0.3	0.3	0.1
40~70	2.8	0	0.5	0.1	0	0	0.3	0.2	0.2
70~90	2.9	0	0.8	0.1	0	0	0.2	0.5	0.2

9.2.4 小茄系（Xiaoqie Series）

土　族：黏质混合型温性-普通砂姜潮湿雏形土
拟定者：刘黎明

分布与环境条件　暖温带半湿润季风型大陆性气候。具有冷暖干湿差异明显，四季分明等特点。年平均气温 11.1 ℃，平均最低气温为-10.9 ℃，极端最低温为-22.0 ℃，平均最高气温为 29.7 ℃，极端最高气温为 39.3 ℃，大于 0 ℃的积温 4455.4 ℃，大于 10 ℃的积温为 4050.1 ℃，全年无霜期为 196 天，年降水量为 637.0 mm，季节差异明显，6~8月份降水量占全年降水量的 77%。受降雨的季节性变化，地下水位有季节变化。地处海积冲积平原，地下水位较高，地下水矿化度较高，富含碳酸盐。

小茄系典型景观

土系特征与变幅　本土系诊断层包括雏形层、钙积层（砂姜），诊断特性包括潮湿水分状况、温性土壤温度、氧化还原特征。地处海积冲积平原区，地势低，地下水位高，20 cm以下土层均有大量锈纹锈斑，质地较黏。表层呈弱石灰反应，表层以下土层无石灰反应；而到 75 cm 处出现碳酸盐结核，石灰反应强烈。

对比土系　与邱庄子系、丰台南系、上五系是同土族的不同土系。但与邱庄子系不同的是，邱庄子系颜色较浅，质地较轻。与丰台南系的不同是，丰台南系砂姜层出现部位靠上，30 cm 就出现了，而且丰台南系的耕作层深厚，达 50 cm，丰台南系表层以下通体石灰；与上五系的不同是，上五系在表下层有螺蛳壳，本土系没有螺蛳壳。

利用性能综述　地势低洼，处于河流下游，容易发生洪涝和渍涝。土壤通体质地黏重，利于保水保肥，最好的利用是种植水稻。但在天津市淡水资源缺乏情况下，只好利用降雨种植玉米，但要保持好现有的排水系统，防止洪涝和渍涝发生以及次生盐渍化。土壤质地较黏重，不适合种植棉花。

参比土种　学名：深位砂姜黏质湿潮土；群众名称：无。

代表性单个土体　位于天津市宁河区苗庄镇小茄村，坐标为 39°24′44.52″N，

小茄系代表性单个土体剖面

117°51′36.72″E。地形为冲积平原，母质为海河水系冲积物，海拔–5.4 m，采样点为耕地，种植棉花。野外调查时间 2011 年 9 月 28 日，野外调查编号 12-069。

Ap：0~20 cm，棕色（10YR 5/3，干），黄棕色（10YR 6/6，润）；黏壤土；粒状结构；干时较疏松；多量中根系；弱石灰反应；向下平滑突然过渡。

Br1：20~40 cm，灰棕色（10YR 5/2，干），深黄棕色（10YR 4/6，润）；黏土；次棱块状结构；干时较硬；少量细根系；5% 的 2 mm 大的锈纹锈斑；无石灰反应；向下平滑逐渐过渡。

Br2：40~75 cm，浅灰棕色（10YR 6/2，干），深灰黑色（10YR 3/1，润）；粉砂质黏土；次棱块状结构；干时硬；少量细棉花根系；10% 的 5 mm 大的锈纹锈斑；无石灰反应；向下平滑逐渐过渡。

Brk：75~110 cm，浅灰色（10YR 7/2，干），浅灰棕色（10YR 6/2，润）；粉砂质黏土；大棱块状结构；干时硬；无根系；15% 的 5 mm 大的锈纹锈斑；10% 左右的砂姜；有石灰反应。

小茄系代表性单个土体物理性质

土层	深度 /cm	砾石 （>2 mm，体积分数）/%	细土颗粒组成（粒径：mm）/（g/kg）			质地	容重 /（g/cm³）
			砂粒 2~0.05	粉粒 0.05~0.002	黏粒<0.002		
Ap	0~20	0	390	280	330	黏壤土	1.81
Br1	20~40	0	203	377	420	黏土	1.81
Br2	40~75	0	145	434	421	粉砂质黏土	1.91
Brk	75~110	10	78	407	515	粉砂质黏土	1.91

小茄系代表性单个土体化学性质

深度 /cm	pH H₂O	有机质 /（g/kg）	速效钾（K） /（mg/kg）	有效磷（P） /（mg/kg）	交换性钠 /[cmol(+)/kg]	CEC /[cmol(+)/kg]	ESP /%
0~20	8.7	11.4	295	5.4	0.9	29.7	2.8
20~40	8.6	8.5	234	2.1	1.5	51.0	3.0
40~75	8.6	5.8	304	1.6	—	—	—
75~110	9.0	5.5	295	1.9	—	—	—

深度 /cm	含盐量 /（g/kg）	盐基离子/（g/kg）							
		K⁺	Na⁺	Ca²⁺	Mg²⁺	CO₃²⁻	HCO₃⁻	Cl⁻	SO₄²⁻
0~20	1.5	0	0.2	0.1	0	0	0.7	0.1	0.1
20~40	1.2	0	0.2	0	0	0	0.3	0.2	0.1
40~75	2.5	0	0.2	0	0	0	1.3	0.2	0.3
75~110	2.5	0	0.3	0	0	0	0.7	0.2	0.4

9.2.5 上五系（Shangwu Series）

土　族：黏质混合型温性-普通砂姜潮湿雏形土

拟定者：徐艳，罗丹

分布与环境条件　暖温带半湿润大陆性季风气候。平均气温 11.4 ℃，最冷的 1 月份为-5.4 ℃，最热的 7 月份为 25.9 ℃，历年极端最高气温 40.8 ℃，最低为-23.3 ℃。年均降水量 603.6 mm，季节差异明显，主要集中在夏季；无霜期平均 197 天；全年光照充足，年日照时数 2560 小时；大于 0 ℃的积温为 4507.9 ℃，大于 10 ℃积温 4116.3 ℃；年蒸发量为 1612.0 mm。受降雨的季节性

上五系典型景观

变化，地下水位也有相应的季节变化，最低水位出现在 5 月底或 6 月初，雨季以后地下水得到补给，水位上升，9~10 月达到最高水位。地处冲积平原下部，地下水位较高，地下水或成土母质中富含碳酸盐。

土系特征与变幅　本土系诊断层包括雏形层、钙积层，诊断特性包括潮湿水分状况、温性土壤温度、氧化还原特征。地处河流冲积平原区，地势低，地下水埋深浅，一般在 1 m 左右；通体具有大量的铁锰斑纹，且都有石灰反应。冲积物造成土壤剖面的质地分异，为粉砂黏壤土与粉砂黏土交替排列；土体 30~60 cm 处有砂姜，而且有螺蛳壳。

对比土系　邱庄子系，同一土族，但表层质地黏壤土，土体中没有贝壳。小茄系，土体中没有粉砂质黏土层次。

利用性能综述　地势低洼，处于河流下游，容易发生洪涝和渍涝。土壤通体质地黏重，利于保水保肥，最好的利用方式是种植水稻。但在天津市淡水资源缺乏情况下，只好利用降雨种植玉米，但要保持好现有的排水系统，防止洪涝和渍涝发生。

参比土种　学名：浅位中层夹砂姜黏质湿潮土；群众名称：无。

代表性单个土体　位于天津市宝坻区口东镇上五村，坐标为 39°39′53.16″N，117°22′14.89″E。地形为冲积平原，母质为河湖相黏质沉积物，海拔 1.5 m，采样点为水浇地，种植玉米。野外调查时间 2010 年 9 月 12 日，野外调查编号 XY12。

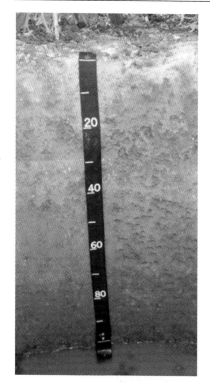

上五系代表性单个土体剖面

Ap：0~16 cm，暗棕色（10YR 3/3，润）；粉砂质黏壤土；粒状结构；疏松；大量玉米根系和树根；强烈石灰反应；向下平滑明显过渡。

2Ahb：16~29 cm，深棕色（10YR 2/3，润）；粉砂质黏土；棱块状结构；紧实；较多玉米根系；大量锈纹锈斑；强烈石灰反应；向下平滑明显过渡。

3Brk1：29~43 cm，暗棕色（10YR 3/3，润）；粉砂质黏壤土；棱块状结构；坚实；较多作物根系；大量锈纹锈斑；少量砂姜和螺蛳壳；强烈石灰反应；向下平滑明显过渡。

4Brk2：43~57 cm，棕色（10YR 3/4，润）；粉砂质黏土；棱块状结构；坚实；较多作物根系；大量锈纹锈斑；有砂姜；强烈石灰反应；向下平滑明显过渡。

4Br1：57~98 cm，深灰棕色（10YR 3/2，润）；粉砂质黏土；棱块状结构；坚实；较少作物根系；大量锈纹锈斑；强烈石灰反应；向下平滑明显过渡。

5Br2：98~105 cm，黑色（7.5YR 2/0，润）；黏土；棱块状结构；坚实；很少量极细作物根系；大量的小铁锰斑纹；强烈石灰反应；向下波状逐渐过渡。

5Br3：105 cm 以下，见地下水，黑色（7.5YR 2/0，润）；中等棱柱状结构；坚实；很少量极细根系；大量的小铁锰斑纹；强烈石灰反应。

上五系代表性单个土体物理性质

土层	深度 /cm	砾石（>2 mm，体积分数）/%	细土颗粒组成（粒径：mm）/（g/kg）			质地
			砂粒 2~0.05	粉粒 0.05~0.002	黏粒<0.002	
Ap	0~16	0	115	494	391	粉砂质黏壤土
2Ahb	16~29	0	57	448	496	粉砂质黏土
3Brk1	29~43	2~5	135	530	334	粉砂质黏壤土
4Brk2	43~57	0~2	109	465	426	粉砂质黏土
4Br1	57~98	0	54	517	429	粉砂质黏土
5Br2	98~105	0	55	327	618	黏土

上五系代表性单个土体化学性质

深度 /cm	pH H_2O	有机质 /（g/kg）	$CaCO_3$ /（g/kg）	全铁 /（g/kg）	游离铁 /（g/kg）	无定形铁 /（g/kg）	有效铁（Fe） /（mg/kg）	CEC /[cmol (+) /kg]	电导率 /（mS/cm）
0~16	8.5	33.8	33.7	48.0	9.5	2.6	15.1	27.2	0.1
16~29	8.5	37.1	77.4	52.5	9.3	4.6	33.9	36.8	0.2
29~43	8.7	19.3	51.1	45.4	9.0	2.0	10.9	21.6	0.2
43~57	8.7	23.5	22.8	50.0	10.7	2.1	10.6	33.9	0.2
57~98	8.7	19.4	92.3	53.5	14.9	2.1	9.0	35.2	0.3
98~105	8.5	34.8	21.6	49.7	9.3	2.5	12.2	43.6	0.3

9.2.6 常乐村系（Changlecun Series）

土　族：黏壤质混合型温性-普通砂姜潮湿雏形土
拟定者：孔祥斌，张青璞

分布与环境条件　处于暖温带半湿润季风气候条件下；冬春干旱多风，夏季炎热多雨，年均温 11.6 ℃，年均降水量 583 mm；降水集中在 7~8 月，接近占全年降水量的 70%；降雨年际间变化大，而且多大雨，甚至暴雨，容易造成短暂洪涝，多出现于山前洪积扇与冲积平原交接洼地。地下水或成土母质中富含碳酸盐。土地利用类型为耕地，主要植被为水稻。

常乐村系典型景观

土系特征与变幅　本土系诊断层包括雏形层、钙积层（砂姜），诊断特性包括潮湿水分状况、温性土壤温度、氧化还原特征。地势平坦，靠近上庄水库，地下水位高，60 cm处即出现地下水；通体粉砂壤土并有碳酸钙结核与强石灰反应；上层 30 cm 有砖屑、煤渣等侵入体；20 cm 往下为具有铁锈纹和碳酸钙结核的氧化还原层，厚约 40 cm。本土系的突出特征是自表层往下都有大量的砂姜，可能是修建排水沟时将含砂姜的底土挖上来平铺地面造成的，通体可见少量花岗岩小碎屑。
对比土系　东窝系，同一土族，但土体中没有花岗岩碎屑，且土体不同层次质地多样。邻近的申隆农庄系，土体含砖瓦屑等侵入体的人为扰动层深厚，不同土纲，为人为土。邻近的中农上庄站系，同一亚类不同土族，颗粒大小级别为壤质。
利用性能综述　虽然原来是山前洪积扇与冲积平原交接洼地，地下水位高，时有洪涝发生，但现在人工排水系统完善，已经没有洪涝发生。因地下水位高，以种植水稻为宜。过去就是著名的京西稻产区。在当今，种植水稻，既能观光休闲，也起到保护人工湿地作用。

常乐村系代表性单个土体剖面

参比土种　学名：轻壤质砂姜潮土；群众名称：潮黑土。

代表性单个土体　位于北京市海淀区上庄镇常乐村，坐标为 40°05′39.72″N，116°11′22.36″E。地貌为山前扇缘洼地，母质为冲积物，海拔 48 m。野外调查时间 2010 年 9 月 28 日，野外调查编号 KBJ-24。

Apk：0~20 cm，暗棕色（10YR 4/3，润）；粉砂壤土；中等屑粒状结构；疏松；很少量的中粗根系；很少量的不规则碳酸钙结核；很少量的花岗岩碎屑；有少量的砖煤侵入体；少量蚯蚓；极强石灰反应；向下平滑明显过渡。

Bkr1：20~30 cm，深黄棕色（10YR 4/4，润）；粉砂壤土；中等屑粒状结构；疏松；很少量中细根系；少量明显的小铁锈纹；很少量的不规则碳酸钙结核；很少量的花岗岩碎屑；有少量的砖煤侵入体；少量蚯蚓；极强石灰反应；向下平滑明显过渡。

Bkr2：>30 cm，棕黄色（10YR 6/6，润）；粉砂壤土；中等屑粒状结构；疏松；很少量中细根系；少量明显的小铁锈纹；很少量的不规则碳酸钙结核；很少量的花岗岩碎屑；强石灰反应。

常乐村系代表性单个土体物理性质

土层	深度 /cm	砾石 (>2 mm，体积分数) /%	细土颗粒组成（粒径：mm）/（g/kg）			质地
			砂粒 2~0.05	粉粒 0.05~0.002	黏粒<0.002	
Apk	0~20	<2	245	548	207	粉砂壤土
Bkr1	20~30	<2	162	629	209	粉砂壤土
Bkr2	>30	<2	137	624	240	粉砂壤土

常乐村系代表性单个土体化学性质

深度 /cm	pH H$_2$O	pH CaCl$_2$	有机质 /（g/kg）	速效氮(N) /（mg/kg）	有效磷(P) /（mg/kg）	速效钾(K) /（mg/kg）	全氮(N) /（g/kg）	全磷(P) /（g/kg）	全钾(K) /（g/kg）	CaCO$_3$ /（g/kg）
0~20	8.7	7.8	25.8	99.9	10.8	122.2	0.94	0.74	24.8	8.9
20~30	8.7	7.8	15.7	45.9	6.9	86.2	0.57	0.26	24.8	26.3
>30	8.6	7.8	13.9	22.9	5.1	98.2	0.43	0.03	24.8	6.5

深度 /cm	全铁 /（g/kg）	游离铁 /（g/kg）	无定形铁 /（g/kg）	有效铁（Fe） /（mg/kg）	CEC /[cmol（+）/kg]
0~20	40.8	8.8	2.1	45.9	13.5
20~30	39.2	9.3	1.3	18.4	12.9
>30	45.9	10.8	1.2	12.6	12.6

9.2.7 东窝系（Dongwo Series）

土　族：黏壤质混合型温性-普通砂姜潮湿雏形土
拟定者：徐　艳，李　凡

分布与环境条件　地处河流冲积和海积交错的冲积平原，成土母质为河流冲积物，地下水位较高且富含碳酸盐。暖温带半湿润季风型大陆性气候。具有冷暖干湿差异明显，四季分明等特点。年平均气温 11.1 ℃，平均最低气温为-10.9 ℃，极端最低温为-22.0 ℃，平均最高气温为29.7 ℃，极端最高气温为39.3 ℃，大于 0 ℃的积温4455.4 ℃，大于 10 ℃的积温为4050.1 ℃，全年无霜期

东窝系典型景观

为196天，年均降水量为637.0 mm，季节差异明显，6~8月份降水量占全年降水量的77%。受降雨的季节性变化，地下水位有季节变化，最低水位出现在 5 月底或 6 月初，雨季以后地下水得到补给，水位上升，9~10月达到最高水位。

土系特征与变幅　本土系诊断层包括雏形层、钙积层（砂姜），诊断特性包括潮湿水分状况、温性土壤温度、氧化还原特征。地势低，地下水埋深浅，一般在 1 m 左右。52 cm到地下水位处，出现具有大量铁锰锈纹锈斑的氧化还原层，厚 65 cm 左右；除底土层外，其余土层都有石灰反应。本土系的突出特征是自表层往下都有大量的砂姜，可能是修建排水沟时将含砂姜的底土挖上来平铺地面造成的。

对比土系　常乐村系，同一土族，但地处山前洪积扇和冲积平原的交接洼地，通体有很少量的花岗岩碎屑，且表土有砖瓦屑等侵入体。

利用性能综述　地势低平，地下水位高，需要排水，防止洪涝和渍涝。注意维护好现有排水系统。地势低平，地下水位高，最好种植水稻。但鉴于天津特别缺少淡水资源，利用雨热同期种植玉米也是合适的，但一定要有良好的排水系统。

参比土种　学名：重壤质砂姜潮土；群众名称：黑胶泥土。

代表性单个土体　位于天津市宁河区苗庄镇东窝村，坐标为 39°27′43.992″N，117°47′32.842″E。地形为冲积平原，母质为黄泛平原的河湖相沉积物，海拔 1.5 m，荒草地。野外调查时间 2010 年 8 月 24 日，野外调查编号 XY4。

东窝系代表性单个土体剖面

Ahk1：0~12 cm，棕色（7.5YR 4/2，润）；黏壤土；团聚良好的粒状结构；疏松；中量粗根和细根系；中量细小裂隙；比较多的砂姜；强烈石灰反应；向下平滑明显过渡。

Ahk2：12~26 cm，棕色（7.5YR 5/2，润）；粉砂质黏土；团聚良好的粒状结构；疏松；中量粗根和细根系；少量锈纹锈斑；比较多的砂姜；强烈石灰反应；向下平滑明显过渡。

Br：26~52 cm，深灰色（7.5YR 4/0，润）；粉砂质黏土；中等楔形结构；坚实；少量极细黄豆根系；中量细小裂隙；少量铁锰锈纹锈斑；少量蚯蚓和蚯蚓孔；孔内填充细土；强烈石灰反应；清晰平滑过渡。

Brk1：52~88 cm，棕色（7.5YR 5/4，润）；粉砂质黏壤土；块状结构；坚实；中量根系；大量明显清楚的铁锰锈纹锈斑；大量褐色坚硬砂姜；极强石灰反应；向下平滑逐渐过渡。

Brk2：88~115 cm，棕色（7.5YR 4/2，润）；粉砂壤土；棱块状结构；坚实；很少量根系；结构体表有多量的小铁锰锈纹锈斑；不规则状面砂姜；极强石灰反应；向下平滑逐渐过渡。

Brk3：115 cm 以下见地下水，棕色（7.5YR 4/2，润）；湿黏无结构；结构体表有多量的小铁锰锈纹锈斑；不规则状面砂姜；极强石灰反应。

东窝系代表性单个土体物理性质

土层	深度 /cm	砾石（>2 mm，体积分数）/%	细土颗粒组成（粒径：mm）/（g/kg）			质地
			砂粒 2~0.05	粉粒 0.05~0.002	黏粒<0.002	
Ahk1	0~12	15~40	221	385	395	黏壤土
Ahk2	12~26	15~40	72	524	403	粉砂质黏土
Br	26~52	0	118	399	482	粉砂质黏土
Brk1	52~88	15~40	84	578	338	粉砂质黏壤土
Brk2	88~115	5~15	198	538	264	粉砂壤土

东窝系代表性单个土体化学性质

深度 /cm	pH H$_2$O	有机质 /（g/kg）	CaCO$_3$ /（g/kg）	全铁 /（g/kg）	游离铁 /（g/kg）	无定形铁 /（g/kg）	有效铁（Fe）/（g/kg）	CEC /[cmol（+）/kg]	电导率 /（mS/cm）
0~12	8.5	51.2	21.8	44.5	7.9	1.5	11.4	23.8	0.2
12~26	9.3	22.9	21.4	46.9	12.1	1.5	8.7	22.0	0.3
26~52	9.2	18.7	26.9	47.5	8.7	1.7	12.7	18.8	0.6
52~88	9.1	19.3	43.7	48.7	11.0	1.4	7.3	18.9	0.9
88~115	8.9	19.8	45.3	44.8	9.5	1.1	7.0	21.2	0.8

9.2.8　聂各庄系（Niegezhuang Series）

土　族：壤质混合型温性-普通砂姜潮湿雏形土
拟定者：孔祥斌，张青璞

分布与环境条件　地形为山前平原与冲积平原的交接洼地，地下水位较高，且有季节升降，地下水属于碳酸盐型。母质是冲积物。暖温带半湿润大陆性季风气候。冬春干旱多风，夏季炎热多雨，年平均温度 11.7 ℃，降水量584 mm 左右。降水集中在7~8 月，接近占全年降水量的70%；降雨年际间变化大，而

聂各庄系典型景观

且多大雨，甚至暴雨。土地利用类型为园地。

土系特征与变幅　本土系诊断层包括雏形层、淡薄表层，诊断特性包括湿润水分状况、温性土壤温度、氧化还原特征。由于地处山前平原与冲积平原的交接洼地，地下水位较高，地下水可补充土壤水分。40 cm 以下为具有大量锈纹锈斑的氧化还原层，并有少量矿质瘤状结核，厚度>100 cm；因为是冲积物，质地剖面构型的变化造成土层分层较多，分层边界清晰平滑。

对比土系　中农上庄站系，同一土族，但质地层次构型为壤土-粉砂壤土，未见螺蛳壳。

利用性能综述　土层深厚，土壤肥沃，保水保肥性能良好，而且土壤水分好，适宜作物生长。但地处山前平原与冲积平原的交接洼地，在雨季因没有完善的排水系统，下暴雨时可能发生短暂洪涝，不适宜深根性的果树生长。目前排水灌溉系统完善，已建成高产稳产田，可以栽培果树。但地处北京市上水方向，应注意防止土壤污染造成的地下水污染。

参比土种　学名：砂壤质砂姜潮土；群众名称：面砂潮黑土。

代表性单个土体　位于北京市海淀区苏家坨镇聂各庄建华苹果采摘园，坐标为40°06′02.4″N，116°07′02.9″E。地形为山前平原，母质为冲积物，海拔 62 m，采样点为果园。野外调查时间 2010 年 9 月 2 日，野外调查编号 KBJ-02。

聂各庄系代表性单个土体剖面

Ap：0~40 cm，黄褐色（2.5Y 4/4，干）；砂质壤土；碎屑状结构；松散；少量细根系；少量岩石矿物碎屑；少量蚯蚓；无石灰反应；向下平滑明显过渡。

Brk1：40~50 cm，黄红色（5YR 5/6，润）；砂质壤土；粒状结构；疏松；少量细根系；有大量明显斑纹；有少量瘤状碳酸盐结核；向下平滑明显过渡。

Brk2：50~80 cm，灰色（10YR 5/1，润）；砂质壤土；粒状结构；松散；粗根系；有大量明显斑纹；有少量瘤状碳酸盐结核；向下平滑明显过渡。

2Br1：80~90 cm，棕色（7.5YR 4/4，润）；粉砂壤土；棱块状结构；极坚实；少量很粗根系；有少量明显斑纹；向下平滑明显过渡。

3Br2：90~120 cm，灰色（10YR 5/1，润）；粉砂质黏壤土；棱块状结构；极坚实；少量极细根系；有少量明显斑纹；清晰平滑过渡。

4Br3：120~130 cm，灰棕色（2.5Y 5/2，润）；砂质壤土；粒状结构；松散；少量粗根系；有少量明显斑纹。

聂各庄系代表性单个土体物理性质

土层	深度 /cm	砾石（>2 mm，体积分数）/%	细土颗粒组成（粒径：mm）/（g/kg）			质地
			砂粒 2~0.05	粉粒 0.05~0.002	黏粒<0.002	
Ap	0~40	2~5	588	299	113	砂质壤土
Brk1	40~50	2~5	589	269	142	砂质壤土
Brk2	50~80	0	599	289	112	砂质壤土
2Br1	80~90	0	335	532	133	粉砂壤土
3Br2	90~120	0	57	585	358	粉砂质黏壤土
4Br3	120~130	0	784	152	65	砂质壤土

聂各庄系代表性单个土体化学性质

深度 /cm	pH		有机质 /（g/kg）	速效氮（N）/（mg/kg）	有效磷（P）/（mg/kg）	速效钾（K）/（mg/kg）	全氮（N）/（g/kg）	全磷（P）/（g/kg）	全钾（K）/（g/kg）	CaCO₃ /（g/kg）
	H₂O	CaCl₂								
0~40	7.9	7.0	18.1	42.6	12.0	42.2	0.75	0.07	22.8	0.9
40~50	7.8	7.0	7.4	42.6	4.7	30.2	0.33	0.27	23.6	1.3
50~80	7.9	7.2	4.6	29.5	10.8	30.2	0.20	1.01	22.6	1.4
80~90	7.8	7.2	4.4	9.8	9.0	46.2	0.16	0.30	22.1	0.7
90~120	7.8	7.3	11.3	31.1	5.5	106.2	0.48	0.30	21.7	1.1
120~130	8.0	7.4	4.2	22.9	5.5	18.2	0.16	0.32	24.5	0.7

深度 /cm	全铁 /（g/kg）	游离铁 /（g/kg）	无定形铁 /（g/kg）	有效铁（Fe）/（mg/kg）	CEC /[cmol（+）/kg]
0~40	37.2	13.3	1.3	16.2	8.8
40~50	57.4	36.2	1.4	8.2	25.8
50~80	62.3	36.3	2.7	13.1	17.0
80~90	39.4	18.0	1.6	9.5	10.7
90~120	41.6	12.1	2.0	11.5	5.9
120~130	21.5	3.8	1.1	7.2	11.1

9.2.9 中农上庄站系（Zhongnongshangzhuangzhan Series）

土　族：壤质混合型温性-普通砂姜潮湿雏形土
拟定者：孔祥斌，张青璞

分布与环境条件　地形为山前平原与冲积平原的交接洼地，地下水位较高，且有季节升降，地下水属于碳酸盐型。母质是冲积物。暖温带半湿润大陆性季风气候。受季风影响，春季干旱多风、夏季炎热多雨，年平均温度 11.7 ℃，年均降水量 583 mm 左右。土地利用类型为大田试验地，植被类型为禾本科草类。

中农上庄站系典型景观

土系特征与变幅　本土系诊断层包括雏形层、钙积层，诊断特性包括潮湿水分状况、温性土壤温度、氧化还原特征。土层厚，质地为上层 68 cm 的壤土，下层为粉砂壤土。通体强石灰反应，22 cm 以下出现砂姜钙积层，厚度大于 1 m，砂姜向下逐渐增多；110 cm 处出现具有少量锈纹锈纹的钙积层。

对比土系　聂各庄系，同一土族，但质地层次构型为砂质壤土-粉砂质黏壤土，有螺蛳壳。邻近的申隆农庄系，土体含砖瓦屑等侵入体的人为扰动层次深厚，不同土纲，为人为土。

利用性能综述　有效土层厚，土壤质地适中，虽有大量砂姜层出现，但由于出现部位在 60 cm 以下，对大多数作物的生长影响不大。

参比土种　学名：姜石层轻壤质砂姜潮土；群众名称：姜石潮黑土。

代表性单个土体　位于北京市海淀区上庄实验站，坐标为 40°13′49.4″N，116°18′48.8″E。地形为山前平原，母质为冲积物，海拔 41.8 m。野外调查时间 2010 年 6 月 20 日，野外调查编号 KBJ-29。与其相似单个土体是 1992 年春季北京市农场局土壤调查采集于北京市海淀区上庄镇西马坊（原西郊农场一分场西马坊）的 92-西郊-3 号剖面。

Ap：0~22 cm，棕色（7.5YR 4/4，润）；壤土；小块团粒结构；发育程度好；湿时松脆；少量中根系；很少量煤侵入；强度石灰反应；向下平滑明显过渡。

Brk1：22~68 cm，棕色（7.5YR 4/3，润）；壤土；中块团块结构；湿时坚实；很少量粗浅根；中量中孔隙；少量煤侵入；少量锈纹锈斑；少量砂姜；强度石灰反应；向下平滑明显过渡。

Brk2：68~110 cm，棕色（7.5YR 4/4，润）；粉砂壤土；大棱块结构；发育程度好；湿时坚实；大量中孔隙；很少量螺蛳壳；少量锈纹锈斑；大量砂姜；强度石灰反应；向下平滑明显过渡。

2Brk3：>110 cm，棕色（7.5YR 5/4，润）；粉砂壤土；块状结构；湿时坚实；大量大块砂姜；少量锈纹锈斑；稍紧实；强度石灰反应；清晰明显边界。

中农上庄站系代表性单个土体剖面

中农上庄站系代表性单个土体物理性质

土层	深度/cm	砾石（>2 mm，体积分数）/%	细土颗粒组成（粒径：mm）/（g/kg）			质地
			砂粒 2~0.05	粉粒 0.05~0.002	黏粒<0.002	
Ap	0~22	0	398	460	142	壤土
Brk1	22~68	2~5	401	450	149	壤土
Brk2	68~110	15~40	294	519	186	粉砂壤土
2Brk3	>110	15~40	252	615	133	粉砂壤土

中农上庄站系代表性单个土体化学性质

深度/cm	pH		有机质/（g/kg）	速效氮(N)/（mg/kg）	有效磷(P)/（mg/kg）	速效钾(K)/（mg/kg）	全氮(N)/（g/kg）	全磷(P)/（g/kg）	全钾(K)/（g/kg）	CaCO₃/（g/kg）
	H₂O	CaCl₂								
0~22	7.9	7.6	13.2	63.0	20.4	93.2	0.77	0.79	14.7	43.5
22~68	7.8	7.5	14.0	63.0	20.9	115.9	0.79	0.78	15.1	43.0
68~110	8.2	7.7	5.5	12.6	2.1	38.0	0.30	0.64	15.3	45.1
>110	8.3	7.7	5.8	12.6	2.1	31.5	0.18	0.62	15.0	61.9

深度/cm	全铁/（g/kg）	游离铁/（g/kg）	无定形铁/（g/kg）	有效铁（Fe）/（mg/kg）	CEC/[cmol（+）/kg]
0~22	25.9	9.6	1.1	10.1	9.2
22~68	32.1	9.8	1.2	10.1	9.0
68~110	27.7	10.2	0.4	3.3	8.7
>110	26.5	12.3	0.3	1.4	8.0

9.3 弱盐淡色潮湿雏形土

9.3.1 良王庄系（Liangwangzhuang Series）

土　族：砂质盖黏壤质混合型石灰性温性-弱盐淡色潮湿雏形土
拟定者：刘黎明

分布与环境条件　地处冲积平原下部，地下水位高，且有季节性波动，地下水的矿化度也较高。成土母质为壤砂质冲积物。暖温带半湿润半干旱大陆季风性气候，冬季寒冷干燥，夏季炎热多雨，四季分明。年平均气温 11.9 ℃，大于 10℃ 的积温为 4226.7 ℃，全年无霜期 219.8 天；年平均降水量为 588.9 mm，多集中在 6~9 月份，占全年降水量的 75% 左右，7 月份最多，为 205.5 mm。年平均蒸发量为 1888.4 mm，以 5~6 月份最大，可达 309.8 mm，蒸发量远大于降水量。

良王庄系典型景观

土系特征与变幅　本土系具有雏形层、淡薄表层等诊断层和潮湿水分状况、氧化还原特征、盐积现象等诊断特性。pH>9；通体都具有石灰反应。沉积层理明显，在深度约 40 cm 处，出现厚约 20 cm 的砂质黏壤土层，其上下部为壤质砂土层和壤土层；盐分含量随深度略有增加。

对比土系　与本亚类下其他土系的差异在于，本土系颗粒大小级别为砂质盖黏壤质。

利用性能综述　表土砂性，通透性好；20 cm 的砂质黏壤层，有一定的保水保肥作用。土壤质地有利于盐分淋洗，是良好的农田。要维护好灌溉排水系统，防止返盐。

参比土种　壤质硫酸盐-氯化物中度盐化潮土。

良王庄系代表性单个土体剖面

代表性单个土体　位于天津市静海区良王庄乡良王庄，坐标为 39°01′31.50″N，116°58′40.92″E。地形为冲积平原，母质为河流冲积物，海拔 4.3 m，采样点为耕地，种植作物为玉米。野外调查时间 2010 年 10 月 9 日，野外调查编号 12-046。

Apz：0~40 cm，浊棕色（7.5YR 6/3，干），浊棕色（7.5YR 5/4，润）；壤质砂土；小粒状结构；极疏松；中量细根系；极强石灰反应；向下平滑明显过渡。

2Brz1：40~60 cm，浊橙色（7.5YR 7/3，干），灰红色（2.5YR 4/2，润）；砂质黏壤土；棱块状结构；坚实；很少量极细根系；少量锈纹锈斑；极强石灰反应；向下平滑明显过渡。

3Brz2：60~80 cm，浊棕灰色（7.5YR 7/2，干），浊棕色（7.5YR 5/3，润）；壤土；粒状结构；疏松；少量的锈纹锈斑；极强石灰反应；向下平滑明显过渡。

4BCz：80~110 cm，浊棕色（7.5YR 6/3，干），浊棕色（7.5YR 5/4，润）；壤质砂土；粒状结构；松散；少量的锈纹锈斑；极强石灰反应。

良王庄系代表性单个土体物理性质

土层	深度 /cm	细土颗粒组成（粒径：mm）/（g/kg）			质地	容重 /（g/cm³）
		砂粒 2~0.05	粉粒 0.05~0.002	黏粒<0.002		
Apz	0~40	555	307	138	壤质砂土	1.70
2Brz1	40~60	533	157	310	砂质黏壤	1.82
3Brz2	60~80	408	466	126	壤土	1.89
4BCz	80~110	780	134	85	壤质砂土	1.84

良王庄系代表性单个土体化学性质

深度 /cm	pH H₂O	有机质 /（g/kg）	速效钾（K） /（mg/kg）	有效磷（P） /（mg/kg）	游离铁 /（g/kg）	交换性钠 /[cmol（+）/kg]	CEC /[cmol（+）/kg]	ESP /%
0~40	8.9	5.7	48	0.8	14.7	0.5	14.8	3.3
40~60	8.9	7.0	86	0.8	25.6	1.9	25.2	7.6
60~80	9.4	2.4	43	1.1	13.0	—	—	—
80~110	9.2	4.3	20	0.4	13.7	—	—	—

深度 /cm	含盐量 /（g/kg）	盐基离子/（g/kg）						
		K⁺	Na⁺	Ca²⁺	Mg²⁺	CO₃²⁻	HCO₃⁻	Cl⁻	SO₄²⁻
0~40	3.0	0	0.3	0.1	0.1	0	0.2	0.2	0.5
40~60	3.4	0	0.9	0.1	0.1	0	0.3	0.3	0.4
60~80	4.0	0	0.9	0.1	0.1	0	0.2	0.4	0.7
80~110	4.4	0	1.0	0.1	0.1	0	0.2	0.5	0.7

9.3.2　马棚口贝壳系（Mapengkoubeike Series）

土　族：砂质混合型石灰性温性-弱盐淡色潮湿雏形土
拟定者：王秀丽

分布与环境条件　主要分布在天津海积平原区，地下水位高，且矿化度高。成土母质为海积物。暖温带半湿润季风型大陆性气候，四季分明。年平均气温为 12 ℃，大于 10 ℃的积温 4297 ℃，全年无霜期 209 天。年平均降水量 567.5 mm，全年降水量多集中在 7、8、9 三个月，历年平均值为 480.5 mm，占全年降水量 85%。年蒸发量大于年降水量，干燥度大于 1，以 5 月份蒸发量为最大，其值为 345.6 mm；12 月份最小，

马棚口贝壳系典型景观

其值为 44.9 mm。土地利用是耕地，种植棉花。荒芜的农田自然植被是茅草、蒿子、灰菜，覆盖度为 30%~40%。

土系特征与变幅　本土系具有雏形层、淡薄表层、潮湿水分状况、氧化还原特征、盐积现象等诊断层和诊断特性。通体都具有石灰反应。土体质地构型为地表至约 1 m 深为壤质，之下的底土为黏壤质，在 20 cm 深处有厚度约 10 cm 的混杂层，砂质壤土中混杂着黏土；整个剖面通体都有贝壳，约 30 cm 深处以下贝壳等含量开始增多。

对比土系　马棚口系、团泊新城系、小年庄系，同一土族，但马棚口系通体为砂质黏壤土，没有贝壳，且中部有约 20cm 厚的黑土层；团泊新城系通体为砂质壤土；小年庄系层次质地构型为砂质黏壤土-砂质壤土。

利用性能综述　质地适中，耕性好，通透性好，且有一定的保水保肥能力。因土壤盐分含量较高，有缺苗现象。适宜种植耐盐碱作物。灌溉排水系统良好，为优质农田。

参比土种　砂质氯化物中度盐化潮土。

代表性单个土体　位于天津市大港区古林街道马棚口村，坐标为 38°39′27.85″N，117°31′1.99″E。地形为滨海平原，母质为沉积物，海拔-9.37 m，采样点为耕地，种植棉花，并长有茅草、蒿类、灰菜等植被，覆盖度 30%~40%，剖面周边部分地方有盐斑。野外调查时间 2013 年 5 月 14 日，野外调查编号 W-11。

马棚贝口壳系代表性单个土体剖面

Apz：0~18 cm，浅棕色（10YR 6/3，干），深黄棕色（10YR 4/4，润）；砂质壤土；细屑粒状结构；湿时松脆；0.5~3.0 mm 粗的草本根系 15~20 条/dm²；有<3%的铁锈纹，对比度不明显；有少量贝壳；强石灰反应；向下平滑明显过渡。

Brz1：18~28 cm，浅棕色（10YR 6/3，干），棕色（10YR 5/3，润）；砂质壤土；细屑粒状结构；湿时松脆；0.5~2.0 mm 粗的草本根系 10~15 条/dm²；有塑料薄膜侵入体；有<3%的铁锈纹，对比度不明显；有少量贝壳；强石灰反应；向下平滑模糊过渡。

Brz2：28~62 cm，亮黄棕色（10YR 6/4，干），深黄棕色（10YR 4/4，润）；砂质壤土；薄片状结构；湿时松脆；少量草本根系；有 10%的铁锈纹，对比度明显；有中量贝壳；强石灰反应；向下平滑模糊过渡。

Brz3：62~109 cm，亮黄棕色（10YR 6/4，干），深黄棕色（10YR 4/4，润）；粉砂壤土；薄片状结构；湿时坚实；很少的细草本根系；强石灰反应；有 5%~10%的铁锈纹，对比度明显；多贝壳；向下平滑模糊过渡。

Brz4：109~147 cm，棕色（10YR 5/3，干），棕色（10YR 4/3，润）；粉砂质黏壤土；大块状结构；湿时很坚实；有<5%的铁锈纹，对比度不明显；多贝壳；极强石灰反应。

马棚口贝壳系代表性单个土体物理性质

土层	深度 /cm	细土颗粒组成（粒径：mm）/（g/kg）			质地
		砂粒 2~0.05	粉粒 0.05~0.002	黏粒<0.002	
Apz	0~18	615	278	106	砂质壤土
Brz1	18~28	714	210	77	砂质壤土
Brz2	28~62	555	262	183	砂质壤土
Brz3	62~109	231	586	183	粉砂壤土
Brz4	109~147	151	572	277	粉砂质黏壤土

马棚口贝壳系代表性单个土体化学性质

深度 /cm	pH		有机质 /（g/kg）	ESP /%	含盐量 /（g/kg）	盐基离子/（g/kg）							
	H_2O	$CaCl_2$				K^+	Na^+	Ca^{2+}	Mg^{2+}	HCO_3^-	CO_3^{2-}	Cl^-	SO_4^{2-}
0~18	8.3	7.7	8.7	6.9	2.8	0	0.4	0.1	0	0.3	0	0.3	0.1
18~28	8.3	7.8	4.1	10.5	2.1	0	0.6	0.1	0	0.3	0	0.6	0.1
28~62	8.4	7.9	5.2	14.9	3.7	0.1	0.6	0.1	0	0.4	0	1.3	0.3
62~109	8.4	8.0	5.4	25.7	4.7	0.1	0.8	0	0.1	0.4	0	2.0	0.1
109~147	8.8	8.2	5.9	28.7	6.6	0.1	1.3	0.1	0.1	0.3	0	3.1	0.3

9.3.3　马棚口系（Mapengkou Series）

土　族：砂质混合型石灰性温性-弱盐淡色潮湿雏形土
拟定者：刘黎明

分布与环境条件　主要分布在天津海积平原区，地下水位高，且矿化度高。成土母质为海积物。暖温带半湿润季风型大陆性气候，四季分明。年平均气温为 12 ℃，大于 10 ℃的积温 4297 ℃，全年无霜期 209 天。年平均降水量 567.5 mm，全年降水量多集中在 7、8、9 三个月，历年平均值为 480.5 mm，占全年降水量 85%。年蒸发量大于年降水量，干燥度大于 1，以 5 月份蒸发量为最大，其值为 345.6 mm；12 月份最小，其值为 44.9 mm。

马棚口系典型景观

土系特征与变幅　本土系具有雏形层、淡薄表层、潮湿水分状况、氧化还原特征、盐积现象等诊断层和诊断特性。pH 和 ESP 都较高。通体都具有石灰反应。沉积层理明显，在 30 cm 深处出现颜色较黑的厚度约 15 cm 的埋藏腐殖质层。

对比土系　马棚口贝壳系、团泊新城系、小年庄系，同一土族，但马棚口贝壳系通体可见贝壳，小年庄系土体上部为厚约 80 cm 为砂质黏壤土层，下面为砂质壤土层，团泊新城系通体是砂质壤土，且有贝壳，40 cm 以下的土层颜色较黑。

利用性能综述　土壤通体砂质黏壤土，质地适中，土壤轻度盐化，基本不影响作物生长。但地下水位及其矿化度较高，毛管上升能力强，应加强排水系统的维护，防止次生盐渍化。

参比土种　砂质苏打-氯化物重度盐化潮土。

代表性单个土体　位于天津市滨海新区上古林镇马棚口村，坐标为 38°40′10.92″N，117°26′08.22″E。地形为滨海平原，母质为海河水系冲积物，海拔–4.5 m，采样点为耕地，种植棉花。野外调查时间 2011 年 9 月 23 日，野外调查编号 12-051。

Apz: 0~33 cm，浊黄棕色（10YR 6/3，干），棕色（7.5YR 4/6，润）；砂质黏壤土；块状结构；很坚实；有中量很细根系；强石灰反应；向下平滑逐渐过渡。

Ahbz: 33~60 cm，棕灰色（10YR 4/1，干），暗棕色（7.5YR 3/3，润）；砂质黏壤土；粒状结构；坚实；很少量中根系；少量的锈纹锈斑；强石灰反应；向下平滑明显过渡。

Brz: 60~110 cm，浊黄橙色（10YR 7/2，干），浊棕色（7.5YR 6/3，润）；砂质黏壤土；片状结构；较坚实；少量细根系；大量的锈纹锈斑；强石灰反应。以下见地下水。

马棚口系代表性单个土体剖面

马棚口系代表性单个土体物理性质

| 土层 | 深度 | 细土颗粒组成（粒径: mm）/（g/kg） | | | 质地 | 容重 |
	/cm	砂粒 2~0.05	粉粒 0.05~0.002	黏粒<0.002		/（g/cm³）
Apz	0~33	591	153	257	砂质黏壤土	1.94
Ahbz	33~60	528	155	318	砂质黏壤土	2.01
Brz	60~110	606	155	239	砂质黏壤土	1.93

马棚口系代表性单个土体化学性质

| 深度 | pH | 有机质 | 速效钾（K） | 有效磷（P） | 交换性钠 | CEC | ESP |
/cm	H₂O	/（g/kg）	/（mg/kg）	/（mg/kg）	/[cmol（+）/kg]	/[cmol（+）/kg]	/%
0~33	8.8	10.8	393	1.1	2.4	20.7	11.4
33~60	9.0	10.1	516	4.0	2.8	26.1	10.8
60~110	9.3	4.1	379	3.9	—	—	—

| 深度 | 含盐量 | 盐基离子/（g/kg） | | | | | | | |
/cm	/（g/kg）	K⁺	Na⁺	Ca²⁺	Mg²⁺	CO₃²⁻	HCO₃⁻	Cl⁻	SO₄²⁻
0~33	5.1	0.1	1.7	0.1	0.2	0	0.3	2.2	0.5
33~60	6.3	0.1	1.9	0.1	0.1	0	0.6	2.8	0.6
60~110	6.7	0.1	2.1	0.1	0.2	0	0.3	3.0	0.7

9.3.4 团泊新城系（Tuanboxincheng Series）

土　族：砂质混合型石灰性温性-弱盐淡色潮湿雏形土
拟定者：刘黎明

分布与环境条件　地处海积冲积低平原，地下水位高，且有季节性波动，地下水的矿化度也较高。成土母质为冲积物。暖温带半湿润半干旱大陆季风性气候，冬季寒冷干燥，夏季炎热多雨，四季分明。年平均气温 11.9 ℃，大于 10 ℃的积温为 4226.7 ℃，全年无霜期 219.8 天；年平均降水量为 588.9 mm，多集中在 6~9 月份，占全年降水量的 75% 左右，7 月份最多，为 205.5 mm。年平均蒸发量为 1888.4 mm，以 5~6 月份最大，可达 309.8 mm。

团泊新城系典型景观

土系特征与变幅　本土系具有雏形层、淡薄表层、潮湿水分状况、氧化还原特征、盐积现象等诊断层和诊断特性。pH 和 ESP 都较高。通体都具有石灰反应。土壤盐分呈上高下低态。土壤通体为砂质壤土；各层次中均可见贝壳。

对比土系　马棚口系、小年庄系，同一土族，但没有贝壳，前者通体为砂质黏壤土，后者层次质地构型为砂质黏壤土-砂质壤土。马棚口贝壳系，同一土族，但层次质地构型为粉砂壤土-粉砂质黏壤。

利用性能综述　土壤质地偏砂，易漏水漏肥，盐分含量稍高。目前为盐荒地，若开垦得利用灌溉排水洗盐，将盐分淋洗到土体深处。同时，维持好排水系统，防止次生盐渍化。

参比土种　砂质氯化物重度盐化潮土。

代表性单个土体 位于天津市静海区团泊镇团泊新城村团泊水库，坐标为 38°53′04.38″N，117°08′01.50″E。地形为滨海平原，母质为海河水系冲积物，海拔−5.4 m，采样点为荒地，

植被为耐盐类荒草。野外调查时间 2011 年 9 月 25 日，野外调查编号 12-062。与其相似的单个土体是 2011 年 9 月 23 日采自天津市滨海新区上古林镇马棚口村（38°39′24.54″N，117°31′41.58″E）的 12-053 号剖面、2011 年 9 月 24 日采自天津市静海县蔡公庄镇土河村（38°45′01.8″N，117°04′18.0″E）12-058 号剖面和 2011 年 9 月 24 日采自天津市滨海新区太平村镇太平村（38°36′34.86″N，117°19′07.02″E）12-056 号剖面。

Ahz：0~20 cm，浊黄橙色（10YR 6/3，干），灰黄棕色（10YR 4/2，润）；砂质壤土；小粒状结构；疏松；中量中根系；大量贝壳；强石灰反应；向下平滑明显过渡。

Brz1：20~40 cm，灰黄棕色（10YR 5/2，干），橙灰色（10YR 4/1，润）；砂质壤土；小粒状结构；疏松；5%的 2 mm 左右的锈纹锈斑；中量贝壳；强石灰反应；向下平滑突然过渡。

Brz2：40~70 cm，灰黄棕色（10YR 5/2，干），灰黄棕色（10YR 4/2，润）；砂质壤土；小粒状结构；坚实；少量贝壳；5%的 2 mm 左右的锈纹锈斑；极强石灰反应；向下平滑突然过渡。

Brz3：70~125 cm，浊黄棕色（10YR 5/4，干），棕灰色（10YR 4/1，润）；砂质壤土；小粒状结构；疏松；10%的 5 mm 左右的锈纹锈斑；少量贝壳；极强石灰反应。以下见地下水。

团泊新城系代表性单个土体剖面

团泊新城系代表性单个土体物理性质

土层	深度 /cm	细土颗粒组成（粒径：mm）/（g/kg）			质地	容重 /（g/cm³）
		砂粒 2~0.05	粉粒 0.05~0.002	黏粒<0.002		
Ahz	0~20	657	181	162	砂质壤土	1.72
Brz1	20~40	747	120	133	砂质壤土	2.03
Brz2	40~70	717	101	182	砂质壤土	1.99
Brz3	70~125	575	221	204	砂质壤土	2.08

团泊新城系代表性单个土体化学性质

深度 /cm	pH H₂O	有机质 /（g/kg）	速效钾（K） /（mg/kg）	有效磷（P） /（mg/kg）	电导率 /（mS/cm）	含盐量 /（g/kg）	交换性钠 /[cmol（+）/kg]	CEC /[cmol（+）/kg]	ESP /%
0~20	9.3	4.5	146	2.4	0.9	4.9	1.8	7.4	23.7
20~40	8.6	5.4	137	1.6	2.2	7.6	1.0	8.4	12.3
40~70	8.4	8.2	205	2.8	1.9	5.9	—	—	—
70~125	8.9	5.6	183	2.3	1.1	5.2	—	—	—

9.3.5　小年庄系（Xiaonianzhuang Series）

土　族：砂质混合型石灰性温性-弱盐淡色潮湿雏形土
拟定者：刘黎明

分布与环境条件　地处海积冲积低平原，地下水位高，且有季节性波动，地下水的矿化度也较高。成土母质为冲积物。暖温带半湿润季风型大陆性气候，干湿季节分明。年均降水量 584.6 mm，集中于 6~8 月份，为 440 mm，占全年降水量的 70%。年蒸发量远大于年降水量。全年平均气温 11.6 ℃，大于 10 ℃积温 4141 ℃。

小年庄系典型景观

土系特征与变幅　本土系具有雏形层、淡薄表层、潮湿水分状况、氧化还原特征、盐积现象等诊断层和诊断特性。pH 和 ESP 都较高。土体质地构型为上部 75 cm 厚的砂质黏壤土层，下面 25 cm 的砂质壤土层；通体都具有石灰反应。

对比土系　马棚口系，同一土族，但土体上部厚约 80 cm 为砂质黏壤土层，下面为砂质壤土层。马棚口贝壳系和团泊新城系，同一土族，但通体可见贝壳。

利用性能综述　土壤耕作层质地适中，盐分属于表聚型，影响作物生长，可通过灌溉洗盐的方式，将盐分淋洗到土体深处，改善根系的生长环境，提高作物产量。

参比土种　砂质苏打-氯化物重度盐化潮土。

小年庄系代表性单个土体剖面

代表性单个土体　位于天津市西青区王稳庄镇小年庄,坐标为 38°54′18.36″N,117°14′55.26″E。地形为冲积平原,母质为海河水系冲积物,海拔-4.0 m,采样点为耕地,种植棉花。野外调查时间 2011 年 9 月 25 日,野外调查编号 12-061。与其相似的单个土体是 2011 年 9 月 24 日采自天津市滨海新区小王庄镇李官庄（38°40′47.34″N,117°10′29.46″E）的 12-055 号剖面。

Apz: 0~32 cm,灰黄棕色（10YR 5/2,干）,浊黄棕色（10YR 4/3,润）;砂质黏壤土;小粒状结构;疏松;多量粗根系;中度石灰反应;向下平滑明显过渡。

Brz1: 32~55 cm,浊黄橙色（10YR 6/3,干）,亮黄橙色（10YR 6/6,润）;砂质黏壤土;小粒状结构;疏松;中量粗根系;5%左右的锈纹锈斑;极强石灰反应;向下不规则逐渐过渡。

Brz2: 55~75 cm,浊黄棕色（10YR 5/3,干）,灰黄棕色（10YR 4/2,润）;砂质黏壤土;小粒状结构;坚实;很少量细根系;5%左右的锈纹锈斑;极强石灰反应;向下不规则逐渐过渡。

Brz3: 75~110 cm,灰黄棕色（10YR 6/2,干）,棕灰色（10YR 6/1,润）;砂质壤土;块状结构;坚实;5%左右的锈纹锈斑;强石灰反应。以下见地下水。

小年庄系代表性单个土体物理性质

| 土层 | 深度 | 细土颗粒组成（粒径: mm）/（g/kg） | | | 质地 | 容重 |
	/cm	砂粒 2~0.05	粉粒 0.05~0.002	黏粒<0.002		/（g/cm³）
Apz	0~32	569	219	212	砂质黏壤土	1.97
Brz1	32~55	693	95	212	砂质黏壤土	1.94
Brz2	55~75	542	216	242	砂质黏壤土	1.98
Brz3	75~110	668	159	173	砂质壤土	2.06

小年庄系代表性单个土体化学性质

| 深度 | pH | 有机质 | 速效钾（K） | 有效磷（P） | 交换性钠 | CEC | ESP |
/cm	H₂O	/（g/kg）	/（mg/kg）	/（mg/kg）	/[cmol（+）/kg]	/[cmol（+）/kg]	/%
0~32	8.8	12.8	215	5.8	1.5	12.0	12.6
32~55	9.0	6.6	92	1.2	1.8	14.3	12.9
55~75	9.0	6.0	146	1.8	—	—	—
75~110	9.1	3.2	119	1.8	—	—	—

| 深度 | 含盐量 | 盐基离子/（g/kg） | | | | | | | |
/cm	/（g/kg）	K⁺	Na⁺	Ca²⁺	Mg²⁺	CO₃²⁻	HCO₃⁻	Cl⁻	SO₄²⁻
0~32	5.3	0	0.8	0.1	0.1	0	0.6	0.8	0.6
32~55	3.8	0	0.9	0.1	0.1	0	0.3	0.9	0.6
55~75	3.1	0	0.7	0.1	0	0	0.3	0.7	0.6
75~110	3.7	0	0.8	0.1	0.1	0	0.2	0.9	1.2

9.3.6 张家窝系（Zhangjiawo Series）

土　族：极黏质混合型石灰性温性-弱盐淡色潮湿雏形土

拟定者：刘黎明

分布与环境条件　地处海积冲积低平原，地下水位高，且有季节性波动，地下水的矿化度也较高。成土母质为黏质冲积物。暖温带半湿润季风型大陆性气候，干湿季节分明。年均降水量 584.6 mm，集中于 6~8 月份，为 440 mm，占全年降水量的 70%。年蒸发量大于年降水量，干燥度大于 1。

张家窝系典型景观

土系特征与变幅　本土系具有雏形层、淡薄表层、潮湿水分状况、氧化还原特征、盐积现象等诊断层和诊断特性。pH>9；通体都具有石灰反应。通体质地黏重，表层 20 cm 的粉砂壤土下为厚 100 cm、黏粒含量大于 50% 的黏土层，非常坚实，透水性差。

对比土系　与本亚类下其他土系的差异在于，本土系颗粒大小级别为极黏质。

利用性能综述　土壤含较多的盐分，pH 和 ESP 都较高，地下水位及其矿化度均高，要维护好灌溉与排水系统，才能够继续种植。表层质地适中，有利于中耕和耕翻；心底土质地黏重，有利于保水保肥，但不利于渗漏，容易产生滞涝；因此，健全的排水系统尤为重要。

参比土种　黏质硫酸盐-氯化物重度盐化潮土。

代表性单个土体　位于天津市西青区张家窝镇，坐标为 39°03′46.2″N，117°02′24.9″E。地形为冲积平原，母质为海河水系冲积物，海拔–17.2 m，采样点为耕地，种植玉米。野

张家窝系代表性单个土体剖面

外调查时间 2011 年 9 月 26 日，野外调查编号 12-066。与其相似的单个土体是 2011 年 9 月 29 日采自天津市宁河县北淮淀镇北淮淀村（39°13′45.96″N，117°37′24.00″E）的 12-077 号剖面。

Apz：0~20 cm，深黄棕色（10YR 4/4，干），暗棕色（10YR 3/4，润）；粉砂壤土；中粒状结构；干时硬，湿时松脆；多量中根系；强石灰反应；向下平滑逐渐过渡。

Brz1：20~40 cm，浊黄棕色（10YR 5/4，干），灰黄棕色（10YR 4/2，润）；粉砂质黏土；中粒状结构；干时极硬，湿时非常坚实；中量粗根系；少量锈纹锈斑；极强石灰反应；向下平滑明显过渡。

Brz2：40~70 cm，浊黄橙色（10YR 6/4，干），灰黄棕色（10YR 4/2，润）；黏土；块状结构；干时极硬，湿时非常坚实；很少量极细根系；少量锈纹锈斑；极强石灰反应；向下平滑明显过渡。

2Brz3：70~120 cm，灰黄橙色（10YR 6/4，干），棕灰色（10YR 6/1，润）；黏土；大块状结构；干时极硬，湿时非常坚实；中量锈纹锈斑；极强石灰反应。

张家窝系代表性单个土体物理性质

| 土层 | 深度 /cm | 细土颗粒组成（粒径：mm）/（g/kg） | | | 质地 | 容重 /（g/cm³） |
		砂粒 2~0.05	粉粒 0.05~0.002	黏粒<0.002		
Apz	0~20	223	521	256	粉砂壤土	1.77
Brz1	20~40	62	410	529	粉砂质黏土	1.67
Brz2	40~70	97	281	622	黏土	1.80
2Brz3	70~120	29	336	635	黏土	1.92

张家窝系代表性单个土体化学性质

深度 /cm	pH H₂O	有机质 /（g/kg）	速效钾（K） /（mg/kg）	有效磷（P） /（mg/kg）	交换性钠 /[cmol (+) /kg]	CEC /[cmol (+) /kg]	ESP /%
0~20	9.2	19.9	138	5.6	1.5	23.0	6.6
20~40	9.0	12.0	133	1.0	2.7	35.2	7.7
40~70	8.7	9.4	142	1.3	—	—	—
70~120	8.8	9.2	127	1.5	—	—	—

| 深度 /cm | 含盐量 /（g/kg） | 盐基离子/（g/kg） | | | | | | | |
		K⁺	Na⁺	Ca²⁺	Mg²⁺	CO₃²⁻	HCO₃⁻	Cl⁻	SO₄²⁻
0~20	4.9	0	0.5	0.1	0.1	0	0.8	0.3	0.3
20~40	3.3	0	0.7	0.1	0	0	0.6	0.5	0.7
40~70	3.5	0	1.0	0.1	0.1	0	0.6	0.6	0.8
70~120	4.7	0	0.8	0.1	0.1	0	0.8	0.6	1.0

9.3.7 乐善系（Leshan Series）

土 族：黏质混合型石灰性温性-弱盐淡色潮湿雏形土
拟定者：刘黎明

分布与环境条件 地处海积冲积低平原，地下水位高，且有季节性波动，地下水的矿化度也较高。暖温带半湿润季风型大陆性气候，具有冷暖干湿差异明显、四季分明等特点。年平均气温11.1 ℃，平均最低气温为−10.9 ℃，极端最低温为−22.0 ℃，平均最高气温29.7 ℃。大于 0 ℃的积温4455.4 ℃，大于 10 ℃的积温为 4050.1 ℃，全年无霜期为 196 天。年均降水量为637.0 mm，季节差异明显，

乐善系典型景观

6~8 月份降水量占全年降水量的 77%。年蒸发量远大于年降水量。

土系特征与变幅 本土系具有雏形层、淡薄表层、潮湿水分状况、氧化还原特征、盐积现象等诊断层和诊断特性。地下水位浅，一般在 1 m 左右。土体上层为 50 cm 的黏壤层，下层为 60 cm 厚的粉砂质黏土层。土体上部 70 cm 有贝壳，50 cm 有碎砖块等人类活动痕迹。大部分土层的含盐量<2 g/kg。通体有石灰反应。

对比土系 尧舜系，同一土族，但土体质地构型为粉砂质黏土-黏土-粉砂质黏土。沙井子系，同一土族，但底土没有黑色（腐殖质）层，上部土体没有贝壳。郭庄系，同一土族，黏土层在 50 cm 以内出现。

利用性能综述 土壤通体质地较黏重，透水性差；地处海积冲积低平原，海拔是−3.7 m，地下水位高，雨季经常有大雨、暴雨，容易产生洪涝和滞涝。虽然基本适宜耕种，但要维护好现有排水系统，才能够保证无洪涝之灾。耕作上应注意适耕期。

参比土种 黏质硫酸盐-氯化物轻度盐化潮土。

代表性单个土体 位于天津市宁河区七里海镇乐善村，坐标为 39°16′21.42″N，117°34′31.56″E。地形为滨海平原，母质为河流沉积物，海拔−3.7 m，种植作物为玉米。野外调查时间 2010 年 10 月 1 日，野外调查编号 12-019。与其相似的单个土体是 2010年 10 月 8 日采自天津市北辰区大张庄镇大兴村（39°18′18.6″N，117°13′40.92″E）的 12-042号剖面和 2010 年 10 月 9 日采自天津市北辰区小淀镇小贺庄（39°15′53.1″N，117°12′36.3″E）的 12-044 号剖面。

Ap1: 0~10 cm，棕灰色（7.5YR 6/1，干），暗棕色（10YR 3/3，润）；黏壤土；小粒状结构；疏松；中量细玉米根系；少量贝壳；中度石灰反应；向下平滑明显过渡。

Ap2: 10~25 cm，棕灰色（7.5YR 6/1，干），暗棕色（10YR 3/4，润）；粉砂质黏壤土；小块状结构；坚实；少量细玉米根系；少量贝壳；强石灰反应；向下平滑明显过渡。

Bw: 25~50 cm，棕灰色（7.5YR 6/1，干），黑棕色（10YR 2/3，润）；黏壤土；小块状结构；疏松；少量极细玉米根系；少量贝壳；少量碎砖块；中度石灰反应；向下平滑明显过渡。

Brz1: 50~70 cm，淡棕灰色（7.5YR 7/1，干），灰黄棕色（10YR 4/2，润）；粉砂质黏土；小块状结构；坚实；很少量极细玉米根系；少量的锈纹锈斑；少量贝壳；中度石灰反应；向下不规则逐渐过渡。

Brz2: 70~110cm，浊黄橙（10YR 7/2，干），灰黄棕色（10YR 4/2，润）；粉砂质黏土；小块状结构；坚实；中量的锈纹锈斑；轻度石灰反应。

乐善系代表性单个土体剖面

乐善系代表性单个土体物理性质

土层	深度 /cm	细土颗粒组成（粒径：mm）/（g/kg）			质地	容重 /（g/cm³）
		砂粒 2~0.05	粉粒 0.05~0.002	黏粒<0.002		
Ap1	0~10	213	446	342	黏壤土	1.80
Ap2	10~25	117	507	376	粉砂质黏壤土	1.79
Bw	25~50	320	296	384	黏壤土	1.82
Brz1	50~70	50	487	463	粉砂质黏土	1.88
Brz2	70~110	21	498	481	粉砂质黏土	1.73

乐善系代表性单个土体化学性质

深度 /cm	pH H₂O	有机质 /（g/kg）	速效钾（K） /（mg/kg）	有效磷（P） /（mg/kg）	游离铁 /（g/kg）	电导率 /（mS/cm）	交换性钠 /[cmol（+）/kg]	CEC /[cmol（+）/kg]
0~10	8.6	16.5	335	16.8	14.9	0.3	0.5	24.3
10~25	8.7	11.0	335	6.7	14.4	0.2	0.9	26.2
25~50	8.9	10.7	379	7.7	14.8	0.3	—	—
50~70	9.0	9.9	529	8.9	14.9	0.3	—	—
70~110	9.1	7.5	547	9.2	16.2	0.3	—	—

深度 /cm	含盐量 /（g/kg）	盐基离子/（g/kg）								ESP /%
		K⁺	Na⁺	Ca²⁺	Mg²⁺	CO₃²⁻	HCO₃⁻	Cl⁻	SO₄²⁻	
0~10	1.7	0	0.2	0.1	0	0	0.3	0.1	0.2	2.0
10~25	1.7	0	0.4	0.1	0	0	0.4	0.2	0.2	3.5
25~50	1.9	0	0.6	0.1	0	0	0.3	0.3	0.2	—
50~70	2.1	0.1	0.5	0.1	0	0	0.4	0.2	0.2	—
70~110	2.0	0.1	0.5	0.1	0	0	0.4	0.3	0.2	—

9.3.8 沙井子系（Shajingzi Series）

土　族：黏质混合型石灰性温性-弱盐淡色潮湿雏形土
拟定者：刘黎明

分布与环境条件　地处海积冲积低平原，地下水位高，且有季节性波动，地下水的矿化度也较高。成土母质为黏质冲积物。暖温带半湿润季风型大陆性气候，四季分明。年平均气温为 12 ℃，大于 10 ℃ 的积温 4297 ℃，全年无霜期 209 天。年平均降水量 567.5 mm，全年降水量多集中在 7、8、9 三个月，历年平均值为 480.5 mm，占全年降水量 85%。年蒸发量大于年降水量，干燥度大于 1，蒸发量历年平均值，以 5 月份为最大，其值为 345.6 mm；12 月份最小，其值为 44.9 mm。

沙井子系典型景观

土系特征与变幅　本土系具有雏形层、淡薄表层、潮湿水分状况、氧化还原特征、盐积现象等诊断层和诊断特性。pH>9，ESP 也较高。土壤质地黏重，黏壤耕层下即为厚约 15 cm 的黏土层，之下再是黏壤。地下水矿化度高，地下水埋深浅，土体盐分含量均在 9 g/kg 以上，接近盐土标准，通体具有石灰反应。

对比土系　乐善系和尧舜系，同一土族，但底土都出现黑色（腐殖质）层，上部土层出现贝壳。郭庄系，同一土族，表层含盐量低于 2 g/kg。

利用性能综述　土壤盐分含量较高，地下水位及其矿化度均高，目前是盐荒地。要开荒得利用排水灌溉洗盐。天津市缺乏淡水，黏重的心底土不利于渗透洗盐。最好保留盐碱土植被为生态用地。如开垦种植，得修建完善的灌溉与排水系统；并且掌握好适耕期，进行中耕和耕翻。

参比土种　壤质氯化物重度盐化潮土。

代表性单个土体 位于天津市滨海新区太平镇沙井子村三大队区域，坐标为38°40′05.34″N，117°22′06.30″E。地形为滨海平原，母质为海河水系冲积物，海拔-6.1 m，采样点为荒地，植被为耐盐杂草。野外调查时间2011年9月23日，野外调查编号12-050。

沙井子系代表性单个土体剖面

与其相似的单个土体是2010年9月14日采自津南区葛沽镇杨惠庄（38°59′02.04″N，117°31′55.44″E）12-001号剖面，2011年9月28日采自天津市汉沽区杨家泊镇李自沽村（39°17′23.70″N，117°55′07.56″E）的12-068号剖面和2011年9月24日采自天津市滨海新区小王庄镇李官庄（38°40′47.04″N，117°10′28.38″E）的12-54号剖面。

Ahz：0~20 cm，淡灰色（10YR 7/1，干），棕灰（10YR 6/1，润）；黏壤土；中粒状结构；干时硬，湿时坚实；有少量中根系；强石灰反应；向下不规则逐渐过渡。

Brz1：20~33 cm，淡灰色（10YR 7/1，干），棕灰（10YR 6/1，润）；黏土；次棱块状结构；干时硬，湿时坚实；少量中根系；少量锈纹锈斑；中度石灰反应；向下平滑明显过渡。

Brz2：23~80 cm，灰黄棕色（10YR 6/2，干），灰黄棕色（10YR 4/2，润）；黏壤土；次棱块状结构；干时硬，湿时坚实；少量中根系；中量锈纹锈斑；强石灰反应。

沙井子系代表性单个土体物理性质

土层	深度/cm	细土颗粒组成（粒径：mm）/（g/kg）			质地	容重/（g/cm³）
		砂粒 2~0.05	粉粒 0.05~0.002	黏粒<0.002		
Ahz	0~20	419	259	322	黏壤土	1.83
Brz1	20~33	166	353	481	黏土	1.91
Brz2	33~80	400	231	369	黏壤土	1.94

沙井子系代表性单个土体化学性质

深度/cm	pH H₂O	有机质/（g/kg）	速效钾（K）/（mg/kg）	有效磷（P）/（mg/kg）	含盐量/（g/kg）	交换性钠/[cmol（+）/kg]	CEC/[cmol（+）/kg]	ESP/%
0~20	9.2	10.5	516	6.3	9.0	2.8	20.7	13.6
20~33	9.3	6.3	562	1.9	9.0	4.0	26.6	15.0
33~80	9.1	9.3	567	4.1	9.2	—	—	—

9.3.9 尧舜系（Yaoshun Series）

土　族：黏质混合型石灰性温性-弱盐淡色潮湿雏形土
拟定者：刘黎明

分布与环境条件　地处海积冲积低平原，地下水位高，且有季节性波动，地下水的矿化度也较高。母质为海河河流沉积物。暖温带半湿润半干旱大陆季风性气候，冬季寒冷干燥，夏季炎热多雨，四季分明。年平均气温 11.9 ℃，大于 10 ℃的积温为 4226.7 ℃，全年无霜期 219.8 天。年平均降水量为 588.9 mm，多集中在 6~9 月份，占全年降水量的 75% 左右，7 月份最多，为 205.5 mm。年平均蒸发量为 1888.4 mm，以 5~6

尧舜系典型景观

月份最大，可达 309.8 mm。有排水系统，土地利用类型为耕地。

土系特征与变幅　本土系具有雏形层、淡薄表层、潮湿水分状况、氧化还原特征、盐积现象等诊断层和诊断特性。通体都具有石灰反应。上部约 100 cm 厚的粉砂黏土，其下为黏土，黏粒含量高于 60 g/kg，表下层有少量贝壳；60 cm 处向下为黑色的埋藏腐殖质层。盐分垂直分布呈柱状，盐分含量大于 6 g/kg。

对比土系　乐善系，同一土族，但土体质地构型为黏壤土-粉砂质黏壤土-黏壤土-粉砂质黏土，且上部 50 cm 有碎砖块等。沙井子系，同一土族，但底土没有黑色（腐殖质）层，上部土体没有贝壳。郭庄系，同一土族，表层含盐量低于 2 g/kg。

利用性能综述　土壤通体质地黏重，透水性差；地处海积冲积低平原，地下水位高，雨季经常有大雨、暴雨，容易产生洪涝和滞涝。因此，不适宜耕种。要维护好现有排水系统，才能够保证农用。耕作上应注意适耕期。

参比土种　黏质硫酸盐-氯化物重度盐化潮土。

代表性单个土体　位于天津市静海区大邱庄镇尧舜村，坐标为 38°50′33.48″N，117°06′39.84″E。地形为滨海平原，母质为海河河流沉积物，海拔-0.6 m，种植作物为棉花。野外调查时间 2010 年 9 月 16 日，野外调查编号 12-012。与其相似的单个土体是 2010 年 9 月 15 日采自大港区太平镇沙井子村（38°40′24.78″N，117°20′56.88″E）的 12-008 号剖面。

Apz: 0~25 cm，灰黄棕色（10YR 6/2，干），暗棕色（10YR 3/3，润）；粉砂质黏土；小粒状结构；坚实；中量细棉花根系；强石灰反应；向下平滑明显过渡。

BAz: 25~40 cm，棕灰色（10YR 6/1，干），黑棕色（10YR 2/2，润）；粉砂质黏土；小块状结构；极坚实；很少量细棉花根系；少量贝壳；极强石灰反应；向下平滑明显过渡。

Brz: 40~60 cm，浊黄橙色（10YR 7/2，干），黑棕色（10YR 2/3，润）；黏土；小块状结构；很坚实；很少量极细根系；中量的锈纹锈斑；少量贝壳；极强石灰反应；向下平滑突然过渡。

2Ahbz: 60~90 cm，棕灰色（10YR 4/1，干），棕色（7.5YR 4/4，润）；粉砂质黏土；中块状结构；坚实；很少量极细根系；中度石灰反应；向下平滑明显过渡。

2Cz: 90~105 cm，灰黄棕色（10YR 6/2，干），灰黄棕色（10YR 4/2，润）；黏土；中块状结构；坚实；大量的锈纹锈斑；中度石灰反应。

尧舜系代表性单个土体剖面

尧舜系代表性单个土体物理性质

土层	深度 /cm	细土颗粒组成（粒径：mm）/（g/kg）			质地	容重 /（g/cm³）
		砂粒 2~0.05	粉粒 0.05~0.002	黏粒<0.002		
Apz	0~25	45	560	395	粉砂质黏土	1.66
BAz	25~40	75	518	406	粉砂质黏土	1.60
Brz	40~60	51	374	575	黏土	1.73
2Ahbz	60~90	22	465	513	粉砂质黏土	1.74
2Cz	90~105	6	391	603	黏土	1.65

尧舜系代表性单个土体化学性质

深度 /cm	pH H₂O	有机质 /（g/kg）	速效钾（K） /（mg/kg）	有效磷（P） /（mg/kg）	游离铁 /（g/kg）	交换性钠 /[cmol（+）/kg]	CEC /[cmol（+）/kg]	ESP /%
0~25	8.2	17.1	316	7.0	20.2	1.9	22.4	8.6
25~40	8.1	19.0	143	0.6	15.2	2.3	25.8	8.8
40~60	8.2	14.6	115	2.3	26.4	—	—	—
60~90	8.1	19.3	148	0.3	17.9	—	—	—
90~105	7.8	10.7	204	0.9	25.4	—	—	—

深度 /cm	含盐量 /（g/kg）	盐基离子/（g/kg）							
		K⁺	Na⁺	Ca²⁺	Mg²⁺	CO₃²⁻	HCO₃⁻	Cl⁻	SO₄²⁻
0~25	6.9	0.1	2.0	0.3	0.2	0	0.3	1.0	1.1
25~40	7.0	0	1.7	0.3	0.2	0	0.3	1.2	1.1
40~60	6.5	0	1.7	0.3	0.2	0	0.3	1.2	1.1
60~90	6.2	0	2.2	0.2	0.1	0	0.2	1.1	1.1
90~105	6.7	0	2.3	0.2	0.2	0	0.3	1.2	1.0

9.3.10 郭庄系（Guozhuang Series）

土　族：黏质混合型石灰性温性-弱盐淡色潮湿雏形土
拟定者：刘黎明

分布与环境条件　地处海积冲积低平原，地下水位高，且有季节性波动，地下水的矿化度也较高。成土母质为黏质冲积物。暖温带半湿润季风型大陆性气候，具有冷暖干湿四季分明等特点。年平均气温 11.1 ℃，平均最低气温为-10.9 ℃，极端最低温为-22.0 ℃，平均最高气温为29.7 ℃，极端最高气温为39.3 ℃，大于 0 ℃的积温4455.4 ℃，大于 10 ℃的积温为 4050.1 ℃，全年无霜期为 196 天，年均降水量为

郭庄系典型景观

637.0 mm，季节差异明显，6~8 月份降水量占全年降水量的 77%。年蒸发量大于年降水量，干燥度大于 1。原生草甸植被已经为作物所代替。

土系特征与变幅　本土系具有雏形层、淡薄表层、潮湿水分状况、氧化还原特征、盐积现象等诊断层和诊断特性。pH 高达 9。通体质地黏重，除表层为粉砂质黏壤土外，其下部均是粉砂质黏土，黏粒含量 50%左右；土体内有少量贝壳；由于灌溉和雨季淋洗，盐分有下移迹象，土壤表层含盐量<2 g/kg，通体具有石灰反应。

对比土系　乐善系、沙井子系、尧舜系，同一土族，沙井子系、尧舜系表层含盐量都大于 5 g/kg；乐善系的黏土层出现位置在 50cm 以下出现。

利用性能综述　土壤质地通体黏重，透水性差，很容易产生滞涝；因此，要加强现有排水系统的维护。表土层为黏壤土，质地稍轻，但中耕和耕翻应在适耕期。不适宜种植棉花，种植玉米。有灌溉条件的适宜冬小麦。

参比土种　学名：黏质湿潮土；群众名称：无。

代表性单个土体　位于天津市宁河区大北涧沽镇郭庄村，坐标为 39°27′36.18″N，117°33′32.22″E。地形为冲积平原，母质为河流沉积物，海拔-2.1 m，种植作物为黄豆，地表有很少盐斑。野外调查时间 2010 年 9 月 16 日，野外调查编号 12-018。与其相似的单个土体是 2010 年 10 月 2 日采自天津市宁河县潘庄镇西杨庄村（39°21′09.18″N，117°29′08.82″E）12-021 号剖面、2010 年 10 月 2 日采自天津市汉沽区杨家泊镇杨家泊村（39°18′11.28″N，117°56′01.02″E）12-024 号剖面、2011 年 9 月 29 日采自天津市宁河县造甲城镇（39°16′59.94″N，117°25′11.64″E）的 12-076 号剖面、2010 年 8 月 25 日采自宁河县苗庄镇杨庄村（39°24′54.180″N，117°46′26.461″E）的 XY5 号剖面、2010 年 9 月 12

日采自宝坻区郝各庄镇东田五村（39°36′44.942″N，117°19′16.946″E）的 XY14 剖面、2010 年 9 月 12 日采自宝坻区郝各庄镇西田五村（39°36′41.818″N，117°18′27.421″E）XY15 号剖面和 2010 年 8 月 25 日采自宁河县造甲镇大王台村（39°15′51.602″N，117°30′23.879″E）的 XY8 号剖面。

　　Ap：0~15 cm，棕色（7.5YR 5/4，干），暗棕色（7.5YR4/4，润）；粉砂质黏壤土；小粒状结构；疏松；很少量极细根系；中度石灰反应；向下平滑明显过渡。

　　AB：15~55 cm，棕色（7.5YR 5/4，干），暗棕色（7.5YR4/4，润）；粉砂质黏土；小块状结构；疏松；少量的锈纹锈斑；有少量贝壳；轻度石灰反应；向下平滑模糊过渡。

　　2Bhrz1：55~65 cm，暗棕色（7.5YR 4/4，干），暗棕色（7.5YR3/4，润）；粉砂质黏土；粒状结构；坚实；少量的锈

郭庄系代表性单个土体剖面

纹锈斑；中度石灰反应；向下不规则逐渐过渡。

　　2Bhrz2：65~90 cm，暗棕色（7.5YR 4/4，干），暗棕色（7.5YR3/4，润）；粉砂质黏土；粒状结构；坚实；少量的锈纹锈斑；有少量贝壳；中度石灰反应；向下平滑模糊过渡。

　　2Bhrz3：90~110 cm，暗棕色（7.5YR 4/4，干），暗棕色（7.5YR3/4，润）；粉砂质黏土；粒状结构；疏松；少量的锈纹锈斑；轻度石灰反应。

郭庄系代表性单个土体物理性质

| 土层 | 深度 /cm | 细土颗粒组成（粒径：mm）/（g/kg） | | | 质地 | 容重 /（g/cm³） |
		砂粒 2~0.05	粉粒 0.05~0.002	黏粒<0.002		
Ap	0~15	91	563	346	粉砂质黏壤土	1.92
AB	15~55	62	448	490	粉砂质黏土	1.75
2Bhrz1	55~65	40	442	518	粉砂质黏土	1.89
2Bhrz2	65~90	38	477	486	粉砂质黏土	1.82
2Bhrz3	90~110	88	480	433	粉砂质黏土	1.82

郭庄系代表性单个土体化学性质

深度 /cm	pH H₂O	有机质 /（g/kg）	速效钾（K） /（mg/kg）	有效磷（P） /（mg/kg）	游离铁 /（g/kg）	电导率 /（mS/cm）	交换性钠 /[cmol（+）/kg]	CEC /[cmol（+）/kg]
0~15	9.2	18.3	396	4.4	14.3	0.2	0.1	26.6
15~55	8.8	10.8	348	0.7	18.2	0.3	1.7	32.7
55~65	8.9	10.3	388	0.5	19.3	0.4	—	—
65~90	9.1	6.4	348	1.1	15.0	0.3	—	—
90~110	8.6	6.1	343	4.4	17.5	0.4	—	—

| 深度 /cm | 含盐量 /（g/kg） | 盐基离子/（g/kg） | | | | | | | | ESP /% |
		K⁺	Na⁺	Ca²⁺	Mg²⁺	CO₃²⁻	HCO₃⁻	Cl⁻	SO₄²⁻	
0~15	1.2	0	0.1	0.1	0	0	0.3	0.1	0.3	0.5
15~55	1.8	0	0.5	0	0	0	0.5	0.1	0.1	5.1
55~65	2.8	0	0.8	0	0	0	0.4	0.4	0.4	—
65~90	2.2	0	0.7	0.1	0	0	0.3	0.4	0.1	—
90~110	3.2	0	0.7	0	0	0	0.4	0.5	0.5	—

9.3.11 胡庄系（Huzhuang Series）

土　族：黏质混合型非酸性温性-弱盐淡色潮湿雏形土
拟定者：刘黎明

分布与环境条件　地处海积冲积平原上部，地下水位较高，矿化度也较高。沉积物较黏重。暖温带半湿润季风型大陆性气候。具有冷暖干湿差异明显，四季分明的特点。年平均气温 11.1 ℃，平均最低气温为-10.9 ℃，平均最高气温为 29.7 ℃，大于 0℃的积温 4455.4 ℃，大于 10 ℃的积温为 4050.1 ℃，全年无霜期为 196 天。年降水量为 637.0 mm，季节差异明显，6~8 月份降水量占全年降水量的 77%。年蒸发量远大于年降水量。

胡庄系典型景观

土系特征与变幅　本土系具有雏形层、淡薄表层、潮湿水分状况、氧化还原特征、盐积现象等诊断层和诊断特性。土壤通体黏质，形态均一。仅表层有轻微石灰反应，可能是施肥的影响。土壤含盐量呈表聚型。

对比土系　乐善系、尧舜系，同一亚类不同土族，但没有石灰反应。

利用性能综述　土壤通体黏土，透水性很差，容易滞涝。农业利用应建设和维护好排水系统。

参比土种　黏质硫酸盐-氯化物中度盐化潮土。

代表性单个土体　位于天津市宁河区胡庄，坐标为 39°18′11.28″N，117°56′01.02″E。地形为冲积平原，母质为河流沉积物，海拔 2.3 m，种植作物为大豆。野外调查时间 2010 年 10 月 3 日，野外调查编号 12-028。

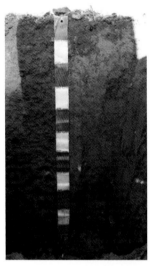

胡庄系代表性单个土体剖面

Apz1：0~10 cm，灰黄棕色（10YR 5/2，干），暗棕色（10YR 3/3，润）；粉砂质黏土；小粒状结构；疏松；很少量极细根系；轻度石灰反应；向下平滑明显过渡。

Apz2：10~30 cm，棕灰色（10YR 6/1，干），暗棕色（10YR 3/3，润）；黏土；小块状结构；坚实；无石灰反应；向下平滑明显过渡。

Br1：30~70 cm，棕灰色（10YR 5/1，干），灰棕色（7.5YR 4/2，润）；黏土；中块状结构；坚实；少量黄棕色铁锈斑纹；无石灰反应；向下平滑逐渐过渡。

Br2：70~85 cm，灰黄棕色（10YR 6/2，干），灰棕色（7.5YR 4/2，润）；黏土；中块状结构；坚实；大量黄棕色铁锈斑纹；无石灰反应；向下平滑明显过渡。

Br3：85~105 cm，浊黄橙色（10YR 7/2，干），灰棕色（7.5YR 4/2，润）；黏土；中块状结构；坚实；大量黄棕色铁锈斑纹；无石灰反应。

胡庄系代表性单个土体物理性质

土层	深度 /cm	细土颗粒组成（粒径：mm）/（g/kg）			质地	容重 /（g/cm³）
		砂粒 2~0.05	粉粒 0.05~0.002	黏粒<0.002		
Apz1	0~10	99	453	448	粉砂质黏土	1.78
Apz2	10~30	261	296	442	黏土	1.73
Br1	30~70	158	313	529	黏土	1.88
Br2	70~85	186	314	500	黏土	1.92
Br3	85~105	379	168	453	黏土	1.83

胡庄系代表性单个土体化学性质

深度 /cm	pH H₂O	有机质 /（g/kg）	速效钾（K） /（mg/kg）	有效磷（P） /（mg/kg）	游离铁 /（g/kg）	交换性钠 /[cmol（+）/kg]	CEC /[cmol（+）/kg]	ESP /%
0~10	8.7	19.0	211	15.8	16.0	0.3	30.7	1.0
10~30	8.6	11.8	136	1.5	17.5	1.1	31.5	3.5
30~70	8.7	10.7	150	1.6	23.1	—	—	—
70~85	8.8	7.1	145	2.3	24.9	—	—	—
85~105	8.3	6.3	136	1.6	18.4	—	—	—

深度 /cm	含盐量 /（g/kg）	盐基离子/（g/kg）							
		K⁺	Na⁺	Ca²⁺	Mg²⁺	CO₃²⁻	HCO₃⁻	Cl⁻	SO₄²⁻
0~10	2.0	0	0.1	0.1	0	0	0.3	0.1	0.6
10~30	2.2	0	0.2	0	0	0	0.2	0.2	0.7
30~70	1.4	0	0.2	0	0	0	0.1	0.2	0.2
70~85	1.4	0	0.2	0	0	0	0.2	0.2	0.2
85~105	1.6	0	0.4	0	0	0	0.4	0.2	0.1

9.3.12　南刘庄系（**Nanliuzhuang Series**）

土　　族：黏壤质盖砂质混合型石灰性温性-弱盐淡色潮湿雏形土
拟定者：刘黎明

分布与环境条件　地处冲积平原下部，地下水位高，且有季节性波动，地下水的矿化度也较高。成土母质为壤砂质冲积物。暖温带半湿润半干旱大陆季风性气候，冬季寒冷干燥，夏季炎热多雨，四季分明。年降水量 606.8 mm，主要集中在 6~9 月份，平均 513.3 mm，占全年降水量的 70%，蒸发量大于降水量，干燥度 1.18。年均温 11.6 ℃，大于 10 ℃ 的积温为 4169.1 ℃。

南刘庄系典型景观

土系特征与变幅　本土系具有雏形层、淡薄表层、潮湿水分状况、氧化还原特征、盐积现象等诊断层和诊断特性。pH>9；通体都具有石灰反应。除表层 20 cm 的黏壤土层外，下部为砂质壤土夹壤质砂土层；土壤盐分呈上高下低态。
对比土系　与本亚类下其他土系的差异在于，本土系颗粒大小级别为黏壤质盖砂质。
利用性能综述　土体质地构型呈上黏下砂型，表土耕性较差，心底土漏水漏肥。农业灌溉和施肥措施应少量多次。可通过深翻，施农家肥来改良土壤结构，提高土壤养分含量。
参比土种　砂质硫酸盐-氯化物中度盐化潮土。

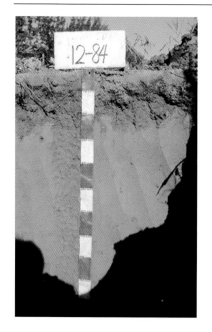

南刘庄系代表性单个土体剖面

代表性单个土体　位于天津市武清区黄花淀镇南刘庄，坐标为 39°22′23.70″N，116°54′10.44″E。地形为冲积平原，母质为砂质冲积物，海拔 3.3 m，采样点为耕地，种植玉米。野外调查时间 2011 年 10 月 1 日，野外调查编号 12-084。

Apz：0~20 cm，浊黄棕色（10YR 5/4，干），深黄棕色（10YR 4/4，润）；黏壤土；粒状结构；疏松；多量细根系；极强石灰反应；向下平滑突然过渡。

Br：20~40 cm，浊黄橙色（10YR 6/4，干），亮黄橙色（10YR 8/3，润）；砂质壤土；粒状结构；疏松；少量中根系；极强石灰反应；向下平滑逐渐过渡。

Brz1：40~80 cm，浊黄棕色（10YR 6/3，干），很少的锈纹锈斑；黄棕色（10YR 5/6，润）；壤质砂土；单粒状结构；疏松；无石灰反应；向下平滑逐渐过渡。

Brz2：80~120 cm，浊黄棕色（10YR 6/3，干），深黄棕色（10YR 4/4，润）；砂质壤土；单粒状结构；疏松；很少的锈纹锈斑；强石灰反应。

南刘庄系代表性单个土体物理性质

土层	深度	细土颗粒组成（粒径：mm）/（g/kg）			质地	容重
	/cm	砂粒 2~0.05	粉粒 0.05~0.002	黏粒<0.002		/（g/cm³）
Apz	0~20	262	370	368	黏壤土	1.61
Br	20~40	526	361	113	砂质壤土	1.89
Brz1	40~80	760	183	56	壤质砂土	1.83
Brz2	80~120	622	329	49	砂质壤土	1.95

南刘庄系代表性单个土体化学性质

深度	pH	有机质	有效磷（P）	交换性钠	CEC	ESP
/cm	H₂O	/（g/kg）	/（mg/kg）	/[cmol（+）/kg]	/[cmol（+）/kg]	/%
0~20	8.8	13.4	1.3	0.2	18.9	1.3
20~40	9.3	5.0	1.1	0.4	11.8	3.1
40~80	9.1	2.1	0.8	—	—	—
80~120	8.9	2.3	0.7	—	—	—

深度	含盐量	盐基离子/（g/kg）							
/cm	/（g/kg）	K⁺	Na⁺	Ca²⁺	Mg²⁺	CO₃²⁻	HCO₃⁻	Cl⁻	SO₄²⁻
0~20	2.0	0	0	0.1	0	0	0.6	0.1	0.4
20~40	1.4	0	0.1	0.1	0	0	0.3	0.2	0
40~80	2.5	0	0.3	0	0	0	0.6	0.4	0.2
80~120	2.6	0	0.5	0.1	0.1	0	0.8	0.7	0.5

9.3.13　曹村埋藏系〔Caocunmaicang Series〕

土　族：黏壤质盖极黏质混合型石灰性温性-弱盐淡色潮湿雏形土
拟定者：刘黎明

分布与环境条件　地处海积冲积低平原，地下水位高，且有季节性波动，地下水的矿化度也较高。暖温带半湿润半干旱大陆季风性气候，冬季寒冷干燥，夏季炎热多雨，四季分明。年平均气温 11.9 ℃，大于 10 ℃的积温为 4226.7 ℃，全年无霜期 219.8 天；年平均降水量为 588.9 mm，多集中在 6~9 月份，占全年降水量的 75%左右，7 月份最多，为 205.5 mm。年平均蒸发量为 1888.4 mm，以 5~6 月份最大，可达 309.8 mm，蒸发量远大于降水量。

曹村埋藏系典型景观

土系特征与变幅　本土系具有雏形层、淡薄表层、潮湿水分状况、氧化还原特征、盐积现象等诊断层和诊断特性。通体都具有石灰反应。土壤盐分呈上高下低态。沉积层理清晰，形成土体中不同质地层次，在 50 cm 深处有厚约 25 cm 的黏粒含量极高（663.3 g/kg）的黏土层，特别是在深约 80 cm 处出现埋藏的腐殖质层。
对比土系　与本亚类下其他土系的差异在于，本土系颗粒大小级别为黏壤质盖极黏质。
利用性能综述　耕作层质地轻，利于耕作；60 cm 处出现极黏土层，形成保水保肥层，也是水分停滞层。表层含盐量大，需要进一步淋洗。排水系统建设对土壤洗盐和防止滞涝至关重要。
参比土种　壤质硫酸盐-氯化物重度盐化潮土。

曹村埋藏系代表性单个土体剖面

代表性单个土体　位于天津市静海区陈官屯镇曹村，坐标为 38°48′48.30″N，117°52′14.64″E。地形为滨海平原，母质为冲积物，海拔–7.9 m，采样点为耕地，种植棉花。野外调查时间 2011 年 9 月 26 日，野外调查编号 12-063。

Apz：0~30 cm，浊黄橙色（10YR 7/3，干），灰黄棕色（10YR 5/2，润）；粉砂壤土；小粒状结构；干时较硬；少量中根系；强石灰反应；向下平滑明显过渡。

Bwz：30~56 cm，浊黄橙色（10YR 6/3，干），橙灰色（10YR 4/1，润）；砂质黏壤土；中粒状结构；干时硬；少量细根系；极强石灰反应；向下平滑明显过渡。

2Brz：56~80 cm，浊黄橙色（10YR 6/3，干），棕灰色（10YR 5/1，润）；黏土；中次棱块状结构；干时极硬；10%左右的小锈纹锈斑；极强石灰反应；向下平滑突然过渡。

3Ahbz：80~120 cm，灰黄棕色（10YR 5/2，干），棕灰色（10YR 4/1，润）；砂质壤土；中粒状结构；干时较硬；中度石灰反应。

曹村埋藏系代表性单个土体物理性质

土层	深度 /cm	细土颗粒组成（粒径：mm）/（g/kg）			质地	容重 /（g/cm³）
		砂粒 2~0.05	粉粒 0.05~0.002	黏粒<0.002		
Apz	0~30	268	560	172	粉砂壤土	1.90
Bwz	30~56	447	217	335	砂质黏壤土	1.99
2Brz	56~80	8	342	663	黏土	1.85
3Ahbz	80~120	557	277	166	砂质壤土	2.03

曹村埋藏系代表性单个土体化学性质

深度 /cm	pH H₂O	有机质 /（g/kg）	速效钾（K） /（mg/kg）	有效磷（P） /（mg/kg）	电导率 /（mS/cm）	交换性钠 /[cmol（+）/kg]	CEC /[cmol（+）/kg]
0~30	8.2	10.8	102	2.5	1.6	1.2	15.3
30~56	8.4	8.0	102	1.6	1.0	1.5	23.3
56~80	8.4	9.6	116	1.0	1.1	—	—
80~120	8.7	8.4	30	1.6	0.6	—	—

深度 /cm	含盐量 /（g/kg）	盐基离子/（g/kg）								ESP /%
		K⁺	Na⁺	Ca²⁺	Mg²⁺	CO₃²⁻	HCO₃⁻	Cl⁻	SO₄²⁻	
0~30	6.6	0	1.5	0.4	0.3	0	0.2	1.7	1.0	7.7
30~56	4.3	0	0.9	0.3	0.2	0	0.1	0.9	1.2	6.5
56~80	4.7	0	1.0	0.3	0.2	0	0.3	1.0	0.7	—
80~120	2.1	0	0.4	0.2	0.1	0	0.3	0.6	0.3	—

9.3.14　薄后系（Bohou Series）

土　族：黏壤质盖黏质混合型石灰性温性-弱盐淡色潮湿雏形土
拟定者：刘黎明

分布与环境条件　地处海积冲积低平原，地下水位高，地下水位浅，一般在 1 m 左右，且有季节性波动，地下水的矿化度也较高。成土母质是冲积物。暖温带半湿润季风型大陆性气候，具有冷暖干湿差异明显，四季分明等特点。年平均气温 11.1 ℃，平均最低气温为-10.9 ℃，极端最低温为-22.0 ℃，平均最高气温为 29.7 ℃，极端最高气温为 39.3 ℃，大于 0 ℃的积温 4455.4 ℃，大于 10 ℃的积温为 4050.1 ℃，全年无霜期为 196 天。年降水量为 637.0 mm，季节差异明显，6~8 月份降水量占全年降水量的 77%。年蒸发量远大于年降水量。

薄后系典型景观

土系特征与变幅　本土系具有雏形层、淡薄表层、潮湿水分状况、氧化还原特征、盐积现象等诊断层和诊断特性。通体都具有石灰反应。剖面土壤盐分含量上下均一。沉积层理清晰，上层为 30 cm 黏壤质，下层为 50 cm 的黏土层，形成强烈对比层次；底层具有少量贝壳。80 cm 处可见地下水。

对比土系　前尚马头系，同一土族，但层次质地构型为粉砂质黏壤土-壤土-黏土-粉砂质黏土-粉砂壤土，土体中没有贝壳。团结村系，同一土族，层次质地构型为粉砂黏土-粉砂壤土-粉砂质黏壤土。李八庄系，同一土族，表层含盐量低于 2 g/kg。

利用性能综述　土壤质地为黏壤质盖黏质，黏土层不仅能够保留下行水、肥，而且能够阻挡上行水所携带的盐分，因而较适宜耕种。但需要加强排水系统的维护。

参比土种　学名：黏质硫酸盐-氯化物中度盐化潮土；群众名称：无。

薄后系代表性单个土体剖面

代表性单个土体 位于天津市宁河区芦台镇薄后村，坐标为 39°20′17.16″N，117°46′46.32″E。地形为滨海平原，母质为河流沉积物，海拔−1.4 m，种植作物为玉米。野外调查时间 2010 年 10 月 1 日，野外调查编号 12-017。与之相似的剖面是 2010 年 10 月 8 日采自天津市北辰区西堤头镇东堤头村（39°16′23.16″N，117°22′01.32″E）的 12-043 号。

Apz1：0~10 cm，灰黄棕色（10YR 5/2，干），暗棕色（10YR 3/3，润）；黏壤土；小粒状结构；疏松；很少细玉米根系；中度石灰反应；向下平滑明显过渡。

Apz2：10~30 cm，灰黄棕色（10YR 6/2，干），黑棕色（10YR 2/3，润）；黏壤土；中等粒状结构；疏松；轻度石灰反应；向下平滑明显过渡。

Bwz：30~60 cm，灰黄棕色（10YR 5/2，干），黑棕色（10YR 2/3，润）；黏土；中等粒状结构；疏松；无石灰反应；向下平滑明显过渡。

Br：60~80 cm，灰黄棕色（10YR 5/2，干），暗棕色（10YR 3/3，润）；黏土；中等块状结构；疏松；有少量贝壳；见大量锈纹锈斑；轻度石灰反应；至 80 cm 见地下水。

薄后系代表性单个土体物理性质

| 土层 | 深度 /cm | 细土颗粒组成（粒径：mm）/（g/kg） | | | 质地 | 容重 /（g/cm³） |
		砂粒 2~0.05	粉粒 0.05~0.002	黏粒<0.002		
Apz1	0~10	413	321	266	黏壤土	1.79
Apz2	10~30	425	274	301	黏壤土	1.74
Bwz	30~60	169	281	551	黏土	1.85
Br	60~80	39	350	611	黏土	1.53

薄后系代表性单个土体化学性质

深度 /cm	pH H₂O	有机质 /（g/kg）	速效钾（K） /（mg/kg）	有效磷（P） /（mg/kg）	游离铁 /（g/kg）	交换性钠 /[cmol（+）/kg]	CEC /[cmol（+）/kg]	ESP /%
0~10	8.6	22.4	348	7.1	15.9	0.2	25.7	0.7
10~30	8.5	18.0	211	1.6	17.0	0.4	31.6	1.2
30~60	8.8	12.9	290	0.5	20.4	—	—	—
60~80	8.4	13.3	244	1.4	21.1	—	—	—

| 深度 /cm | 含盐量 /（g/kg） | 盐基离子/（g/kg） | | | | | | | |
		K⁺	Na⁺	Ca²⁺	Mg²⁺	CO₃²⁻	HCO₃⁻	Cl⁻	SO₄²⁻
0~10	2.3	0	0.1	0.1	0	0	0.3	0.1	0.1
10~30	2.0	0	0.2	0.1	0	0	0.2	0.1	0.2
30~60	2.0	0	0.5	0	0	0	0.1	0.2	0.4
60~80	1.5	0	0.4	0	0	0	0	0.1	0.4

9.3.15　前尚马头系（Qianshangmatou Series）

土　　族：黏壤质盖黏质混合型石灰性温性-弱盐淡色潮湿雏形土
拟定者：刘黎明

分布与环境条件　地处河流冲积平原，地下水位较高，且有季节变化，矿化度也较高。黏质冲积物。暖温带半湿润半干旱大陆季风性气候，冬季寒冷干燥，夏季炎热多雨，四季分明。年平均气温 11.9 ℃，大于 10 ℃的积温为 4226.7 ℃，全年无霜期 219.8 天。年平均降水量为 588.9 mm，多集中在 6~9 月份，占全年降水量的 75%左右，7 月份最多，为 205.5 mm。年平均蒸发量为 1888.4 mm，以 5~6 月份最大，可达 309.8 mm，蒸发量远大于降水量。

前尚马头系典型景观

土系特征与变幅　本土系具有雏形层、淡薄表层等诊断层和潮湿水分状况、氧化还原特征、盐积现象等诊断特性。通体都具有石灰反应。土壤盐分呈上低下高态。土体质地构型呈壤-黏-壤交替，有机质也随之变化。土壤表层含盐量低于心底土。

对比土系　薄后系，同一土族，但层次质地构型为黏壤土-黏土，土体有贝壳。团结村系，同一土族，但 130 cm 深处有埋藏的腐殖质层。李八庄系，同一土族，表层含盐量低于 2 g/kg。

利用性能综述　心土层质地黏重，保水保肥，但透水性差，容易造成滞涝。盐化程度较高，应加强排水系统的维护，进一步洗盐和防止次生盐渍化。可以农作，但排水很重要。

参比土种　壤质硫酸盐-氯化物中度盐化潮土。

代表性单个土体　位于天津市静海区大邱庄镇前尚马头村，坐标为 38°48′29.64″N，117°00′39.42″E。地形为冲积平原，母质为海河河流沉积物，海拔 1.2 m，种植作物为棉花。野外调查时间 2010 年 9 月 16 日，野外调查编号 12-014。与其相似的单个土体是 2010 年 9 月 16 日采自天津市静海县大邱庄镇东尚马头村（38°49′05.64″N，117°01′57.00″E）的 12-013 号剖面和 2010 年 9 月 14 日采自天津市津南区八里台镇大韩庄（38°57′19.32″N，117°16′29.82″E）的 12-002 号剖面。

Apz1: 0~20 cm, 淡棕灰色 (7.5YR 7/2, 干), 棕色 (7.5YR 4/4, 润); 粉砂质黏壤土; 粒状结构; 很疏松; 少量细棉花根系; 强石灰反应; 向下平滑明显过渡。

Apz2: 20~35 cm, 浊橙色 (7.5YR 7/3, 干), 暗棕色 (7.5YR 3/3, 润); 壤土; 小块状结构; 疏松; 少量极细棉花根系; 强石灰反应; 向下平滑明显过渡。

Bwz: 35~60 cm, 灰棕色 (7.5YR 6/2, 干), 棕色 (7.5YR 4/4, 润); 黏土; 中团块状结构; 疏松; 有少量中等粗根系; 极强石灰反应; 向下平滑明显过渡。

Brz1: 60~90 cm, 浊橙色 (7.5YR 7/3, 干), 棕色 (7.5YR 4/3, 润); 粉砂质黏土; 次棱块结构; 坚实; 少量的锈纹锈斑; 强石灰反应; 向下平滑明显过渡。

2Brz2: 90~100 cm, 浊黄橙色 (10YR 7/2, 干), 棕色 (10YR 4/6, 润); 粉砂壤土; 大块状结构; 很坚实; 少量的锈纹锈斑; 强石灰反应; 向下平滑逐渐过渡。

前尚马头系代表性单个土体剖面

2Brz3: 100~110 cm, 淡黄橙色 (10YR 8/3, 干), 棕色 (7.5YR 4/4, 润); 粉砂质黏壤土; 大块状结构; 坚实; 少量的锈纹锈斑; 强石灰反应。

前尚马头系代表性单个土体物理性质

土层	深度 /cm	细土颗粒组成 (粒径: mm) / (g/kg)			质地	容重 / (g/cm³)
		砂粒 2~0.05	粉粒 0.05~0.002	黏粒<0.002		
Apz1	0~20	137	587	276	粉砂质黏壤土	1.61
Apz2	20~35	444	335	221	壤土	1.79
Bwz	35~60	76	326	598	黏土	1.84
Brz1	60~90	59	446	495	粉砂质黏土	1.84
2Brz2	90~100	210	662	128	粉砂壤土	1.74
2Brz3	100~110	56	563	382	粉砂质黏壤土	1.48

前尚马头系代表性单个土体化学性质

深度 /cm	pH H₂O	有机质 / (g/kg)	速效钾 (K) / (mg/kg)	有效磷 (P) / (mg/kg)	游离铁 / (g/kg)	电导率 / (mS/cm)	交换性钠 /[cmol(+)/kg]	CEC /[cmol(+)/kg]
0~20	8.5	17.9	124	2.9	16.8	0.3	0.6	19.4
20~35	8.5	9.7	60	0.7	14.8	0.5	0.7	15.6
35~60	8.5	11.8	110	0.5	28.3	0.8	—	—
60~90	8.4	10.8	72	0.3	27.2	0.7	—	—
90~100	8.4	4.9	29	0.2	14.2	0.7	—	—
100~110	8.5	10.0	58	1.4	25.8	0.6	—	—

深度 /cm	含盐量 / (g/kg)	盐基离子/ (g/kg)								ESP /%
		K⁺	Na⁺	Ca²⁺	Mg²⁺	CO₃²⁻	HCO₃⁻	Cl⁻	SO₄²⁻	
0~20	2.3	0	0.6	0.2	0.1	0	0.3	0.4	0.2	3.1
20~35	3.1	0	0.8	0.2	0.1	0	0.3	0.5	0.7	4.7
35~60	5.8	0	1.4	0.2	0.1	0	0.3	0.6	1.1	—
60~90	4.4	0	1.4	0.1	0.1	0	0.3	0.6	0.9	—
90~100	4.3	0	1.1	0.2	0.1	0	0.2	0.6	0.8	—
100~110	4.8	0	1.4	0.2	0.1	0	0.2	0.6	1.1	—

9.3.16　团结村系（Tuanjiecun Series）

土　族：黏壤质盖黏质混合型石灰性温性-弱盐淡色潮湿雏形土
拟定者：王秀丽

分布与环境条件　地处海积冲积低平原，地下水位高，且有季节性波动，地下水的矿化度也较高。母质为海河河流沉积物。暖温带半湿润季风型大陆性气候，四季分明。年平均气温为12 ℃，大于 10 ℃的积温 4297 ℃，全年无霜期209 天。年平均降水量567.5 mm，多集中在7、8、9 三个月，历年平均值为480.5 mm，占全年降水量85%。年蒸发量远大于年降水量。原为菜地，后改为枣园，已种植五六年，枣树下生长着草本植物，覆盖度为95%左右。

团结村系典型景观

土系特征与变幅　本土系具有雏形层、淡薄表层等诊断层和潮湿水分状况、氧化还原特征、盐积现象等诊断特性。通体都具有石灰反应。土壤盐分含量上低下高。土体质地构型为粉砂壤土夹粉砂黏土。约130 cm 深处出现黑色的埋藏腐殖质层。
对比土系　前尚马头系，同一土族，但130 cm 深处有埋藏的腐殖质层。薄后系，同一土族，但层次质地构型为黏壤土-黏土，土体有贝壳。李八庄系，同一土族，土体中没有埋藏腐殖质层。
利用性能综述　心土层质地黏重，保水保肥，但透水性差，容易造成滞涝。盐化程度较高，应加强排水系统的维护，进一步洗盐和防止次生盐渍化。可以农作，但排水很重要。
参比土种　壤质硫酸盐-氯化物中度盐化潮土。
代表性单个土体　位于天津市大港区太平镇团结村西，坐标为 38°37′04.52″N，117°20′25.31″E。地形为滨海平原，母质为沉积物，海拔-7.66 m，园地。野外调查时间2013 年 5 月 7 日，野外调查编号 W-06。与其相似的单个土体是 2011 年 9 月 26 日采自天津市静海县台头镇八堡村（38°59′09.72″N，116°48′58.92″E）的 12-065 号剖面和 2010 年 9

团结村系代表性单个土体剖面

月 15 日采自大港区小王庄镇刘岗庄（38°42′16.98″N，117°14′51.90″E）的 12-006 号剖面。

Ap: 0~16 cm，黄棕色（10YR 5/4，干），深黄棕色（10YR 4/4，润）；粉砂壤土；薄片状结构；湿时松脆；较多的草本根系；蚯蚓粪便较多；强石灰反应；向下平滑明显过渡。

Bw: 16~39 cm，棕色（7.5YR 5/4，干），棕色（7.5YR 4/4，润）；粉砂黏土；中块状结构；湿时松脆；较多的草本根系；蚯蚓粪便较多；强石灰反应；向下平滑逐渐过渡。

Bwz: 39~58 cm，亮棕色（7.5YR 4/6，干），棕色（7.5YR 4/4，润）；粉砂黏土；中块状结构；湿时坚实；少量草本根系；中量蚯蚓粪便；强石灰反应；向下平滑明显过渡。

2Brz1: 58~73 cm，棕色（7.5YR 5/4，干），亮棕色（7.5YR 4/6，润）；粉砂壤土；薄片状结构；湿时坚实；很少的草本根系；少量的锈纹锈斑；中量蚯蚓粪便；强石灰反应；向下平滑明显过渡。

2Brz2: 73~131 cm，棕色（7.5YR 5/4，干），亮棕色（7.5YR 4/6，润）；粉砂壤土；片状结构；湿时坚实；中量的锈纹锈斑；中量蚯蚓粪便；强石灰反应；向下波状突然过渡。

3Ahbz：131~150 cm，暗灰色（10YR 4/1，干），黑灰色（7.5YR 4/0，润）；粉砂质黏壤土；发育弱的小团粒结构；疏松；多锈纹锈斑；可见小螺蛳壳；强石灰反应。

团结村系代表性单个土体物理性质

土层	深度 /cm	细土颗粒组成（粒径：mm）/（g/kg）			质地
		砂粒 2~0.05	粉粒 0.05~0.002	黏粒<0.002	
Ap	0~16	105	653	242	粉砂壤土
Bw	16~39	10	497	493	粉砂黏土
Bw1	39~58	4	485	511	粉砂黏土
2Brz1	58~73	68	774	159	粉砂壤土
2Brz2	73~131	18	849	133	粉砂壤土
3Ahbz	131~150	143	534	323	粉砂质黏壤土

团结村系代表性单个土体化学性质

深度 /cm	pH		有机质 /（g/kg）	ESP /%	含盐量 /（g/kg）
	H$_2$O	CaCl$_2$			
0~16	8.2	7.8	20.2	11.3	1.3
16~39	8.2	7.9	21.7	4.0	1.9
39~58	8.2	8.0	15.3	9.7	2.9
58~73	8.1	8.0	5.5	23.5	3.2
73~131	8.2	8.0	3.8	20.1	3.4
131~150	8.7	8.1	11.7	8.9	3.2

9.3.17 李八庄系（Libazhuang Series）

土 族：黏壤质盖黏质混合型石灰性温性-弱盐淡色潮湿雏形土
拟定者：刘黎明

分布与环境条件 地处海积冲积低平原，地下水位高，且有季节性波动，地下水的矿化度也较高。成土母质为黏质冲积物。暖温带半湿润半干旱大陆季风性气候，冬季寒冷干燥，夏季炎热多雨，四季分明。年平均气温 11.9 ℃，大于 10 ℃的积温为 4226.7 ℃，全年无霜期 219.8 天；年平均降水量为 588.9 mm，多集中在 6~9 月份，占全年降水量的 75%左右，7 月份最多，为 205.5 mm；年平均蒸发量为 1888.4 mm，以 5~6 月份最大，可达 309.8 mm，蒸发量远大于降水量。

李八庄系典型景观

土系特征与变幅 本土系具有雏形层、淡薄表层、潮湿水分状况、氧化还原特征、盐积现象等诊断层和诊断特性。通体具有石灰反应。通体质地黏重，除表层外，黏粒含量均在 510 g/kg 以上；特别是 50 cm 深处有约 20 cm 厚的黏土层，黏粒含量高达 767.8 g/kg。
对比土系 薄后系、前尚马头系、团结村系，同一土族，但薄后系、前尚马头系表层含盐量均大于 2 g/kg；团结村系 130 cm 深处有埋藏的腐殖质层。
利用性能综述 土壤质地通体黏重，透水性差，特别是心土有 20 cm 厚的极细黏土层，几乎就是不透水层，很容易产生滞涝；因此，要维护好现有排水系统。表层质地黏重、耕性差，不利于耕作，中耕和耕翻应注意在适耕期。
参比土种 学名：黏质湿潮土；群众名称：无。
代表性单个土体 位于天津市静海区大邱庄镇李八庄村，坐标为 38°51′44.70″N，117°00′40.08″E。地形为滨海平原，母质为海河河流沉积物，海拔-0.7 m，种植作物为玉米。野外调查时间 2010 年 9 月 16 日，野外调查编号 12-016。与其相似的单个土体是 2010

李八庄系代表性单个土体剖面

年 10 月 4 日采自天津市宁河县宁河镇艾林村（39°27′17.52″N，117°37′51.48″E）的 12-031 号剖面和 2011 年 9 月 26 日采自天津市西青区精武镇孙庄子村（39°01′07.56″N，117°04′52.32″E）的 12-67 号剖面。

Ap：0~30 cm，黄棕色（10YR 5/4，干），暗黄棕色（10YR 4/4，润）；黏壤土；小粒状结构；坚实；少量细根系；强石灰反应；向下平滑明显过渡。

Brz1：30~55 cm，黄棕色（10YR 5/4，干），暗黄棕色（10YR 4/4，润）；黏土；小块状结构；极坚实；很少量极细根系；少量锈纹锈斑；强石灰反应；向下平滑明显过渡。

Brz2：55~75 cm，暗黄棕色（10YR 4/4，干），暗黄棕色（10YR 3/4，润）；黏土；中等块状结构；坚实；少量的锈纹锈斑；中度石灰反应；向下平滑明显过渡。

BCz：75~115 cm，暗黄棕色（10YR 4/4，干），暗黄棕色（10YR 3/4，润）；黏土；大块状结构；坚实；少量的锈纹锈斑；中度石灰反应。

李八庄系代表性单个土体物理性质

| 土层 | 深度 | 细土颗粒组成（粒径：mm）/（g/kg） | | | 质地 | 容重 |
	/cm	砂粒 2~0.05	粉粒 0.05~0.002	黏粒<0.002		/（g/cm³）
Ap	0~30	447	253	301	黏壤土	1.71
Brz1	30~55	158	292	550	黏土	1.77
Brz2	55~75	33	199	768	黏土	1.44
BCz	75~115	224	261	514	黏土	1.67

李八庄系代表性单个土体化学性质

| 深度 | pH | 有机质 | 速效钾（K） | 有效磷（P） | 游离铁 | 交换性钠 | CEC | ESP |
/cm	H_2O	/（g/kg）	/（mg/kg）	/（mg/kg）	/（g/kg）	/[cmol（+）/kg]	/[cmol（+）/kg]	/%
0~30	8.6	15.7	162	3.3	19.2	0.2	23.5	1.0
30~55	9.1	11.7	144	1.3	24.6	1.6	30.6	5.2
55~75	8.7	11.2	153	0.9	32.3	—	—	—
75~115	8.5	9.2	158	2.0	30.4	—	—	—

| 深度 | 含盐量 | 盐基离子/（g/kg） | | | | | | | |
/cm	/（g/kg）	K^+	Na^+	Ca^{2+}	Mg^{2+}	CO_3^{2-}	HCO_3^-	Cl^-	SO_4^{2-}
0~30	1.3	0	0.1	0.1	0	0	0.3	0.1	0.1
30~55	2.4	0	0.5	0	0	0	0.5	0.1	0.1
55~75	3.9	0	1.2	0.1	0.1	0	0.3	0.3	1.0
75~115	3.3	0	1.1	0.2	0.1	0	0.3	0.4	0.7

9.3.18 甜水井系（Tianshuijing Series）

土　族：黏壤质混合型石灰性温性-弱盐淡色潮湿雏形土
拟定者：刘黎明

分布与环境条件　地处海积冲积低平原，地下水位高，且有季节性波动，地下水的矿化度也较高。成土母质为冲积物。暖温带半湿润季风型大陆性气候，四季分明。年平均气温为 12 ℃，大于 10 ℃的积温 4297 ℃，全年无霜期 209 天。年平均降水量 567.5 mm，多集中在 7、8、9 三个月，历年平均值为 480.5 mm，占全年降水量 85%。年蒸发量远大于年降水量，蒸发量历年平均值，以 5 月份为最大，其值为 345.6 mm；12 月份最小，其值为 44.9 mm。

甜水井系典型景观

土系特征与变幅　本土系具有雏形层、淡薄表层、潮湿水分状况、氧化还原特征、盐积现象等诊断层和诊断特性。通体都具有石灰反应。剖面土壤盐分上下均一。土体质地构型为地表到 40 cm 深为粉砂壤土，之下为粉砂黏土。

对比土系　武陈庄系、联盟系、板桥农场系、小王庄系、西魏店系、杨店系、潘家洼系、团结十队系，同一土族，武陈庄系层次质地构型为黏壤土-黏土；联盟系通体为粉砂质黏壤土；板桥农场系层次质地构型为粉砂质黏壤土-粉砂质黏壤土-壤质砂土-粉砂质黏壤土；土体中贝壳多；小王庄系层次质地构型为粉砂壤土-粉砂质黏壤土-粉砂壤土-粉砂质黏壤土-砂质黏土，且其底层有质地黏重的含贝壳的埋藏腐殖质层；西魏甸系层次质地构型为壤土-黏壤土-粉砂质黏壤土；杨店系通体为壤土；潘家洼系层次质地构型为壤土-砂质黏壤土；团结十队系层次质地构型为粉砂黏壤土夹粉砂壤土。

利用性能综述　耕作层质地轻，利于耕作；40 cm 处出现黏土层，形成保水保肥层，也是水分停滞层。排水系统建设对土壤洗盐和防止滞涝至关重要。盐分含量虽然不高，但需要进一步淋洗和防止次生盐渍化。适合农用。

参比土种　壤质硫酸盐-氯化物中度盐化潮土。

甜水井系代表性单个土体剖面

代表性单个土体　位于天津市大港区中塘镇甜水井村，坐标为 38°45′39.42″N，117°14′25.20″E。地形为滨海平原，母质为海河水系冲积物，海拔 6.4 m，种植谷子。野外调查时间为 2010 年 9 月 15 日，野外调查编号 12-005。

Apz1：0~30 cm，浊棕色（7.5YR 5/3，干），棕色（7.5YR 4/6，润）；粉砂壤土；小粒状结构；疏松；中量细谷物根系；极强石灰反应；向下平滑明显过渡。

Apz2：30~40 cm，淡棕灰色（7.5YR 7/2，干），棕色（10YR 4/6，润）；粉砂壤土；小粒状结构；疏松；少量极细谷物根系；极强石灰反应；向下平滑明显过渡。

Bwz：40~85 cm，浊棕色（7.5YR 6/3，干），棕色（7.5YR 4/6，润）；粉砂质黏土；中粒状结构；坚实；很少量极细谷物根系；强石灰反应；向下平滑明显过渡。

Brz：85~120 cm，浊橙色（5YR 6/3，干），红棕色（5YR 4/6，润）；粉砂质黏土；大块状结构；坚实；少量锈纹锈斑；强石灰反应。

甜水井系代表性单个土体物理性质

| 土层 | 深度 | 细土颗粒组成（粒径：mm）/（g/kg） | | | 质地 | 容重 |
	/cm	砂粒 2~0.05	粉粒 0.05~0.002	黏粒<0.002		/（g/cm³）
Apz1	0~30	230	581	190	粉砂壤土	1.69
Apz2	30~40	182	564	254	粉砂壤土	1.67
Bwz	40~85	83	461	457	粉砂质黏土	1.75
Brz	85~120	103	498	399	粉砂质黏土	1.45

甜水井系代表性单个土体化学性质

| 深度 | pH | 有机质 | 速效钾（K） | 有效磷（P） | 游离铁 | 交换性钠 | CEC | ESP |
/cm	H₂O	/（g/kg）	/（mg/kg）	/（mg/kg）	/（g/kg）	/[cmol（+）/kg]	/[cmol（+）/kg]	/%
0~30	8.3	10.5	43	0	18.2	0.1	15.9	0.8
30~40	8.5	4.9	33	1.8	20.7	0.4	15.1	2.8
40~85	8.2	9.0	98	1.2	28.4	—	—	—
85~120	8.4	7.3	91	0	27.8	—	—	—

| 深度 | 含盐量 | 盐基离子/（g/kg） | | | | | | | |
/cm	/（g/kg）	K⁺	Na⁺	Ca²⁺	Mg²⁺	CO₃²⁻	HCO₃⁻	Cl⁻	SO₄²⁻
0~30	2.1	0	0.1	0.1	0	0	0.2	0.1	0.6
30~40	2.5	0	0.4	0.2	0	0	0.2	0.2	0.2
40~85	2.7	0	0.6	0.2	0.1	0	0.3	0.3	0.7
85~120	3.1	0	0.7	0.3	0.1	0	0.2	0.5	0.3

9.3.19 武陈庄系（Wuchenzhuang Series）

土　族：黏壤质混合型石灰性温性-弱盐淡色潮湿雏形土
拟定者：刘黎明

分布与环境条件　地处冲积低平原，地下水位高，一般在 0.6~1 m 左右，且有季节性波动，地下水的矿化度也较高。成土母质为冲积物。主要分布在武清、宝坻等地。暖温带半湿润大陆季风性气候。降雨偏少，年均降水量606.8 mm，主要集中在 6~9月份，平均 513.3 mm，占全年降水量的 70%，雨量分配不均。年蒸发量远大于年降水量，干燥度 1.18。年均温11.6 ℃，大于 10 ℃的积温为 4169.1 ℃。土地利用现状

武陈庄系典型景观

多种植棉花、小麦、玉米等农作物，一年两熟。

土系特征与变幅　本土系具有雏形层、淡薄表层诊断层和潮湿水分状况、氧化还原特征、盐积现象等诊断特性。所处地势低洼，地下水位较高，一般在 0.6~1.0 m 左右。剖面土壤盐分含量上下均一。剖面土壤质地整体较黏重，土层上部为黏壤土，下部 55 cm 为黏土。耕层深厚疏松，有蚯蚓和蚯蚓孔。通体具有石灰反应。

对比土系　甜水井系、联盟系、板桥农场系、小王庄系、西魏甸系、杨店系、潘家洼系、团结十队系，同一土族，甜水井系层次质地构型为粉砂壤土-粉砂质黏壤土；联盟系通体为粉砂质黏壤土；板桥农场系层次质地构型为粉砂质黏壤土-粉砂质黏土-壤质砂土-粉砂质黏壤土，土体中贝壳多；小王庄系层次质地构型为粉砂壤土-粉砂质黏壤土-粉砂壤土-粉砂质黏壤土-砂质黏土，且其底层有质地黏重的含贝壳的埋藏腐殖质层；西魏甸系层次质地构型为壤土-黏壤土-粉砂质黏壤土；杨店系通体为壤土；潘家洼系层次质地构型为壤土-砂质黏壤土；团结十队系层次质地构型为粉砂黏壤土夹粉砂壤土。

利用性能综述　耕层质地较黏重，适耕期短，整体土质黏重，虽有利于保水保肥，但不利于内排水。排水系统的建设对土壤洗盐和防止滞涝至关重要。盐分含量虽然不高，但需要进一步淋洗和防止次生盐渍化。适合农用。

参比土种　壤质硫酸盐-氯化物中度盐化潮土。

武陈庄系代表性单个土体剖面

代表性单个土体　位于天津市武清区大黄堡镇陈庄，坐标为 39°24′09.84″N，117°17′10.44″E。地形为冲积平原，母质为湖相沉积物，海拔 3 m，采样点为小麦-玉米（棉花）轮作旱地。野外调查时间 2010 年 10 月 5 日，野外调查编号 12-035。与其相似的单个土体是 2010 年 10 月 5 日采自天津市宝坻区尔王庄乡黄花淀村（39°24′07.02″N，117°22′35.82″E）剖面。

Apz1：0~15 cm，暗黄棕色（10YR 4/4，干），暗黄棕色（10YR 3/4，润）；黏壤土；小粒状结构；疏松；中量细玉米根系；少量蚯蚓和蚯蚓孔；孔内填充细土；轻度石灰反应；向下平滑明显过渡。

Apz2：15~25 cm，暗黄棕色（10YR 4/4，干），暗黄棕色（10YR 3/4，润）；黏壤土；中粒状结构；很坚实；少量极细玉米根系；少量蚯蚓和蚯蚓孔；孔内填充细土；轻度石灰反应；向下不规则明显过渡。

Bwrz：25~80 cm，棕黄色（10YR 6/6，干），黄棕色（10YR 5/6，润）；黏土；棱块状结构，有些结构体面光亮；坚实；少量极细玉米根系；大量锈纹锈斑；强石灰反应。

武陈庄系代表性单个土体物理性质

土层	深度 /cm	细土颗粒组成（粒径：mm）/（g/kg）			质地	容重 /（g/cm³）
		砂粒 2~0.05	粉粒 0.05~0.002	黏粒<0.002		
Apz1	0~15	381	272	347	黏壤土	2.12
Apz2	15~25	300	363	337	黏壤土	1.81
Bwrz	25~80	248	278	474	黏土	1.88

武陈庄系代表性单个土体化学性质

深度 /cm	pH H₂O	有机质 /（g/kg）	速效钾（K） /（mg/kg）	有效磷（P） /（mg/kg）	游离铁 /（g/kg）	交换性钠 /[cmol(+)/kg]	CEC /[cmol(+)/kg]	ESP /%
0~15	8.4	18.1	180	0.5	18.4	0.9	33.5	2.5
15~25	8.4	14.0	133	0.9	17.2	1.2	27.4	4.3
25~80	8.7	7.3	171	0.8	25.0	—	—	—

深度 /cm	含盐量 /（g/kg）	盐基离子/（g/kg）							
		K⁺	Na⁺	Ca²⁺	Mg²⁺	CO₃²⁻	HCO₃⁻	Cl⁻	SO₄²⁻
0~15	2.1	0	0.5	0.1	0	0	0.3	0.3	0.1
15~25	2.3	0	0.6	0.1	0	0	0.3	0.2	0.4
25~80	3.0	0	0.8	0.1	0	0	0.2	0.3	0.4

9.3.20 联盟系（Lianmeng Series）

土　族：黏壤质混合型石灰性温性-弱盐淡色潮湿雏形土
拟定者：王秀丽

分布与环境条件　主要分布在天津海积平原区，地下水位高，且矿化度高。成土母质为海积物，质地黏重。暖温带半湿润季风型大陆性气候，四季分明。年平均气温为 12 ℃，大于 10 ℃的积温 4297 ℃，全年无霜期 209 天。年平均降水量 567.5 mm，多集中在 7、8、9 三个月，历年平均值为 480.5 mm，占全年降水量 85%。年蒸发量大于年降水量，干燥度大于 1，蒸发量历年平均值，以 5 月

联盟系典型景观

份为最大，其值为 345.6 mm，12 月份最小，其值为 44.9 mm。1956~1966 年种植过水稻，之后弃耕，现为荒草地。地表植被为碱蓬、黄须菜、芦苇，覆盖度为 70%~80%。

土系特征与变幅　本土系具有雏形层、淡薄表层、潮湿水分状况、氧化还原特征、盐积现象等诊断层和诊断特性。ESP 较高。黏壤质颗粒大小级别。地表有很薄的灰黑色结皮，剖面通体质地均一，为粉砂质黏壤土，有贝壳。在 20~40 cm 的土层间，颜色比上下土层稍灰暗。90 cm 处出现地下水。

对比土系　甜水井系、武陈庄系、板桥农场系、小王庄系、西魏甸系、杨店系、潘家洼系、团结十队系，同一土族，甜水井系层次质地构型为粉砂壤土-粉砂质黏土，武陈庄系层次质地构型为黏壤土-黏土；板桥农场系层次质地构型为粉砂质黏壤土-粉砂质黏土-壤质砂土-粉砂质黏壤土，土体中贝壳多；小王庄系层次质地构型为粉砂壤土-粉砂质黏壤土-粉砂壤土-粉砂质黏壤土-砂质黏土，且其底层有质地黏重的含贝壳的埋藏腐殖质层；西魏甸系层次质地构型为壤土-黏壤土-粉砂质黏壤土，杨店系通体为壤土，潘家洼系层次质地构型为壤土-砂质黏壤土；团结十队系层次质地构型为粉砂黏壤土夹粉砂壤土。

利用性能综述　土壤含有一定盐分，虽然盐分含量不高，但地下水位浅且矿化度高，如果种植作物，需排水降低地下水位。灌溉洗盐，成本高昂，不适宜耕种，适宜利用方向是水产养殖、晒盐或保留天然耐盐碱植物作为生态用地。

参比土种　壤质氯化物重度盐化潮土。

联盟系代表性单个土体剖面

代表性单个土体　位于天津市大港区港西街联盟村，坐标为 38°36′15.71″N，117°24′57.27″E。地形为滨海平原，母质为海沉积物，海拔-5 m，采样点为未利用地。野外调查时间 2013 年 5 月 10 日，野外调查编号 w-10。与其相似的单个土体是 2010 年 9 月 15 日采自大港区港西街联盟村（38°40′35.28″N，117°26′05.46″E）的 12-009 号剖面。

Ahz：0~19 cm，棕色（10YR 4/3，干），深棕色（10YR 3/3，润）；粉砂质黏壤土；屑粒状结构；湿时松脆；0.5~2 mm 的草本根系 15~20 条/dm²；有田鼠、贝壳；强石灰反应；向下平滑逐渐过渡。

Brz1：19~39 cm，深棕色（10YR 3/3，干），深灰棕色（10YR 3/2，润）；粉砂质黏壤土，片状结构，坚实；<1 mm 粗的草本根系 5~10 条/dm²；土体内可见较多贝壳；强石灰反应；向下平滑明显过渡。

Brz2：39~54 cm，棕色（10YR 4/3，干），深黄棕色（10YR 4/4，润）；粉砂质黏壤土，片状结构，中等厚度；坚实；<1 mm 粗的草本根系<3 条/dm²；结构体面上有 5%~10%的铁锈纹，对比度明显，边界清晰；强石灰反应；向下平滑逐渐过渡。

Brz3：54~90 cm，棕色（10YR 4/3，干），深黄棕色（10YR 4/4，润）；粉砂质黏壤土，小棱块结构；坚实；结构体面上有 5%~10%的铁锈纹，对比度明显，边界清晰；有贝壳；强石灰反应。

联盟系代表性单个土体物理性质

土层	深度 /cm	细土颗粒组成（粒径：mm）/（g/kg）			质地
		砂粒 2~0.05	粉粒 0.05~0.002	黏粒<0.002	
Ahz	0~19	100	598	302	粉砂质黏壤土
Brz1	19~39	100	593	307	粉砂质黏壤土
Brz2	39~54	56	585	359	粉砂质黏壤土
Brz3	54~90	70	568	362	粉砂质黏壤土

联盟系代表性单个土体化学性质

深度 /cm	pH		有机质 /（g/kg）	ESP /%	含盐量 /（g/kg）	盐基离子/（g/kg）							
	H_2O	$CaCl_2$				K^+	Na^+	Ca^{2+}	Mg^{2+}	HCO_3^-	CO_3^{2-}	Cl^-	SO_4^{2-}
0~19	8.5	8.1	6.9	46.1	7.9	0.1	1.5	0.1	0.1	0.4	0	3.9	0.1
19~39	8.6	8.1	10.1	27.7	7.0	0.1	1.4	0	0.1	0.4	0	3.7	0.1
39~54	8.8	8.1	8.4	26.1	8.4	0.1	1.6	0.1	0.1	0.4	0	4.2	0.3
54~90	8.4	8.3	7.1	37.2	10.6	0.1	1.9	0.1	0.1	0.4	0	5.3	0.1

9.3.21 板桥农场系（Banqiaonongchang Series）

土　族：黏壤质混合型石灰性温性-弱盐淡色潮湿雏形土
拟定者：王秀丽

分布与环境条件　主要分布在天津海积平原区，地下水位高，且矿化度高。成土母质为海积物，质地黏重。暖温带半湿润季风型大陆性气候，四季分明。年平均气温为 12 ℃，大于 10 ℃的积温 4297 ℃，全年无霜期 209 天。年平均降水量 567.5 mm，多集中在 7、8、9 三个月，历年平均值为 480.5 mm，占全年降水量 85%。年蒸发量远远大于年降水量。蒸发量历年平均值，以 5 月份为最大，其值为 345.6 mm；12 月份

板桥农场系典型景观

最小，其值为 44.9 mm。剖面所在地植被为黄须菜、芦苇，覆盖度为 20% 左右。

土系特征与变幅　本土系具有雏形层、淡薄表层、潮湿水分状况、氧化还原特征、盐积现象等诊断层和诊断特性。pH 和 ESP 较高。剖面周边有大量贝壳、盐斑沉积层理清晰。表层与底部均为粉砂质黏壤土，中部分别为粉砂质黏土和壤质砂土层。30 cm 处有 5 cm 左右厚的含大量贝壳的土层，贝壳占 80% 左右，细土物质为粉砂质黏壤土。60 cm 处出现厚约 10 cm 的比上下土层有机质含量均高的埋藏的腐殖质层。整个剖面通体贝壳较多。

对比土系　甜水井系、武陈庄系、联盟系、小王庄系、西魏甸系、杨店系、潘家洼系、团结十队系，同一土族，甜水井系层次质地构型为粉砂壤土-粉砂质黏土；武陈庄系层次质地构型为黏壤土-黏土；联盟系通体为粉砂质黏壤土；小王庄系层次质地构型为粉砂壤土-粉砂质黏壤土-粉砂壤土-粉砂质黏壤土-砂质黏土，且其底层有质地黏重的含贝壳的埋藏腐殖质层；西魏甸系层次质地构型为壤土-黏壤土-粉砂质黏壤土；杨店系通体为壤土；潘家洼系层次质地构型为壤土-砂质黏壤土；团结十队系层次质地构型为粉砂黏壤土夹粉砂壤土。

利用性能综述　土壤盐分含量高，地下水位浅且矿化度高，如果种植作物，需排水降低地下水位，灌溉洗盐，成本高昂，不适宜耕种。适宜利用方向是水产养殖和晒盐或保留天然耐盐碱植物作为生态用地。

参比土种　壤质苏打-氯化物重度盐化潮土。

代表性单个土体　位于天津市大港区板桥农场 4 队，坐标为 38°53′26.65″N，117°28′42.95″E。地形为滨海平原，母质为沉积物，海拔 -6.19 m，采样点为未利用地。野外调查时间 2013 年 5 月 15 日，野外调查编号 W-13。

桥农场系代表性单个土体
剖面

Ahz：0~30 cm，棕色（10YR 4/3，干），深棕色（10YR 3/3，润）；粉砂质黏壤土；薄片状结构；湿时松脆；0.5~5.0 mm 粗的草本根系<5 条/dm²；有 40%~50%贝壳；强石灰反应；向下平滑突然过渡。

Brz1：30~36 cm，浅棕色（10YR 6/3，干），黄棕色（10YR 5/4，润）；粉砂质黏壤土；薄片状结构；湿时松脆；0.5~5.0 mm 粗的草本根系<3 条/dm²；有塑料薄膜侵入体；有 5%的 2~5 mm 的锰斑，对比度明显；80%为贝壳，形成明显的贝壳层；强石灰反应；向下平滑明显过渡。

Brz2：36~55 cm，深黄棕色（10YR 4/4，干），棕色（10YR 4/3，润）；粉砂质黏土；薄片状结构；湿时松脆；0.5~5.0 mm 粗的草本根系<3 条/dm²；结构体面上有 5%的 1~2 mm 的铁锈纹，对比度不明显；强石灰反应；有<10%的贝壳；强石灰反应；向下平滑突然过渡。

2Brz：55~62 cm，黄棕色（10YR 5/4，干），深黄棕色（10YR 4/4，润）；壤质砂土；无结构；湿时松脆；结构体面上有<5%的锈纹，对比度不明显；有 15%~20%的贝壳；强石灰反应；向下平滑突然过渡。

3Ahbz：62~70 cm，深灰棕色（10YR 4/2，干），暗深灰棕色（10YR 3/2，润）；粉砂质黏壤土；小块状结构；湿时坚实；结构体面上有 10%~15%的 2~5 mm 锈纹，比较明显；有<10%的贝壳；弱石灰反应；向下平滑突然过渡。

4Brz：70~93 cm，深黄棕色（10YR 4/4，干），棕色（10YR 4/3，润）；粉砂质黏壤土；小块状结构；湿时坚实；结构体面上有 10%~15%的 2~3 mm 的锈纹，对比度明显；有 10%的贝壳；强石灰反应。

板桥农场系代表性单个土体物理性质

土层	深度 /cm	细土颗粒组成（粒径：mm）/（g/kg）			质地
		砂粒 2~0.05	粉粒 0.05~0.002	黏粒<0.002	
Ahz	0~30	142	575	283	粉砂质黏壤土
Brz1	30~36	167	512	322	粉砂质黏壤土
Brz2	36~55	84	486	430	粉砂质黏土
2Brz	55~62	844	77	79	壤质砂土
3Ahbz	62~70	130	513	358	粉砂质黏壤土
4Brz	70~93	153	562	285	粉砂质黏壤土

板桥农场系代表性单个土体化学性质

深度 /cm	pH		电导率 /（mS/cm）	有机质 /（g/kg）	ESP /%	含盐量 /（g/kg）	盐基离子/（g/kg）							
	H₂O	CaCl₂					K⁺	Na⁺	Ca²⁺	Mg²⁺	HCO₃⁻	CO₃²⁻	Cl⁻	SO₄²⁻
0~30	8.8	8.1	2.7	9.4	28.4	4.8	0.1	0.8	0	0	0.7	0	1.9	0.8
30~36	8.7	8.1	2.2	8.0	31.3	3.6	0.1	0.6	0	0	0.7	0	1.4	0.5
36~55	8.8	8.2	2.7	9.3	28.2	4.4	0.1	0.8	0	0	0.6	0	1.8	0.6
55~62	9.1	8.0	1.5	2.6	19.5	2.5	0	0.8	0	0	0.4	0	0.9	0.3
62~70	8.6	8.0	2.8	8.7	25.4	4.6	0.1	0.8	0	0	0.5	0	2.0	0.6
70~93	8.7	8.0	2.9	1.4	25.7	5.0	0.1	0.7	0.1	0	0.5	0	2.2	0.7

9.3.22　小王庄系（Xiaowangzhuang Series）

土　族：黏壤质混合型石灰性温性-弱盐淡色潮湿雏形土
拟定者：王秀丽

小王庄系典型景观

分布与环境条件　地处海积冲积低平原，地下水位高，且有季节性波动，地下水的矿化度也较高。母质为海河河流沉积物。暖温带半湿润季风型大陆性气候，四季分明。年平均气温为 12 ℃，大于 10 ℃的积温 4297 ℃，全年无霜期 209 天。年平均降水量 567.5 mm，多集中在 7、8、9 三个月，历年平均值为 480.5 mm，占全年降水量 85%。年蒸发量远大于年降水量。原来是农田，种植过棉花。现撂荒为盐荒地，作为改良盐碱土的对照。自然植被为碱蓬等耐盐植物。

土系特征与变幅　本土系具有雏形层、淡薄表层等诊断层和潮湿水分状况、氧化还原特征、盐积现象等诊断特性。通体都具有石灰反应。土体质地构型为粉砂黏壤夹粉砂壤土，且其底层有质地黏重的含贝壳的埋藏腐殖质层。

对比土系　甜水井系、武陈庄系、联盟系、板桥农场系、西魏甸系、杨店系、潘家洼系、团结十队系，同一土族，甜水井系层次质地构型为粉砂壤土-粉砂质黏土；武陈庄系层次质地构型为黏壤土-黏土；联盟系通体为粉砂质黏壤土；板桥农场系层次质地构型为粉砂质黏壤土-粉砂质黏土-壤质砂土-粉砂质黏壤土；土体中贝壳多；西魏甸系层次质地构型为壤土-黏壤土-粉砂质黏壤土，杨店系通体为壤土，潘家洼系层次质地构型为壤土-砂质黏壤土；团结十队系层次质地构型为粉砂黏壤土夹粉砂壤土。

利用性能综述　通体质地适中，通透性较好，且保水保肥性能也较好；耕层质地较轻有利于耕作。本是盐荒地，地下水位及其矿化度都较高，经过改良才使得盐分含量降低，但相比其他地方依然较高。若进行种植，需种植耐盐作物，而且需建设良好的排水系统，防止恢复盐渍化。

参比土种　壤质苏打-氯化物重度盐化潮土。

代表性单个土体　位于天津市大港区小王庄镇天津农科院资环所试验站，坐标为 38°44′17.78″N，117°13′24.28″E。地形为滨海平原，母质为海积冲积物，海拔 2.4 m，采样点为未利用地，植被为碱蓬等草本植物，覆盖度 70%~80%。野外调查时间 2013 年 5 月 8 日，野外调查编号 W-07。

小王庄系代表性单个土体剖面

Apz1：0~15 cm，淡黄棕色（10YR 7/4，干），深黄棕色（10YR 4/4，润）；粉砂壤土，屑粒状结构；湿时松脆；2~5 mm 粗的草本根系 10 条/dm²；强石灰反应；向下平滑明显过渡。

Apz2：15~29 cm，棕色（7.5YR 5/4，干），深黄棕色（10YR 3/4，润）；粉砂质黏壤土，片状结构；湿时松脆；1~2 mm 粗的草本根系 10~15 条/dm²；有塑料薄膜侵入体。强石灰反应；向下平滑明显过渡。

Bwz1：29~42 cm，淡棕色（7.5YR 6/4，干），深黄棕色（10YR 4/6，润）；粉砂壤土，次棱块状结构；湿时坚实；1 mm 粗的草本根系<5 条/dm²；强石灰反应；向下平滑模糊过渡。

Bwz2：42~97 cm，棕色（7.5YR 5/4，干），深黄棕色（10YR 4/4，润）；粉砂壤土，屑粒状结构；湿时松脆；极强石灰反应；向下平滑模糊过渡。

Brz：97~122 cm，棕色（7.5YR 5/4，干），深棕色（7.5YR 3/4，润）；粉砂质黏壤土，中次棱块状结构；湿时坚实；有 50% 的 2~4 mm 的对比度清晰边界明显的铁锰斑纹；中度石灰反应；向下不规则突然过渡。

2Bhgz：122~150 cm，深灰棕色（10YR 4/2，干），深黑灰色（10YR 3/1，润）；砂质黏土，块状结构；湿时坚实；有贝壳；中度石灰反应。

小王庄系代表性单个土体物理性质

土层	深度 /cm	细土颗粒组成（粒径：mm）/（g/kg）			质地
		砂粒 2~0.05	粉粒 0.05~0.002	黏粒<0.002	
Apz1	0~15	108	691	201	粉砂壤土
Apz2	15~29	46	616	338	粉砂质黏壤土
Bwz1	29~42	45	708	247	粉砂壤土
Bwz2	42~97	46	711	243	粉砂壤土
Brz	97~122	64	564	373	粉砂质黏壤土
2Bhgz	122~150	9	451	541	砂质黏土

小王庄系代表性单个土体化学性质

深度 /cm	pH		电导率 /（mS/cm）	有机质 /（g/kg）	ESP /%	含盐量 /（g/kg）	盐基离子/（g/kg）							
	H₂O	CaCl₂					K⁺	Na⁺	Ca²⁺	Mg²⁺	HCO₃⁻	CO₃²⁻	Cl⁻	SO₄²⁻
0~15	7.7	8.0	2.6	6.0	13.4	4.6	0	0.8	0.1	0	0.6	0	1.8	1.3
15~29	7.7	7.8	3.0	14.0	13.1	5.8	0	0.9	0.2	0.1	0.5	0	1.8	0.7
29~42	8.0	8.0	2.3	2.4	16.9	4.2	0	0.7	0.1	0	0.7	0	1.2	1.3
42~97	8.0	8.0	2.3	6.5	17.0	4.1	0	0.7	0.1	0	0.6	0	1.2	1.1
97~122	8.0	8.1	2.2	4.7	12.6	3.7	0	0.7	0.1	0	0.9	0	1.2	1.0
122~150	8.0	8.1	2.2	12.5	21.0	3.7	0	0.7	0.1	0	0.7	0	1.3	1.0

9.3.23 西魏甸系（Xiweidian Series）

土　　族：黏壤质混合型石灰性温性-弱盐淡色潮湿雏形土
拟定者：刘黎明

分布与环境条件　地处海积冲积低平原，地下水位高，且有季节性波动，地下水的矿化度也较高。暖温带半湿润季风型大陆性气候，具有冷暖干湿差异明显，四季分明等特点。年平均气温 11.1 ℃，平均最低气温为-10.9 ℃，极端最低温为-22.0 ℃，平均最高气温为29.7 ℃。大于 0 ℃的积温 4455.4 ℃，大于 10 ℃的积温为 4050.1 ℃，全年无霜期为196 天。年均降水量为 637.0 mm，季节差异明显，6~8 月份降水量占全年降水量的 77%。年蒸发量远大于年降水量。

西魏甸系典型景观

土系特征与变幅　本土系具有雏形层、淡薄表层等诊断层和潮湿水分状况、氧化还原特征、盐积现象等诊断特性。土体质地构型为上部 40 cm 的壤土层下为黏壤土层。通体具有石灰反应。

对比土系　甜水井系、武陈庄系、联盟系、板桥农场系、小王庄系、杨店系、潘家洼系、团结十队系，同一土族，甜水井系层次质地构型为粉砂壤土-粉砂质黏土；武陈庄系层次质地构型为黏壤土-黏土；联盟系通体为粉砂质黏壤土；板桥农场系层次质地构型为粉砂质黏壤土-粉砂质黏壤土-壤质砂土-粉砂质黏壤土，土体中贝壳多；小王庄系层次质地构型为粉砂壤土-粉砂质黏壤土-粉砂壤土-粉砂质黏壤土-砂质黏土，且其底层有质地黏重的含贝壳的埋藏腐殖质层；杨店系通体为壤土；潘家洼系层次质地构型为壤土-砂质黏壤土；团结十队系层次质地构型为粉砂黏壤土夹粉砂壤土。

利用性能综述　土壤上层为壤土下层为黏壤土，通透性好，耕性好，盐分含量低；适宜农用。但地处海积冲积低平原，需维护好现有排水系统，防止次生盐渍化。

西魏甸系代表性单个土体剖面

参比土种 壤质硫酸盐-氯化物轻度盐化潮土。

代表性单个土体 位于天津市宁河区岳龙镇西魏甸村，坐标为39°31′12.96″N，117°50′18.48″E。地形为滨海平原，母质为海河水系冲积物，海拔-1.3 m，采样点为耕地，种植棉花。野外调查时间2011年9月28日，野外调查编号12-072。

Ap1：0~10 cm，浅灰色（10YR 6/1，干），深灰棕色（10YR 4/2，润）；壤土；粒状结构；干时疏松；多量粗棉花根系；中度石灰反应；向下平滑明显过渡。

Ap2：10~40 cm，浅棕灰色（10YR 6/2，干），浅棕色（10YR 7/3，润）；壤土；单粒状结构；干时疏松；中量中等粗细的棉花根系；10%的5 mm大的铁锈斑；少量侵入体为碎石块；强石灰反应；向下平滑突然过渡。

Br1：40~60 cm，浅黄色（10YR 8/2，干），灰色（10YR 5/1，润）；黏壤土；大棱块状结构；干时硬；少量细棉花根系；15%的5 mm大的铁锈斑；强石灰反应；向下平滑逐渐过渡。

Br2：60~90 cm，浅灰色（10YR 7/1，干），棕色（10YR 5/3，润）；粉砂质黏壤土；大棱块状结构；干时硬；少量细根系；15%的5 mm大的铁锈斑；强石灰反应；向下平滑逐渐过渡。

Brz：90~120 cm，浅灰色（10YR 7/1，干），深灰色（10YR 4/1，润）；粉砂质黏壤土；大棱块状结构；干时硬；15%的5 mm大的铁锈斑；强石灰反应。

西魏甸系代表性单个土体物理性质

土层	深度 /cm	细土颗粒组成（粒径：mm）/（g/kg）			质地	容重 /（g/cm³）
		砂粒 2~0.05	粉粒 0.05~0.002	黏粒<0.002		
Ap1	0~10	354	426	220	壤土	1.51
Ap2	10~40	326	438	236	壤土	2.00
Br1	40~60	368	336	296	黏壤土	1.96
Br2	60~90	196	477	327	粉砂质黏壤土	1.99
Brz	90~120	97	590	313	粉砂质黏壤土	1.93

西魏甸系代表性单个土体化学性质

深度 /cm	pH H₂O	有机质 /（g/kg）	速效钾（K） /（mg/kg）	有效磷（P） /（mg/kg）	含盐量 /（g/kg）	交换性钠 /[cmol (+) /kg]	CEC /[cmol (+) /kg]	ESP /%
0~10	8.6	11.4	—	7.3	1.1	0.2	38.8	0.6
10~40	9.2	7.4	281	3.6	1.1	0.4	36.2	1.2
40~60	9.5	6.0	272	4.2	1.6	—	—	—
60~90	9.4	6.0	258	3.5	1.5	—	—	—
90~120	9.4	5.8	244	5.0	3.7	—	—	—

9.3.24 杨店系〔Yangdian Series〕

土　族：黏壤质混合型石灰性温性-弱盐淡色潮湿雏形土
拟定者：刘黎明

分布与环境条件　地处冲积低平原区，地下水位较高，约 1 m，且有季节性波动，地下水的矿化度稍高。成土母质为冲积物。暖温带半湿润大陆季风性气候。降雨偏少，年均降水量 606.8 mm，主要集中在 6~9 月份，平均 513.3 mm，占全年降水量的 70%，雨量分配不均。年蒸发量远大于年降水量，干燥度 1.18。年均温 11.6 ℃，大于 10 ℃的积温为 4169.1 ℃。具有较好的灌溉与排水系统。

杨店系典型景观

土系特征与变幅　本土系具有雏形层、淡薄表层等诊断层和潮湿水分状况、氧化还原特征、盐积现象等诊断特性。处于地势低洼处，地下水位较浅，60 cm 处出现地下水。剖面土壤盐分含量上下均一，含盐量低。土体质地构型通体为壤土。通体具有石灰反应。

对比土系　甜水井系、武陈庄系、联盟系、板桥农场系、小王庄系、西魏甸系、潘家洼系、团结十队系，同一土族，甜水井系层次质地构型为粉砂壤土-粉砂质黏土；武陈庄系层次质地构型为黏壤土-黏土；联盟系通体为粉砂质黏壤土，板桥农场系层次质地构型为粉砂质黏壤 土-粉砂质黏土-壤质砂土-粉砂质黏壤土，土体中贝壳多，小王庄系层次质地构型为粉砂壤土-粉砂质黏壤土-粉砂壤土-粉砂质黏壤土-砂质黏土，且其底层有质地黏重的含贝壳的埋藏腐殖质层；西魏甸系层次质地构型为壤土-黏壤土-粉砂质黏壤土；潘家洼系层次质地构型为壤土-砂质黏壤土；团结十队系层次质地构型为粉砂黏壤土夹粉砂壤土。

利用性能综述　耕作层质地较轻，利于耕作。整个土体质地适中，通透性较好，也有一定的保水保肥性。地下水位高，排水系统的建设对土壤洗盐和防止滞涝至关重要。盐分含量虽然不高，但需要进一步淋洗和防止次生盐渍化。适合农用。

参比土种　壤质硫酸盐-氯化物轻度盐化潮土。

代表性单个土体　位于天津市武清区大孟庄镇杨店村，坐标为 39°31′26.52″N，116°58′30.30″E。地形为冲积平原，母质为河流沉积物，海拔 1.5 m，采样点为耕地，种植作物为玉米、小麦。野外调查时间 2010 年 9 月 16 日，野外调查编号 12-039。

Ap: 0~10 cm，灰红色（10YR 6/2，干），棕色（7.5YR 4/3，润）；壤土；团粒状结构，及松散；有砖块侵入体；少量细玉米根系；中度石灰反应；向下平滑明显过渡。

Apz: 10~45 cm，淡灰棕色（7.5YR 7/2，干），灰棕色（7.5YR 4/2，润）；壤土；小块状结构；坚实；极细很少量玉米根系；中度石灰反应；向下平滑明显过渡。

Br: 45~60 cm，浊棕色（7.5YR 6/3，干），棕色（7.5YR 4/3，润）；壤土；中次棱块状结构；坚实；见少量锈纹锈斑；轻度石灰反应。

杨店系代表性单个土体剖面

杨店系代表性单个土体物理性质

| 土层 | 深度 /cm | 细土颗粒组成（粒径：mm）/（g/kg） | | | 质地 | 容重 /（g/cm³） |
		砂粒 2~0.05	粉粒 0.05~0.002	黏粒<0.002		
Ap	0~10	450	303	247	壤土	2.01
Apz	10~45	511	239	250	壤土	1.87
Br	45~60	452	313	235	壤土	1.94

杨店系代表性单个土体化学性质

深度 /cm	pH H₂O	有机质 /（g/kg）	速效钾（K） /（mg/kg）	有效磷（P） /（mg/kg）	游离铁 /（g/kg）	交换性钠 /[cmol(+)/kg]	CEC /[cmol(+)/kg]	ESP /%
0~10	8.6	24.3	153	14.4	14.8	0.4	21.7	1.7
10~45	8.5	11.5	93	1.2	20.8	0.7	20.6	3.2
45~60	8.9	9.0	111	1.6	17.1	—	—	—

| 深度 /cm | 含盐量 /（g/kg） | 盐基离子/（g/kg） | | | | | | | |
		K⁺	Na⁺	Ca²⁺	Mg²⁺	CO₃²⁻	HCO₃⁻	Cl⁻	SO₄²⁻
0~10	1.8	0	0.2	0.1	0	0	0.3	0.1	0
10~45	2.2	0	0.3	0.1	0	0	0.3	0.1	0.3
45~60	1.5	0	0.3	0.1	0	0	0.3	0.1	0.2

9.3.25 潘家洼系（Panjiawa Series）

土　族：黏壤质混合型石灰性温性-弱盐淡色潮湿雏形土
拟定者：刘黎明

分布与环境条件　主要分布在天津海积冲积平原区，地下水位高，且矿化度高。成土母质为海积物，质地黏重。气候暖温带半湿润季风型大陆性气候，四季分明，雨热同期；春季多风，干旱少雨；夏季炎热，降雨集中；秋冬干燥。年平均日照时数 2659 h，年平均气温 13.4 ℃，农作物生长活动积温 4431.8 ℃，年平均无霜期 215 天，年平均地面温度 15.2 ℃，年平均降水量 556.4 mm。年蒸发量大于年降水量，干燥度大于 1。

潘家洼系典型景观

土系特征与变幅　本土系具有雏形层、淡薄表层、潮湿水分状况、氧化还原特征、盐积现象等诊断层和诊断特性。pH 和 ESP 较高。地处海积冲积平原区，所处地势低洼，地下水位较高，一般小于 1 m。土体表层为壤土层，下面即为黏壤土层，40 cm 处出现厚约 30 cm 的埋藏层。

对比土系　甜水井系、武陈庄系、联盟系、板桥农场系、小王庄系、西魏甸系、杨店系、团结十队系，同一土族，甜水井系层次质地构型为粉砂壤土-粉砂质黏土；武陈庄系层次质地构型为黏壤土-黏土；联盟系通体为粉砂质黏壤土；板桥农场系层次质地构型为粉砂质黏壤土-粉砂质黏土-壤质砂土-粉砂质黏壤土，土体中贝壳多；小王庄系层次质地构型为粉砂壤土-粉砂质黏壤土-粉砂壤土-粉砂质黏壤土-砂质黏土，且其底层有质地黏重的含贝壳的埋藏腐殖质层；西魏甸系层次质地构型为壤土-黏壤土-粉砂质黏壤土，杨店系通体为壤土；团结十队系层次质地构型为粉砂黏壤土夹粉砂壤土。

利用性能综述　土壤盐分含量较低，已经开垦种植作物。但地下水位浅且矿化度较高，若保留为耕地，需建设完善的排水系统，防止次生盐渍化。排水洗盐，生产成本较高，最好退耕进行水产养殖和或恢复天然耐盐碱植物作为生态用地。

参比土种　壤质苏打-氯化物重度盐化潮土。

潘家洼系代表性单个土体剖面

代表性单个土体　位于天津市津南区北闸口镇潘家洼村，坐标为 38°53′52.14″N，117°22′32.70″E。地形为滨海平原，母质为海河水系冲积物，海拔-9.5 m，采样点为耕地，种植棉花。野外调查时间 2011 年 9 月 25 日，野外调查编号 12-060。与其相似的单个土体是 2011 年 9 月 25 日采自天津市津南区小站镇西小站村（38°54′12.9″N，117°24′11.94″E）的 12-059 号剖面。

Apz: 0~28 cm，浊黄棕色（10YR 5/3，干），深黄棕色（10YR 4/4，润）；壤土；次棱块状结构；干时较硬；有多量粗根系；强石灰反应；向下平滑明显过渡。

Brz: 28~40 cm，浊黄橙色（10YR 6/4，干），浊棕色（10YR 6/3，润）；砂质黏壤土；次棱块状结构；干时较硬；中量细根系；10%的 2 mm 左右的锈纹锈斑；极强石灰反应；向下平滑突然过渡。

2Ahbz: 40~70 cm，灰黄棕色（10YR 4/2，干），深黄棕色（10YR 4/4，润）；砂质黏壤土；中粒状结构；干时较硬；少量细根系；10%的 2 mm 左右的锈纹锈斑；强石灰反应。下面即为地下水面。

潘家洼系代表性单个土体物理性质

土层	深度 /cm	细土颗粒组成（粒径：mm）/（g/kg）			质地	容重 /（g/cm³）
		砂粒 2~0.05	粉粒 0.05~0.002	黏粒<0.002		
Apz	0~28	315	420	265	壤土	1.96
Brz	28~40	492	252	256	砂质黏壤土	2.13
2Ahbz	40~70	574	223	204	砂质黏壤土	2.00

潘家洼系代表性单个土体化学性质

深度 /cm	pH H₂O	有机质 /（g/kg）	速效钾（K） /（mg/kg）	有效磷（P） /（mg/kg）	电导率 /（mS/cm）	交换性钠 /[cmol (+)/kg]	CEC /[cmol (+)/kg]	ESP /%
0~28	8.7	14.8	197	1.5	0.8	1.9	21.5	9.0
28~40	8.9	5.8	146	1.4	0.9	1.3	16.2	7.8
40~70	9.0	9.8	188	0.6	0.5	—	—	—

深度 /cm	含盐量 /（g/kg）	盐基离子/（g/kg）							
		K⁺	Na⁺	Ca²⁺	Mg²⁺	CO₃²⁻	HCO₃⁻	Cl⁻	SO₄²⁻
0~28	4.1	0	0	0	0	0	0.7	0.9	0.6
28~40	4.2	0	0.8	0.1	0.1	0	0.3	0.8	0.6
40~70	2.4	0	0.7	0.1	0.1	0	0.3	0.6	0.2

9.3.26 团结十队系（Tuanjieshidui Series）

土　族：黏壤质混合型石灰性温性-弱盐淡色潮湿雏形土
拟定者：王秀丽

分布与环境条件　主要分布在天津海积冲积平原区，地下水位高，且矿化度高。成土母质为海积冲积物，质地黏重。暖温带半湿润季风型大陆性气候，四季分明。年平均气温为 12 ℃，大于 10 ℃的积温 4297 ℃，全年无霜期 209 天。年平均降水量 567.5 mm，多集中在 7、8、9 三个月，历年平均值为 480.5 mm，占全年降水量 85%。年蒸发量大于年降水量，干燥度大于 1，蒸发量历年平均值，以 5 月份为最大，其值为 345.6 mm，12 月份最小，其值为 44.9 mm。剖面所在地植被为玉米。

团结十队系典型景观

土系特征与变幅　本土系具有雏形层、淡薄表层、潮湿水分状况、氧化还原特征、盐积现象等诊断层和诊断特性。pH 和 ESP 较高。由于常年耕作的影响，呈现多层交替的黑色埋藏层。土体质地构型为粉砂黏壤土夹粉砂壤土，22 cm 处有厚约 40 cm 的粉砂壤土夹层。土壤团聚体多，通体较多孔隙。47~63 cm 处有较多砖块侵入体，大都已磨碎，跟土混杂在一起，使土壤中也呈现红色。

对比土系　甜水井系、武陈庄系、联盟系、板桥农场系、小王庄系、西魏甸系、杨店系、潘家洼系，同一土族，甜水井系层次质地构型为粉砂壤土-粉砂质黏土；武陈庄系层次质地构型为黏壤土-黏土；联盟系通体为粉砂质黏壤土；板桥农场系层次质地构型为粉砂质黏壤土-粉砂质黏土-壤质砂土-粉砂质黏壤土，土体中贝壳多；小王庄系层次质地构型为粉砂壤土-粉砂质黏壤土-粉砂壤土-粉砂质黏壤土-砂质黏土，且其底层有质地黏重的含贝壳的埋藏腐殖质层；西魏甸系层次质地构型为壤土-黏壤土-粉砂质黏壤土；杨店系通体为壤土；潘家洼系层次质地构型为壤土-砂质黏壤土。

利用性能综述　土壤盐分含量较低，已经开垦种植作物。但地下水位浅且矿化度较高，需排水降低地下水位，灌溉洗盐，生产成本较高，不适宜耕种。适宜利用方向是水产养殖和或保留天然耐盐碱植物作为生态用地。

参比土种　学名：浅位夹有机质层轻壤质湿潮土；群众名称：无。

代表性单个土体　位于天津市大港区太平镇团结村 10 队，坐标为 38°35′10.29″N，117°21′32.78″E。地形为滨海平原，母质为冲积物，海拔-1.91m，采样点为耕地。野外调查时间 2013 年 5 月 7 日，野外调查编号 W-05。

团结十队系代表性单个土体剖面

Ap：0~22 cm，淡棕色（10YR 7/4，干），棕色（10YR 4/3，润）；粉砂质黏壤土；中屑粒状结构；湿时松脆；多草本根系；可见蚂蚁洞穴；强石灰反应；向下平滑突然过渡。

2Ahbz：22~47 cm，灰棕色（10YR 5/2，干），深棕色（10YR 3/2，润）；粉砂壤土；中团粒状结构；湿时松脆；较多的草本根系；强石灰反应；向下平滑突然过渡。

3Br：47~63 cm，黄棕色（10YR 5/4，干），深黄棕色（10YR 4/6，润）；粉砂壤土；中团粒状结构；疏松；少量草本根系；少量锈纹锈斑；中度石灰反应；清晰平滑过渡。

4Ahb：63~75 cm，灰色（10YR 5/1，干），黑色（7.5YR 2/0，润）；粉砂质黏壤土；中团粒状结构；疏松；少量草本根系；强石灰反应；向下平滑明显过渡。

5Br：75~81 cm，棕色（7.5YR 5/4，干），亮棕色（7.5YR 4/6，润）；粉砂质黏壤土；薄片状结构；坚实；很少的草本根系；结构体面上有5%的铁锈纹，比较明显；强石灰反应；向下平滑明显过渡。

6Ahb：81~94 cm，灰棕色（10YR 5/2，干），深棕色（10YR 3/2，润）；粉砂质黏壤土；中团块状结构；疏松；强石灰反应；向下平滑明显过渡。

7Br：94~120 cm，淡棕色（10YR 6/3，干），棕色（10YR 4/4，润）；粉砂质黏壤土；中片状结构；坚实；结构体面上有5%~10%的铁锈纹，颜色明显；强石灰反应。

团结十队系代表性单个土体物理性质

土层	深度 /cm	细土颗粒组成（粒径：mm）/（g/kg）			质地	容重 /（g/cm³）
		砂粒 2~0.05	粉粒 0.05~0.002	黏粒 <0.002		
Ap	0~22	116	600	284	粉砂质黏壤土	—
2Ahbz	22~47	100	678	222	粉砂壤土	—
3Br	47~63	243	632	125	粉砂壤土	—
4Ahb	63~75	31	612	357	粉砂质黏壤土	—
5Br	75~81	143	527	330	粉砂质黏壤土	—
6Ahb	81~94	172	535	293	粉砂质黏壤土	—
7Br	94~120	168	455	377	粉砂质黏壤土	—

团结十队系代表性单个土体化学性质

深度 /cm	pH		有机质 /（g/kg）	ESP /%	含盐量 /（g/kg）
	H₂O	CaCl₂			
0~22	8.6	8.1	18.5	12.3	1.1
22~47	8.9	8.0	9.2	11.8	2.4
47~63	8.9	8.1	11.9	18.6	1.4
63~75	9.0	8.1	18.9	16.7	1.8
75~81	8.9	8.2	7.8	13.1	1.4
81~94	8.9	8.2	12.3	11.5	1.8
94~120	8.8	8.2	8.4	17.7	1.9

9.3.27 东河筒村系（Donghetongcun Series）

土　族：壤质盖黏质混合型石灰性温性-弱盐淡色潮湿雏形土
拟定者：王秀丽

分布与环境条件　地处海积低平原，地下水位高，且有季节性波动，地下水的矿化度也较高。成土母质为冲积物。暖温带半湿润季风型大陆性气候，四季分明。年平均气温为12 ℃，大于10 ℃的积温4297 ℃，全年无霜期209天。年平均降水量567.5 mm，多集中在7、8、9三个月，历年平均值为480.5 mm，占全年降水量85%。年蒸发量远大于年降水量，蒸发量历年平均值，以5月份为最大，其值为345.6 mm；12月份最小，其值为44.9 mm。荒地。地表植被为碱蓬、蒿类等草本植物，覆盖度为70%~80%。

东河筒村系典型景观

土系特征与变幅　本土系具有雏形层、淡薄表层、潮湿水分状况、氧化还原特征、盐积现象等诊断层和诊断特性。通体都具有石灰反应。土体质地构型上部约70 cm厚的粉砂壤土之下为黏土层。锈纹锈斑呈同心圆状。

对比土系　高庄系，同一土族，表层含盐量小于2 g/kg。

利用性能综述　表土质地适中，耕性好；心土质地较黏，有一定的保水保肥能力。但土壤盐分含量较高，通过排水降低地下水位和灌溉洗盐等措施，才能够将其开垦为优质农田。

参比土种　壤质硫酸盐-氯化物重度盐化潮土。

代表性单个土体　位于天津市大港区赵连庄乡东河筒村，坐标为38°48′27.28″N，117°17′52.66″E。地形为滨海平原，母质为冲积物，海拔-3.22 m，采样点为荒地。野外调查时间2013年4月24日，野外调查编号W-03。

Ahz：0~22 cm，黄棕色（10YR 5/4，干），深黄棕色（10YR 4/4，润）；粉砂壤土；细屑粒状结构；湿时松脆；1~10 mm 的根系 5 条/dm²；强石灰反应；向下平滑明显过渡。

Brz1：22~30 cm，棕色（7.5YR 5/4，干），深棕色（7.5YR 4/4，润）；粉砂壤土；片状结构；湿时松脆；1~15 mm 粗的草本根系<5 条/dm²；有 10%的铁锈纹，对比度明显；中石灰反应；向下平滑明显过渡。

Brz2：30~68 cm，黄棕色（10YR 5/4，干），黄棕色（10YR 5/4，润）；粉砂壤土；小屑粒状结构；湿时松脆；3~5 mm 的根系<5 条/dm²；有 15%~20%的铁锈纹；强石灰反应；向下平滑逐渐过渡。

Brz3：68~105 cm，深棕色（7.5YR 3/2，干），亮棕色（7.5YR 4/6，润）；黏土；大块状结构；湿时坚实；3~5 mm 粗的草本根系<3 条/dm²；有 15%~20%的铁锈纹，对比度明显，成同心圆状；强石灰反应；向下平滑突然过渡。

Brz4：105~120 cm，棕色（10YR 4/3，干），灰棕色（10YR 5/2，润）；黏土；大块状结构；湿时坚实；有 25%~30%的铁锈纹，对比度明显，成同心圆状，并且有 5%~10%的铁结核，有 10~20 mm；强石灰反应。

东河筒村系代表性单个土体剖面

东河筒村系代表性单个土体物理性质

土层	深度 /cm	细土颗粒组成（粒径：mm）/（g/kg）			质地
		砂粒 2~0.05	粉粒 0.05~0.002	黏粒<0.002	
Ahz	0~22	314	504	182	粉砂壤土
Brz1	22~30	213	653	134	粉砂壤土
Brz2	30~68	381	543	77	粉砂壤土
Brz3	68~105	345	185	469	黏土
Brz4	105~120	407	189	405	黏土

东河筒村系代表性单个土体化学性质

深度 /cm	pH		电导率 /（mS/cm）	有机质 /（g/kg）	ESP /%	含盐量 /（g/kg）
	H_2O	$CaCl_2$				
0~22	8.1	8.0	2.6	8.8	15.0	4.2
22~30	8.3	8.1	2.1	2.3	16.1	3.5
30~68	8.3	8.2	2.1	2.8	13.0	3.5
68~105	8.1	8.1	4.4	8.0	21.3	7.2
105~120	8.1	8.1	4.1	13.6	20.6	6.9

9.3.28 高庄系（Gaozhuang Series）

土　族：壤质盖黏质混合型石灰性温性-弱盐淡色潮湿雏形土
拟定者：刘黎明

分布与环境条件　主要分布在天津海积冲积平原区，地下水位高，且矿化度高。成土母质为海积冲积物，质地黏重。暖温带半湿润半干旱大陆季风性气候，冬季寒冷干燥，夏季炎热多雨，四季分明。年平均气温 11.9 ℃，大于 10 ℃的积温为 4226.7 ℃，全年无霜期 219.8 天；年平均降水量为 588.9 mm，多集中在 6~9 月份，占全年降水量的 75%左右，7 月份最多，为 205.5 mm。年平均蒸发量为 1888.4 mm，以 5~6 月份最大，可达 309.8 mm。

高庄系典型景观

土系特征与变幅　本土系具有雏形层、淡薄表层、潮湿水分状况、氧化还原特征、盐积现象等诊断层和诊断特性。沉积层理清晰，土体上部 40 cm 为壤土，中间夹了约 15 cm 的黏土层，再下为砂质黏壤土和砂质壤土；土壤含盐量呈上低下高型。pH>9.0，通体具有极强石灰性。

对比土系　东河筒村系，同一土族，表层含盐量大于 2 g/kg。

利用性能综述　此为"夹黏型"土体质地构型，表土利于耕作，心土的黏土层可有一定的保水性能，属于"蒙金土"。pH 虽高，但盐分含量低，作物生长良好。但要加强排水系统的维护，防止土壤次生盐渍化。

参比土种　学名：浅位薄层夹黏土壤质湿潮土；群众名称：无。

代表性单个土体　位于天津市静海县中旺镇高庄村，坐标为 38°39′39.42″N，117°07′23.76″E。地形为滨海平原，母质为冲积物，海拔-2.2 m，采样点为耕地，种植玉米。野外调查时间 2011 年 9 月 24 日，野外调查编号 12-057。

高庄系代表性单个土体剖面

Ap：0~16 cm，浊黄棕色（10YR 5/4，干），深黄棕色（10YR 4/4，润）；壤土；粒状结构；干时较坚实；多量中根系；极强石灰反应；向下平滑明显过渡。

Bw1：16~40 cm，棕色（10YR 4/6，干），深黄棕色（10YR 4/4，润）；壤土；粒状结构；干时较坚实；中量中根系；极强石灰反应；向下平滑明显过渡。

2Bw2：40~50 cm，浊黄棕色（10YR 5/3，干），灰黄棕色（10YR 4/2，润）；黏土；粒状结构；干时较坚实；少量细根系；极强石灰反应；向下平滑明显过渡。

3Brz1：50~80 cm，灰黄橙色（10YR 6/2，干），棕灰色（10YR 5/1，润）；砂质黏壤土；粒状结构；干时较坚实；有少量细根系；少量的锈纹锈斑；极强石灰反应；向下平滑突然过渡。

4Brz2：80~110 cm，浊黄橙色（10YR 7/3，干），浊棕色（7.5YR 5/3，润）；砂质壤土；粒状结构；疏松；少量的锈纹锈斑；极强石灰反应。

高庄系代表性单个土体物理性质

土层	深度 /cm	细土颗粒组成（粒径：mm）/（g/kg）			质地	容重 /（g/cm³）
		砂粒 2~0.05	粉粒 0.05~0.002	黏粒 <0.002		
Ap	0~16	464	329	207	壤土	1.76
Bw1	16~40	424	410	165	壤土	1.84
2Bw2	40~50	221	255	524	黏土	1.81
3Brz1	50~80	573	108	319	砂质黏壤土	1.89
4Brz2	80~110	804	59	136	砂质壤土	1.93

高庄系代表性单个土体化学性质

深度 /cm	pH H₂O	有机质 /（g/kg）	速效钾（K）/（mg/kg）	有效磷（P）/（mg/kg）	交换性钠 /[cmol（+）/kg]	CEC /[cmol（+）/kg]	ESP /%
0~16	8.6	21.8	197	6.9	0.2	23.2	1.0
16~40	9.0	13.5	147	1.4	1.0	28.9	3.4
40~50	9.2	10.6	119	0.5	—	—	—
50~80	9.5	9.5	87	1.8	—	—	—
80~110	9.4	4.1	18	2.2	—	—	—

深度 /cm	含盐量 /（g/kg）	盐基离子/（g/kg）							
		K⁺	Na⁺	Ca²⁺	Mg²⁺	CO₃²⁻	HCO₃⁻	Cl⁻	SO₄²⁻
0~16	0.6	0	0.0	0.1	0	0	0.1	0.1	0.1
16~40	1.8	0	0.1	0.1	0	0	0.6	0.1	0.1
40~50	1.5	0	0.3	0.1	0	0	0.7	0.1	0.1
50~80	2.4	0	0.3	0.1	0	0	0.6	0.1	0.9
80~110	2.1	0	0.5	0	0	0	0.1	0.3	0.5

9.3.29 大村系（Dacun Series）

土　族：壤质混合型石灰性温性-弱盐淡色潮湿雏形土
拟定者：王秀丽

分布与环境条件　主要分布在天津海积冲积平原区，地下水位高，且矿化度高。成土母质为海积冲积沉积物，质地较黏重。暖温带半湿润季风型大陆性气候，四季分明。年平均气温为 12 ℃，大于 10 ℃的积温 4297 ℃，全年无霜期 209 天。年平均降水量 567.5 mm，多集中在 7、8、9 三个月，历年平均值为 480.5 mm，占全年降水量 85%。年蒸发量大于年降水量，干燥度大于 1。蒸发量历年平均值，以 5 月份为最大，其值为 345.6 mm；12 月份最小，其值为 44.9 mm。曾种植过棉花，现已多年撂荒，地表被碱蓬、茅草、芦苇等植被覆盖，覆盖度为 90%~95%。

大村系典型景观

土系特征与变幅　本土系具有雏形层、淡薄表层、潮湿水分状况、氧化还原特征、盐积现象等诊断层和诊断特性。pH 和 ESP 较高。地表可见少许盐斑，表皮黑（俗称黑油碱），土体结构是上部 127 cm 为粉砂壤土，下部为坚实的黏土层。160 cm 左右出现颜色较黑的埋藏腐殖质层。

对比土系　泗村店系，同一土族，层次质地构型为壤土-砂质壤土。苏家园系，同一土族，但通体为壤土。

利用性能综述　土壤含有一定盐分，虽然盐分含量不高，但地下水位浅且矿化度高。如果种植作物，需通过排水降低地下水位和灌溉洗盐等措施改良土壤，成本高昂，不适宜耕种。适宜利用方向是水产养殖或保留天然耐盐碱植物作为生态用地。

参比土种　壤质苏打-氯化物重度盐化潮土。

代表性单个土体　位于天津市大港区太平镇工业园（大村），坐标为 38°37′50.41″N，117°16′33.99″E。地形为滨海平原，母质为冲积物，海拔-5.72 m，采样点为未利用地。

野外调查时间 2013 年 5 月 8 日，野外调查编号 W-08。与其相似的单个土体是 2013 年 4 月 23 日采自天津市大港区太平镇太平村（38°35′44.38″N，117°20′33.53″E）的 W-02。

大村系代表性单个土体剖面

Ahz：0~20 cm，棕色（10YR 5/3，干），深灰棕色（10YR 4/2，润）；粉砂壤土；薄片状结构；松散；1~6 mm 粗的草本根系 10~15 条/dm^2；可见塑料薄膜，有蚂蚁活动；中石灰反应；向下平滑突然过渡。

Brz1：20~39 cm，灰棕色（10YR 5/2，干），深棕色（10YR 3/3，润）；粉砂壤土，发育很弱的薄片状结构；松散；1~10 mm 粗的草本（含芦苇根）根系 10~12 条/dm^2；在结构体面上有对比度明显的铁锈纹，丰度小于 3%，边界模糊；强石灰反应；向下平滑明显过渡。

2Brz2：39~127 cm，棕黄色（10YR 6/6，干），黄棕色（10YR 5/4，润）；粉砂壤土；细屑粒状结构；松散；1~2 mm 粗的草本根系<5 条/dm^2；在结构体面上有对比度不明显的铁锈纹，丰度小于 5%，边界模糊；中石灰反应；向下平滑明显过渡。

3Brz3：127~162 cm，淡棕色（7.5YR 6/4，干），棕色（7.5YR 4/4，润）；黏土；大块状结构；坚实；在结构体面上有对比度明显的锈纹，丰度 5%~8%，大小为 2~5 mm；边界清晰；强石灰反应；向下平滑突然过渡。

4Brz4：162~170 cm，深黑灰色（10YR 3/1，干），黑色（7.5YR 2/0，润）；砂质黏土；块状结构；在结构体面上有对比度明显的铁锈，丰度小于 5%；弱石灰反应。

大村系代表性单个土体物理性质

土层	深度 /cm	细土颗粒组成（粒径：mm）/（g/kg）			质地
		砂粒 2~0.05	粉粒 0.05~0.002	黏粒<0.002	
Ahz	0~20	109	735	156	粉砂壤土
Brz1	20~39	107	676	217	粉砂壤土
2Brz2	39~127	242	684	74	粉砂壤土
3Brz3	127~162	9	368	622	黏土
4Brz4	162~170	32	466	502	砂质黏土

大村系代表性单个土体化学性质

深度 /cm	pH		有机质 /（g/kg）	ESP /%	含盐量 /（g/kg）	盐基离子/（g/kg）							
	H$_2$O	CaCl$_2$				K$^+$	Na$^+$	Ca^{2+}	Mg^{2+}	HCO$_3^-$	CO$_3^{2-}$	Cl$^-$	SO$_4^{2-}$
0~20	8.0	8.0	5.5	31.1	5.8	0	1.3	0.1	0.1	0.5	0	3.4	0.4
20~39	8.0	8.1	6.3	15.6	5.7	0	1.1	0.1	0.1	0.4	0	3.0	0.5
39~127	7.9	8.2	3.5	33.6	6.1	0	1.1	0.1	0.1	0.3	0	3.1	0.1
127~162	8.1	8.2	14.9	2.0	6.2	0	1.1	0.1	0.1	0.7	0	2.7	0.2
162~170	8.2	8.0	19.7	21.9	5.2	0	1.0	0.1	0	0.6	0	2.2	0.1

9.3.30　泗村店系（Sicundian Series）

土　族：壤质混合型石灰性温性-弱盐淡色潮湿雏形土
拟定者：刘黎明

分布与环境条件　地处冲积
平原区，地下水位较高，且
季节性波动；地下水矿化度
也较高。冲沉积物为壤质冲
积物。暖温带半湿润大陆季
风性气候。降雨偏少，年蒸
发远大于降水量；干燥度
1.18。年均温 11.6 ℃，全年
日照时数 4436.3 h，大于 10 ℃
的积温为 4169.1 ℃。年均降
水量 606.8 mm，雨量分配不
均，主要集中在 6~9 月份，
平均 513.3 mm，占全年降水
量的 70%。

泗村店系典型景观

土系特征与变幅　本土系具有雏形层、淡薄表层等诊断层和潮湿水分状况、氧化还原特
征、盐积现象等诊断特性。通体都具有石灰反应。土体上下质地基本一致，为壤土与砂
质壤土交替。土壤盐分分布呈表聚型。

对比土系　大村系，同一土族，但层次质地构型为粉砂壤土-黏土-砂质黏土。苏家园系，
同一土族，但通体为粉砂壤土。

利用性能综述　表层含盐量略高，但通体土壤质地适中，有利于将盐分淋洗。可通过完
善排水系统，降低地下水位；利用天然降水将盐分淋洗到土壤深处来改良土壤，但灌溉
洗盐效果更佳。适于农用。

参比土种　壤质硫酸盐-氯化物重度盐化潮土。

代表性单个土体　位于天津市武清区泗村店镇泗村店村，坐标为 39°28′43.26″N，
116°58′37.02″E。地形为冲积平原，母质为海河水系冲积物，海拔 8.1 m，采样点为耕地，
种植玉米。野外调查时间 2011 年 9 月 30 日，野外调查编号 12-078。与其相似的单个土
体是 2010 年 10 月 7 日采自天津市武清区曹子里乡东掘河村（38°51′14.04″N，
117°57′11.94″E）12-040 号剖面、2010 年 10 月 7 日采自天津市武清区王良镇小王甫村
（39°32′36.78″N，117°00′32.34″E）12-038 号剖面和 2011 年 9 月 30 日采自天津市武清区
东马圈镇半城村（39°27′49.2″N，116°50′15.0″E）的 12-082 号剖面。

泗村店系代表性单个土体剖面

Apz：0~15 cm，灰黄棕色（10YR 6/2，干），黄棕色（10YR 5/6，润）；壤土；细粒状结构；干时硬；多量粗根系；无石灰反应；向下平滑突然过渡。

Bwz：15~40 cm，浊黄棕色（10YR 5/3，干），暗棕色（10YR 3/3，润）；砂质壤土；细粒状结构；疏松；中量中根系；弱石灰反应；向下平滑逐渐过渡。

Brz1：40~60 cm，浊黄橙色（10YR 6/4，干），棕灰色（10YR 5/1，润）；壤土；细粒状结构；疏松；少量细根系；少量的锈纹锈斑；弱石灰反应；向下平滑模糊过渡。

Brz2：60~90 cm，浊黄橙色（10YR 6/4，干），棕灰色（10YR 4/1，润）；砂质壤土；细粒状结构；疏松；少量的锈纹锈斑；弱石灰反应；向下平滑逐渐过渡。

Br：90~120 cm，浊黄橙色（10YR 6/3，干），深黄棕色（10YR 4/4，润）；砂质壤土；单粒状结构；疏松；中量的锈纹锈斑；弱石灰反应。

泗村店系代表性单个土体物理性质

土层	深度 /cm	细土颗粒组成（粒径：mm）/（g/kg）			质地	容重 /（g/cm³）
		砂粒 2~0.05	粉粒 0.05~0.002	黏粒<0.002		
Apz	0~15	376	428	196	壤土	1.88
Bwz	15~40	435	331	235	砂质壤土	2.00
Brz1	40~60	445	351	204	壤土	2.03
Brz2	60~90	534	318	149	砂质壤土	1.92
Br	90~120	641	236	123	砂质壤土	1.95

泗村店系代表性单个土体化学性质

深度 /cm	pH H₂O	有机质 /（g/kg）	有效磷（P） /（mg/kg）	电导率 /（mS/cm）	交换性钠 /[cmol（+）/kg]	CEC /[cmol（+）/kg]
0~15	8.4	26.3	35.5	1.1	1.1	42.1
15~40	8.6	11.7	2.8	0.9	1.4	38.2
40~60	8.6	6.1	1.8	0.7	—	—
60~90	8.7	3.9	1.9	0.5	—	—
90~120	8.8	3.6	1.6	0.3	—	—

深度 /cm	含盐量 /（g/kg）	盐基离子/（g/kg）								ESP /%
		K⁺	Na⁺	Ca²⁺	Mg²⁺	CO₃²⁻	HCO₃⁻	Cl⁻	SO₄²⁻	
0~15	4.9	0.1	1.1	0.3	0.2	0	1.1	1.3	0.7	2.6
15~40	4.6	0	0.8	0.2	0.1	0	0.8	0.6	1.0	3.7
40~60	2.8	0	0.7	0.1	0.1	0	0.3	0.8	0.7	—
60~90	2.4	0	0.5	0.1	0	0	0.6	0.5	0.7	—
90~120	1.7	0	0.3	0	0	0	0.6	0.4	0.4	—

9.3.31 苏家园系（Sujiayuan Series）

土　　族：壤质混合型石灰性温性-弱盐淡色潮湿雏形土
拟定者：王秀丽

分布与环境条件　主要分布在天津海积平原区，地下水位高，且矿化度高。成土母质为海积冲积物。暖温带半湿润季风型大陆性气候，四季分明。年平均气温为 12 ℃，大于 10 ℃的积温 4297 ℃，全年无霜期 209 天。年平均降水量 567.5 mm，多集中在 7、8、9 三个月，历年平均值为 480.5 mm，占全年降水量 85%。年蒸发量大于年降水量，干燥度大于 1，蒸发量历年平均值，以 5 月份为最大，其值为 345.6 mm；12 月份最小，其值为 44.9 mm。剖面所在地植被为矮小草本类，覆盖度为 60%左右。

苏家园系典型景观

土系特征与变幅　本土系具有雏形层、淡薄表层、潮湿水分状况、氧化还原特征、盐积现象等诊断层和诊断特性。ESP 较高。整个剖面 170 cm 厚的土层、质地较均一。在 50~100 cm 处有较多黑色椭圆形物（土壤中的透镜体）。
对比土系　大村系，同一土族，但上部 1m 多是粉砂壤土，而底土是黏土。泗村店系，同一土族，层次质地构型为壤土-砂质壤土。
利用性能综述　质地较轻，渗透与透水性好。但盐分含量高，地下水位浅且矿化度高。如果种植作物，需排水降低地下水位，灌溉洗盐，成本高昂，不适宜耕种。适宜利用方向是水产养殖或保留天然耐盐碱植物作为生态用地。
参比土种　壤质氯化物重度盐化潮土。

苏家园系代表性单个土体剖面

代表性单个土体　位于天津市大港区太平镇苏家园村，坐标为 38°36′51.09″N，117°16′14.96″E。地形为滨海平原，母质为冲积物，海拔 2.84 m，采样点为荒地。野外调查时间 2013 年 4 月 24 日，野外调查编号 W-01。

Ahz：0~20 cm，淡棕灰色（10YR 6/3，干），棕色（7.5YR 4/4，润）；粉砂壤土；小屑粒状结构；干时稍硬，湿时松脆；较多的草本根系；强石灰反应；向下平滑明显过渡。

Brz1：20~50 cm，棕色（10YR 5/3，干），深棕色（7.5YR 3/4，润），粉砂壤土，薄片状结构；干时稍硬，湿时松脆；较多的草本根系；强石灰反应；向下平滑明显过渡。

Brz2：50~100 cm，淡黄棕色（10YR 6/4，干），深黄棕色（10YR 4/4，润）；粉砂壤土，薄片状结构；松散；结构体面上少许的铁锈纹，比较模糊；较多大块的椭圆形黑色物质（直径 5~8 cm）；强石灰反应；向下平滑逐渐过渡。

Brz3：100~170 cm，淡黄棕色（10YR 6/4，干），深黄棕色（10YR 4/4，润）；砂质壤土；屑粒状结构；松散；结构体面上有少许铁锈纹，比较模糊；强石灰反应。

苏家园系代表性单个土体物理性质

土层	深度 /cm	细土颗粒组成（粒径：mm）/（g/kg）			质地
		砂粒 2~0.05	粉粒 0.05~0.002	黏粒<0.002	
Ahz	0~20	142	711	147	粉砂壤土
Brz1	20~50	120	699	181	粉砂壤土
Brz2	50~100	285	617	98	粉砂壤土
Brz3	100~170	522	434	44	砂质壤土

苏家园系代表性单个土体化学性质

深度 /cm	pH		有机质 /（g/kg）	ESP /%	含盐量 /（g/kg）
	H_2O	$CaCl_2$			
0~20	8.0	7.7	11.1	17.5	15.9
20~50	8.6	8.1	7.4	14.1	4.2
50~100	8.6	8.0	1.5	15.6	2.6
100~170	8.6	8.0	5.0	23.2	2.0

9.4　石灰淡色潮湿雏形土

9.4.1　大白系（Dabai Series）

土　族：砂质盖黏质混合型温性-石灰淡色潮湿雏形土
拟定者：刘黎明

分布与环境条件　地处海积冲积低平原，地下水位高，且有季节性波动，地下水硬度大。成土母质为冲积物。暖温带半湿润季风型大陆性气候，具有冷暖干湿差异明显、四季分明等特点。年平均气温 11.1 ℃，平均最低气温为-10.9 ℃，平均最高气温为 29.7 ℃，大于 0 ℃的积温 4455.4 ℃，大于 10 ℃的积温为 4050.1 ℃，全年无霜期为 196 天。年均降水量为 637.0 mm，季节差异明显，6~8 月份水量占全年水量的 77%。年蒸发量远大于年降水量。

大白系典型景观

土系特征与变幅　本土系具有雏形层、淡薄表层、潮湿水分状况、氧化还原特征、石灰性等诊断层和诊断特性。沉积层理清晰，约 30 cm 深处有一厚约 10 cm 的灰白色砂土层，并不连续，倾斜。土体质地构型为上砂下黏型。
对比土系　与同一亚类下其他土系的差异在于，本土系颗粒大小级别为砂质盖黏质。
利用性能综述　土壤质地上砂下黏，有利于保水保肥。表层砂壤，耕性好，土壤盐分含量低。有良好的排水系统，是良好农田。需加强排水系统的维护，防止次生盐渍化。同时，执行国家耕地和基本农田保护政策，保护好现有耕地。
参比土种　学名：壤质湿潮土；群众名称：无。
代表性单个土体　位于天津市宁河大白庄镇大白庄，坐标为 39°26′34.20″N，117°22′41.28″E。地形为滨海平原，母质为河流相沉积物，海拔-1.2 m，采样地点为荒地，

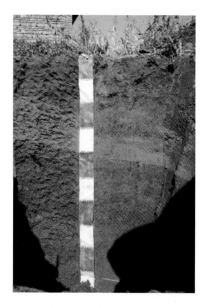

大白系代表性单个土体剖面

长有杂草。野外调查时间 2010 年 10 月 3 日，野外调查编号为 12-034。与其相似的单个土体为 1992 年春季北京市农场局土壤调查采集于北京市昌平县史格庄乡东店村的 92-北郊-24 号剖面。

Ah1：0~20 cm，暗棕色（7.5YR 3/3，干），灰棕色（7.5YR 6/2，润）；砂质壤土；小粒状结构；坚实；少量细根系；中度石灰反应；向下平滑明显过渡。

Ah2：20~30 cm，棕色（7.5YR 4/3，干），浊橙色（7.5YR 7/3，润）；砂质黏壤土；小粒状结构；疏松；很少量极细根系；轻度石灰反应；向下平滑明显过渡。

2BCr：30~40 cm，棕色（7.5YR 4/3，干），淡棕灰色（7.5YR 7/2，润）；砂质壤土；无结构；松散；很少量极细根系；少量的铁锰斑纹；轻度石灰反应；向下平滑突然过渡。

3Br：40~100 cm，暗棕色（7.5YR 3/3，干），灰棕色（7.5YR 5/2，润）；黏土；中块状结构；坚实；很少量极细根系；中量的铁锰斑纹；轻度石灰反应。

大白系代表性单个土体物理性质

| 土层 | 深度 /cm | 细土颗粒组成（粒径：mm）/（g/kg） | | | 质地 | 容重 /（g/cm³） |
		砂粒 2~0.05	粉粒 0.05~0.002	黏粒<0.002		
Ah1	0~20	529	334	137	砂质壤土	1.83
Ah2	20~30	584	189	227	砂质黏壤土	1.91
2BCr	30~40	663	235	102	砂质壤土	1.84
3Br	40~100	368	211	420	黏土	1.74

大白系代表性单个土体化学性质

深度 /cm	pH H₂O	有机质 /（g/kg）	速效钾（K） /（mg/kg）	有效磷（P） /（mg/kg）	游离铁 /（g/kg）	交换性钠 /[cmol (+) /kg]	CEC /[cmol (+) /kg]	ESP /%
0~20	8.7	13.1	96	3.4	21.0	0.5	28.1	1.7
20~30	8.6	8.0	40	3.3	16.1	0.4	15.1	2.4
30~40	8.5	6.6	31	3.5	15.0	—	—	—
40~100	8.7	15.4	161	4.3	26.5	—	—	—

| 深度 /cm | 含盐量 /（g/kg） | 盐基离子/（g/kg） | | | | | | | |
		K⁺	Na⁺	Ca²⁺	Mg²⁺	CO₃²⁻	HCO₃⁻	Cl⁻	SO₄²⁻
0~20	1.8	0	0.2	0.1	0	0	0.3	0.1	0.3
20~30	1.6	0	0.2	0.1	0	0	0.3	0.1	0.1
30~40	1.6	0	0.2	0.1	0	0	0.3	0.1	0.1
40~100	1.3	0	0.3	0.1	0	0	0.3	0.1	0.2

9.4.2 北蔡村系（Beicaicun Series）

土　族：砂质混合型温性-石灰淡色潮湿雏形土
拟定者：刘黎明

分布与环境条件　地处海积冲积平原上部，地下水位较高，且有季节性波动，地下水硬度大。成土母质为冲积物。暖温带半湿润大陆季风性气候。降雨偏少，年均降水量 606.8 mm，主要集中在 6~9 月份，平均 513.3 mm，占全年降水量的 70%，雨量分配不均。蒸发大于降水量，干燥度 1.18。年均温 11.6 ℃，大于 10 ℃的积温为 4169.1 ℃。

北蔡村系典型景观

土系特征与变幅　本土系具有雏形层、淡薄表层、潮湿水分状况、氧化还原特征、石灰性等诊断层和诊断特性。土体质地构型是上部 40 cm 左右厚砂质壤土，其下面为砂质黏壤土，土壤的通透性较好；除表层无石灰反应外，其余土层都有石灰反应。

对比土系　与同一亚类下其他土系的差异在于，本土系颗粒大小级别为砂质。

利用性能综述　土壤质地上砂下黏，有利于保水保肥。表层砂壤，耕性好，土壤盐分含量低，有良好排水体系，是良好农田。需加强排水系统的维护，防止次生盐渍化。

参比土种　学名：壤质湿潮土；群众名称：无。

代表性单个土体　位于天津市武清区南蔡村镇北蔡村，坐标为 39°29′03.540″N，117°01′45.486″E。地形为冲积平原，母质为河流沉积物，海拔 1.3 m，采样点为耕地，种植作物为玉米、小麦。野外调查时间 2010 年 10 月 7 日，野外调查编号 12-037。

Ap1：0~10 cm，棕灰色（7.5YR 5/1，干），暗红色（10YR 3/4，润）；砂质壤土；团粒状结构；极疏松；中少量玉米根系；无石灰反应；向下平滑明显过渡。

Ap2：10~35 cm，灰棕色（7.5YR 5/2，干），棕色（7.5YR 4/3，润）；砂质壤土；小块状结构；极疏松；极少量玉米根系；较强石灰反应；向下平滑明显过渡。

Br1：35~65 cm，淡棕灰（7.5YR 7/2，干），棕色（7.5YR 4/3，润）；砂质黏壤土；小粒状结构；坚实；极少量极细根系；少量的铁锰斑纹；强石灰反应；向下平滑逐渐过渡。

Br2：65~80 cm，浊棕色（7.5YR 6/3，干），浊橙色（7.5YR 4/4，润）；砂质黏壤土；中块状结构；坚实；极少量极细根系；少量的铁锰斑纹；强石灰反应；向下平滑逐渐过渡。

Br3：80~110 cm，浊橙色（7.5YR 7/3，干），棕色（7.5YR 4/3，润）；砂质黏壤土；中块状结构；坚实；少量的铁锰斑纹；强度石灰反应。

北蔡村系代表性单个土体剖面

北蔡村系代表性单个土体物理性质

土层	深度 /cm	细土颗粒组成（粒径：mm）/（g/kg）			质地	容重 /（g/cm³）
		砂粒 2~0.05	粉粒 0.05~0.002	黏粒<0.002		
Ap1	0~10	541	312	147	砂质壤土	1.82
Ap2	10~35	630	217	152	砂质壤土	1.85
Br1	35~65	541	248	211	砂质黏壤土	1.69
Br2	65~80	671	110	219	砂质黏壤土	1.78
Br3	80~110	590	196	214	砂质黏壤土	1.99

北蔡村系代表性单个土体化学性质

深度 /cm	pH H₂O	有机质 /（g/kg）	速效钾（K） /（mg/kg）	有效磷（P） /（mg/kg）	游离铁 /（g/kg）	交换性钠 /[cmol(+)/kg)]	CEC /[cmol(+)/kg]	ESP /%
0~10	8.8	22.8	194	5.5	14.9	0.1	14.3	0.7
10~35	8.8	13.6	—	1.6	12.9	0.2	22.3	0.9
35~65	8.5	10.5	68	1.7	18.0	—	—	—
65~80	8.7	7.5	59	1.7	18.5	—	—	—
80~110	8.7	8.3	61	2.5	20.0	—	—	—

深度 /cm	含盐量 /（g/kg）	盐基离子/（g/kg）							
		K^+	Na^+	Ca^{2+}	Mg^{2+}	CO_3^{2-}	HCO_3^-	Cl^-	SO_4^{2-}
0~10	1.7	0	0	0.1	0	0	0.2	0.1	0.1
10~35	1.6	0	0.1	0.1	0	0	0.2	0.5	0
35~65	1.3	0	0.1	0.1	0	0	0.3	0.1	0.2
65~80	1.5	0	0.1	0.1	0	0	0.3	0.1	0.1
80~110	1.8	0	0.2	0.1	0	0	0.3	0.1	0.2

9.4.3 北淮淀系（Beihuaidian Series）

土 　族：黏质混合型温性-石灰淡色潮湿雏形土

拟定者：徐艳，李凡

分布与环境条件　地处海积冲积低平原，地下水位高，且有季节性波动，地下水硬度大。成土母质为冲积物。暖温带半湿润季风型大陆性气候，具有冷暖干湿差异明显的特点。年平均气温 11.1 ℃，平均最低气温为-10.9 ℃，平均最高气温为 29.7 ℃，大于 0 ℃的积温 4455.4 ℃，大于 10 ℃的积温为 4050.1 ℃，全年无霜期为 196 天。年均降水量为637.0 mm，季节差异明显，6~8 月份降水量占全年降水量的 77%。年蒸发量远大于年降水量。排水系统健全。土地利用类型为耕地。

北淮淀系典型景观

土系特征与变幅　本土系具有雏形层、淡薄表层、潮湿水分状况、氧化还原特征、石灰性等诊断层和诊断特性。土体质地构型是地表以下约 50 cm 厚的粉砂质黏壤土之下为粉砂质黏土，自表层向下 70 cm 均有大量蚯蚓和蚯蚓孔，145 cm 处见地下水。

对比土系　梨园系，同一土族，但约 50 cm 之下为黏土。

利用性能综述　整体土质黏重，透水性差，容易滞涝。虽然耕层质地较轻些，但适耕期短。有健全的灌溉排水系统，种植农作物需少量、多次、适时地进行灌溉。

参比土种　学名：黏质湿潮土；群众名称：无。

代表性单个土体　位于天津市宁河区北淮淀乡北淮淀村，坐标为 39°15′30.36″N，117°35′05.02″E。地形为冲积平原，母质为黄泛平原的河湖相沉积物，海拔 1.5 m，种植棉花，水浇地。野外调查时间 2010 年 8 月 25 日，野外调查编号 XY7。与其相似的单个土体是 2010 年 7 月 2 日采自津南区双桥河镇东明村（39°01′39.10″N，117°27′31.07″E）XY2 号剖面和 2010
年 8 月 25 日采自宁河县七里海镇（南涧）李台子村（39°18′15.97″N，117°43′37.50″E）

北淮淀系代表性单个土体剖面

的 XY6 号剖面。

Ap：0~24 cm，深灰黑色（7.5YR 3/0，润）；粉砂质黏壤土；小粒状结构；疏松；中量棉花根系；大量蚯蚓和蚯蚓孔；中度石灰反应；向下平滑明显过渡。

Br1：24~53 cm，深灰黑色（7.5YR 3/0，润）；粉砂质黏壤土；小块状结构；疏松；中量作物根系；大量蚯蚓和蚯蚓孔；少量锈纹锈斑；中度石灰反应；向下平滑明显过渡。

2Br2：53~72 cm，棕色（7.5YR 4/2，润）；粉砂质黏土；次棱块状结构；坚实；中量作物根系；大量蚯蚓和蚯蚓孔；大量锈纹锈斑；中度石灰反应；向下平滑逐渐过渡。

2Br3：72~95 cm，棕色（7.5YR 4/4，润）；粉砂质黏土；次棱块状结构；中量作物根系；大量锈纹锈斑；80 cm 处见水管；中度石灰反应；向下平滑逐渐过渡。

3Br4：95~117 cm，棕色（7.5YR 5/4，润）；粉砂质黏土；次棱块状结构；少量作物根系；大量锈纹锈斑；中度石灰反应；向下平滑明显过渡。

3BCr1：117~124 cm，棕色（7.5YR 4/2，润）；粉砂质黏土；大块状结构；少量作物根系；大量锈纹锈斑；中度石灰反应；向下平滑逐渐过渡。

3BCr2：124~145 cm，棕色（7.5YR 4/4，润）；粉砂质黏土；大块状结构；少量作物根系；少量锈纹锈斑；中度石灰反应；向下平滑逐渐过渡。

北淮淀系代表性单个土体物理性质

土层	深度 /cm	砾石 （>2 mm，体积分数）/%	细土颗粒组成（粒径：mm）/（g/kg）			质地
			砂粒 2~0.05	粉粒 0.05~0.002	黏粒<0.002	
Ap	0~24	0	57	566	377	粉砂质黏壤土
Br1	24~53	0	56	582	362	粉砂质黏壤土
2Br2	53~72	0	57	412	531	粉砂质黏土
2Br3	72~95	0	55	422	523	粉砂质黏土
3Br4	95~117	0	56	510	434	粉砂质黏土
3BCr1	117~124	0	58	449	492	粉砂质黏土
3BCr2	124~145	0	59	480	462	粉砂质黏土

北淮淀系代表性单个土体化学性质

深度 /cm	pH H$_2$O	有机质 /（g/kg）	CaCO$_3$ /（g/kg）	全铁 /（g/kg）	游离铁 /（g/kg）	无定形铁 /（g/kg）	有效铁（Fe） /（mg/kg）	CEC /[cmol（+）/kg]	电导率 /（mS/cm）
0~24	8.4	37.0	33.8	44.2	5.8	2.7	16.3	25.3	0.5
24~53	8.9	24.8	32.2	44.5	6.1	2.5	19.0	19.1	0.3
53~72	9.0	20.9	76.0	47.4	4.8	1.6	14.7	23.4	0.3
72~95	9.0	22.7	52.7	48.8	4.5	2.8	21.1	30.8	0.4
95~117	8.9	14.2	79.9	43.8	4.0	2.4	21.3	25.8	0.3
117~124	8.9	17.3	64.3	49.1	7.3	2.8	20.6	31.1	0.4
124~145	8.9	14.7	73.9	47.4	4.6	2.6	21.4	27.1	0.4

9.4.4 梨园系（Liyuan Series）

土　族：黏质混合型温性-石灰淡色潮湿雏形土
拟定者：刘黎明

分布与环境条件　地处海积冲积低平原，地下水位高，且有季节性波动，地下水硬度大。成土母质为冲积物。暖温带半湿润季风型大陆性气候，具有冷暖干湿差异明显，四季分明等特点。年平均气温 11.1 ℃，平均最低气温为-10.9 ℃，平均最高气温为 29.7 ℃，大于 0 ℃的积温 4455.4 ℃，大于 10 ℃的积温为 4050.1 ℃，全年无霜期为 196 天。年均降水量为 637.0 mm，季节差异明显，6~8 月份降水量占全年降水量的 77%。年蒸发量远大于年降水量。排水系统良好。土地利用类型为耕地。

梨园系典型景观

土系特征与变幅　本土系具有雏形层、淡薄表层、潮湿水分状况、氧化还原特征、石灰性等诊断层和诊断特性。土体质地构型是上部约 40 cm 的粉砂黏壤土之下为黏土。在 50 cm 处出现厚 65 cm 的埋藏颜色较黑的腐殖质层。

对比土系　北淮淀系，同一土族，但自表层向下 70 cm 有大量蚯蚓和蚯蚓孔。

利用性能综述　整体土质黏重，透水性差，容易滞涝。虽然耕层质地较轻些，但适耕期也不长。有健全的灌溉排水系统，种植农作物需少量、多次、适时地进行灌溉。

参比土种　学名：黏质湿潮土；群众名称：无。

代表性单个土体　位于天津市宁河区苗庄乡梨园村，坐标为 39°27′12.36″N，117°46′12.42″E。地形为冲积平原，母质为河流沉积物，海拔 0.7 m，采样点为耕地，种植作物为玉米。野外调查时间 2010 年 10 月 2 日，野外调查编号 12-027。与其相似的单个土体是 2010 年 7 月 2 日采自塘沽区胡家园镇义和庄（39°01′48.793″N，117°32′42.320″E）的 XY1 号剖面和 2010 年 10 月 3 日采自天津市宁河县板桥镇王石村（39°30′20.16″N，

117°49′25.50″E）剖面。

Ap1：0~20 cm，棕灰色（7.5YR 6/1，干），暗棕色（7.5YR 3/3，润）；粉砂质黏壤土；小粒状结构；疏松；很少量极细根系；少量黄硬泥团；轻度石灰反应；向下平滑明显过渡。

Ap2：20~45 cm，灰棕色（7.5YR 6/2，干），灰棕色（5YR 4/2，润）；粉砂质黏土；小粒状结构；较疏松；中度石灰反应；向下平滑明显过渡。

Ahb：45~85 cm，棕灰色（7.5YR 5/1，干），黑棕色（7.5YR 3/2，润）；黏土；小块状结构；较坚实；轻度石灰反应；向下平滑逐渐过渡。

Br：85~110 cm，淡棕灰色（7.5YR 7/1，干），浊黄橙色（7.5YR 4/3，润）；黏土；小块状结构；较坚实；中量的铁锰斑纹；轻度石灰反应。

梨园系代表性单个土体剖面

梨园系代表性单个土体物理性质

土层	深度 /cm	细土颗粒组成（粒径：mm）/（g/kg）			质地	容重 /（g/cm³）
		砂粒 2~0.05	粉粒 0.05~0.002	黏粒<0.002		
Ap1	0~20	131	487	382	粉砂质黏壤土	1.68
Ap2	20~45	67	514	420	粉砂质黏土	1.83
Ahb	45~85	212	281	507	黏土	1.89
Br	85~110	265	299	437	黏土	1.60

梨园系代表性单个土体化学性质

深度 /cm	pH H₂O	有机质 /（g/kg）	速效钾（K） /（mg/kg）	有效磷（P） /（mg/kg）	游离铁 /（g/kg）	交换性钠 /[cmol（+）/kg]	CEC /[cmol（+）/kg]	ESP /%
0~20	8.2	17.4	122	4.5	15.2	0.5	29.0	1.9
20~45	8.9	12.8	113	1.8	14.1	0.7	27.4	2.7
45~85	8.8	12.6	108	1.9	20.7	—	—	—
85~110	8.6	7.4	108	1.8	21.5	—	—	—

深度 /cm	含盐量 /（g/kg）	盐基离子/（g/kg）							
		K⁺	Na⁺	Ca²⁺	Mg²⁺	CO₃²⁻	HCO₃⁻	Cl⁻	SO₄²⁻
0~20	1.8	0	0.1	0.1	0	0	0.5	0.1	0
20~45	1.1	0	0.2	0.1	0	0	0.2	0.1	0.1
45~85	1.7	0	0.4	0.1	0	0	0.3	0.1	0.1
85~110	1.9	0	0.4	0.1	0	0	0.4	0.3	0.2

9.4.5 孟庄系（Mengzhuang Series）

土　　族：黏壤质混合型温性-石灰淡色潮湿雏形土
拟定者：刘黎明

分布与环境条件　地处海积冲积低平原，地下水位高，且有季节性波动，地下水的矿化度也较高。成土母质为黏质冲积物。暖温带半湿润季风型大陆性气候。具有冷暖干湿差异明显，四季分明的特点。年平均气温 11.1 ℃，平均最低气温为-10.9 ℃，极端最低温为-22.0 ℃，平均最高气温为 29.7 ℃，极端最高气温为 39.3 ℃，大于 0 ℃的积温4455.4 ℃，大于 10 ℃的积温为4050.1 ℃，全年无霜期为196 天，年降水量为637.0 mm，6~8 月份降水量占全年降水量的 77%。年蒸发量大于年降水量，干燥度大于 1。

孟庄系典型景观

土系特征与变幅　本土系具有雏形层、淡薄表层、潮湿水分状况、氧化还原特征等诊断层和诊断特性。有些土层的 pH>9.0。地势低，地下水埋深浅，一般小于 1 m。上部 60 cm的土体为黏壤土，其下直到地下水位（地下水埋深 85 cm）为黏土层。

对比土系　苗庄系，同一土族，但通体土壤质地为均一，为黏壤土。农科昌平站系，同一土族，但耕作层质地为粉砂壤土。

利用性能综述　土壤盐分含量较低，表层质地适中，适合种植棉花。但地下水位浅且矿化度较高，需排水降低地下水位，防止次生盐渍化。

参比土种　学名：壤质湿潮土；群众名称：无。

孟庄系代表性单个土体剖面

代表性单个土体　位于天津市宁河区大田镇孟庄，坐标为 39°16′06.18″N，117°45′43.26″E。地形为冲积平原，母质为海河水系冲积物，海拔 2.2 m，采样点为耕地，种植棉花。野外调查时间 2011 年 9 月 29 日，野外调查编号 12-075。与其相似的单个土体是 2010 年 10 月 1 日采自天津市宁河县俵口乡俵口村（39°19′50.34″N，117°33′15.72″E）的 12-020 号和 2010 年 9 月 14 日采自大港区中塘镇中塘村（38°50′51.60″N，117°20′48.54″E）的 12-004 号剖面。

Ap：0~25 cm，灰黄棕色（10YR 5/2，干），深黄棕色（10YR 4/4，润）；粉砂质黏壤土；小粒状结构；疏松；多量中根系；无石灰反应；向下平滑突然过渡。

Br1：25~60 cm，灰黄棕色（10YR 6/2，干），棕色（10YR 4/6，润）；黏壤土；次棱块状结构；干时硬；少量细根系；5% 的 2 mm 大的锈纹锈斑；无石灰反应；向下平滑明显过渡。

Br2：60~85 cm，灰红色（2.5YR 6/2，干），红灰色（2.5YR 5/2，润）；粉砂质黏土；次棱块状结构；干时硬；少量细根系；5% 的 2 mm 大的锈纹锈斑；强石灰反应。

孟庄系代表性单个土体物理性质

土层	深度 /cm	细土颗粒组成（粒径：mm）/（g/kg）			质地	容重 /（g/cm³）
		砂粒 2~0.05	粉粒 0.05~0.002	黏粒<0.002		
Ap	0~25	169	541	289	粉砂质黏壤土	1.54
Br1	25~60	217	511	271	黏壤土	1.92
Br2	60~85	129	530	341	粉砂质黏土	1.88

孟庄系代表性单个土体化学性质

深度 /cm	pH H₂O	有机质 /（g/kg）	速效钾（K） /（mg/kg）	有效磷（P） /（mg/kg）	交换性钠 /[cmol（+）/kg]	CEC /[cmol（+）/kg]	ESP /%
0~25	8.8	18.0	290	6.0	0.4	20.5	1.8
25~60	9.1	11.1	188	2.7	0.9	18.8	4.5
60~85	9.3	6.7	281	3.6	—	—	—

深度 /cm	含盐量 /（g/kg）	盐基离子/（g/kg）							
		K⁺	Na⁺	Ca²⁺	Mg²⁺	CO₃²⁻	HCO₃⁻	Cl⁻	SO₄²⁻
0~25	1.4	0	0.1	0.1	0.1	0	0.3	0.1	0.3
25~60	0.9	0	0.3	0.1	0	0	0.3	0.1	0.1
60~85	1.9	0	0.3	0	0	0	0.8	0.4	0.2

9.4.6 苗庄系（Miaozhuang Series）

土　族：黏壤质混合型温性-石灰淡色潮湿雏形土
拟定者：刘黎明

分布与环境条件　地处海积冲积低平原，地下水位高，且有季节性波动，地下水硬度大。成土母质为冲积物。暖温带半湿润季风型大陆性气候。具有冷暖干湿差异明显、四季分明等特点。年平均气温 11.1 ℃，平均最低气温为-10.9 ℃，极端最低温为-22.0 ℃，极端最高气温为 39.3 ℃，大于 0 ℃的积温 4455.4 ℃，大于 10 ℃的积温为 4050.1 ℃，全年无霜期为 196 天。年均降水量为 637.0 mm，季节差异明显，6~8 月份降水量占全年降水量的 77%。年蒸发量远大于年降水量。土地利用为耕地，有排水体系。

苗庄系典型景观

土系特征与变幅　本土系包括雏形层、淡薄表层、潮湿水分状况、氧化还原特征、石灰性等诊断层和诊断特性。土体质地构型通体为黏壤土，地表以下约 45 cm 的土壤有贝壳。
对比土系　孟庄系，同一土族，层次质地构型多样。农科昌平站系，同一土族，但耕作层质地为粉砂壤土。
利用性能综述　土壤质地适中，盐分含量低，地形平坦，排水系统完善，很好的农用地。毕竟处于河流下游的低平原区，注意维护好排水系统，防止洪涝。
参比土种　学名：壤质湿潮土；群众名称：无。
代表性单个土体　位于天津市宁河区苗庄乡苗庄，坐标为39°25′05.94″N，117°49′00.96″E。地形为冲积平原，母质为河流沉积物，海拔 1.7 m，采样点为耕地，种植作物为玉米。野外调查时间 2010 年 10 月 2 日，野外调查编号 12-025。与其相似的单个土体是 2010 年 9 月 11 日采自宝坻区大钟镇宽江村的 XY9 号剖面（39°35′05.87″N，117°36′40.49″E）和 XY10 号剖面（39°35′15.45″N，117°35′53.53″E）。

Ap：0~20 cm，灰黄棕色（10YR 6/2，干），灰棕色（7.5YR 4/2，润）；黏壤土；粒状结构；疏松；少量细根系；有少量贝壳；轻度石灰反应；向下平滑明显过渡。

Br1：20~45 cm，淡灰色（10YR 7/1，干），灰棕色（7.5YR 4/2，润）；黏壤土；小块状结构；坚实；很少量极细根系；少量锈纹锈斑；有少量贝壳；中度石灰反应；向下平滑明显过渡。

Br2：45~75 cm，浊黄橙色（10YR 7/2，干），灰棕色（7.5YR 5/2，润）；黏壤土；中等块状结构；疏松；中量锈纹锈斑；中度石灰反应；向下平滑逐渐过渡。

Br3：75~100 cm，灰黄棕色（10YR 6/2，干），灰棕色（7.5YR 4/2，润）；黏壤土；中等块状结构；坚实；大量锈纹锈斑；中度石灰反应。

苗庄系代表性单个土体剖面

苗庄系代表性单个土体物理性质

| 土层 | 深度 /cm | 细土颗粒组成（粒径：mm）/（g/kg） | | | 质地 | 容重 /（g/cm³） |
		砂粒 2~0.05	粉粒 0.05~0.002	黏粒<0.002		
Ap	0~20	392	248	360	黏壤土	2.00
Br1	20~45	336	385	279	黏壤土	2.05
Br2	45~75	310	409	281	黏壤土	1.73
Br3	75~100	264	339	397	黏壤土	1.52

苗庄系代表性单个土体化学性质

深度 /cm	pH H₂O	有机质 /（g/kg）	速效钾（K） /（mg/kg）	有效磷（P） /（mg/kg）	游离铁 /（g/kg）	电导率 /（mS/cm）	交换性钠 /[cmol（+）/kg]	CEC /[cmol（+）/kg]
0~20	8.7	11.5	238	9.1	11.9	0.3	0.9	27.1
20~45	9.0	6.7	187	2.8	13.8	0.3	0.7	19.5
45~75	8.6	5.9	215	3.3	13.4	0.3	—	—
75~100	8.6	11.5	313	4.1	15.5	0.3	—	—

| 深度 /cm | 含盐量 /（g/kg） | 盐基离子/（g/kg） | | | | | | | | ESP /% |
		K⁺	Na⁺	Ca²⁺	Mg²⁺	CO₃²⁻	HCO₃⁻	Cl⁻	SO₄²⁻	
0~20	1.7	0	0.2	0.1	0	0	0.3	0.1	0.2	3.1
20~45	1.7	0	0.4	0.1	0	0	0.3	0.3	0.2	3.7
45~75	1.8	0	0.5	0.1	0	0	0.3	0.3	0.3	—
75~100	1.7	0	0.5	0.1	0	0	0.4	0.2	0.1	—

9.4.7 农科昌平站系（Nongkechangpingzhan Series）

土　族：黏壤质混合型温性-石灰淡色潮湿雏形土
拟定者：孔祥斌，张青璞

分布与环境条件　暖温带半湿润大陆性季风气候。冬春干旱多风，夏季炎热多雨年均温 11.7 ℃，年均降水量 586 mm；降水集中在 7～8 月，接近占全年降水量的 70%；降雨年际间变化大，而且多大雨，甚至暴雨。其地形为山前平原与冲积平原的交界处，容易造成短暂积水；地下水位的波动，使土体下部发生氧化还原过程。母质为冲积物，土层深厚。土地利用类型为耕地，主要种植玉米。

农科昌平站系典型景观

土系特征与变幅　本土系诊断层包括雏形层，诊断特性包括湿润水分状况、温性土壤温度、氧化还原特征。土层深厚，可以看到明显的土层分异。质地构型为上部 60 cm 的粉砂壤土，下为粉砂质黏壤土。60～90 cm 左右有埋藏的腐殖质层，90 cm 以下出现氧化还原特征，有明显的铁锰斑纹。

对比土系　董庄系，同一亚类不同土族，有石灰性。孟庄系、苗庄，同一土族，但耕作层质地不同。

利用性能综述　地形平坦，土层深厚，土壤肥沃。但地下水位较浅，心底土质地黏重，通透性不好，可能造成滞水内涝。修建了排水系统，地下水丰富，比较适宜作物生长。

参比土种　学名：轻壤质潮土；群众名称：无。

代表性单个土体　位于昌平区农科院实验站，坐标为 40°10′11.51″N，116°13′37.66″E。地形为山前平原，母质为冲积物。海拔 50 m，采样点为耕地。野外调查时间 2010 年 9 月 15 日，野外调查编号 KBJ-15。

Ap1：0～18 cm，棕色（7.5YR 5/3，润）；粉砂壤土；中等片状结构；疏松；中等量中根系；侵入体为少量的砖屑；极强石灰反应；向下平滑突然过渡。

Ap2：18～35 cm，棕色（7.5YR 4/3，润）；粉砂壤土；厚片状结构；疏松；中量中等根系；极强石灰反应；向下平滑明显过渡。

Bw：35～60 cm，棕色（7.5YR 4/3，润）；粉砂壤土；中等棱块结构；疏松、中量细根系；极强石灰反应；向下不平滑突然过渡。

2Ahb：60～90 cm，暗棕色（7.5YR 3/4，润）；粉砂质黏壤土；中等团块结构；疏松；少量粗根系；无石灰反应；清晰平滑过渡。

2Br1：90～110 cm，暗棕色（7.5YR 3/4，润）；粉砂质黏壤土；小团块结构；坚实；少量根系；大量清楚明显的铁锰斑纹；轻度石灰反应；向下平滑逐渐过渡。

2Br2：大于 110 cm，暗棕色（7.5YR 3/4，润）；粉砂质黏壤土；小团块结构；坚实；很少量根系；大量清楚明显的铁锰斑纹；有少量的黏粒。

农科昌平站系代表性单个土体剖面

农科昌平站系代表性单个土体物理性质

土层	深度 /cm	砾石 （>2 mm，体积分数）/%	细土颗粒组成（粒径：mm）/（g/kg）			质地
			砂粒 2～0.05	粉粒 0.05～0.002	黏粒<0.002	
Ap1	0～18	0	282	548	170	粉砂壤土
Ap2	18～35	0	205	618	177	粉砂壤土
Bw	35～60	0	144	643	213	粉砂壤土
2Ahb	60～90	0	132	578	290	粉砂质黏壤土
2Br1	90～110	0	59	584	357	粉砂质黏壤土
2Br2	>110	0	132	572	296	粉砂质黏壤土

农科昌平站系代表性单个土体化学性质

深度 /cm	pH		有机质 /（g/kg）	速效氮(N) /（mg/kg）	有效磷(P) /（mg/kg）	速效钾(K) /（mg/kg）	全氮(N) /（g/kg）	全磷(P) /（g/kg）	全钾(K) /（g/kg）	CaCO₃ /（g/kg）
	H₂O	CaCl₂								
0～18	8.4	7.8	22.5	60.6	5.3	126	0.93	0.52	25.3	26.0
18～35	8.5	7.8	13.9	39.3	2.8	74	0.59	0.68	25.9	28.6
35～60	8.4	7.9	11.7	22.9	2.2	78	0.42	0.54	25.1	46.1
60～90	8.4	7.8	15.4	36.0	1.8	82	0.57	0.34	25.0	3.9
90～110	8.5	7.7	11.1	24.6	1.4	114	0.32	0.35	25.3	5.6
>110	8.4	7.7	11.3	6.6	3.0	114	0.25	0.33	25.8	4.2

深度 /cm	全铁 /（g/kg）	游离铁 /（g/kg）	无定形铁 /（g/kg）	有效铁（Fe） /（mg/kg）	CEC /[cmol（+）/kg]
0～18	36.4	8.7	1.1	10.1	12.7
18～35	36.5	8.0	1.0	9.0	11.3
35～60	36.6	8.6	1.0	8.2	15.0
60～90	43.0	10.7	0.9	7.1	23.1
90～110	50.2	14.0	1.0	5.5	25.4
>110	55.9	17.4	1.4	6.9	22.7

9.4.8 富王庄系（Fuwangzhuang Series）

土　族：壤质混合型温性-石灰淡色潮湿雏形土
拟定者：徐艳，罗丹

分布与环境条件　地处冲积平原，地下水位较高，且有季节性波动，地下水硬度大。成土母质为冲积物。暖温带半湿润大陆性季风气候，平均气温 11.4 ℃，最冷的 1 月份为 −5.4 ℃，最热的 7 月份为 25.9 ℃，无霜期平均 197 天，大于 0℃的积温为 4507.9 ℃，大于 10 ℃积温 4116.3 ℃。年均降水量 603.6 mm，季节差异明显，雨量主要集中在夏季。年蒸发量为 1612.0 mm。排水系统健全。土地利用类型为耕地。

富王庄系典型景观

土系特征与变幅　本土系具有雏形层、淡薄表层、潮湿水分状况、氧化还原特征、石灰性等诊断层和诊断特性。土体质地构型是自土表至 175 cm 处均为粉砂壤土，往下至地下水处为 30cm 的黏土。

对比土系　韩指挥营系，同一土族，但土体质地构型是上部约 80~100 cm 为壤土，底部为砂土。

利用性能综述　土壤质地适中，利于耕作，且有一定的保肥保水性。现有灌溉排水系统健全，是优质农田。加强现有农田基本设施的维护。

参比土种　学名：壤质湿潮土；群众名称：无。

代表性单个土体　位于宝坻区口东镇富王庄，坐标为 39°39′29.28″N，117°22′16.89″E。地形为冲积平原，母质为黄泛平原的河湖相沉积物，海拔 1.5 m，采样点为水浇地，种植大豆。野外调查时间 2010 年 9 月 12 日，野外调查编号 XY13。

Ap1：0~32 cm，暗黄棕色（10YR 4/4，润）；粉砂壤土；无结构；疏松；大量毛豆须根；强烈石灰反应；向下平滑明显过渡。

Ap2：32~37 cm，黄棕色（10YR 5/4，润）；粉砂壤土；无结构；疏松；大量毛豆须根；少量模糊的锈纹锈斑；强烈石灰反应；向下平滑明显过渡。

Br1：37~114 cm，暗黄棕色（10YR 4/6，润）；粉砂壤土；无结构；疏松；由多渐少的毛豆根系；少量蚯蚓和蚯蚓孔；较多的锈纹锈斑；强烈石灰反应；向下波状突然过渡。

Br2：114~175 cm，暗棕色（10YR 3/3，润）；粉砂壤土；小粒状结构；疏松；由多渐少的毛豆根系；较多的锈纹锈斑；强烈石灰反应；向下平滑明显过渡。

2Br3：175~205 cm，黑色（7.5YR 2/0，润）；黏土；中块状结构；紧实；大量的铁锰斑纹；轻度石灰反应；向下平滑明显过渡。

富王庄系代表性单个土体剖面

富王庄系代表性单个土体物理性质

土层	深度 /cm	砾石 (>2 mm，体积分数) /%	细土颗粒组成（粒径：mm）/（g/kg）			质地
			砂粒 2~0.05	粉粒 0.05~0.002	黏粒<0.002	
Ap1	0~32	0	251	587	162	粉砂壤土
Ap2	32~37	0	133	759	108	粉砂壤土
Br1	37~114	0	229	645	126	粉砂壤土
Br2	114~175	0	111	663	226	粉砂壤土
2Br3	175~205	0	66	351	583	黏土

富王庄系代表性单个土体化学性质

深度 /cm	pH H₂O	有机质 /（g/kg）	CaCO₃ /（g/kg）	全铁 /（g/kg）	游离铁 /（g/kg）	无定形铁 /（g/kg）	有效铁（Fe） /（mg/kg）	CEC /[cmol（+）/kg]	电导率 /（mS/cm）
0~32	8.6	14.5	16.5	34.8	6.7	0.7	8.0	12.4	0.1
32~37	8.9	6.5	18.8	31.2	4.7	0.5	6.3	9.5	0.2
37~114	9.0	7.4	31.2	35.3	7.3	0.3	4.7	14.2	0.2
114~175	8.7	14.2	66.8	46.3	11.0	1.3	5.7	22.2	0.3
175~205	8.5	47.5	8.4	45.6	9.0	2.7	9.9	50.5	0.3

9.4.9　韩指挥营系（Hanzhihuiying Series）

土　族：壤质混合型温性-石灰淡色潮湿雏形土
拟定者：刘黎明

分布与环境条件　地处冲积平原，地下水位较高，且有季节性波动，地下水硬度大。成土母质为冲积物。年均温 11.6 ℃，全年日照时数 4436.3 小时，大于 10 ℃的积温为 4169.1 ℃。年均降水量 606.8 mm，主要集中在 6~9 月份，平均 513.3 mm，占全年降水量的 70%，干燥度 1.18。年蒸发量远大于年降水量。排水体系健全。土地利用为耕地。

韩指挥营系典型景观

土系特征与变幅　本土系具有雏形层、淡薄表层、潮湿水分状况、氧化还原特征、石灰性等诊断层和诊断特性。土体质地构型是上部约 80~100 cm 为壤土，底部为砂土。
对比土系　富王庄系，同一土族，但土体质地构型是自土表至 175 cm 处均为粉砂壤土，往下至地下水位的 30 cm 为黏土。
利用性能综述　土壤质地较轻，利于耕作；但保肥保水性较差。健全完善现有灌溉排水系统，采取节水灌溉方式，建成优质农田。
参比土种　学名：轻壤质潮土；群众名称：无。

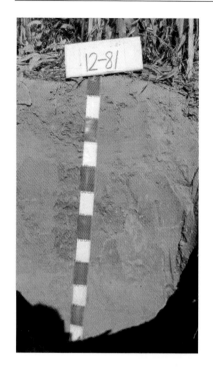

韩指挥营系代表性单个土体剖面

代表性单个土体 位于天津市武清区大王古庄镇韩指挥营村，坐标为 39°32′18.30″N，116°50′24.24″E。地形为滨海平原，母质为海河水系冲积物，海拔-2.5 m，采样点为耕地，种植玉米。野外调查时间 2011 年 9 月 30 日，野外调查编号 12-081。

Ap：0~22 cm，浅棕色（10YR 6/3，干），黄棕色（10YR 7/3，润）；壤土；粒状结构；干时松散；湿时松脆；多量中根系；中度石灰反应；向下平滑逐渐过渡。

Bw1：22~40 cm，淡黄棕色（10YR 7/3，干），浅灰色（10YR 7/1，润）；壤土；粒状结构；干时松散；湿时松脆；少量细根系；强石灰反应；向下平滑突然过渡。

2Bw2：40~88 cm，浅灰色（10YR 7/2，干），淡黄棕色（10YR 8/3，润）；粉砂壤土；发育弱的片状结构；干时较硬；湿时松脆；少量细根系；少量的铁锰斑纹；极强石灰反应；向下平滑突然过渡。

3BC：88~120 cm，淡黄棕色（10YR 7/3，干），淡黄棕色（10YR 8/4，润）；砂土；单粒状结构；干时松散；湿时松脆；少量的铁锰斑纹；极强石灰反应。

韩指挥营系代表性单个土体物理性质

土层	深度	细土颗粒组成（粒径：mm）/（g/kg）			质地	容重
	/cm	砂粒 2~0.05	粉粒 0.05~0.002	黏粒<0.002		/（g/cm³）
Ap	0~22	478	422	100	壤土	1.41
Bw1	22~40	446	477	77	壤土	1.73
2Bw2	40~88	316	518	166	粉砂壤土	1.70
3BC	88~120	569	402	29	砂土	1.84

韩指挥营系代表性单个土体化学性质

深度	pH	有机质	有效磷（P）	交换性钠	CEC	ESP
/cm	H_2O	/（g/kg）	/（mg/kg）	/[cmol（+）/kg]	/[cmol（+）/kg]	/%
0~22	8.9	8.7	9.1	0.2	9.3	2.0
22~40	9.3	3.9	3.2	0.2	7.5	3.2
40~88	9.1	8.3	2.9	—	—	—
88~120	9.3	1.0	1.5	—	—	—

深度	含盐量	盐基离子/（g/kg）							
/cm	/（g/kg）	K^+	Na^+	Ca^{2+}	Mg^{2+}	CO_3^{2-}	HCO_3^-	Cl^-	SO_4^{2-}
0~22	1.6	0	0.0	0.1	0	0	0.3	0.2	0
22~40	1.4	0	0.1	0.1	0	0	0.4	0.2	0
40~88	0.8	0	0.1	0.1	0	0	0.3	0.3	0
88~120	1.9	0	0.1	0	0	0	0.3	0.3	0

9.5 普通淡色潮湿雏形土

9.5.1 董庄系（Dongzhuang Series）

土　族：黏壤质混合型非酸性温性-普通淡色潮湿雏形土
拟定者：刘黎明

分布与环境条件　地处冲积平原区,地下水位较高,且季节性波动;地下水矿化度也较高。冲沉积物为壤质冲积物。暖温带半湿润大陆季风性气候。降雨偏少,年均降水量 606.8 mm,主要集中在 6~9 月份,平均 513.3 mm,占全年降水量的 70%,雨量分配不均。年蒸发量远大于年降水量,干燥度 1.18。年均温 11.6 ℃,大于 10 ℃的积温为 4169.1 ℃。

董庄系典型景观

土系特征与变幅　本土系具有雏形层、淡薄表层、潮湿水分状况、氧化还原特征等诊断层和诊断特性。除表层呈弱石灰反应外,其余土层均无石灰反应。土体质地构型上轻下黏。52 cm 深处有一层厚 20 cm 左右的腐殖质埋藏层。
对比土系　韩指挥营系、北蔡村系,位于同一乡镇,但土体有石灰性,同一土类不同亚类,为石灰淡色潮湿雏形土。因为土壤没有碱性特性、盐积现象、石灰性反应,而不同于弱盐淡色潮湿雏形土和石灰淡色潮湿雏形土等其他亚类的土系。
利用性能综述　通体土壤质地适中,通透性较好,上轻下黏,有利于保水保肥。土壤无盐碱,灌溉排水系统健全,适宜作物生长。属于优质农田。
参比土种　学名:轻壤质潮土;群众名称:无。

董庄系代表性单个土体剖面

代表性单个土体　位于天津市武清区高村镇董庄,坐标为39°39′01.62″N,116°52′31.14″E。地形为冲积平原,母质为海河水系冲积物,海拔-2.0 m,采样点为耕地,种植玉米。野外调查时间2011年9月30日,野外调查编号12-080。

Ap: 0~18 cm,浊黄棕色(10YR 5/3,干),深黄棕色(10YR 4/4,润);壤土;发育弱的小粒状结构;干时松脆;多量粗根系;弱石灰反应;向下平滑突然过渡。

Bw: 18~52 cm,浊黄棕色(10YR 5/3,干),灰黄棕色(10YR 4/2,润);壤土;发育弱的小粒状结构;干时较硬;少量粗根系;无石灰反应;向下平滑明显过渡。

2Ahb: 52~85 cm,黑棕色(10YR 3/1,干),黑棕色(10YR 2/2,润);粉砂质黏壤土;中度发育的中块状结构;干时硬;湿时坚实;少量细根系;少量的铁锰斑纹;无石灰反应;向下平滑明显过渡。

2Br: 85~120 cm,浊黄棕色(10YR 5/3,干),棕灰色(10YR 4/1,润);粉砂质黏壤土;中块状结构;干时硬,湿时较坚实;中量的铁锰斑纹;无石灰反应。

董庄系代表性单个土体物理性质

土层	深度 /cm	细土颗粒组成(粒径: mm)/(g/kg)			质地	容重 /(g/cm³)
		砂粒 2~0.05	粉粒 0.05~0.002	黏粒<0.002		
Ap	0~18	309	444	247	壤土	1.59
Bw	18~52	305	447	249	壤土	1.87
2Ahb	52~85	176	469	355	粉砂质黏壤土	1.84
2Br	85~120	133	531	336	粉砂质黏壤土	1.85

董庄系代表性单个土体化学性质

深度 /cm	pH H₂O	有机质 /(g/kg)	有效磷(P) /(mg/kg)	交换性钠 /[cmol(+)/kg]	CEC /[cmol(+)/kg]	ESP /%
0~18	8.9	16.7	17.4	0.5	20.8	2.0
18~52	8.8	8.1	3.5	0.4	20.1	2.4
52~85	8.5	8.2	1.6	—	—	—
85~120	8.5	7.4	1.8	—	—	—

深度 /cm	含盐量 /(g/kg)	盐基离子/(g/kg)							
		K⁺	Na⁺	Ca²⁺	Mg²⁺	CO₃²⁻	HCO₃⁻	Cl⁻	SO₄²⁻
0~18	1.1	0	0.1	0.1	0	0	0.3	0.3	0.2
18~52	0.9	0	0.1	0.1	0	0	0.3	0.3	0.1
52~85	1.3	0	0.1	0.1	0	0	0.3	0.3	0.2
85~120	1.1	0	0.1	0	0	0	0.3	0.3	0.1

9.6　石灰底锈干润雏形土

9.6.1　吕各庄系（lügezhuang Series）

土　族：黏质混合型温性-石灰底锈干润雏形土
拟定者：孔祥斌，张青璞

分布与环境条件　暖温带半湿润大陆性季风气候，冬春干旱多风，夏季炎热多雨。年均温 11.6 ℃，年均降水量 592 mm；集中在 7~8 月，接近占全年降水量的 70%；降雨年际间变化大，而且多大雨，甚至暴雨。年蒸发量远大于年降水量。其地形为平原，母质为冲积物。土地利用类型为耕地。

吕各庄系典型景观

土系特征与变幅　本土系具有雏形层、淡薄表层、半干润水分状况、氧化还原特征、温性土壤温度、石灰性等诊断层和诊断特性。土体质地构型为粉砂壤土中间夹粉砂黏土，粉砂黏土层在距地表 40 cm 左右深处出现，厚约 50 cm。表土和底土均有砂姜，且底土砂姜含量多，中间层次没有。

对比土系　德茂农业园系，同一亚类不同土族，通体壤土，颗粒大小级别为黏壤质。

利用性能综述　地形平坦，土层深厚；表土质地较轻，便于耕作；心土质地较黏，有利于保水保肥，同时，黏土矿物以胀缩性较差的伊利石为主，湿胀干缩不明显；农业利用适宜性广。加上良好的灌溉排水系统，是优质农田。

参比土种　学名：浅位中层夹黏轻壤质潮土；群众名称：无。

吕各庄系代表性单个土体剖面

代表性单个土体　　剖面位于昌平区百善镇吕各庄，坐标为40°08′09.78″N，116°21′08.51″E。地形为山前平原，母质为冲积物。海拔42 m，采样点为耕地。野外调查时间2010年9月16日，野外调查编号KBJ-16。

Apk1：0~20 cm，黄色（10YR 7/6，润）；粉砂壤土；中度发育的屑粒状结构；疏松；中量细根系；有动物穴；少量砂姜；有少量砖屑、煤渣的侵入体；有少量的蚯蚓；强石灰反应；向下平滑明显过渡。

Apk2：20~38 cm，粉灰褐色（7.5YR 6/3，润）；粉砂壤土；中块状结构；疏松；中量细根和中根系；少量砂姜；有少量砖屑、煤渣的侵入体；有少量的蚯蚓；极强石灰反应；向下平滑突然过渡。

2Br1：38~85 cm，灰色（7.5YR 5/1，润）；粉砂质黏土；大棱块结构；坚实；少量细根；有少量铁锰结核；有少量的蚯蚓粪便；轻石灰反应；向下平滑明显过渡。

3Br2：85~110 cm，浅棕色（7.5YR 6/4，润）；粉砂质黏壤土；大棱块结构；坚实；大量铁锰结核；向下平滑明显过渡。

3Brk：110 cm以下，黄棕色（10YR 5/4，润）；粉砂壤土；小块结构；坚实；大量铁锰斑纹；大量不规则的砂姜；清晰平滑过渡。

吕各庄系代表性单个土体物理性质

土层	深度 /cm	砾石 （>2 mm，体积分数）/%	细土颗粒组成（粒径：mm）/（g/kg）			质地
			砂粒 2~0.05	粉粒 0.05~0.002	黏粒<0.002	
Apk1	0~20	2~5	243	501	256	粉砂壤土
Apk2	20~38	2~5	261	497	242	粉砂壤土
2Br1	38~85	0	55	515	430	粉砂质黏土
3Br2	85~110	0	127	590	283	粉砂质黏壤土
3Brk	>110	15~40	228	564	208	粉砂壤土

吕各庄系代表性单个土体化学性质

深度 /cm	pH		有机质 /（g/kg）	速效氮（N） /（mg/kg）	有效磷（P） /（mg/kg）	速效钾（K） /（mg/kg）	全氮（N） /（g/kg）	全磷（P） /（g/kg）	全钾（K） /（g/kg）	CaCO₃ /（g/kg）
	H₂O	CaCl₂								
0~20	8.4	7.7	19.6	65.5	6.5	134	0.81	0.18	27.7	15.7
20~38	8.4	7.7	16.6	45.9	3.6	102	0.71	0.33	25.8	3.9
38~85	8.5	7.5	11.2	26.2	3.2	170	0.48	0.15	28.0	3.8
85~110	8.6	7.6	8.9	22.9	1.4	114	0.25	0.28	27.8	1.4
>110	8.7	7.8	8.7	9.8	1.2	90	0.17	0.36	26.3	59.3

深度 /cm	全铁 /（g/kg）	游离铁 /（g/kg）	无定形铁 /（g/kg）	有效铁（Fe） /（mg/kg）	CEC /[cmol (+) /kg]
0~20	43.0	10.2	1.3	8.8	18.5
20~38	44.0	11.5	1.5	9.8	17.2
38~85	49.4	16.4	1.4	6.3	32.6
85~110	45.8	12.7	0.8	6.3	17.6
>110	40.3	10.4	0.6	6.2	13.4

9.6.2　德茂农业园系（Demaonongyeyuan Series）

土　族：黏壤质混合型温性-石灰底锈干润雏形土
拟定者：孔祥斌，张青璞

分布与环境条件　暖温带半湿润大陆性季风气候。春季干旱多风、夏季炎热多雨。年平均温度 12.1 ℃。平均降水量 597 mm 左右，降雨年际间变化大，降水集中在 7～8 月，接近占全年降水量的 70%，而这期间多大雨，甚至暴雨。年蒸发量远大于年降水量。其地形为平原。土地利用类型为耕地，植被类型为小麦、玉米。

德茂农业园系典型景观

土系特征与变幅　本土系具有雏形层、淡薄表层、半干润水分状况、氧化还原特征、温性土壤温度、石灰性等诊断层和诊断特性。土体质地构型为通体壤土，30 cm 以下出现砂姜，而且 100 cm 以下砂姜含量占体积的 40% 以上。

对比土系　与吕各庄系不同的是：德茂农业园系的土体质地构型是通体壤土；而吕各庄系的土体质地构型为地表以下 40 cm 厚的粉砂壤土之下为粉砂黏土，土族颗粒组成级别即不同。

利用性能综述　土层厚，质地适中，适宜作物生长，也便于耕作。加上良好的灌溉排水体系，是优质农田。

参比土种　学名：轻壤质潮土；群众名称：无。

代表性单个土体　位于北京市大兴区德茂农业实验园，坐标为 39°46′19.14″N，116°25′49.90″E。地形为冲积平原，母质为冲积物，海拔 2 m。野外调查时间 2011 年 6 月 20 日，野外调查编号 KBJ-28。

德茂农业园系代表性单个土体剖面

Ap：0~30 cm，暗棕色（10YR 4/3，润）；壤土；小屑粒状结构；干时硬，湿时松脆；中量 0.2~2 mm 的根系；土体内可见少量蚯蚓和蚯蚓粪；极强石灰反应；向下平滑明显过渡。

Brk1：30~60 cm，黄棕色（10YR 5/4，润）；壤土；中次棱块结构；干时硬，湿时松脆；少量 0.5~2 mm 粗的根系；少量蚯蚓及蚯蚓粪；少量铁锰结核，较硬；少量 6~20 mm 砂姜，丰度小于 2%，很硬；土体内可见少量蚯蚓和蚯蚓粪；中度石灰反应；向下平滑逐渐过渡。

Brk2：60~100 cm，黄棕色（10YR 5/4，润）；壤土；中次棱块结构；干时硬，湿时松脆；少量 2~5 mm 粗的根系；2%~5% 的铁锈斑纹；少量 2~3 mm 的铁锰结核，较硬；6~20 mm 砂姜，丰度 5%~15%，很硬；土体内可见少量蚯蚓粪；中度石灰反应，向下平滑明显过渡。

Brk3：>100 cm，灰色（10YR 5/3，润）；壤土；中次棱块结构；干时硬，湿时松脆；少量 2~5 mm 粗的根系；少量 2~3 mm 的铁锰结核，较硬；6~20 mm 砂姜，丰度 40%~85%，很硬；强度石灰反应，清晰平滑过渡。

德茂农业园系代表性单个土体物理性质

土层	深度 /cm	砾石（>2 mm，体积分数）/%	细土颗粒组成（粒径：mm）/（g/kg）			质地
			砂粒 2~0.05	粉粒 0.05~0.002	黏粒<0.002	
Ap	0~30	0	383	429	188	壤土
Brk1	30~60	<2	399	398	203	壤土
Brk2	60~100	5~15	438	350	211	壤土
Brk3	>100	40~85	351	471	178	壤土

德茂农业园系代表性单个土体化学性质

深度 /cm	pH H₂O	pH CaCl₂	有机质 /（g/kg）	速效氮(N) /（mg/kg）	有效磷(P) /（mg/kg）	速效钾(K) /（mg/kg）	全氮(N) /（g/kg）	全磷(P) /（g/kg）	全钾(K) /（g/kg）	CaCO₃ /（g/kg）
0~30	8.2	7.6	18.6	105.0	13.6	51.0	1.13	0.78	15.6	13.7
30~60	8.2	7.6	8.5	54.6	1.9	44.5	0.76	0.58	15.3	8.3
60~100	8.2	7.6	6.8	54.6	1.9	41.2	0.60	0.54	16.6	9.0
>100	8.2	7.7	8.5	37.8	2.3	54.2	0.38	0.54	15.1	49.8

深度 /cm	全铁 /（g/kg）	游离铁 /（g/kg）	无定形铁 /（g/kg）	有效铁（Fe） /（mg/kg）	CEC /[cmol（+）/kg]
0~30	29.8	8.9	1.2	16.3	12.2
30~60	28.5	10.8	0.9	8.0	12.2
60~100	29.5	10.8	0.7	5.9	10.9
>100	37.9	11.4	0.4	3.6	12.1

9.6.3 德前村系（Deqiancun Series）

土　　族：壤质混合型温性-石灰底锈干润雏形土
拟定者：孔祥斌，张青璞

分布与环境条件　暖温带半湿润大陆性季风气候。冬春干旱多风，夏季炎热多雨。年均温 11.3 ℃。年均降水量 617 mm；降雨年际间变化大，集中在 7～8 月，接近占全年降水量的 70%，而这期间多大雨，甚至暴雨。年蒸发量远大于年降水量。其地形为冲积平原。土地利用类型为小面积撂荒地，植被类型为草本、杨树。

德前村系典型景观

土系特征与变幅　本土系具有雏形层、淡薄表层、钙积层、半干润水分状况、氧化还原特征、温性土壤温度、石灰性等诊断层和诊断特性。土体质地构型为壤-砂壤-壤。通体石灰反应，且在距地表 50 cm 以下即为钙积层，可见 5~20 mm 的砂姜，并且随深度增加，砂姜增多。

对比土系　与同土族的其他土系的区别是：本土系土体质地构型为壤-砂壤-壤，有砂姜；李二四村系的土体质地构型通体都是粉砂壤土，但剖面可见明显的三层颜色较黑暗土层，每层的厚度 10 cm 左右，没有砂姜。马坊系的土体质地构型为粉砂壤土-壤土。伊庄系的土体质地构型显示明显的沉积层理，为壤土-砂质壤土-粉砂壤土-壤质砂土构型，没有砂姜。永乐店镇系土体质地构型自地表往下约 75 cm 厚的土层为壤土，之下约 30 cm 厚的土层为粉砂质黏壤土，1 m 之下为壤土，通体没有砂姜。

利用性能综述　土层厚，通体壤土，通透性较好，表层耕性好，底土的黏粒含量较高，有利于保水保肥，适宜大多数作物生长。加上良好的灌溉排水系统，是优质农田。

参比土种　学名：轻壤质潮土；群众名称：无。

德前村系代表性单个土体剖面

代表性单个土体　位于北京市通州区永乐店镇德前村，坐标为 39°39′18.35″N，116°46′55.66″E。地形为冲积平原，母质为冲积物。海拔 4 m。野外调查时间 2011 年 11 月 10 日，野外调查编号 KBJ-40。

Ah：0~50 cm，浅黄棕色（2.5Y 6/4，干）；壤土；小屑粒状结构；土层稍紧实；干时疏松，湿时松脆；少量 0.2~1.0 mm 粗的根系；极强石灰反应；向下平滑明显过渡。

Bkr1：50~105 cm，棕色（7.5YR 5/3，干）；砂质壤土；小屑粒状结构；干时稍硬，湿时松脆；少量 0.2~1.0 mm 粗的根系；土体内可见 5~20 mm 砂姜，丰度为 2%~5%；少量的铁锰结核；极强石灰反应；向下平滑明显过渡。

Bkr2：105~130 cm，淡黄色（2.5Y 7/4，干）；壤土；干时很硬，湿时松脆；未发现根系；可见 5~20 mm 砂姜，丰度为 5%~15%；少量的铁锰结核；极强石灰反应；向下平滑明显过渡。

Bkr3：>130 cm，淡黄色（2.5Y 7/4，干）；壤土；干时很硬，湿时松脆；未发现根系；可见 5~20 mm 砂姜，丰度为 15%~40%；少量的铁锰结核；极强石灰反应。

德前村系代表性单个土体物理性质

土层	深度 /cm	砾石（>2 mm，体积分数）/%	细土颗粒组成（粒径：mm）/（g/kg）			质地
			砂粒 2~0.05	粉粒 0.05~0.002	黏粒<0.002	
Ah	0~50	0	398	438	164	壤土
Bkr1	50~105	2~5	523	359	118	砂质壤土
Bkr2	105~130	5~15	290	465	245	壤土
Bkr3	>130	15~40	420	398	182	壤土

德前村系代表性单个土体化学性质

深度 /cm	pH		有机质 /（g/kg）	速效氮(N) /（mg/kg）	有效磷(P) /（mg/kg）	速效钾(K) /（mg/kg）	全氮(N) /（g/kg）	全磷(P) /（g/kg）	全钾(K) /（g/kg）	CaCO₃ /（g/kg）
	H₂O	CaCl₂								
0~50	9.3	7.6	10.0	37.8	2.1	63	0.41	0.63	15.3	55.2
50~105	8.5	7.7	6.9	21.0	2.6	31	0.19	0.54	14.5	67.2
105~130	8.2	7.7	9.6	21.0	3.0	93	0.37	0.61	15.7	52.9
>130	8.3	7.6	9.0	21.0	2.6	38	0.34	0.60	11.4	65.9

深度 /cm	全铁 /（g/kg）	游离铁 /（g/kg）	无定形铁 /（g/kg）	有效铁(Fe) /（mg/kg）	CEC /[cmol（+）/kg]
0~50	4.1	6.6	0.9	9.7	9.0
50~105	20.9	7.2	0.3	3.6	7.0
105~130	9.6	6.8	0.8	10.1	13.2
>130	29.9	9.6	0.3	3.9	9.0

9.6.4 李二四村系（Liersicun Series）

土　族：壤质混合型温性-石灰底锈干润雏形土
拟定者：孔祥斌，张青璞

分布与环境条件　暖温带半湿润大陆性季风气候，春秋干旱多风、夏季炎热多雨。年平均温度 11.7 ℃。年均降水量 619 mm 左右，降雨年际间变化大，降水集中在 7～8 月，接近占全年降水量的 70%，而这期间多大雨，甚至暴雨。年蒸发量远大于年降水量。平原，地形平坦，有深厚的冲积物沉积。土地利用类型为耕地，植被类型为草本。

李二四村系典型景观

土系特征与变幅　本土系具有雏形层、淡薄表层、半干润水分状况、氧化还原特征、温性土壤温度、石灰性等诊断层和诊断特性。土体质地构型显示明显的沉积层理，虽然质地差异不大，都是粉砂壤土，但剖面可见明显的三层颜色较黑暗土层，每层的厚度 10 cm 左右。土壤通体强石灰反应，但没有砂姜。

对比土系　与同土族的其他土系的区别是：德前村系的土体质地构型为壤-砂壤-壤，有砂姜。伊庄系的土体质地构型显示明显的沉积层理，为壤土-砂质壤土-粉砂壤土-壤质砂土构型，没有砂姜。马坊系的土体质地构型为粉砂壤土-壤土。永乐店镇系土体质地构型自地表往下约 75 cm 厚的土层为壤土，之下约 30 cm 厚的土层为粉砂质黏壤土，1 m 之下为壤土。通体没有砂姜。

利用性能综述　土层厚，通体粉砂壤土，通透性好，表层耕性好，心土的黏粒含量较高，有利于保水保肥，适宜大多数作物生长。加上良好的灌溉排水系统，是优质农田。

参比土种　学名：砂壤质潮土；群众名称：无。

代表性单个土体　位于北京市通州区李二四村，坐标为 39°49′40.18″N，116°46′55.38″E。地形为冲积平原，母质为冲积物。海拔 3 m。野外调查时间 2010 年 5 月 26 日，野外调查编号 KBJ-25。与其相似的单个土体是 2010 年 5 月 27 日采自北京市通州区于家乡崔各庄（39°41′28.42″N，116°41′51.34″E）的 KBJ-26 号剖面。

　　Ap: 0~30 cm，黄棕色（10YR 5/4，润）；粉砂壤土；中屑粒状结构；干时疏松；很少量 0.5~2.0 mm 粗的根系；强石灰反应；向下平滑突然过渡。

　　Br1: 30~50 cm，浅黄棕色（10YR 6/4，润）；粉砂壤土；中屑粒状结构；干时疏松；很少量 0.5~2.0 mm 粗的根系；可见 2%~5% 的 2~6 mm 铁锈斑；对比度明显；强石灰反应；向下平滑突然过渡。

2Br2：50~60 cm，暗棕色（7.5YR 3/4，润）；粉砂壤土；中次棱块状结构；干时硬；可见 5%~15%的铁锈斑，约 2~6 mm；对比度明显；强石灰反应；向下平滑突然过渡。

3Br3：60~75 cm，棕色（7.5YR 4/3，润）；粉砂壤土；中次棱块状结构；干时疏松；可见 5%~15%的 2~6 mm 铁锈斑；对比度明显，边界清晰；强石灰反应；向下平滑突然过渡。

4Br4：75~85 cm，暗棕色（7.5YR 3/4，润）；粉砂壤土；干时硬；可见 5%~15%的 2~6 mm 铁锈斑；对比度明显，边界清晰；强石灰反应；向下平滑突然过渡。

5Br5：>85 cm，棕色（7.5YR 4/4，润）；粉砂壤土；大块状；干时疏松；湿时松脆；可见 5%~15%的 2~6 mm 铁锈斑；对比度明显；强石灰反应。

李二四村系代表性单个土体剖面

李二四村系代表性单个土体物理性质

土层	深度 /cm	砾石（>2 mm，体积分数）/%	细土颗粒组成（粒径：mm）/（g/kg）			质地
			砂粒 2~0.05	粉粒 0.05~0.002	黏粒<0.002	
Ap	0~30	0	133	520	89	粉砂壤土
Br1	30~50	0	391	654	72	粉砂壤土
2Br2	50~60	0	275	738	204	粉砂壤土
3Br3	60~75	0	58	776	120	粉砂壤土
4Br4	75~85	0	104	716	225	粉砂壤土
5Br5	>85	0	59	702	81	粉砂壤土

李二四村系代表性单个土体化学性质

深度 /cm	pH H$_2$O	pH CaCl$_2$	有机质 /（g/kg）	速效氮（N） /（mg/kg）	有效磷（P） /（mg/kg）	速效钾（K） /（mg/kg）	全氮（N） /（g/kg）	全磷（P） /（g/kg）	全钾（K） /（g/kg）	CaCO$_3$ /（g/kg）
0~30	8.3	7.6	5.6	54.6	1.7	41.2	0.41	0.52	17.6	23.0
30~50	8.4	7.6	4.0	42.0	0.4	25.0	0.30	0.47	17.4	21.9
50~60	8.1	7.6	13.5	63.0	0.4	83.4	0.70	0.59	17.2	31.1
60~75	8.2	7.6	8.7	42.0	0.6	47.7	0.45	0.58	17.5	24.0
75~85	8.0	7.6	14.5	71.4	2.1	99.7	0.76	0.62	17.8	29.1
>85	8.2	7.6	5.7	46.2	1.7	31.5	0.37	0.48	18.0	20.0

深度 /cm	全铁 /（g/kg）	游离铁 /（g/kg）	无定形铁 /（g/kg）	有效铁（Fe） /（mg/kg）	CEC /[cmol（+）/kg]
0~30	32.3	7.9	1.8	12.9	7.7
30~50	2.0	7.8	1.5	13.6	6.8
50~60	30.0	12.5	5.1	36.4	17.1
60~75	8.4	9.9	4.1	33.1	10.0
75~85	20.3	13.2	6.1	41.6	17.8
>85	10.5	8.2	3.1	33.0	7.3

9.6.5 马坊系（Mafang Series）

土　族：壤质混合型温性-石灰底锈干润雏形土
拟定者：孔祥斌，张青璞

分布与环境条件
属暖温带季风气候区，冬夏长，春秋短；春季干旱多风，夏季炎热多雨，秋季凉爽湿润，冬季寒冷干燥；四季分明，日照充足。年平均温度 11.4 ℃，年均降水量 641 mm左右。其地形为平原。土地利用类型为耕地，植被类型为玉米。

马坊系典型景观

土系特征与变幅　本土系诊断层包括雏形层、淡薄表层,诊断特性包括半干润水分状况、温性土壤温度、氧化还原特征。土层深厚，有效土层厚度大于 140 cm，上层约 70 cm 为粉砂壤土，下部为壤土，表层和底层无石灰反应，26~100 cm 有中度石灰反应。26 cm 处至底层为少量铁锰结核的氧化还原雏形层，厚度大于 100 cm。

对比土系　与同土族的其他土系的区别是：德前村系的土体质地构型为壤-砂壤-壤，有砂姜；李二四村系的土体质地构型通体都是粉砂壤土，但剖面可见明显的三层颜色较黑暗土层，每层的厚度 10 cm 左右，没有砂姜。伊庄系的土体质地构型显示明显的沉积层理，为壤土-砂质壤土-粉砂壤土-壤质砂土构型，没有砂姜。永乐店镇系土体质地构型自地表往下约 75 cm 厚的土层为壤土，之下约 30 cm 厚的土层为粉砂质黏壤土，1 m 之下为壤土，通体没有砂姜。

利用性能综述　有效土层厚，质地适中，适宜大多数作物生长。

参比土种　学名：轻壤质潮土；群众名称：无。

代表性单个土体　位于北京市平谷区马坊镇，坐标为 40°04′11.59″N，117°00′34.28″E。地形为冲积平原，母质为冲积物。海拔 19 m。野外调查时间 2011 年 9 月 15 日，野外调查编号 KBJ-31。

　　Ap1: 0~26 cm，暗棕色（7.5YR 4/2，润）；粉砂壤土；发育较弱的小屑粒状结构；土层较松；干时松散，湿时松脆；少量 2~5 mm 粗的根系；土体内可见蚯蚓和蚯蚓粪；强石灰反应；向下平滑明显过渡。

马坊系代表性单个土体剖面

Ap2：26~40 cm，暗棕色（7.5YR 4/2，润）；粉砂壤土；发育较弱的中等厚度片状结构；干时松散，湿时松脆；少量 2~5 mm 粗的根系；土体内可见蚯蚓和蚯蚓粪；中度石灰反应；向下平滑明显过渡。

Br1：40~66 cm，暗棕色（7.5YR 4/2，润）；粉砂壤土；发育较弱的小次棱块结构；土层稍紧实；干时松散，湿时松脆；少量 2~5 mm 粗的根系；土体内可见蚯蚓和蚯蚓粪；土体内有少量 2~6 mm 铁锰结核；轻度石灰反应；向下平滑逐渐过渡。

Br2：66~100 cm，棕色（7.5YR 4/4，润）；壤土；发育较弱的小次棱块结构；土层稍紧实；湿时松脆；少量 2~5 mm 粗的浅根系；土体内可见蚯蚓和蚯蚓粪；土体内有少量 2~6 mm 铁锰结核；轻度石灰反应；向下平滑逐渐过渡。

Br3：100~130 cm，棕色（7.5YR 4/3，润）；壤土；发育较弱的小次棱块结构；土层稍紧实；湿时松脆；土体内可见蚯蚓和蚯蚓粪；土体内有少量 2~6 mm 铁锰结核；轻石灰反应。

马坊系代表性单个土体物理性质

土层	深度/cm	砾石（>2 mm，体积分数）/%	细土颗粒组成（粒径：mm）/（g/kg）			质地
			砂粒 2~0.05	粉粒 0.05~0.002	黏粒<0.002	
Ap1	0~26	0	290	503	207	粉砂壤土
Ap2	26~40	0	285	521	194	粉砂壤土
Br1	40~66	0	297	506	197	粉砂壤土
Br2	66~100	0	331	468	201	壤土
Br3	100~130	0	462	382	156	壤土

马坊系代表性单个土体化学性质

深度/cm	pH		有机质/（g/kg）	速效氮(N)/（mg/kg）	有效磷(P)/（mg/kg）	速效钾(K)/（mg/kg）	全氮(N)/（g/kg）	全磷(P)/（g/kg）	全钾(K)/（g/kg）	CaCO₃/（g/kg）
	H₂O	CaCl₂								
0~26	8.2	7.6	10.1	63.0	2.3	70	0.66	0.59	16.9	40.7
26~40	8.2	7.6	7.8	46.2	1.9	64	0.47	0.42	17.1	8.3
40~66	8.1	7.6	5.6	29.4	2.1	74	0.33	0.44	17.0	5.3
66~100	8.1	7.5	5.5	21.0	3.0	67	0.34	0.36	15.9	3.2
100~130	8.0	7.5	3.2	29.4	3.4	57	0.22	0.32	15.8	2.2

深度/cm	全铁/（g/kg）	游离铁/（g/kg）	无定形铁/（g/kg）	有效铁（Fe）/（mg/kg）	CEC/[cmol（+）/kg]
0~26	31.4	10.2	1.6	12.7	14.0
26~40	12.3	10.4	1.6	11.7	17.1
40~66	36.8	9.4	1.5	10.8	11.7
66~100	22.6	9.0	1.6	12.2	13.3
100~130	4.4	6.8	1.6	12.2	13.3

9.6.6 伊庄系（Yizhuang Series）

土　族：壤质混合型温性-石灰底锈干润雏形土
拟定者：孔祥斌，张青璞

分布与环境条件　暖温带半湿润大陆性季风气候，冬春干旱多风，夏季炎热多雨。年均温12.0 ℃，年均降水量598 mm；降雨年际间变化大，降水集中在 7～8 月，接近占全年降水量的 70%，而这期间多大雨，甚至暴雨。年蒸发量远大于年降水量。地形平坦，有深厚的冲积物沉积层。土地利用类型为耕地，植被主要为蔬菜等。

伊庄系典型景观

土系特征与变幅　本土系具有雏形层、淡薄表层、半干润水分状况、氧化还原特征、温性土壤温度、石灰性等诊断层和诊断特性。土体质地构型显示明显的沉积层理，但质地差异不大，为壤土-砂质壤土-粉砂壤土-壤质砂土构型。土壤通体强石灰反应，但没有砂姜。

对比土系　与同土族的其他土系的区别是：德前村系的土体质地构型为壤-砂壤-壤，有砂姜。李二四村系的土体质地构型通体都是粉砂壤土，但剖面可见明显的三层颜色较黑暗土层，每层的厚度 10 cm 左右，没有砂姜。马坊系的土体质地构型为粉砂壤土-壤土。永乐店镇系土体质地构型自地表往下约 75 cm 厚的土层为壤土，之下约 30 cm 厚的土层为粉砂质黏壤土，1 m 之下为壤土，通体没有砂姜。

利用性能综述　地形平坦，土层深厚，通体砂性，但渗透性强，保水保肥性较差。有灌溉系统，是很好的农田，但应该采取节水灌溉和少量多次的水肥管理方式。

参比土种　学名：轻壤质潮土；群众名称：无。

伊庄系代表性单个土体剖面

代表性单个土体　位于大兴区魏善庄镇伊庄，坐标为 39°40′20.70″N，116°27′24.98″E。地形为冲积平原，母质为冲积物。海拔 26 m，采样点为耕地。野外调查时间 2010 年 9 月 7 日，野外调查编号 KBJ-09。与其相似的单个土体是 2010 年 9 月 7 日采自北京市房山区琉璃河镇鲍庄（39°35′53.31″N，116°11′44.70″E）的 KBJ-08 号剖面。

Ap：0~38 cm，暗棕色（10YR 4/3，润）；壤土；屑粒状结构；疏松；少量细根系；少量蚯蚓和蚯蚓孔；强石灰反应；向下平滑明显过渡。

Bw：38~60 cm，黄棕色（10YR 5/4，润）；砂质壤土；小次棱块状结构；松散；很少量细根系；少量的铁锰斑纹；强石灰反应；向下平滑明显过渡。

2Br1：60~82 cm，暗棕色（10YR 4/3，润）；粉砂壤土；中次棱块状结构；很少量极细浅根系；少量的铁锰斑纹；少量蚯蚓和蚯蚓孔；极强石灰反应；向下平滑明显过渡。

3Br2：>82 cm，黄色（10YR 7/6，润）；壤质砂土；中量的铁锰斑纹；强石灰反应。

伊庄系代表性单个土体物理性质

土层	深度 /cm	砾石（>2 mm，体积分数）/%	细土颗粒组成（粒径：mm）/（g/kg）			质地
			砂粒 2~0.05	粉粒 0.05~0.002	黏粒<0.002	
Ap	0~38	0	388	467	144	壤土
Bw	38~60	0	545	410	45	砂质壤土
2Br1	60~82	0	62	703	235	粉砂壤土
3Br2	>82	0	762	150	89	壤质砂土

伊庄系代表性单个土体化学性质

深度 /cm	pH		有机质 /（g/kg）	速效氮（N）/（mg/kg）	有效磷（P）/（mg/kg）	速效钾（K）/（mg/kg）	全氮（N）/（g/kg）	全磷（P）/（g/kg）	全钾（K）/（g/kg）	CaCO₃ /（g/kg）
	H₂O	CaCl₂								
0~38	8.8	8.1	13.5	36.0	9.2	86.2	0.44	0.24	26.4	65.0
38~60	9.0	8.1	3.1	8.2	0.3	42.2	0.12	0.52	23.5	47.7
60~82	8.8	8.2	14.6	26.2	1.0	126.2	0.46	0.11	27.3	117.5
>82	9.1	8.1	4.2	9.8	1.4	54.2	0.09	0.14	28.2	35.5

深度 /cm	全铁 /（g/kg）	游离铁 /（g/kg）	无定形铁 /（g/kg）	有效铁（Fe）/（mg/kg）	CEC /[cmol（+）/kg]
0~38	34.6	6.9	1.2	10.6	7.9
38~60	27.3	6.2	0.6	5.7	1.5
60~82	46.0	11.9	2.6	22.2	16.3
>82	38.4	6.3	0.7	6.8	4.7

9.6.7 永乐店镇系（Yongledianzhen Series）

土　族：壤质混合型温性-石灰底锈干润雏形土
拟定者：孔祥斌，张青璞

分布与环境条件　暖温带半湿润大陆性季风气候区，春秋季干旱多风、夏季炎热多雨。年平均温度 11.5 ℃。年均降水量 618 mm 左右，降雨年际间变化大，降水集中在 7～8 月，接近占全年降水量的 70%，而这期间多大雨，甚至暴雨。年蒸发量远大于年降水量。地处冲积平原，母质为冲积物，土层深厚。土地利用类型为耕地，植被为玉米。

永乐店镇系典型景观

土系特征与变幅　本土系具有雏形层、淡薄表层、半干润水分状况、氧化还原特征、温性土壤温度、石灰性等诊断层和诊断特性。土体质地构型自地表往下约 75 cm 厚的土层为壤土，之下约 30 cm 厚的土层为粉砂质黏壤土，1 m 之下为粉砂壤土。通体石灰反应，但没有砂姜。

对比土系　与同土族的其他土系的区别是：本土系土体质地构型自地表往下约 75 cm 厚的土层为壤土，之下约 30 cm 厚的土层为粉砂质黏壤土，1 m 之下为壤土；通体没有砂姜。德前村系的土体质地构型为壤-砂壤-壤，有砂姜。马坊系的土体质地构型为粉砂壤土-壤土。李二四村系的土体质地构型通体都是粉砂壤土，但剖面可见明显的三层颜色较黑暗土层，每层的厚度 10 cm 左右，没有砂姜。伊庄系的土体质地构型显示明显的沉积层理，为壤土-砂质壤土-粉砂壤土-壤质砂土构型，没有砂姜。

利用性能综述　土层厚，质地适中，上部 75 cm 的壤土层、下部 30 cm 的黏壤土层，有利于保水保肥，适宜大多数作物生长，也便于耕作。加上良好的灌溉排水系统，是优质农田。

参比土种　学名：轻壤质潮土；群众名称：无。

代表性单个土体　位于北京市通州区永乐店镇，坐标为 39°36′33.06″N，116°46′08.42″E。地形为冲积平原，母质为冲积物。海拔 8 m。野外调查时间 2010 年 6 月 20 日，野外调查编号 KBJ-30。与其相似的单个土体是 1992 年春季北京市农场局土壤调查采集于北京市通县永乐店乡枣林村的 YLD12 号剖面。

Ap1：0~20 cm，浅棕色（7.5YR 6/4，润）；壤土；小屑粒状结构；干时疏散，湿时松脆；少量 0.5~2 mm 粗的根系；少量的蚯蚓和蚯蚓粪；极强石灰反应；向下平滑明显过渡。

Ap2：20~40 cm，粉色（7.5YR 7/4，润）；壤土；小屑粒状结构；干时疏松，湿时松脆；少量 0.5~2.0 mm 粗的根系；少量的蚯蚓和蚯蚓粪；极强石灰反应；向下平滑明显过渡。

Bw1：40~75 cm，浅棕色（7.5YR 6/4，润）；壤土；小次棱块结构；土层紧实；干时稍硬、湿时松脆；少量 0.5~2.0 mm 粗的根系；少量的铁锰斑纹；强石灰反应；向下平滑明显过渡。

2Bw2：75~105 cm，暗棕色（7.5YR 4/2，润）；粉砂质黏壤土；小棱块结构；土层很紧实；干时很硬，湿时坚实；少量的铁锰斑纹；极强石灰反应，向下平滑明显过渡。

3Br：>105 cm，棕色（7.5YR 5/3，润）；粉砂壤土；小屑粒状结构；土层紧实；干时松散，湿时松脆；中量的铁锈斑纹；对比

永乐店镇系代表性单个土体剖面度模糊；极强石灰反应。

永乐店镇系代表性单个土体物理性质

土层	深度 /cm	砾石（>2 mm，体积分数）/%	细土颗粒组成（粒径：mm）/（g/kg）			质地
			砂粒 2~0.05	粉粒 0.05~0.002	黏粒<0.002	
Ap1	0~20	0	415	410	175	壤土
Ap2	20~40	0	365	455	180	壤土
Bw1	40~75	0	426	377	196	壤土
2Bw2	75~105	0	163	539	298	粉砂质黏壤土
3Br	>105	0	364	549	87	粉砂壤土

永乐店镇系代表性单个土体化学性质

深度 /cm	pH		有机质 /（g/kg）	速效氮（N）/（mg/kg）	有效磷（P）/（mg/kg）	速效钾（K）/（mg/kg）	全氮（N）/（g/kg）	全磷（P）/（g/kg）	全钾（K）/（g/kg）	CaCO₃ /（g/kg）
	H₂O	CaCl₂								
0~20	8.8	7.7	11.2	54.6	3.0	58	0.65	0.76	15.6	53.7
20~40	8.9	7.8	8.4	21.0	2.3	58	0.34	0.61	15.7	59.4
40~75	9.1	7.8	7.7	21.0	1.7	64	0.29	0.58	15.5	53.2
75~105	9.2	8.0	9.0	29.4	2.1	90	0.45	0.63	15.5	75.6
>105	9.5	7.9	3.7	12.6	2.8	22	0.17	0.53	14.8	36.7

深度 /cm	全铁 /（g/kg）	游离铁 /（g/kg）	无定形铁 /（g/kg）	有效铁（Fe）/（mg/kg）	CEC /[cmol（+）/kg]
0~20	8.9	7.2	0.9	9.3	9.9
20~40	20.5	6.4	1.1	10.1	9.8
40~75	5.9	7.5	1.1	10.4	10.3
75~105	29.6	8.6	1.2	11.9	16.5
>105	18.3	7.0	0.7	5.7	5.6

9.7 普通底锈干润雏形土

9.7.1 牌楼村系（Pailoucun Series）

土　族：砂质混合型温性-普通底锈干润雏形土
拟定者：孔祥斌，张青璞

分布与环境条件　暖温带半湿润大陆性季风气候。冬春干旱多风，夏季炎热多雨。年均温 11.8 ℃。年均降水量 625 mm，降雨年际间变化大，降水集中在 7～8 月，接近占全年降水量的 70%，而这期间多大雨，甚至暴雨。年蒸发量远大于年降水量。平原，地形平坦，有深厚的冲积物沉积。土地利用类型为耕地，植被为玉米。

牌楼村系典型景观

土系特征与变幅　本土系具有雏形层、淡薄表层、半干润水分状况、氧化还原特征、温性土壤温度、石灰性等诊断层和诊断特性。土体质地构型为上层 90 cm 均为砂质壤土，下为砂土；表层有砖屑、煤渣等侵入体；40 cm 以下至底土均有锈纹锈斑及铁锰结核，厚度大于 50 cm。除表层外，其他土层均有石灰反应。

对比土系　目前，在京津地区，只发现普通底锈干润雏形土亚类的一个土系。

利用性能综述　地势平坦，土层深厚，1 m 土体为砂质壤土，持水保肥能力尚可，但底土为砂土，渗漏强烈。农业利用应该采取少量多次的灌溉施肥方式。

参比土种　学名：轻壤质潮土；群众名称：无。

代表性单个土体　位于北京市顺义区桥李遂乡牌楼村，坐标为 40°05′37.65″N，116°07′32.68″E。地形为冲积平原，母质为冲积物。海拔 36 m。野外调查时间 2010 年 9 月 25 日，野外调查编号 KBJ-20。与其相似的单个土体是 1992 年春季北京市农场局土壤

牌楼村系代表性单个土体剖面

调查采集于北京市丰台区西红门的92-南郊-B1号剖面。

Ap1：0~10 cm，暗棕色（10YR 4/3，润）；砂质壤土；极弱屑粒结构；极疏松；中量中根系；松散；少量砖屑、煤渣侵入；少量蚯蚓；无石灰反应；向下平滑逐渐过渡。

Ap2：10~40 cm，暗棕色（10YR 4/3，润）；砂质壤土；极弱屑粒结构；极疏松；中量中根；稍紧实；少量蚯蚓；中度石灰反应；向下平滑明显过渡。

Br1：40~50 cm，深棕色（7.5YR 4/6，润）；砂质壤土；极弱屑粒结构；松散；少量细根；少量模糊、扩散的小铁锈纹；很少量小铁锰结核；中度石灰反应；向下平滑逐渐过渡。

Br2：50~90 cm，深黄棕色（10YR 4/4，润）；砂质壤土；小屑粒结构；松散；少量细根；多量清楚、明显的小铁锈纹；很少量小铁锰结核；轻度石灰反应；向下平滑明显过渡。

Br3：>90 cm，砂土；无结构；松散；少量清楚、明显的小铁锈纹；很少量的小铁锰结核；无石灰反应。

牌楼村系代表性单个土体物理性质

土层	深度 /cm	砾石 /（>2 mm，体积分数）/%	细土颗粒组成（粒径：mm）/（g/kg）			质地
			砂粒 2~0.05	粉粒 0.05~0.002	黏粒<0.002	
Ap1	0~10	0	523	321	156	砂质壤土
Ap2	10~40	0	572	267	161	砂质壤土
Br1	40~50	0	677	199	125	砂质壤土
Br2	50~90	0	539	300	161	砂质壤土
Br3	>90	0	889	72	39	砂土

牌楼村系代表性单个土体化学性质

深度 /cm	pH		有机质 /（g/kg）	速效氮（N） /（mg/kg）	有效磷（P） /（mg/kg）	速效钾（K） /（mg/kg）	全氮（N） /（g/kg）	全磷（P） /（g/kg）	全钾（K） /（g/kg）	CaCO$_3$ /（g/kg）
	H$_2$O	CaCl$_2$								
0~10	6.5	5.9	20.1	72.1	22.1	146	0.97	0.82	31.5	0.7
10~40	8.7	7.7	13.8	39.3	4.5	86	0.61	0.28	30.6	6.9
40~50	8.7	7.7	7.3	16.4	3.4	54	0.24	0.27	31.1	4.7
50~90	8.3	7.7	5.1	16.4	3.4	58	0.26	0.35	28.4	3.0
>90	8.3	7.4	3.3	6.6	3.6	18	0.09	0.29	31.5	0.3

深度 /cm	全铁 /（g/kg）	游离铁 /（g/kg）	无定形铁 /（g/kg）	有效铁（Fe） /（mg/kg）	CEC /[cmol（+）/kg]
0~10	31.1	8.0	1.2	24.6	11.6
10~40	35.0	7.9	1.2	11.0	10.8
40~50	27.0	7.5	0.6	6.4	5.7
50~90	35.0	11.1	0.5	5.1	10.0
>90	26.4	6.1	0.9	5.4	9.9

9.8　普通简育干润雏形土

9.8.1　小岭系〔Xiaoling Series〕

土　　族：粗骨质盖黏壤质混合型温性-普通简育干润雏形土
拟定者：张凤荣

分布与环境条件　暖温带半湿润大陆性季风气候，冬春干旱多风，夏季炎热多雨。年平均温度 9.1 ℃，年降水量 614 mm 左右，降水集中在 7~8 月，接近占全年降水量的 70%；降雨年际间变化大，而且多大雨，甚至暴雨，容易造成地表径流。地形上属于低山，上坡为陡峭直线坡，中坡为较陡的直线坡，下坡为和缓的直线坡；该土系主要出露在下坡地带（坡麓上部），坡度 10° 左右。成土母质为坡积物，基岩为紫色砂岩。植被类型为乔灌混交林，乔木多为人工栽培，常见树种为柏树、刺槐；灌木自然旱生，主要是荆条、酸枣等。林下有草，以地网草为主；植被覆盖度 85%~95%。地表有 30% 面积的岩屑。

小岭系典型景观

土系特征与变幅　本土系诊断层包括雏形层、淡薄表层，诊断特性包括半干润水分状况、温性土壤温度。大约 80 cm 的砾石层，砾石层中少量细土物质；其下为黄土状物质。处于坡麓地带，堆积的砾石层因处于不同流水堆积部位，厚薄不一，有的仅几十厘米厚，而有的深达接近 1 m；此土系定义是 60~80 cm 厚的砾石层盖黄土层。

对比土系　与同亚类的其他土系不同之处是因为砾石层覆盖在黄土物质上，而颗粒大小级别为粗骨质盖黏壤质。

利用性能综述　地表有大量岩石碎屑，干扰耕作，持水力极差，干旱，坡度又大，所以不能农用，适宜利用方向是林地。上部是砾石层，下部是黄土层，有滞水问题。由于在坡麓地带，如植被破坏，容易发生水土流失。

参比土种　学名：硅质岩类粗骨褐土；群众名称：厚层砂石渣土。

代表性单个土体　位于北京市密云区古北口镇小岭村，坐标为 40°39′30.1″N，117°13′37.0″E。地形为低山，母质为坡积物，海拔 245 m，采样点为灌木林中植树造林。野外调查时间 2010 年 9 月 13 日，野外调查编号密云 1。

Ah：0~8 cm，暗棕色（7.5YR 4/2，干）；砾石层中细土物质为壤土；团聚较好的细团粒状结构；干时松散；1~2 mm 粗草本根系约 20 条/dm²；30%的坚硬棱角分明的半风化的砂岩（同基岩）碎屑，20 mm 大；无石灰反应；向下平滑明显过渡。

Bw1：8~88 cm，深棕色（7.5YR 4/6，干）；砾石层中细土物质为黏壤土；团聚差的细屑粒状结构；干时松散；2~10 mm 粗的草本根系约 10 条/dm²；95%的坚硬棱角分明的半风化的砂岩（同基岩）碎屑，25 mm 大；无石灰反应；向下不规则突然过渡。

2Bw2：88~130 cm，棕色（7.5YR 4/4，干）；壤土；团聚较差的细屑粒状结构；干时松散；<0.5 mm 粗的草根 1 条/dm²；小于 10%的坚硬棱角分明的半风化砂岩（同基岩）碎屑，30 mm 大；无石灰反应。

小岭系代表性单个土体剖面

小岭系代表性单个土体物理性质

| 土层 | 深度 /cm | 石砾 /（>2 mm，体积分数） /% | 细土颗粒组成（粒径：mm）/（g/kg） | | | 质地 |
			砂粒 2~0.05	粉粒 0.05~0.002	黏粒<0.002	
Ah	0~8	30	330	411	260	壤土
Bw1	8~88	95	412	310	278	黏壤土
2Bw2	88~130	<10	383	415	202	壤土

小岭系代表性单个土体化学性质

| 深度 /cm | pH | | 有机质 /（g/kg） | CaCO₃ /（g/kg） | 全铁 /（g/kg） | 游离铁 /（g/kg） | 无定形铁 /（g/kg） | 有效铁（Fe） /（mg/kg） | CEC /[cmol（+）/kg] |
	H₂O	CaCl₂							
0~8	7.4	6.6	47.5	0.8	46.8	15.3	14.2	2.4	20.9
8~88	7.6	6.9	15.4	1.3	44.6	12.0	14.2	2.6	20.3
88~130	7.8	6.9	8.5	1.2	43.2	11.6	11.9	1.9	15.8

9.8.2 龙王村系（Longwangcun Series）

土　族：粗骨砂质混合型石灰性温性-普通简育干润雏形土
拟定者：张凤荣

分布与环境条件　暖温带半湿润大陆性季风气候，冬春干旱多风，夏季炎热多雨。年平均温度 7.3 ℃，年均降水量 550 mm 左右，降水集中在 7~8 月，接近占全年降水量的 70%；降雨年际间变化大。地形上属于低山。成土母质为坡积物。土地利用类型为林地，自然植被主要为旱生灌草，如荆条、胡枝子、蒿类等。

龙王村系典型景观

土系特征与变幅　本土系诊断层包括雏形层、淡薄表层，诊断特性包括半干润水分状况、温性土壤温度。剖面厚 70 cm 左右，含大量砾石（>40%），表层由于有机质腐解形成腐殖质层浸染使得色较暗（也可能为雨后湿润的缘故），土壤偏砂，弱团聚的屑粒状结构，表下层有一定石灰积聚，但因为土体松散，且含大量砾石，未形成假菌丝状，在砾石的底部石灰积聚更多。

对比土系　斋堂清水河道系，人为堆垫的黄土，尚未发育成雏形层，不同土纲，为新成土。塔河系，同一土族，但粗骨物质不同，塔河系是磨圆的冲积物，本土系是有棱角的坡积物。黄安坨粗砂系，同一土纲不同亚纲，土壤温度是冷性，水分状况为湿润，母质为花岗岩，土体内花岗岩已高度风化，成土母质也不同。

利用性能综述　由于地势高，坡度陡，不适宜种植作物。最好的利用方式为林地。因为处于山区，坡度大，要保护植被防止水土流失。

参比土种　学名：硅质岩类粗骨褐土；群众名称：中层砂石渣土。

代表性单个土体　位于北京市门头沟区清水镇龙王村，坐标为 39°53′04.2″N，115°33′02.3″E。地形为低山，母质为坡积物，海拔 600 m，采样点为灌木林地。野外调查时间 2011 年 9 月 16 日，野外调查编号门头沟 26。

Ah：0~30 cm，暗棕色（10YR 4/3，干）；粉砂壤土；发育弱的小屑粒状结构；干时松散；土体内有 30~50 mm 的弱风化棱状碎屑，组成物质为砂岩，硬，丰度 25%~30%左右；0.5~1.0 mm 粗的草本根系约 10 条/dm²；向下平滑明显过渡。

Bw：30~80 cm，黄棕色（10YR 5/4，干）；砂质壤土；发育很弱的小屑粒状结构；干时松散；土体内有 50~80 mm 的弱风化棱状碎屑，组成物质为砂岩，硬，丰度 40%~60%；0.5~1.0 mm 粗的草本根系约 5 条/dm²；石灰反应较强。

龙王村系代表性单个土体剖面

龙王村系代表性单个土体物理性质

土层	深度 /cm	砾石 （>2 mm，体分数）/%	细土颗粒组成（粒径：mm）/（g/kg）			质地
			砂粒 2~0.05	粉粒 0.05~0.002	黏粒<0.002	
Ah	0~30	25~30	487	391	123	粉砂壤土
Bw	30~80	40~60	580	313	107	砂质壤土

龙王村系代表性单个土体化学性质

深度 /cm	pH H₂O	pH CaCl₂	有机质 /(g/kg)	CaCO₃ /（g/kg）	全铁 /（g/kg）	游离铁 /（g/kg）	无定形铁 /（g/kg）	有效铁（Fe） /（mg/kg）	CEC /[cmol（+）/kg]
0~30	8.2	7.5	26.0	6.3	55.9	12.4	12.4	1.7	15.1
30~80	8.0	7.6	16.6	12.9	47.5	13.3	12.4	1.9	13.0

9.8.3 塔河系（Tahe Series）

土 族：粗骨砂质混合型石灰性温性-普通简育干润雏形土

拟定者：张凤荣

分布与环境条件 暖温带半湿润大陆性季风气候，冬春干旱多风，夏季炎热多雨。年平均温度 9.0 ℃，年均降水量 500 mm 左右。地形上属于河谷滩地，冲积物类型是冲积物，呈"二元结构"。由于有效土层较薄，且粗骨性强，持水能力差；因此，虽临近河床，土壤可能受地下水或地面水（河床侧渗水）影响，但土壤水分状况还可能是湿润的。据当地农民讲当地经常遭受旱灾。农民在河谷滩地或低阶地上将大砾石拣出垒防洪堤坝修成的河谷梯田。以前主要种植大田作物，近几年进行农业结构调整，改种杏树，因为是幼树，还间种玉米、黄豆。

塔河系典型景观

土系特征与变幅 本土系诊断层包括雏形层、淡薄表层，诊断特性包括半干润水分状况、温性土壤温度。剖面为河滩冲积物上发育，有效土层厚度 50~60 cm，下面就是卵石层。土壤含较多的粗骨性物质，通透性强。

对比土系 斋堂清水河道系，人为堆垫的黄土，尚未发育成雏形层，不同土纲，为新成土。龙王村系，同一土族，但粗骨物质不同，龙王村系是有棱角的坡积物，本土系是磨圆的冲积物。洪水口村，同一土纲不同亚纲，但海拔高，土壤温度状况和水分状况不同。

利用性能综述 温度适宜大田作物，但由于土层薄、粗骨性，持水能力差，容易发生干旱。种植玉米等大田作物有干旱威胁。最好的利用方式为林地。因为处于河谷滩地，虽有防洪堤保护，但依然有被水冲沙埋风险，要加强堤防建设。处于河谷，土层薄，粗骨性，渗漏性强，注意施肥管理，防止养分流失、污染河水。

参比土种 学名：轻壤质褐土性土；群众名称：黄砂砾土。

塔河系代表性单个土体剖面

代表性单个土体　位于门头沟清水镇塔河村，坐标为 39°53′48.9″N，115°33′25.7″E。地形为山地沟谷，母质为冲积物，海拔 550 m，采样点为耕地。野外调查时间 2011 年 9 月 15 日，野外调查编号门头沟 25。

Ap：0~18 cm，暗棕色（10YR 4/3，干）；粉砂壤土；发育较好的屑粒状结构；湿时松脆；土体内有 10~50 mm 左右的弱风化圆状碎屑，丰度 25%左右；0.5~2.0 mm 粗的草本根系约 20 条/dm²；可见砖块等侵入体，丰度小于 5%；石灰反应较强；向下平滑突然过渡。

Bw：18~53 cm，棕色（10YR 5/3，干）；砂质壤土；发育弱的屑粒状结构；湿时松脆；土体内有 30~80 mm 左右的弱风化圆状碎屑，丰度 40%左右；1~5 mm 粗的草本根系约 15 条/dm²；石灰反应较强。

塔河系代表性单个土体物理性质

土层	深度 /cm	砾石 (>2 mm，体积分数)/%	细土颗粒组成（粒径：mm）/（g/kg）			质地
			砂粒 2~0.05	粉粒 0.05~0.002	黏粒<0.002	
Ap	0~18	25	417	459	123	粉砂壤土
Bw	18~53	40	673	252	75	砂质壤土

塔河系代表性单个土体化学性质

深度 /cm	pH		有机质 /（g/kg）	CaCO₃ /（g/kg）	全铁 /（g/kg）	游离铁 /（g/kg）	无定形铁 /（g/kg）	有效铁(Fe) /（mg/kg）	CEC /[cmol（+）/kg]
	H₂O	CaCl₂							
0~18	8.2	7.5	24.7	11.6	50.0	14.2	9.5	1.6	13.8
18~53	8.3	7.4	13.7	11.8	27.1	14.7	9.5	1.5	10.3

9.8.4 火村系（Huocun Series）

土　族：粗骨砂质混合型非酸性温性-普通简育干润雏形土
拟定者：张凤荣

分布与环境条件　暖温带半湿润大陆性季风气候，冬春干旱多风，夏季炎热多雨。年平均温度 8.6 ℃，年均降水量 507 mm 左右，降水集中在 7~8 月，接近占全年降水量的 70%；降雨年际间变化大。地形上属于低山。成土母质为坡积物。土地利用类型为灌木林地，自然植被主要为旱生灌丛，如荆条、酸枣等，还栽种了柏树。

火村系典型景观

土系特征与变幅　本土系诊断层包括雏形层、淡薄表层，诊断特性包括半干润水分状况、温性土壤温度。发育于坡积物上，疏松土层厚度大于 120 cm，含大量岩石碎屑，含量至少 70%（v/v）；在有些岩屑底石可见少量白色粉霜状物。土层下基岩为砂岩。除底层有弱石灰反应外，其余土层均无石灰反应。

对比土系　辛庄系，同一土族，但通体为壤质砂土。灵山系、洪水口村，同一土纲不同亚纲，温度状况为冷性，水分状况为湿润。塔河系、龙王村系，同一亚类不同土族，均有石灰反应。

利用性能综述　虽然整个地势较陡，但该土系处于山凹处，土层较深厚，温度和水分都较好，所以植被茂密，可以种植干果。细土物质为砂质壤土，含砾石，漏水性较强。因为处于山坡处，水土易流失，要保护坡面植被。

参比土种　学名：硅质岩类粗骨褐土；群众名称：厚层砂石渣土。

火村系代表性单个土体剖面

代表性单个土体　位于北京市门头沟区斋堂镇火村，坐标为 39°57′46.8″N，115°42′49.2″E。地形为低山，母质为坡积物，海拔 380 m，采样点为灌木林地。野外调查时间 2011 年 10 月 30 日，野外调查编号门头沟 29。

Ah: 0~20 cm，深棕色（10YR 3/3，干）；砂质壤土；弱发育的细小屑粒状结构；干时松散；土体内有 10~30 mm 的弱风化棱状碎屑，组成物质主要为砂岩，硬，丰度 80%左右；1~8 mm 粗的草本根系约 30 条/dm²；少量动物粪便；无石灰反应；向下平滑逐渐过渡。

Bw: 20~60 cm，非常暗的灰棕色（10YR 3/2，干）；砂质壤土；弱发育的细屑粒状结构；干时松散；土体内有 10~80 mm 左右的弱风化棱状碎屑，组成物质主要为砂岩，硬，丰度 70%左右；1~4 mm 粗的草本根系约 30 条/dm²；少量动物粪便；无石灰反应；向下平滑逐渐过渡。

Bk: 60~120 cm，棕色（10YR 4/3，干）；砂质壤土；弱发育的细屑粒状结构；干时松散；土体内有 5~30 mm 的弱风化棱状碎屑，组成物质主要为砂岩，硬，丰度 70%左右，在有些岩屑底石可见少量白色粉霜状物；0.5~3.0 mm 粗的草本根系约 20 条/dm²；少量动物粪便；弱石灰反应。

R: 砂岩。

火村系代表性单个土体物理性质

| 土层 | 深度 /cm | 砾石（>2 mm，体积分数）/% | 细土颗粒组成（粒径：mm）/（g/kg） | | | 质地 | 容重 /（g/cm³） |
			砂粒 2~0.05	粉粒 0.05~0.002	黏粒<0.002		
Ah	0~20	80	573	329	98	砂质壤土	—
Bw	20~60	70	554	344	102	砂质壤土	—
Bk	60~120	70	602	286	113	砂质壤土	—

火村系代表性单个土体化学性质

| 深度 /cm | pH | | 有机质 /（g/kg） | CaCO₃ /（g/kg） | 全铁 /（g/kg） | 游离铁 /（g/kg） | 无定形铁 /（g/kg） | 有效铁（Fe） /（mg/kg） | CEC /[cmol（+）/kg] |
	H₂O	CaCl₂							
0~20	8.0	7.3	47.4	3.6	35.6	13.7	10.5	1.1	14.5
20~60	8.2	7.5	50.2	9.6	6.4	11.1	2.6	1.1	19.5
60~120	8.1	7.5	41.4	16.3	36.7	12.1	10.1	1.1	12.3

9.8.5 辛庄系（Xinzhuang Series）

土　族：粗骨砂质混合型非酸性温性-普通简育干润雏形土
拟定者：张凤荣

分布与环境条件　暖温带半湿润大陆性季风气候，冬春干旱多风，夏季炎热多雨。年平均温度 9.9 ℃，年均降水量 563 mm 左右，降水集中在 7~8 月，接近占全年降水量的 70%；降雨年际间变化大，而且多大雨，甚至暴雨，容易造成地表径流。地形上属于低山，该土系位于山坡中上部，容易发生水土流失。但基岩为花岗岩，容易发生物理风化；成土母质为花岗岩风化物坡残积物。土地利用类型为林地，主要植被为板栗，郁闭度为 80%。

辛庄系典型景观

土系特征与变幅　本土系诊断层包括雏形层、淡薄表层，诊断特性包括半干润水分状况、温性土壤温度、准石质接触面。剖面为均一的花岗岩风化坡残积物，含大量石英长石颗粒和岩屑，均不大于 15 cm，含量大于 35%。质地为壤质砂土，发育非常弱的细（0.5~1.0 mm）屑粒结构。剖面土层厚 60~70 cm。下伏基岩为花岗岩，用铁镐可以刨动，但根系不能下扎，水不能下渗。

对比土系　火村系、亚类、土族都相同，但通体为砂质壤土，砾石含量在 70% 以上，接近粗骨质。黑山寨系、海字村系、南庄系，均为雏形土，但水分状况是湿润的，属于不同亚纲。望宝川系、慈悲峪系、沙岭村系不同，虽也发育于花岗岩风化物上，但已经发育了黏化层，是淋溶土土纲。

利用性能综述　土层较薄，地处坡的中上部，外排水好，但因为在花岗岩风化物上形成的砂质土壤，渗透性过快，且土层薄，保水性能差。适宜利用方向是耐旱型的林地、人工经济林。处于坡面上，坡度大，下面为不透水基岩，很容易发生水土流失，甚至泥石流。要注意保护坡面植被。

参比土种　学名：酸性岩类粗骨褐土；群众名称：中层麻砂石渣土。

辛庄系代表性单个土体剖面

代表性单个土体　位于北京市昌平区延寿镇辛庄，坐标为 40°21′33.7″N，116°18′26.2″E。地形为低山，母质为花岗岩风化物，海拔 240 m，采样点为林地，种植干果。野外调查时间 2011 年 9 月 26 日，野外调查编号昌平 11。

Ap: 0~18 cm，棕色（7.5YR 7/4，干），深棕色（7.5YR 4/6，润）；壤质砂土；发育非常微弱的细屑粒状结构；干、湿时松脆；土体内有 2~5 mm 大的圆状硬的石英、长石，丰度大于 35%；1~3 mm 粗的草本根系约 10 条/dm²；无石灰反应；向下平滑模糊过渡。

Bw: 18~60 cm，棕色（7.5YR 7/4，干），深棕色（7.5YR 4/6，润）；壤质砂土；发育非常微弱的细屑粒状结构；干、湿时松脆；土体内有 2~5 mm 大的圆状硬的石英、长石，丰度大于 35%；2~8 mm 粗的草本根系约 3 条/dm²；无石灰反应；向下平滑突然过渡。

R：花岗岩。

辛庄系代表性单个土体物理性质

土层	深度/cm	砾石（>2 mm，体积分数）/%	细土颗粒组成（粒径：mm）/（g/kg）			质地
			砂粒 2~0.05	粉粒 0.05~0.002	黏粒<0.002	
Ah	0~18	>35	770	168	62	壤质砂土
Bw	18~60	>35	839	94	67	壤质砂土

辛庄系代表性单个土体化学性质

深度/cm	pH		有机质/（g/kg）	CaCO₃/（g/kg）	全铁/（g/kg）	游离铁/（g/kg）	无定形铁/（g/kg）	有效铁（Fe）/（mg/kg）	CEC[cmol（+）/kg]
	H₂O	CaCl₂							
0~18	5.5	4.6	11.4	1.3	52.2	26.5	7.1	2.5	4.0
18~60	5.4	4.5	8.2	1.3	67.7	20.1	7.4	2.2	3.9

9.8.6 北流村系（Beiliucun Series）

土　　族：粗骨壤质混合型石灰性温性-普通简育干润雏形土
拟定者：孔祥斌，张青璞

分布与环境条件　暖温带半湿润大陆性季风气候，冬春干旱多风，夏季炎热多雨。年均温 11.2 ℃，年均降水量 601 mm；降水集中在 7~8 月，接近占全年降水量的 70%；降雨年际间变化大。其地形为山前平原，坡降较大，少有渍涝。土地利用类型为耕地，植被主要为蔬菜等。

北流村系典型景观

土系特征与变幅　本土系诊断层包括雏形层、淡薄表层，诊断特性包括半干润水分状况、温性土壤温度。有效土层厚度小于 1 m，质地构型为上部 30 cm 的壤土层，下为 20 cm 的砂质壤土，疏松，土体内有较多岩屑，通体中度的石灰反应。

对比土系　涧沟系、泰陵园系，同一亚类不同土族，但均无石灰性。

利用性能综述　土层较薄，内、外排水良好；地表有碎石块，土体内有中量 5~100 mm 的岩石及矿物碎屑，不利于耕作及作物根系生长。地势略起伏，坡度很小，水土不易流失。粗碎屑多，渗透性较好，化肥易淋失，可能污染水源。

参比土种　学名：轻壤质褐土性土；群众名称：黄砂砾土。

代表性单个土体　位于北京市昌平区流村镇北流村，坐标为 40°10′13.64″N，116°04′17.05″E。地形为山前平原，母质为洪积物。海拔 117 m，采样点为耕地。野外调查时间 2010 年 9 月 9 日，野外调查编号 KBJ-12。

Ap：0~30 cm，暗棕色（10YR 4/3，润）；壤土；中等棱块状结构；疏松；很少量极细根系；土体内有>35%的扁平、角状、次圆的砂岩碎屑；中等量蚯蚓；中度石灰反应；向下平滑明显过渡。

Bw：30~50 cm，深黄棕色（10YR 4/4，润）；砂质壤土；中小棱块结构；疏松；很少量细根系；土体内有>25%的扁平、角状、次圆的砂岩碎屑；中等量蚯蚓；中度石灰反应；向下平滑明显过渡。

2C：>50 cm；壤土；很少量细根；中度石灰反应。

北流村系代表性单个土体剖面

北流村系代表性单个土体物理性质

土层	深度 /cm	砾石（>2 mm，体积分数）/%	细土颗粒组成（粒径：mm）/（g/kg）			质地
			砂粒 2~0.05	粉粒 0.05~0.002	黏粒<0.002	
Ap	0~30	>35	515	364	121	壤土
Bw	30~50	>25	535	341	124	砂质壤土

北流村系代表性单个土体化学性质

深度 /cm	pH		有机质 /（g/kg）	速效氮(N) /（mg/kg）	有效磷(P) /（mg/kg）	速效钾(K) /（mg/kg）	全氮(N) /（g/kg）	全磷(P) /（g/kg）	全钾(K) /（g/kg）	CaCO₃ /（g/kg）
	H₂O	CaCl₂								
0~30	8.7	7.9	15.7	54.1	9.2	78.2	0.74	0.32	25.7	5.4
30~50	8.6	7.9	8.5	21.3	2.8	62.2	0.38	0.09	26.8	3.7

深度 /cm	全铁 /（g/kg）	游离铁 /（g/kg）	无定形铁 /（g/kg）	有效铁（Fe） /（mg/kg）	CEC /[cmol（+）/kg]
0~30	31.0	11.1	1.4	7.1	8.6
30~50	41.3	12.6	1.3	10.4	8.2

9.8.7　涧沟系（Jiangou Series）

土　族：粗骨壤质混合型非酸性温性-普通简育干润雏形土
拟定者：张凤荣

分布与环境条件　暖温带半湿润大陆性季风气候，冬春干旱多风，夏季炎热多雨。年平均温度 6.3 ℃，年均降水量 612 mm 左右，降水集中在 7~8 月，接近占全年降水量的 70%；降雨年际间变化大。地形上属于中山。成土母质为风积黄土。土地利用类型为林地，自然植被主要为旱生灌丛，如荆条、马拉腿子等，人工栽种了侧柏和华北落叶松。

涧沟系典型景观

土系特征与变幅　本土系诊断层包括雏形层、淡薄表层，诊断特性包括半干润水分状况、温性土壤温度、石质接触面。细土物质为粉砂壤土，粉砂含量高，可能来自于风积黄土，细土物质中基本没有明显的花岗岩风化矿物，粗碎屑都为物理风化的较大花岗岩石块，棱角分明，风化极微弱。细土物质也没有石灰反应。土层厚度 30~50 cm，大多为 30 cm 多厚。

对比土系　泰陵园系，同一土族，但土层深厚，且不含有大块岩石碎屑。

利用性能综述　由于地势陡峭，海拔较高，土层浅薄，不适宜种植作物；适宜发展为林地，有效保持水土。处于河流上游而且在妙峰山风景区，应加强天然植被保护。

参比土种　学名：酸性岩类粗骨褐土；群众名称：薄层麻砂渣土。

代表性单个土体　位于门头沟妙峰山镇涧沟村，坐标为 40°04′44.8″N，116°01′54.3″E。低山，母质为风积坡积物，海拔 860 m。采样点为灌木林地。野外调查时间 2011 年 11 月 5 日，野外调查编号门头沟 31。

涧沟系代表性单个土体剖面

Ah：0~10 cm，灰棕色（10YR 4/4，干）；粉砂壤土；弱发育的细小屑粒状结构；干时松散；土体内有 20~40 mm 的棱块状岩石碎屑，组成物质为花岗岩，硬，极弱风化，丰度 35%~40%；1~3 mm 粗的草本根系约 15 条/dm²；无石灰反应；向下平滑逐渐过渡。

Bw：10~30 cm，灰棕色（10YR 5/3，干）；粉砂壤土；弱发育的细小屑粒状结构；干时松散；土体内有 20~80 mm 的棱块状岩石碎屑，组成物质为花岗岩，硬，极弱风化，丰度 35%；1~2 mm 粗的草本根系约 10 条/dm²；无石灰反应；向下不规则明显过渡。

R：花岗岩。

涧沟系代表性单个土体物理性质

土层	深度 /cm	砾石 (>2 mm，体积分数) /%	细土颗粒组成（粒径：mm）/（g/kg）			质地
			砂粒 2~0.05	粉粒 0.05~0.002	黏粒<0.002	
Ah	0~10	35~40	354	516	131	粉砂壤土
Bw	10~30	35	346	555	99	粉砂壤土

涧沟系代表性单个土体化学性质

深度 /cm	pH		有机质 /（g/kg）	CaCO₃ /（g/kg）	全铁 /（g/kg）	游离铁 /（g/kg）	无定形铁 /（g/kg）	有效铁（Fe） /（mg/kg）	CEC /[mol (+) /kg]
	H₂O	CaCl₂							
0~10	6.5	5.8	51.7	1.9	41.8	52.2	9.5	2.2	19.8
10~30	6.8	6.0	42.2	2.0	23.3	38.7	9.5	2.2	16.9

9.8.8　泰陵园系（Tailingyuan Series）

土　族：粗骨壤质混合型非酸性温性-普通简育干润雏形土
拟定者：孔祥斌，张青璞

分布与环境条件　暖温带半湿润大陆性季风气候，冬春干旱多风，夏季炎热多雨。年均温 11.1 ℃，年均降水量 616 mm；降水集中在 7~8 月，接近占全年降水量的 70%；降雨年际间变化大，而且多大雨，甚至暴雨，容易造成短暂洪水。其地形为山前平原，属温性干润土壤，母质为洪冲积物。土地利用类型为园地，植被主要为果树、玉米等。

泰陵园系典型景观

土系特征与变幅　本土系有雏形层、淡薄表层、半干润水分状况、温性土壤温度。土体质地构型为通体壤土，表土有砖块等侵入体，通体有大量角状和次圆状花岗岩碎屑，底土为砂质壤土。通体无石灰反应。

对比土系　涧沟系，同一土族，土层更薄，仅 30 cm。

利用性能综述　洪冲积扇中部，地势平坦，不易产生地表径流。土层深厚，内排水良好，外排水平衡；土体疏松、质地适中、渗透性较好，有利于保水保肥。

参比土种　学名：轻壤质冲积物褐土性土；群众名称：河淤土。

代表性单个土体　位于昌平区十三陵镇泰陵园村，坐标为 40°16′37.23″N，116°12′35.64″E。地形为山前平原，母质为冲积物，海拔 129 m，采样点为耕地。野外调查时间 2010 年 9 月 15 日，野外调查样点编号 KBJ-14。

Ap1：0～20 cm，棕色（7.5YR 4/5，润）；壤土；中等屑粒结构；极疏松；少量细、中根系；土体内含有少量的很小的角状、次圆花岗岩碎屑；侵入体为少量的砖；中等量蚂蚁、蚯蚓和蚯蚓粪；无石灰反应；向下平滑明显过渡。

Ap2：20～45 cm，深棕色（7.5YR 4/6，润）；壤土；小棱块状结构；疏松；少量细根系；土体内含有很少量的角状、次圆花岗岩碎屑；侵入体为少量的砖；中量蚂蚁、蚯蚓和蚯蚓粪；无石灰反应；向下平滑明显过渡。

Bw：45～85 cm，棕色（7.5YR 4/3，润）；壤土；中等棱块结构；疏松；少量细、中、粗根系；土体内含有少量的角状花岗岩碎屑；无石灰反应；向下平滑逐渐过渡。

C：>85 cm，棕色（7.5YR 4/4，润）；砂质壤土；中等棱块结构；疏松；少量细中根系；土体内含有大量的角状较大的花岗岩碎屑；无石灰反应。

泰陵园系代表性单个土体剖面

泰陵园系代表性单个土体物理性质

土层	深度 /cm	砾石 (>2 mm，体积分数)/%	细土颗粒组成（粒径：mm）/（g/kg）			质地
			砂粒 2～0.05	粉粒 0.05～0.002	黏粒<0.002	
Ap1	0～20	5	382	452	166	壤土
Ap2	20～45	15～20	411	430	159	壤土
Bw	45～85	>25	457	359	184	壤土
C	>85	25～30	527	328	145	砂质壤土

泰陵园系代表性单个土体化学性质

深度 /cm	pH H₂O	pH CaCl₂	有机质 /（g/kg）	速效氮（N） /（mg/kg）	有效磷（P） /（mg/kg）	速效钾（K） /（mg/kg）	全氮（N） /（g/kg）	全磷（P） /（g/kg）	全钾（K） /（g/kg）	CaCO₃ /（g/kg）
0～20	7.9	7.3	22.1	68.8	3.2	106	0.98	0.48	28.3	0.2
20～45	8.0	7.3	12.1	75.4	2.8	78	0.60	0.37	26.7	0.5
45～85	8.1	7.2	7.9	24.6	4.0	62	0.48	0.17	25.3	0.3
>85	8.0	7.2	10.1	26.2	4.5	82	0.63	0.27	24.8	0.5

深度 /cm	全铁 /（g/kg）	游离铁 /（g/kg）	无定形铁 /（g/kg）	有效铁（Fe） /（mg/kg）	CEC /[cmol（+）/kg]
0～20	42.7	11.2	1.5	15.8	12.2
20～45	46.0	11.9	1.5	10.9	9.1
45～85	57.6	16.5	2.1	9.7	11.3
>85	57.7	12.7	1.7	9.4	10.1

9.8.9　年丰村系（Nianfengcun Series）

土　族：砂质混合型非酸性温性-普通简育干润雏形土
拟定者：孔祥斌，张青璞

分布与环境条件　暖温带半湿润大陆性季风气候，冬春干旱多风，夏季炎热多雨。年均温 11.3 ℃，年均降水量 619 mm；降水集中在 7~8 月，接近占全年降水量的 70%；降雨年际间变化大，而且多大雨，甚至暴雨，容易造成短暂洪涝。其地形为平原，母质为冲积物。土地利用类型为耕地，植被为玉米。

年丰村系典型景观

土系特征与变幅　本土系诊断层包括雏形层、淡薄表层，诊断特性包括半干润水分状况、温性土壤温度。剖面位于古河床，母质为河流沉积物。地势平坦，有效土层厚度约 70 cm；上层 50 cm 为壤土，下层 20 cm 为壤质砂土，70 cm 以下为原来的河滩地；10 cm 的淡薄表层下即为厚 60 cm 的深黄棕色雏形层。

对比土系　西卓家营系，同一土族，但西卓家营系 70 cm 以下为细砂和大河卵石混合的砂土层。白庙村系，有黏化层，不同土纲，为淋溶土。牌楼村系，同一亚纲不同土类，土体内有氧化还原现象，为底锈干润雏形土。

利用性能综述　地势平坦，土层薄，表土为壤土，下层为壤质砂土，最下层为砂子和石块的混合物，很不利于保水保肥，也不利于作物生长。

参比土种　学名：轻壤质冲积物褐土性土；群众名称：河淤土。

代表性单个土体　位于北京市顺义区杨宋镇年丰村，坐标为 40°16′28.34″N，116°40′52.73″E。地形为冲积平原，母质为冲积物，海拔 42 m，采样点为耕地。野外调查时间 2010 年 9 月 26 日，野外调查编号 KBJ-22。

Ap：0~10 cm，暗棕色（10YR 4/3，润）；壤土；小屑粒状结构；松散；中量细根系；土体内含有扁平、次圆的砂岩；侵入体为少量的砖；少量的蚯蚓；无石灰反应；向下平滑明显过渡。

Bw1：10~50 cm，深黄棕色（10YR 3/4，润）；壤土；弱屑粒结构；极疏松；很少量细根系；侵入体有少量的砖；少量的蚯蚓；无石灰反应；向下平滑突然过渡。

Bw2：50~70 cm，深黄棕色（10YR 4/4，润）；壤质砂土；无结构；极疏松；少量细根；土体内含有少量扁平、次圆的砂岩；少量的蚯蚓，无石灰反应。

C：>70 cm，砂质壤土。

年丰村系代表性单个土体剖面

年丰村系代表性单个土体物理性质

土层	深度 /cm	砾石 (>2 mm，体积分数) /%	细土颗粒组成（粒径：mm）/（g/kg）			质地	容重 /（g/cm³）
			砂粒 2~0.05	粉粒 0.05~0.002	黏粒<0.002		
Ap	0~10	2~5	402	476	122	壤土	—
Bw1	10~50	2~5	435	425	140	壤土	—
Bw2	50~70	2~5	716	209	75	壤质砂土	—

年丰村系代表性单个土体化学性质

深度 /cm	pH H₂O	pH CaCl₂	有机质 /（g/kg）	速效氮（N） /（mg/kg）	有效磷（P） /（mg/kg）	速效钾（K） /（mg/kg）	全氮（N） /（g/kg）	全磷（P） /（g/kg）	全钾（K） /（g/kg）	CaCO₃ /（g/kg）
0~10	8.0	7.0	11.1	26.2	24.4	118	0.71	0.95	31.6	0.4
10~50	8.0	7.2	5.3	29.5	5.1	58	0.46	0.64	32.1	0.6
50~70	8.0	7.0	11.1	8.2	5.7	42	0.34	0.77	35.0	0.3

深度 /cm	全铁 /（g/kg）	游离铁 /（g/kg）	无定形铁 /（g/kg）	有效铁（Fe） /（mg/kg）	CEC /[cmol（+）/kg]
0~10	41.0	9.3	2.0	37.8	15.3
10~50	38.6	9.5	1.8	15.6	9.5
50~70	30.9	6.5	2.8	11.5	4.9

9.8.10　西卓家营系（Xizhuojiaying Series）

土　族：砂质混合型非酸性温性-普通简育干润雏形土
拟定者：张凤荣

分布与环境条件　暖温带半湿润大陆性季风气候，冬春干旱多风，夏季炎热多雨。年平均温度 8.8 ℃，年均降水量 446 mm 左右，降水集中在 7~8 月，接近占全年降水量的 70%；降雨年际间变化大，而且多大雨，甚至暴雨。地形上属于山间盆地高河滩地。成土母质为冲积物，呈二元结构。植被覆盖度为 90%。

西卓家营系典型景观

土系特征与变幅　本土系诊断层包括雏形层、淡薄表层，诊断特性包括半干润水分状况、温性土壤温度。厚度 80 cm 左右的黄棕色雏形层覆盖在深棕色的砂土上，壤质砂土已经形成雏形层，没有层理。之下为细砂和大河卵石的混合物，细砂层松散无结构。土壤透水性极强。

对比土系　年丰村系，同一土族，但年丰村系底层为原来的河滩地，即砾石层。邻近的佛峪口系，有黏化层和钙积层，不同土纲，为淋溶土。西卓家营西系，沉积层理明显，没有雏形层，不同土纲，为新成土。

利用性能综述　土层较深厚，但砂性大，透水性好。内排水好，处于高河滩地，外排水也较好，不容易积水。保水保肥性差，且处于半干旱区，不适宜耕种，利用方向是林地。处于河流上游，要注意防止水源污染。

参比土种　学名：砂质褐土性土；群众名称：砂砾土。

代表性单个土体　位于北京市延庆区张山营镇西卓家营村，坐标为 40°27′10.2″N，115°51′46.5″E。地形为山前平原，母质为冲积物，海拔 460 m，采样点为果园，主要植被类型为苹果树，间作玉米。野外调查时间 2011 年 10 月 4 日，野外调查编号延庆 3。

Ap：0~23 cm，黄棕色（10YR 5/4，干）；砂质壤土；发育非常弱的细屑粒状结构；干时松散；土体内有 2~6 mm 大的圆状硬碎屑，丰度<25%；1 mm 粗的草本根系约 5 条/dm²；中度石灰反应；向下平滑突然过渡。

Bw：23~80 cm，黄棕色（10YR 5/8，干）；壤质砂土；发育非常弱的细屑粒状结构；干时松散；土体内有 2~6 mm 大的圆状硬碎屑，丰度<15%；1 mm 粗的草本根系<5 条/dm²；无石灰反应；向下平滑突然过渡。

2C：80~120 cm，深棕色（7.5YR 5/6，干）；砂土；无结构；干时松散；土体内有 2~4 mm 大的圆状硬碎屑，丰度>35%；1 mm 粗的草本根系<5 条/dm²；无石灰反应。

西卓家营系代表性单个土体剖面

西卓家营系代表性单个土体物理性质

土层	深度 /cm	砾石 (>2 mm，体积分数) /%	细土颗粒组成（粒径：mm）/ (g/kg)			质地
			砂粒 2~0.05	粉粒 0.05~0.002	黏粒<0.002	
Ap	0~23	<25	683	243	74	砂质壤土
Bw	23~80	<15	760	175	65	壤质砂土
2C	80~120	>35	881	96	23	砂土

西卓家营系代表性单个土体化学性质

深度 /cm	pH H₂O	pH CaCl₂	有机质 / (g/kg)	CaCO₃ / (g/kg)	全铁 / (g/kg)	游离铁 / (g/kg)	无定形铁 / (g/kg)	有效铁（Fe） / (mg/kg)	CEC /[cmol (+) /kg]
0~23	8.1	7.6	14.6	29.3	45.2	4.1	8.6	1.4	7.1
23~80	8.1	7.5	2.8	3.2	35.6	4.2	14.3	1.4	5.2
80~120	8.0	7.2	2.4	1.2	38.8	19.8	13.3	3.1	2.3

9.8.11 丁家庄系（Dingjiazhuang Series）

土　族：黏壤质混合型石灰性温性-普通简育干润雏形土
拟定者：孔祥斌，张青璞

分布与环境条件　暖温带半湿润大陆性季风气候，冬春干旱多风，夏季炎热多雨。年均温 11.8 ℃，年均降水量 641 mm；降水集中在 7~8 月，接近占全年降水量的 70%；降雨年际间变化大，而且多大雨，甚至暴雨，容易造成短暂洪涝。其地形为山前平原，母质为洪冲积物。土地利用类型为耕地，植被为玉米和小麦等。

丁家庄系典型景观

土系特征与变幅　本土系诊断层包括雏形层、淡薄表层，诊断特性包括半干润水分状况、温性土壤温度。山前平原，地形平坦，土层深厚；通体粉砂壤土，上层疏松，下层坚实；土体内有很少的次圆花岗岩，上层 55 cm 土体内有砖屑、煤渣等侵入体，系人为堆垫。通体具有轻度石灰反应。
对比土系　歧庄系，同一亚类不同土族，土体没有石灰反应。
利用性能综述　地势平坦，土层深厚，通体粉砂壤土，下层黏粒含量逐渐增多，有利于保水保肥，生产性能好。
参比土种
代表性单个土体　位于北京市怀柔区龙湾屯镇丁家庄，坐标为 40°15′25.09″N，116°50′24.95″E。地形为山区河谷平原，海拔 61 m，采样点为耕地。野外调查时间 2010 年 9 月 26 日，野外调查编号 KBJ-21。

Ap1：0~15 cm，深黄棕色（10YR 4/4，润）；粉砂壤土；小屑粒状结构；松散；中等量中、细根系；土体内有少量的角状、次圆的花岗岩；侵入体为少量的砖屑、煤渣；有少量的蚯蚓；轻度石灰反应；向下平滑明显过渡。

Ap2：15~30 cm，深黄棕色（10YR 4/4，润）；粉砂壤土；大棱块状结构；中量中、细根系；侵入体有少量的砖屑、煤渣；有少量的蚯蚓；轻度石灰反应；向下平滑明显过渡。

Bw1：30~55 cm，棕色（7.5YR 4/4，润）；粉砂壤土；大棱块结构；中等量中、细根；土体内有很少量的角状、次圆的花岗岩；侵入体为少量的砖屑、煤渣；有少量的蚯蚓；轻度石灰反应；向下平滑逐渐过渡。

Bw2：55~90 cm，棕色（7.5YR 4/4，润）；粉砂壤土；很大团块结构；坚实；土体内有很小的次圆的花岗岩；有少量蚯蚓；轻度石灰反应；向下平滑逐渐过渡。

Bw3：>90 cm，棕色（7.5YR 4/4，润）；粉砂壤土；很大团块结构；坚实；土体内有很小的次圆的花岗岩；轻度石灰反应。

丁家庄系代表性单个土体剖面

丁家庄系代表性单个土体物理性质

| 土层 | 深度 /cm | 砾石 （>2 mm，体积分数）/% | 细土颗粒组成（粒径：mm）/（g/kg） | | | 质地 |
			砂粒 2~0.05	粉粒 0.05~0.002	黏粒<0.002	
Ap1	0~15	2~5	309	522	169	粉砂壤土
Ap2	15~30	2~5	267	557	175	粉砂壤土
Bw1	30~55	2~5	275	545	180	粉砂壤土
Bw2	55~90	2~5	165	597	239	粉砂壤土
Bw3	>90	2~5	138	598	264	粉砂壤土

丁家庄系代表性单个土体化学性质

| 深度 /cm | pH | | 有机质 /（g/kg） | 速效氮(N) /（mg/kg） | 有效磷(P) /（mg/kg） | 速效钾(K) /（mg/kg） | 全氮(N) /（g/kg） | 全磷(P) /（g/kg） | 全钾(K) /（g/kg） | CaCO₃ /（g/kg） |
	H₂O	CaCl₂								
0~15	8.2	7.4	20.0	57.3	11.2	178	0.90	0.51	26.4	5.0
15~30	8.3	7.5	15.2	68.8	4.5	98	0.86	0.38	27.0	5.1
30~55	8.2	7.6	10.1	32.8	4.7	78	0.50	0.28	26.3	2.5
55~90	8.3	7.6	13.8	22.9	3.4	102	0.39	0.18	27.1	3.5
>90	8.3	7.5	6.5	18.0	4.0	102	0.35	0.17	28.1	2.4

深度 /cm	全铁 /（g/kg）	游离铁 /（g/kg）	无定形铁 /（g/kg）	有效铁（Fe） /（mg/kg）	CEC /[cmol（+）/kg]
0~15	32.4	10.2	1.3	8.5	12.2
15~30	37.4	10.1	1.1	8.4	12.2
30~55	35.9	10.0	1.4	7.8	9.1
55~90	46.9	15.4	2.0	10.9	15.6
>90	48.6	15.4	2.0	8.4	15.2

9.8.12 大峪系（Dayu Series）

土　族：黏壤质混合型非酸性温性-普通简育干润雏形土
拟定者：张凤荣

分布与环境条件　暖温带半湿润大陆性季风气候，冬春干旱多风，夏季炎热多雨。年平均温度 11.0 ℃，年均降水量 616 mm 左右。降水集中在 7~8 月，接近占全年的 70%；降雨年际间变化大，而且多大雨，甚至暴雨，容易造成地表径流。地形上属于低山；该土系在上中坡地带，坡度 25°。成土母质为残坡积物，物质组成为黄土降尘与页岩风化物混合物，在山坡和缓处堆积，基岩为灰色页岩。植被类型为天然次生灌草丛；灌木为酸枣，荆条；草为菅草、白草；覆盖度 100%。

大峪系典型景观

土系特征与变幅　本土系诊断层包括雏形层、淡薄表层，诊断特性包括半干润水分状况、温性土壤温度。30~60 cm 厚的黄土状物质，是风成，里面夹杂着灰色页岩风化的岩屑；它们被水蚀堆积在山坡比较平缓的地方，下面即为易风化的基岩，虽然形状上是岩石，但很容易用铁镐刨动。地表无基岩裸露。此土系定义是 30~60 cm 厚。

对比土系　歧庄系，同一土族，土体内岩屑为花岗岩，含量相对较少，通体都可见蚯蚓。西斋堂粗骨系、西斋堂壤质系，不同土纲，为新成土。

利用性能综述　虽然土层较为深厚，质地适中，有一定持水能力；但处于山坡，水土易流失，干旱，不宜农业，最好发展为。

参比土种　学名：泥质岩类粗骨褐土；群众名称：厚层灰石渣土。

大峪系代表性单个土体剖面

代表性单个土体　位于北京市门头沟区城西大峪村，坐标为 39°55'33.9″N，116°04'45.7″E。地形为低山，母质为黄土降尘与页岩风化物混合物，海拔 190 m，采样点为天然次生灌木。野外调查时间 2010 年 10 月 6 日，野外调查编号门头沟 9。

Ah：0~5 cm，暗灰棕色（10YR 4/2，干）；为黄土降尘与页岩风化物混合物；砂质壤土；发育较好的 2 mm 屑粒结构；较硬；1~3 mm 粗的草、灌根系约 10 条/dm²；10%~20%的 5~10 mm 大的棱角分明半风化岩屑；大量细孔；无石灰反应；向下平滑明显过渡。

Bw：5~50 cm，黄棕色（10YR 5/6，干）；为黄土降尘与砂岩风化物混合物，壤土；发育较好的 2 mm 次棱块结构；较硬；1~3 mm 粗草、灌本根系约 5 条/dm²；10%~20%的 5~20 mm 大的棱角分明半风化岩屑；大量细孔；无石灰反应；向下波状突然过渡。

2C：50~80 cm，白色（10YR 8/1，干）；粉砂壤土；铁镐容易刨动；1 mm 粗的草本根系约 1 条/dm²。

R：灰色页岩。

大峪系代表性单个土体物理性质

土层	深度 /cm	砾石（>2 mm，体积分数）/%	细土颗粒组成（粒径：mm）/（g/kg）			质地
			砂粒 2~0.05	粉粒 0.05~0.002	黏粒<0.002	
Ah	0~5	10~20	450	416	134	砂质壤土
Bw	5~50	10~20	344	486	170	壤土
2C	50~80	0	111	754	136	粉砂壤土

大峪系代表性单个土体化学性质

深度 /cm	pH H₂O	pH CaCl₂	有机质 /（g/kg）	CaCO₃ /（g/kg）	全铁 /（g/kg）	游离铁 /（g/kg）	无定形铁 /（g/kg）	有效铁（Fe） /（mg/kg）	CEC /[cmol（+）/kg]
0~5	7.6	6.8	22.7	1.6	34.8	10.2	11.5	1.1	9.9
5~50	7.5	6.8	8.2	1.3	33.3	10.8	11.9	1.3	10.0
50~80	5.1	4.3	8.9	1.1	26.2	15.8	4.5	0.8	13.3

9.8.13 歧庄系（Qizhuang Series）

土 族：黏壤质混合型非酸性温性-普通简育干润雏形土
拟定者：孔祥斌，张青璞

分布与环境条件 暖温带半湿润大陆性季风气候，冬春干旱多风，夏季炎热多雨。年均温 10.7 ℃，年均降水量 653 mm；降水集中在 7~8 月，接近占全年降水量的 70%；降雨年际间变化大，而且多大雨，甚至暴雨，容易造成地表径流。其地形为丘陵，有效土层薄。成土母质为洪积-冲积物，土地利用类型为耕地，植被为玉米。

歧庄系典型景观

土系特征与变幅 本土系诊断层包括雏形层、淡薄表层，诊断特性包括半干润水分状况、温性土壤温度。有效土层厚度小于 60 cm，通体粉砂壤土，土体松散；15 cm 的淡薄表层下为厚约 40 cm 的雏形层；土体内有中量中等大小的花岗岩碎屑；整个土体内均有蚯蚓出现。

对比土系 丁家庄系，同一亚类不同土族，通体具有石灰反应。山立庄系、九松山系，同一亚类不同土族，颗粒大小级别为壤质，土层厚度均大于 1 m。大峪系，同一土族，但基岩为灰色页岩，土体中岩屑含量更多。

利用性能综述 地形较起伏，土层较薄，土体内有中量中等大小的花岗岩碎屑，不利于耕作；土壤质地适中，通透性好，保水保肥性能一般，作物产量不高。

参比土种 学名：酸性岩类粗骨褐土；群众名称：麻石渣土。

代表性单个土体　位于北京市怀柔区桥梓镇歧庄，坐标为 40°10′04.23″N，116°09′32.20″E。地形为低山，母质为洪积冲积物，海拔 102 m。野外调查时间 2010 年 9 月 24 日，野外调查编号 KBJ-18。

Ap：0~15 cm，暗棕色（7.5YR 3/4，润）；粉砂壤土；中等屑粒结构；松散；中量细根系；紧实状况松散；少量中等大小的花岗岩碎屑；中量蚯蚓；向下平滑明显过渡。

Bw1：15~35 cm，棕色（7.5YR 4/4，润）；粉砂壤土；中等屑粒结构；松散；中量细根；中量中等大小的花岗岩碎屑；中量蚯蚓；向下平滑逐渐过渡。

Bw2：35~50 cm，棕色（7.5YR 4/3，润）；粉砂壤土；中等屑粒结构；松散；少量细根；中量中等大小的花岗岩碎屑；少量蚯蚓。

歧庄系代表性单个土体剖面

歧庄系代表性单个土体物理性质

土层	深度 /cm	砾石（>2 mm，体积分数）/%	细土颗粒组成（粒径：mm）/（g/kg）			质地
			砂粒 2~0.05	粉粒 0.05~0.002	黏粒<0.002	
Ap	0~15	2~5	205	546	250	粉砂壤土
Bw1	15~35	5~15	191	581	228	粉砂壤土
Bw2	35~50	5~15	246	507	247	粉砂壤土

歧庄系代表性单个土体化学性质

深度 /cm	pH H₂O	pH CaCl₂	有机质 /（g/kg）	速效氮(N) /（mg/kg）	有效磷(P) /（mg/kg）	速效钾(K) /（mg/kg）	全氮(N) /（g/kg）	全磷(P) /（g/kg）	全钾(K) /（g/kg）	CaCO₃ /（g/kg）
0~15	6.6	5.5	20.1	77.0	18.4	158.3	0.76	0.53	26.6	1.0
15~35	7.6	6.6	12.4	22.9	3.0	126.2	0.33	0.21	27.3	1.0
35~50	7.7	6.9	10.1	16.4	2.8	138.2	0.30	0.26	25.9	0.6

深度 /cm	全铁 /（g/kg）	游离铁 /（g/kg）	无定形铁 /（g/kg）	有效铁（Fe） /（mg/kg）	CEC /[cmol (+) /kg]
0~15	45.8	13.2	2.1	43.9	16.2
15~35	42.2	12.7	1.6	17.1	17.2
35~50	46.1	13.5	1.6	13.8	17.5

9.8.14 许家务系 (Xujiawu Series)

土　族：壤质盖粗骨质混合型温性-普通简育干润雏形土
拟定者：孔祥斌，张青璞

分布与环境条件　暖温带半湿润大陆性季风气候，冬夏长、春秋短；春季干旱多风，夏季炎热多雨，秋季凉爽湿润，冬季寒冷干燥；四季分明，日照充足。年平均温度 11.3 ℃，年均降水量 648 mm 左右。其地形为山前平原，有效土层薄。土地利用类型为荒草地，植被覆盖度较高。

许家务系典型景观

土系特征与变幅　本土系诊断层包括雏形层、淡薄表层，诊断特性包括半干润水分状况、温性土壤温度。河流冲积物，土体中有大量的浑圆岩石，40 cm 以上岩石含量较少，40 cm 以下岩石含量较多，主要为砂子和卵石的混合物；雏形层厚度约 60 cm。

对比土系　小岭系，同一亚类不同土族，颗粒大小级别为粗骨质盖黏壤质。兴隆庄系，同一亚类不同土族，颗粒大小级别为壤质。

利用性能综述　有效土层较薄，质地偏砂，宜种植杏、花生等喜砂、浅根作物。

参比土种　学名：砂质冲积物褐土性土；群众名称：砂砾土。

代表性单个土体　位于北京市平谷区王辛庄镇许家务村，坐标为 40°11′32.61″N，117°02′11.78″E。地形为河谷，母质为河流冲积物，位置靠近河道，海拔 30 m，采样点为荒草地。野外调查时间 2011 年 9 月 15 日，野外调查编号 KBJ-33。

Ah：0~10 cm，黄色（10YR 7/6，干）；砂质壤土；无明显结构；土体内有 20~150 mm 的浑圆岩石，丰度为 50%~60%；向下平滑突然过渡。

Bw1：10~40 cm，淡棕色（10YR 7/4，干）；壤土；发育很弱的片状结构；土壤很紧实；土体内有 50~100 mm 的浑圆岩石，丰度为 5%~10%；向下平滑突然过渡。

2Bw2：40~70 cm，淡棕色（10YR 7/4，干）；砂质壤土；砂子和岩石混合物；岩石大小为 20~150 mm，形状浑圆，丰度为 80%~90%；向下平滑明显过渡。

C：70~120 cm，砂子和岩石混合物，岩石大小为 20~150 mm，形状浑圆，丰度>90%。

许家务系代表性单个土体剖面

许家务系代表性单个土体物理性质

土层	深度/cm	砾石（>2 mm，体积分数）/%	细土颗粒组成（粒径：mm）/（g/kg）			质地
			砂粒 2~0.05	粉粒 0.05~0.002	黏粒<0.002	
Ah	0~10	50~60	592	298	110	砂质壤土
Bw1	10~40	5~10	511	357	131	壤土
2Bw2	40~70	80~90	571	314	115	砂质壤土

许家务系代表性单个土体化学性质

深度/cm	pH H2O	pH CaCl2	有机质/（g/kg）	速效氮(N)/（mg/kg）	有效磷(P)/（mg/kg）	速效钾(K)/（mg/kg）	全氮(N)/（g/kg）	全磷(P)/（g/kg）	全钾(K)/（g/kg）	CaCO3/（g/kg）
0~10	8.1	7.4	17.1	63.0	10.5	115.9	0.89	0.66	15.4	3.9
10~40	8.2	7.5	13.2	42.0	8.5	57.5	0.57	0.74	18.0	2.2
40~70	7.8	7.2	10.0	42.0	3.9	51.0	0.48	0.58	19.2	2.2

深度/cm	全铁/（g/kg）	游离铁/（g/kg）	无定形铁/（g/kg）	有效铁（Fe）/（mg/kg）	CEC/[cmol（+）/kg]
0~10	60.8	11.6	3.1	14.8	7.5
10~40	32.9	12.0	1.7	13.0	8.5
40~70	40.2	14.6	3.7	14.4	7.8

9.8.15 八达岭系（Badaling Series）

土　　族：壤质混合型石灰性温性-普通简育干润雏形土
拟定者：张凤荣

分布与环境条件　暖温带半湿润大陆性季风气候，冬春干旱多风，夏季炎热多雨。年平均温度 8.5 ℃，年均降水量 525 mm 左右，降水集中在 7~8 月，接近占全年降水量的 70%；降雨年际间变化大，而且多大雨，甚至暴雨，容易造成地表径流。地形上属于低山，位于山坡的中部，土地利用类型为灌木林地，覆盖度为 100%，主要植被类型为旱生灌草丛，有荆条、马拉腿子、蒿类等。地处蒙古高原边缘，冬春多风砂。西北风遇燕山，大量尘土沉降，与花岗岩风化物混杂在一起成为成土母质。因此，虽然基岩是花岗岩，本身不含游离碳酸盐，但沉降的黄土含有碳酸盐，因此在半湿润条件下，发生碳酸钙的淋溶与淀积，在根孔和孔隙壁上，有星点状假菌丝体出现。但由于整个母质本身碳酸盐较少，因此，碳酸盐新生体并不是很明显。

八达岭系典型景观

土系特征与变幅　本土系诊断层包括雏形层、淡薄表层，诊断特性包括半干润水分状况、温性土壤温度。上部 30 cm 左右厚的黄棕色腐殖质层覆盖在淡棕色的厚约 30 cm 的雏形层之上。该土系有效土层厚度 40~60 cm，凹陷部位厚些，凸起部位浅些，甚至有的地方基岩出露。土壤物质为黄土降尘与花岗岩基岩风化碎屑混杂物，粗碎屑含量<20%（V/V）。剖面通体弱石灰反应，且在根孔和孔隙内有星点状假菌丝体。
对比土系　养鹿场系，同一土族，但土层厚度大于 1 m。西卓家营系，同一亚类不同土族，发育于高河滩地上，剖面呈二元结构，颗粒大小级别为砂质。青龙桥系，同样发育于黄土混杂花岗岩碎屑母质上，但土层深厚，且碎屑含量多，有黏化层，不同土纲，为淋溶土。

利用性能综述　土层较薄，粉砂壤土，通透性好，保水性好，但地处半干旱区和陡峭山坡上，容易干旱。适宜利用方向是林地。在坡地上，还加强坡面植被的保护，防止水土流失。

参比土种　学名：酸性岩类粗骨褐土；群众名称：中层麻石渣土。

八达岭系代表性单个土体剖面

代表性单个土体　位于延庆区八达岭滑雪场，坐标为 40°21′16.0″N，115°57′17.2″E。地形为低山，母质为黄土混杂花岗岩风化物碎屑，海拔 650 m，采样点为灌木林地。野外调查时间 2011 年 10 月 5 日，野外调查编号延庆 4。

　　Ah：0~30 cm，黄棕色（10YR 5/4，干）；粉砂壤土；发育较好的细屑粒状结构；干时松散；土体内有 5~20 mm 大的弱风化花岗岩硬碎屑，丰度<10%；1~3 mm 粗的草木根系约 12 条/dm²；在孔隙内和根面上可见明显的约 5%的假菌丝体；石灰反应弱；向下平滑模糊过渡。

　　Bk：30~50 cm，淡棕色（10YR 7/3，干）；粉砂壤土；发育弱的细屑粒状结构；干时松脆；土体内有 5~50 mm 大的弱风化花岗岩硬碎屑，丰度<20%；1 mm 粗的草木根系约 5 条/dm²；在孔隙内可见对比不明显的 5%~10%的假菌丝体；石灰反应弱；向下平滑明显过渡。

　　R：花岗岩。

八达岭系代表性单个土体物理性质

土层	深度 /cm	砾石 (>2 mm，体积分数) /%	细土颗粒组成（粒径：mm）/（g/kg）			质地
			砂粒 2~0.05	粉粒 0.05~0.002	黏粒<0.002	
Ah	0~30	<10	429	438	133	粉砂壤土
Bk	30~50	<20	377	525	98	粉砂壤土

八达岭系代表性单个土体化学性质

深度 /cm	pH		有机质 /（g/kg）	CaCO₃ /（g/kg）	全铁 /（g/kg）	游离铁 /（g/kg）	无定形铁 /（g/kg）	有效铁（Fe） /（mg/kg）	CEC /[cmol (+) /kg]
	H₂O	CaCl₂							
0~30	8.2	7.6	20.3	5.5	39.3	6.8	9.9	1.1	10.3
30~50	8.2	7.6	8.1	4.4	41.6	3.0	8.1	0.9	6.0

9.8.16　养鹿场系（Yangluchang Series）

土　族：壤质混合型石灰性温性-普通简育干润雏形土
拟定者：张凤荣

分布与环境条件　暖温带半湿润大陆性季风气候，冬春干旱多风，夏季炎热多雨。年平均温度 9.1 ℃，年均降水量 501 mm 左右，降水集中在 7~8 月，接近占全年降水量的 70%；降雨年际间变化大，而且多大雨，甚至暴雨，容易造成地表径流。地形上属于低山。该土系位于黄土台地上，黄土台地面上坡度小于 10°；但黄土沟壁立陡峭，坡度大于 70°。目前已经人工修筑成梯田。成土母质为黄土，少见砾石，基本为风成。自然植被为旱生灌丛，主要为荆条、酸枣等，郁闭度 100%。曾经为耕地种植大田作物，现在为苗圃（松）。

养鹿场系典型景观

土系特征与变幅　本土系诊断层包括雏形层、淡薄表层、钙积层，诊断特性包括半干润水分状况、温性土壤温度。剖面发育于深厚均匀的马兰黄土母质上。整个剖面除含有不连续菌丝状的细小白色碳酸盐结晶外，土壤结构为典型的黄土大块状，仅仅是心土部位颜色稍红，黏粒含量不足，不能为残积黏化层；土体通体含有少量 3 cm 大的砂姜（石灰结核）。

对比土系　八达岭系，同一土族，但有效土层厚度仅 50 cm。大峪系，同一亚类不同土族，颗粒大小级别为黏壤质，且有效土层厚度仅为 30~60 cm。

利用性能综述　土层深厚，通透性强，心土保水保肥。但因处于较干旱的缺水山地，不能灌溉情况下，适宜利用方向是旱作，宜种作物为谷子、甘薯、花生，宜种果树是核桃等干果。细土物质为粉砂壤土，因为含大量碳酸钙，结持性强；但因为黄土湿陷性强，得有良好的排水系统。虽已经修筑成梯田，但要维护地埂，防止水土流失。

参比土种　学名：轻壤质碳酸盐褐土；群众名称：立白黄土。

代表性单个土体　位于门头沟斋堂镇西胡林养鹿场（地形为黄土台）梯田，坐标为 39°58′43.5″N，115°43′31.6″E。地形为低山，母质为马兰黄土，海拔 520 m，采样点为苗圃。野外调查时间 2011 年 9 月 7 日，野外调查编号门头沟 12。

Ap: 0~22 cm, 黄色（10YR 7/6，干），黄棕色（10YR 5/4，润）；粉砂壤土；发育较弱的细小屑粒；干时微硬，湿时松脆；3 mm 粗的草本根系约 10 条/dm²；有蚂蚁等小动物，粪便很少；可见体积<5%的砂姜，30 mm 大；石灰反应强；向下平滑明显过渡。

Bk1: 22~70 cm, 棕黄色（10YR 6/6，干），黄棕色（10YR 5/4，润）；粉砂壤土；发育较弱的细小屑粒；干时微硬，湿时松脆；2~15 mm 粗的灌木根系约 12 条/dm²；少量动物粪便；可见体积<5%的砂姜，30 mm 大；并有体积<10%的假菌丝体；石灰反应强；向下平滑模糊过渡。

Bk2: 70~160 cm, 黄棕色（10YR 5/4，润）；粉砂壤土；发育较弱的细小屑粒；干时微硬，湿时松脆；0.5~2.0 mm 粗的草本根系约 32 条/dm²；少量动物粪便；可见体积<5%的砂姜，10 mm 大；并有体积<5%的假菌丝体；石灰反应强。

养鹿场系代表性单个土体剖面

养鹿场系代表性单个土体物理性质

土层	深度/cm	砾石（>2 mm, 体积分数）/%	细土颗粒组成（粒径：mm）/（g/kg）			质地
			砂粒 2~0.05	粉粒 0.05~0.002	黏粒<0.002	
Ap	0~22	<5	291	522	187	粉砂壤土
Bk1	22~70	<5	230	597	172	粉砂壤土
Bk2	70~160	<5	267	597	136	粉砂壤土

养鹿场系代表性单个土体化学性质

深度/cm	pH H₂O	pH CaCl₂	有机质/（g/kg）	CaCO₃/（g/kg）	全铁/（g/kg）	游离铁/（g/kg）	无定形铁/（g/kg）	有效铁（Fe）/（mg/kg）	CEC/[cmol（+）/kg]
0~22	8.3	7.6	10.4	199	32.8	4.8	6.3	0.7	9.2
22~70	8.3	7.6	6.0	162	35.1	4.2	7.6	0.6	9.0
70~160	8.2	7.6	6.1	118	39.6	4.0	6.3	0.5	9.0

9.8.17 九松山系（Jiusongshan Series）

土　族：壤质混合型非酸性温性-普通简育干润雏形土
拟定者：孔祥斌，张青璞

分布与环境条件　暖温带半湿润大陆性季风气候，冬春干旱多风，夏季炎热多雨。年平均温度 10.8 ℃，年均降水量 687 mm 左右，降水集中在 7~8 月，接近占全年降水量的70%；降雨年际间变化大，而且多大雨，甚至暴雨，容易造成水土流失。其地形为丘陵。黄土母质，土地利用类型为耕地或撂荒地，植被类型为玉米、草本。

九松山系典型景观

土系特征与变幅　本土系诊断层包括雏形层、淡薄表层，诊断特性包括半干润水分状况、温性土壤温度。土层较厚，有效土层厚度约 160 cm；土壤质地通体为壤土，团块结构；土体内有中量 2~10 mm 大的角状花岗岩碎屑，通体无石灰反应；雏形层厚约 140 cm。
对比土系　山立庄系、兴隆庄系、岭东村系，同一土族，但山立庄系为粉砂壤土夹壤土，岭东村系表层质地为壤质砂土；兴隆庄系通体无岩屑。歧庄系，同一亚类不同土族，土层厚度小于 60 cm，颗粒大小级别为黏壤质。
利用性能综述　土层深厚，质地适中，适宜作物生长。
参比土种　学名：轻壤质冲积物褐土性土；群众名称：河淤土。

九松山系代表性单个土体剖面

代表性单个土体　　位于北京市密云区穆家峪镇九松山村，坐标为 40°26′14.18″N，116°56′53.70″E。地形为低山，母质为黄土，海拔 121 m，采样点为荒草地。野外调查时间 2011 年 10 月 22 日，野外调查编号 KBJ-37。

Ah：0~40 cm，黄棕色（10YR 5/6，干）；壤土；团块状结构；发育程度弱；较松；干时稍硬，湿时松脆；少量小于 0.5 mm 粗的根系；土体内有 2~10 mm 大的角状花岗岩碎屑；风化程度弱，硬度高，丰度约为 15%；很少的砖瓦侵入体；无石灰反应；向下平滑明显过渡。

Bw1：40~110 cm，黄棕色（10YR 5/6，干）；壤土；团块状结构；发育程度弱；紧实；干时稍硬，湿时松脆；少量小于 0.5 mm 粗的浅根系及小于 30 mm 粗的深根系；土体内有 2~10 mm 大的角状花岗岩碎屑，风化程度弱，硬度高，丰度约 15%；无石灰反应；向下平滑逐渐过渡。

Bw2：110~160 cm，黄棕色（10YR 5/6，干）；壤土；团块状结构；发育程度弱；很紧实；干时稍硬，湿时松脆；少量小于 0.5 mm 粗的浅根系及小于 30 mm 粗的深根系；土体内有 2~10 mm 大的角状花岗岩碎屑，风化程度弱，硬度高，丰度约 15%；无石灰反应。

九松山系代表性单个土体物理性质

土层	深度/cm	砾石（>2 mm，体积分数）/%	细土颗粒组成（粒径：mm）/（g/kg）			质地
			砂粒 2~0.05	粉粒 0.05~0.002	黏粒<0.002	
Ap	0~40	15	364	458	178	壤土
Bw1	40~110	15	390	446	163	壤土
Bw2	110~160	15	424	441	134	壤土

九松山系代表性单个土体化学性质

深度/cm	pH		有机质/（g/kg）	速效氮(N)/（mg/kg）	有效磷(P)/（mg/kg）	速效钾(K)/（mg/kg）	全氮(N)/（g/kg）	全磷(P)/（g/kg）	全钾(K)/（g/kg）	CaCO₃/（g/kg）
	H₂O	CaCl₂								
0~40	7.0	6.4	6.7	33.6	2.8	58	0.40	0.99	15.5	1.5
40~110	7.5	6.9	5.6	46.2	1.7	51	0.33	1.15	15.2	2.2
110~160	7.4	7.0	5.4	29.4	2.6	58	0.32	0.96	15.5	1.9

深度/cm	全铁/（g/kg）	游离铁/（g/kg）	无定形铁/（g/kg）	有效铁（Fe）/（mg/kg）	CEC/[cmol（+）/kg]
0~40	35.7	13.7	1.8	18.2	12.6
40~110	33.3	13.8	1.8	10.2	10.8
110~160	12.4	13.2	1.6	10.3	10.9

9.8.18　岭东村系（Lingdongcun Series）

土　族：壤质混合型非酸性温性-普通简育干润雏形土
拟定者：孔祥斌，张青璞

分布与环境条件　处于温带大陆性季风气候条件下，冬春干旱多风，夏季炎热多雨。年平均温度 11.2 ℃，年均降水量 637 mm 左右。地形为平原，冲积物母质，土地利用类型为耕地、园地，植被为栗子树、核桃树、玉米等。

岭东村系典型景观

土系特征与变幅　本土系诊断层包括雏形层、淡薄表层，诊断特性包括半干润水分状况、温性土壤温度。地形平坦，土层深厚，有效土层厚度大于 120 cm；表层为壤质砂土，下为厚约 40 cm 的砂质壤土层，60 cm 以下为壤土；由于黏粒含量少，土体渗水过快；土体较松散，土体内有很少量小于 50 mm 的次圆形岩石；雏形层厚度大于 100 cm。通体无石灰反应。

对比土系　山立庄系、兴隆庄系、九松山系，同一土族，但山立庄系为粉砂壤土夹壤土，兴隆村系、九松山系通体为壤土。

利用性能综述　土层厚，质地偏砂，保水保肥性能较差，适宜喜砂作物生长。

参比土种　学名：轻壤质冲积物褐土性土；群众名称：河淤土。

代表性单个土体　位于北京市密云区十里铺镇岭东村，坐标为 40°22′38.13″N，116°47′17.14″E。地形为冲积平原，母质为冲积物，海拔 2 m。野外调查时间 2011 年 10 月 21 日，野外调查编号 KBJ-34。

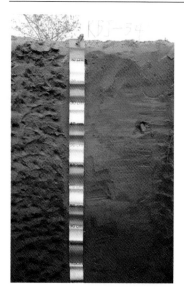

Ap：0~22 cm，黄棕色（10YR 5/5，润）；壤质砂土；单粒结构；土层疏松；结持松散；少量0.2~2.0 mm粗的根系；土体内有很少量<50 mm的次圆形岩石；向下平滑明显过渡。

Bw1：22~40 cm，黄棕色（10YR 5/4，润）；砂质壤土；单粒结构；土层疏松；结持松散；少量0.2~2.0 mm粗的根系；土体内有很少量<50 mm的次圆形岩石；向下平滑模糊过渡。

Bw2：40~60 cm，灰色（10YR 5/3，润）；砂质壤土；单粒结构；土层稍紧实；结持松散；0.2~2.0 mm 粗的少量根系；土体内有很少量<50 mm的次圆形岩石；向下平滑模糊过渡。

Bw3：60~120 cm，暗棕色（10YR 4/3，润）；壤土；发育很弱的团块结构；土层紧实；干时疏松，湿时松脆；土体内有很少量<50 mm的次圆形岩石。

岭东村系代表性单个土体剖面

岭东村系代表性单个土体物理性质

土层	深度/cm	砾石（>2 mm，体积分数）/%	细土颗粒组成（粒径：mm）/（g/kg）			质地
			砂粒 2~0.05	粉粒 0.05~0.002	黏粒<0.002	
Ap	0~22	0~2	819	121	60	壤质砂土
Bw1	22~40	0~2	633	277	90	砂质壤土
Bw2	40~60	0~2	568	360	73	砂质壤土
Bw3	60~120	0~2	463	409	128	壤土

岭东村系代表性单个土体化学性质

深度/cm	pH H₂O	pH CaCl₂	有机质/（g/kg）	速效氮(N)/（mg/kg）	有效磷(P)/（mg/kg）	速效钾(K)/（mg/kg）	全氮(N)/（g/kg）	全磷(P)/（g/kg）	全钾(K)/（g/kg）	CaCO₃/（g/kg）
0~22	5.0	4.3	7.0	37.8	16.0	12.0	0.39	0.59	18.0	2.0
22~40	7.1	6.5	5.6	21.0	3.4	18.5	0.18	0.54	17.7	1.7
40~60	7.0	6.7	5.6	21.0	4.3	18.5	0.20	0.47	17.1	2.2
60~120	7.4	6.7	6.5	21.0	3.9	47.7	0.22	0.51	17.9	1.6

深度/cm	全铁/（g/kg）	游离铁/（g/kg）	无定形铁/（g/kg）	有效铁（Fe）/（mg/kg）	CEC/[cmol（+）/kg]
0~22	15.9	6.9	1.7	41.1	3.7
22~40	27.9	8.7	1.4	13.1	5.7
40~60	33.5	8.1	1.3	11.2	5.3
60~120	25.4	10.3	2.3	16.4	8.5

9.8.19 山立庄系（Shanlizhuang Series）

土　族：壤质混合型非酸性温性-普通简育干润雏形土
拟定者：孔祥斌，张青璞

分布与环境条件　暖温带半湿润大陆性季风气候，冬春干旱多风，夏季炎热多雨。年均温 10.7 ℃，年均降水量 653 mm；降水集中在 7~8 月，接近占全年降水量的 70%；降雨年际间变化大，而且多大雨，甚至暴雨，容易造成短暂洪水。其地形为山前平原，有效土层深厚。洪积-冲积物母质，土地利用类型为园地，植被为枣树。

山立庄系典型景观

土系特征与变幅　本土系诊断层包括雏形层、淡薄表层，诊断特性包括半干润水分状况、温性土壤温度。地形平坦，土层厚；25 cm 的耕作层下为厚度大于 110 cm 的雏形层；土体疏松，质地为粉砂壤土中夹一层 40 cm 厚的壤土层；通体无石灰反应。

对比土系　兴隆庄系、岭东村系、九松山系，同一土族，但兴隆庄系、九松山系通体为壤土，岭东村系表层质地为壤质砂土，通体含有少量岩石碎屑。歧庄系，同一亚类不同土族，颗粒大小级别为黏壤质，土层薄，小于 60 cm。

利用性能综述　地势平坦，土层深厚，土壤质地适中，比较适宜作物生长。

参比土种　学名：轻壤质冲积物褐土性土；群众名称：河淤土。

山立庄系代表性单个土体剖面

代表性单个土体　位于北京市怀柔区桥梓镇山立庄，坐标为 40°19′34.89″N，116°30′58.47″E。地形为山前平原，母质为洪积冲积物，海拔 85 m，采样点为经济林。野外调查时间 2010 年 9 月 24 日，野外调查编号 KBJ-19。

Ap: 0~25 cm，暗棕色（10YR 4/3，润）；粉砂壤土；发育弱的屑粒结构；疏松；中量中根系；有少量中大等花岗岩，很少量砖屑、煤渣；中量蚯蚓；无石灰反应；向下平滑明显过渡。

Bw1: 25~68 cm，深黄棕色（10YR 4/4，润）；壤土；发育弱的屑粒结构；疏松；少量中根；无石灰反应；向下平滑逐渐过渡。

Bw2: 68~90 cm，棕黄色（10YR 6/6，干）；粉砂壤土；发育弱的屑粒结构；疏松；很少量中根；无石灰反应；向下平滑模糊过渡。

Bw3: >90 cm，亮红色（2.5YR 6/6，干）；粉砂壤土；发育弱的屑粒结构；疏松；很少量中根；无石灰反应。

山立庄系代表性单个土体物理性质

土层	深度/cm	砾石（>2 mm，体积分数）/%	细土颗粒组成（粒径：mm）/（g/kg）			质地
			砂粒 2~0.05	粉粒 0.05~0.002	黏粒<0.002	
Ap	0~25	0~2	353	503	144	粉砂壤土
Bw1	25~68	0	386	450	164	壤土
Bw2	68~90	0	278	569	153	粉砂壤土
Bw3	>90	0	306	583	111	粉砂壤土

山立庄系代表性单个土体化学性质

深度/cm	pH H₂O	pH CaCl₂	有机质/（g/kg）	速效氮（N）/（mg/kg）	有效磷（P）/（mg/kg）	速效钾（K）/（mg/kg）	全氮（N）/（g/kg）	全磷（P）/（g/kg）	全钾（K）/（g/kg）	CaCO₃/（g/kg）
0~25	7.2	6.4	20.0	65.5	72.6	98	0.81	0.98	29.5	1.3
25~68	7.8	7.0	8.6	19.7	6.9	70	0.34	0.21	26.3	0.8
68~90	8.2	7.4	8.2	9.8	6.9	86	0.20	0.52	29.1	1.0
>90	8.1	7.4	7.9	6.6	6.9	62	0.14	0.81	27.4	0.4

深度/cm	全铁/（g/kg）	游离铁/（g/kg）	无定形铁/（g/kg）	有效铁（Fe）/（mg/kg）	CEC/[cmol（+）/kg]
0~25	38.9	9.8	1.8	27.8	12.4
25~68	43.2	11.9	1.8	11.8	12.5
68~90	43.1	11.3	1.7	13.0	11.5
>90	34.9	10.3	1.4	10.6	9.3

9.8.20　兴隆庄系（Xinglongzhuang Series）

土　族：壤质混合型非酸性温性-普通简育干润雏形土
拟定者：孔祥斌，张青璞

分布与环境条件　属暖温带季风气候区，冬夏长，春秋短；春季干旱多风，夏季炎热多雨，秋季凉爽湿润，冬季寒冷干燥；四季分明，日照充足。年平均温度 11.6 ℃，年降水量 652 mm 左右。其地形为山前平原，冲积物母质，土地利用类型为耕地，植被为玉米。

兴隆庄系典型景观

土系特征与变幅　本土系诊断层包括雏形层、淡薄表层，诊断特性包括半干润水分状况、温性土壤温度。土层深厚，有效土层厚度大于 130 cm，通体为壤土，无石灰性反应，弱发育团块结构，从上往下层颜色逐渐加深；雏形层厚度大于 100 cm。

对比土系　山立庄系、岭东村系、九松山系，同一土族，但山立庄系为粉砂壤土夹壤土，岭东村系表层质地为壤质砂土，九松山系土体内含有中量的花岗岩碎屑。

利用性能综述　土层厚，土壤质地适中，适宜作物生长。

参比土种　学名：轻壤质冲积物褐土性土；群众名称：河淤土。

兴隆庄系代表性单个土体剖面

代表性单个土体　位于北京市平谷区峪口镇兴隆庄，坐标为40°04′11.59″N，117°00′34.28″E。地形为山前平原，母质为冲积物，海拔19 m，采样点为耕地。野外调查时间2011年9月15日，野外调查编号KBJ-32。

Ap：0~10 cm，粉灰褐色（7.5YR 6/3，干）；壤土；发育很弱的团块结构；干时松散，湿时松脆；较多0.5~5.0 mm粗的根系；无石灰反应；向下平滑明显过渡。

AB：10~30 cm，红黄色（7.5YR 6/6，干）；壤土；发育很弱的团块结构；干时松散，湿时松脆；少量0.5~5.0 mm粗的根系；无石灰反应；向下平滑模糊过渡。

Bw1：30~88 cm，深棕色（7.5YR 5/6，干）；壤土；发育很弱的团块结构；干时松散，湿时松脆；很少量0.5~2.0 mm粗的根系；无石灰反应；向下平滑明显过渡。

Bw2：88~130 cm，棕色（7.5YR 4/3，干）；壤土；发育很弱的团块结构；干时松散，湿时松脆；很少量0.5~2.0 mm粗的根系；无石灰反应；清晰平滑过渡。

兴隆庄系代表性单个土体物理性质

土层	深度/cm	砾石（>2 mm，体积分数）/%	细土颗粒组成（粒径：mm）/（g/kg）			质地
			砂粒 2~0.05	粉粒 0.05~0.002	黏粒<0.002	
Ap	0~10	0	348	486	166	壤土
AB	10~30	0	333	487	180	壤土
Bw1	30~88	0	438	425	137	壤土
Bw2	88~130	0	397	438	165	壤土

兴隆庄系代表性单个土体化学性质

深度/cm	pH		有机质/（g/kg）	速效氮(N)/（mg/kg）	有效磷(P)/（mg/kg）	速效钾(K)/（mg/kg）	全氮(N)/（g/kg）	全磷(P)/（g/kg）	全钾(K)/（g/kg）	CaCO₃/（g/kg）
	H₂O	CaCl₂								
0~10	7.8	7.1	18.1	75.6	3.0	73.7	1.06	0.50	16.9	2.8
10~30	7.0	6.4	11.2	71.4	5.9	57.5	0.64	0.52	16.7	2.9
30~88	7.6	6.8	5.5	29.4	4.3	38.0	0.35	0.32	16.8	1.9
88~130	7.9	7.0	7.2	29.4	5.7	38.0	0.35	0.34	17.8	2.7

深度/cm	全铁/（g/kg）	游离铁/（g/kg）	无定形铁/（g/kg）	有效铁（Fe）/（mg/kg）	CEC/[cmol（+）/kg]
0~10	12.3	11.8	1.9	13.9	12.3
10~30	35.0	12.4	1.8	27.1	11.6
30~88	26.7	13.9	2.0	8.3	8.5
88~130	20.7	14.9	3.8	11.4	9.9

9.9 暗沃冷凉湿润雏形土

9.9.1 大西沟村系（Daxigoucun Series）

土 族：粗骨壤质混合型石灰性-暗沃冷凉湿润雏形土

拟定者：王秀丽，张凤荣

分布与环境条件 暖温带半湿润大陆性季风气候，冬春干旱多风，夏季炎热多雨。年均降水量 616 mm 左右，降水集中在 7~8 月，接近占全年降水量的 70%；降雨年际间变化大，而且多大雨，甚至暴雨，容易造成地表径流。地形上属于中山，海拔高造成温度较低，年平均温度 6.4 ℃左右。小地形是山坡。基岩为石英岩，难以风化；故土壤的细土物质主要来自黄土降尘。土地利用类型为灌木林地，覆盖度为 100%，主要植被类型为中生灌草丛，有栎树、薹草等。因为海拔高、雨雾多、气温低，土壤属于湿润，且全年冻结时间长，有机质分解慢。

大西沟村系典型景观

土系特征与变幅 本土系诊断层包括雏形层、暗沃表层，诊断特性包括湿润水分状况、冷性土壤温度、石质接触面。剖面矿质土表之上有 5 cm 厚的枯枝落叶层，其下为厚约 20 cm 的暗沃土层，暗沃土层下为厚约 20 cm 的黑棕色屑粒状结构的雏形层，再下即为基岩（石英岩）；土体厚度不超过 50 cm，但整个土体含有 40%左右的岩石风化碎屑。暗沃层细土物质为粉砂壤土，形成较好的团粒结构。

对比土系 灵山草甸系、灵山阔叶系和 109 京冀垭口系，不同土纲，为均腐土。邻近的梁根村系，不同土纲，为新成土。同亚类的 109 京冀垭口系，同一亚类不同土族，具有石灰性反应和石质接触面，土体厚度浅薄。

利用性能综述 由于地势高、坡度大、温度低，不适宜种植作物。宜为自然保护区，种植林木。处于北京的山区生态涵养区和密云水库上游，森林植被对水源涵养和生态保护起到重要作用，一定要保护好森林植被，防止水土流失。

参比土种　学名：硅质岩类粗骨棕壤；群众名称：砂石渣落叶土。

大西沟村系代表性单个土体剖面

代表性单个土体　位于延庆区与怀柔交界处的东北口关，坐标为 40°31′03.10″N，116°27′52.90″E。地形为中山，母质为黄土，海拔 1020 m，采样点为林地。野外调查时间 2011 年 10 月 6 日，野外调查编号延庆 6。

Ah：0~20 cm，黑棕色（7.5YR 3/2，润）；粉砂壤土；发育较好的团粒状结构；湿时松脆；土体内有 20~50 mm 大的弱风化石英岩碎屑，丰度 40%左右；1~3 mm 粗的草本根系约 30 条/dm²；有蚯蚓等土壤动物活动；石灰反应微弱；向下平滑逐渐过渡。

Bw：20~50 cm，黑棕色（7.5YR 3/4，润）；粉砂壤土；发育较好的细屑粒状结构；湿时松脆；土体内有 20~40 mm 大的弱风化石英岩碎屑，丰度 40%左右；1~2 mm 粗的草本根系约 40 条/dm²；石灰反应微弱；向下斜平滑突然过渡。

R：石英岩。

大西沟村系代表性单个土体物理性质

土层	深度 /cm	砾石 （>2 mm，体积分数） /%	细土颗粒组成（粒径：mm）/（g/kg）			质地
			砂粒 2~0.05	粉粒 0.05~0.002	黏粒<0.002	
Ah	0~20	40	377	458	166	粉砂壤土
Bw	20~50	40	—	—	—	粉砂壤土

大西沟村系代表性单个土体化学性质

深度 /cm	pH		有机质 /（g/kg）	CaCO₃ /（g/kg）	全铁 /（g/kg）	游离铁 /（g/kg）	无定形铁 /（g/kg）	有效铁（Fe） /（mg/kg）	CEC /[cmol（+）/kg]
	H₂O	CaCl₂							
0~20	7.9	7.5	43.7	10.7	46.3	3.4	16.2	3.7	18.3

9.9.2　109 京冀界东系（109jingjijiedong Series）

土　族：粗骨壤质混合型非酸性-暗沃冷凉湿润雏形土
拟定者：张凤荣

分布与环境条件　暖温带半湿润大陆性季风气候，冬春干旱多风，夏季炎热多雨。年均降水 511 mm 左右，降水集中在 7~8 月，接近占全年降水量的 70%；降雨年际间变化大，而且多大雨，甚至暴雨。地形上属于中山。由于海拔高，气温降低，年平均温度 4 ℃。小地形是沟谷地中部，坡度 5°~8°。成土母质为花岗岩洪坡积物，既有上部流水带来的冲积物，也有边坡土壤侵蚀带来的坡积物。基岩为花岗岩。植被为中生栎树、松，林下有薹草；覆盖度 100%。

109 京冀界东系典型景观

土系特征与变幅　本土系诊断层包括雏形层、暗沃表层，诊断特性包括湿润水分状况、冷性土壤温度。厚度大于 160 cm 的花岗岩风化物之坡积物层，薄的地方有 70~80 cm 厚，一般土壤剖面深度范围内没有基岩出现。深厚的非常暗的黑棕色或黑色的腐殖质层，有机质含量高；土体含大量花岗岩风化粗碎屑，疏松多孔；土体中偶见大砾石，没有石灰反应。

对比土系　灵山草甸系、灵山阔叶系和灵山京冀垭口系，不同土纲，为均腐土。大西沟村系，腐殖质层浅薄，有石灰性。灵山系，腐殖质含量较少，没有暗沃表层，亚类不同，为普通冷凉湿润雏形土。

利用性能综述　虽然有深厚肥沃的腐殖质层，但因处于中山地带，气候寒冷，不宜种植农作物，适宜利用方向是林地。处于沟谷，虽然上面汇水面积小，若植被破坏，也有短暂洪水冲蚀风险；而且处于自然保护区，因此，应该封山育林，防止水土流失。

参比土种　学名：酸性岩类粗骨棕壤；群众名称：麻石渣落叶土。

109 京冀界东系代表性单个土体剖面

代表性单个土体　位于接近 109 国道北京门头沟区与河北涿鹿交界界牌东 200 m 处的沟谷坡上，坐标为 39°59′17.90″N，115°25′44.40″E。地形为中山，母质为花岗岩风化物的坡积物，海拔 1400 m，植被为林地。野外调查时间 2010 年 9 月 19 日，野外调查编号门头沟 3。

Ah：0~10 cm，暗棕色（7.5YR 3/2，润）；粉砂壤土；团聚较好的小屑粒状结构；松脆；>25%的半风化花岗岩碎屑；2 mm 粗的草本根系约 20 条/dm²；无石灰反应；向下平滑模糊过渡。

BA：10~60 cm，暗棕色（7.5YR 2/2，润）；粉砂壤土；团聚较好的小屑粒状结构；松脆；>25%的半风化花岗岩碎屑；2 mm 粗的草本根系约 10 条/dm²；无石灰反应；向下平滑逐渐过渡。

2Ahb：60~160 cm，黑色（7.5YR 2/0，润）；粉砂壤土；团聚较好的细团粒状结构；松脆；>25%的半风化花岗岩碎屑；1 mm 粗的草本根系约 5 条/dm²；无石灰反应。

109 京冀界东系代表性单个土体物理性质

土层	深度 /cm	砾石（>2 mm，体积分数）/%	细土颗粒组成（粒径：mm）/（g/kg）			质地
			砂粒 2~0.05	粉粒 0.05~0.002	黏粒<0.002	
Ah	0~10	<10	381	520	99	粉砂壤土
Bw	10~60	<10	383	509	108	粉砂壤土
2Ahb	60~160	<10	307	513	180	粉砂壤土

109 京冀界东系代表性单个土体化学性质

深度 /cm	pH		有机质 /（g/kg）	CaCO₃ /（g/kg）	全铁 /（g/kg）	游离铁 /（g/kg）	无定形铁 /（g/kg）	有效铁（Fe） /（mg/kg）	CEC /[cmol（+）/kg]
	H₂O	CaCl₂							
0~10	6.8	6.0	46.5	1.2	40.7	19.9	11.2	2.1	19.9
10~60	7.1	6.5	56.5	1.8	41.1	17.7	12.6	3.0	20.1
60~160	7.3	6.7	73.4	1.3	45.7	18.9	17.1	5.2	27.3

9.9.3 灵山落叶系（**Lingshanluoye Series**）

土 族：壤质混合型非酸性-暗沃冷凉湿润雏形土
拟定者：张凤荣

分布与环境条件 暖温带半湿润大陆性季风气候，冬春干旱多风，夏季炎热多雨。年均降水量 506 mm 左右。地形上属于中山，海拔 1955 m 左右，气温较低，年平均温度 1 ℃。小地形是山坡；坡度约 30°。下伏基岩为花岗岩，但矿质土壤物质还受黄土降尘影响。植被为华北落叶松林，林木郁闭度 80%~90%，林下基本无灌木，有些草本植物。因为海拔高、雨多、气温低，土壤水分属于湿润，且全年冻结时间长，有机质分解慢。

灵山落叶系典型景观

土系特征与变幅 本土系诊断层包括暗沃表层，诊断特性包括湿润水分状况、冷性土壤温度。剖面矿质土表之上有 10~15 cm 厚的松针毛。其下为黑色腐殖质层，厚度 60 cm 左右，腐殖质层之下即为基岩（花岗岩）；土壤质地通体为粉砂壤土，通透性强，雨季有机质分解形成的腐殖质随下行水向下渗透，浸染整个土层，形成较为深厚的黑棕色腐殖质层，具有较好的团粒结构。

对比土系 灵山草甸系、灵山阔叶系和 109 京冀垭口系，不同土纲，为均腐土。109 京冀界东系，土层深厚，1 m 以上。大西沟系，同一亚类不同土族，为粗骨壤质混合型石灰性，没有超过 5 cm 厚毡状松针凋落物层。灵山系，腐殖质含量较少，没有暗沃表层，不同亚类，为普通冷凉湿润雏形土。

利用性能综述　虽然有肥沃的腐殖质层，但因处于中山地带，气候寒冷，不能农作。适宜利用方向是林地。地形坡度大，若植被破坏，有水土流失风险。因此，应该封山育林，防止水土流失。处于自然保护区内，可利用自然资源适度发展旅游，但一定要保护好森林。

参比土种　学名：酸性岩类粗骨棕壤；群众名称：麻石渣落叶土。

代表性单个土体　位于北京市门头沟区灵山中上部的落叶松林地，坐标为40°02′16.70″N，115°28′04.70″E。地形为中山，母质为黄土，海拔1955 m，采样点为林地。野外调查时间2011年9月15日，野外调查编号门头沟19。与其相似的单个土体是1991年9月27日采集于北京延庆海坨山嵩山林场的91-海坨山-1号剖面。

+12~0 cm，没有腐解和半腐解的松针，松散，具有弹性。

Ah：0~20 cm，暗灰棕色（10YR 3/2，干），暗棕色（10YR 2/2，润）；粉砂壤土；发育较好的小团粒；干湿时都松散；土体内有3 mm弱风化的花岗岩碎屑，丰度小于5%；大量2~3 mm粗的木本根系；土壤动物很少；向下平滑逐渐过渡。

BA：20~50 cm，暗灰棕色（10YR 3/2，干），暗棕色（10YR 2/2，润）；粉砂壤土；发育较好的小团粒；干湿时都松散；土体内有3 mm弱风化的花岗岩碎屑，丰度小于5%；大量2~3 mm粗的木本根系；土壤动物很少。

灵山落叶系代表性单个土体剖面

灵山落叶系代表性单个土体物理性质

土层	深度 /cm	砾石 (>2 mm，体积分数)/%	细土颗粒组成（粒径：mm）/ (g/kg)			质地
			砂粒 2~0.05	粉粒 0.05~0.002	黏粒<0.002	
Ah	0~20	<5	173	652	175	粉砂壤土
BA	20~50	<5	175	648	177	粉砂壤土

灵山落叶系代表性单个土体化学性质

深度 /cm	pH H$_2$O	pH CaCl$_2$	有机质 / (g/kg)	CaCO$_3$ / (g/kg)	全铁 / (g/kg)	游离铁 / (g/kg)	无定形铁 / (g/kg)	有效铁（Fe） / (mg/kg)	CEC /[cmol (+) /kg]
0~20	6.4	5.7	51.7	1.8	37.0	64.7	12.1	4.0	30.9
20~50	6.8	6.2	46.4	2.2	44.4	4.2	13.4	4.7	22.6

9.10　普通冷凉湿润雏形土

9.10.1　黄安坨粗砂系（Huang'antuocusha Series）

土　族：粗骨砂质混合型非酸性-普通冷凉湿润雏形土
拟定者：张凤荣

分布与环境条件　暖温带半湿润大陆性季风气候，冬春干旱多风，夏季炎热多雨。年均降水量 559 mm 左右；降水集中在 7~8 月，接近占全年降水量的 70%；降雨年际间变化大，而且多大雨，甚至暴雨。地形上属于中山，海拔高而气温低，年平均温度约 6 ℃。气温低、雨雾多，使土壤处于湿润状态。微地形为山坡中部，坡度 15°~20°。成土母质为花岗岩，在较强烈的冬夏和昼夜温差下，物理风化强烈，岩石容易崩解。自然植被为森林灌木，利用类型为林果，主要为人工种植的松树、杏树等。有一定地形改造（修筑梯田梯地）。

黄安坨粗砂系典型景观

土系特征与变幅　本土系诊断层包括雏形层，诊断特性包括湿润水分状况、冷性土壤温度、准石质接触面。剖面发育于花岗岩上，上部为 30 cm 左右厚的腐殖质层，质地为粉砂壤土；其下即为高度风化的母质层，风化母质层厚度 50~70 cm，虽然形状上还呈岩石块状，但用镐容易刨动且用手可以捻碎，该层有根系发育；有些岩块已显土状且表面颜色较红（5YR 4/6），占母质层的 30% 左右，呈岩块状的 70% 左右；因此定义是为 BC 层。质地为砂质壤土。上部腐殖质层鉴定为淡薄表层，其下不到 50 cm 就是风化 B 层，再下为准石质接触面。

对比土系　龙门林场系、清水江系、黄安坨系，有黏化层，不同土纲，为淋溶土。塔河系、龙王村系，不同亚纲，为干润雏形土。灵山系、黄安坨壤质系，同一亚类不同土族，颗粒大小级别不同。

利用性能综述　虽然土层并不深厚，但高度风化的母质层依然可以让根系发育；但因为处于较冷湿的山地，不宜种植大田作物和果树，适宜利用方向是林地。封山育林，防止水土流失。

参比土种　学名：酸性岩类棕壤；群众名称：麻石渣落叶土。

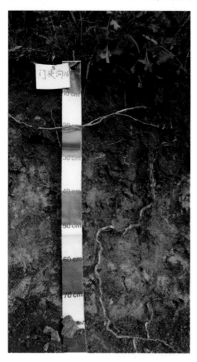

代表性单个土体　位于北京市门头沟区清水镇黄安坨村，坐标为 39°52′4.20″N，115°34′45.50″E。地形为中山，母质为花岗岩，海拔 1040 m，采样点为人工林地。野外调查时间 2011 年 9 月 14 日，野外调查编号门头沟 16。

　　Ah：0~29 cm，暗棕色（10YR 5/4，干）；深黄棕色（10YR 3/6，润）；粉砂壤土；发育较好的小屑粒；土体内有高度风化的棱状岩石碎屑，3~30 mm 大，体积<10%，组成物质为花岗岩；湿时松脆；0.5~15.0 mm 粗的草木根系约 20 条/dm²；有蚂蚁等小动物；石灰反应强；向下平滑逐渐过渡。

　　BC：29~80 cm，红棕色（5YR 5/6，干）；黄红色（5YR 4/6，润）；砂质壤土；发育弱的屑粒；土体内有高度风化的棱状岩石碎屑，30~60 mm 大，体积为 70%左右，组成物质为花岗岩，风化强烈；湿时松脆。

黄安坨粗砂系代表性单个土体剖面

黄安坨粗砂系代表性单个土体物理性质

土层	深度 /cm	砾石（>2 mm，体积分数）/%	细土颗粒组成（粒径：mm）/（g/kg）			质地
			砂粒 2~0.05	粉粒 0.05~0.002	黏粒<0.002	
Ah	0~29	<10	392	424	184	粉砂壤土
BC	29~80	70	631	172	197	砂质壤土

黄安坨粗砂系代表性单个土体化学性质

深度 /cm	pH		有机质 /（g/kg）	CaCO₃ /（g/kg）	全铁 /（g/kg）	游离铁 /（g/kg）	无定形铁 /（g/kg）	有效铁（Fe） /（mg/kg）	CEC /[cmol（+）/kg]
	H₂O	CaCl₂							
0~29	8.0	7.4	28.6	3.0	38.6	19.7	15.9	1.9	23.1
29~80	8.1	7.4	3.1	2.0	74.7	7.4	21.3	2.6	28.8

9.10.2　黄安坨壤质系（Huang'antuorangzhi Series）

土　　族：壤质混合型石灰性-普通冷凉湿润雏形土
拟定者：王秀丽，张凤荣

分布与环境条件　暖温带半湿润大陆性季风气候，冬春干旱多风，夏季炎热多雨。年均降水量 554 mm 左右，降水集中在 7~8 月，接近占全年降水量的 70%；降雨年际间变化大，而且多大雨，甚至暴雨。地形上属于中山。小地形是黄土台地，黄土台地面上坡度小于 10°；但黄土沟壁立陡峭，坡度大于 70°。黄土台地多已有人工平整，或修筑成梯田种植作物或果树，近些年退耕还林居多。成土母质为次生黄土，见少量砾石。自然植被为乔灌，主要为松树、杏树、荆条、三桠绣线菊等，郁闭度 100%。

黄安坨壤质系典型景观

土系特征与变幅　本土系诊断层包括雏形层、淡薄表层、钙积层，诊断特性包括湿润水分状况、冷性土壤温度、石灰性。土壤曾经因为修梯田平整过。剖面发育于深厚均匀的次生黄土母质上；有效土层厚度大于 160 cm；质地通体为粉砂壤土，均有强石灰性反应；整个剖面除了不连续菌丝状的细小白色碳酸盐结晶，土壤结构为典型的黄土大块状。邻近的自然断面见大砂姜。

对比土系　黄安坨粗砂系、灵山系，同一亚类不同土族，土体具有石灰性反应。邻近的养鹿场系，虽都是强石灰性均匀的马兰黄土，具有假菌丝状的细小白色碳酸盐结晶和大块状黄土结构，但不同亚纲，土系水分状况为干润的，温度状况为温性。邻近的黄安坨系，不同土纲，为淋溶土。

利用性能综述　土层深厚，通透性强，心土保水保肥。但因处于较冷凉的山地，不适宜农作物生长，适宜利用方向是林地。土壤物质粉砂壤土，因为含大量碳酸钙，湿陷性强，得有良好的排水系统。

参比土种　无。

黄安坨壤质系代表性单个土体剖面

代表性单个土体　位于北京市门头沟区黄安坨村，坐标为 39°52′28.20″N，115°34′15.30″E。地形为中山，母质为黄土，海拔 1020 m，采样点为林灌植被。野外调查时间 2011 年 9 月 14 日，野外调查编号门头沟 17。与其相似的单个土体是 2001 年 8 月 31 日采集于北京市门头沟区黄塔乡黄安坨村 4 号（39°52′27″N，115°34′44″E）剖面。

Ah：0~23 cm，暗黄棕色（10YR 4/6，干），深黄棕色（10YR 4/4，润）；粉砂壤土；发育较弱的细小屑粒；湿时松脆；0.5~10.0 mm 粗的草本根系约 15 条/dm²；石灰反应较强；向下平滑逐渐过渡。

Bwk1：23~98 cm，棕黄色（10YR 6/6，干），黄棕色（10YR 5/6，润）；粉砂壤土；发育较弱的细小屑粒；湿时松脆；0.5~3.0 mm 粗的草木根约 4 条/dm²；可见丰度<15%的假菌丝体；石灰反应强；向下平滑模糊过渡。

Bwk2：98~160 cm，黄色（10YR 7/6，干），棕黄色（10YR 6/6，润）；粉砂壤土；发育较弱的细小屑粒；湿时松脆；极少（每平方分米 1 条左右）草本根系，0.5~1.0 mm 粗；可见丰度<10%的假菌丝体；石灰反应强。

黄安坨壤质系代表性单个土体物理性质

土层	深度 /cm	砾石 (>2 mm, 体积分数) /%	细土颗粒组成（粒径：mm）/（g/kg）			质地
			砂粒 2~0.05	粉粒 0.05~0.002	黏粒<0.002	
Ah	0~23	0	267	561	171	粉砂壤土
Bwk1	23~98	0	180	642	178	粉砂壤土
Bwk2	98~160	0	214	634	152	粉砂壤土

黄安坨壤质系代表性单个土体化学性质

深度 /cm	pH H₂O	pH CaCl₂	有机质 /（g/kg）	CaCO₃ /（g/kg）	全铁 /（g/kg）	游离铁 /（g/kg）	无定形铁 /（g/kg）	有效铁（Fe） /（mg/kg）	CEC /[cmol（+）/kg]
0~23	8.2	7.6	13.5	99	45.3	11.0	8.8	1.1	10.6
23~98	8.2	7.7	4.5	104	36.9	10.3	8.5	1.0	9.8
98~160	8.3	7.5	7.7	104	40.9	8.9	9.4	0.9	8.8

9.10.3　灵山系（Lingshan Series）

土　族：壤质混合型非酸性-普通冷凉湿润雏形土
拟定者：王秀丽，张凤荣

分布与环境条件　暖温带半湿润大陆性季风气候，冬春干旱多风，夏季炎热多雨。年均降水量 510 mm 左右。地形上属于中山，海拔高而使得气温降低，年平均温度 2.2 ℃。雨雾多，气温低，空气湿度大。土壤全年冻结时间长。虽然基岩为花岗岩，但矿质土壤物质主要来自风积黄土。小地形是山坡，坡度约 25°，有水土流失。植被为桦树林，林木郁闭度 80%~90%，林冠下多灌草。

灵山系典型景观

土系特征与变幅　本土系诊断层包括雏形层、淡薄表层，诊断特性包括湿润水分状况、冷性土壤温度。可能是成土时间不久，有机质分解形成的腐殖质少，只是形成较薄腐殖质层，没有达到暗沃表层标准，只是淡薄表层。土体厚度 40~60 cm，淡薄表层之下为黄棕色雏形层，下面即为基岩。通体为粉砂壤土，且无石灰反应。

对比土系　黄安坨粗砂系、灵山系，同一亚类不同土族，颗粒大小级别不同。临近的 109 京冀界东系、灵山草甸系、灵山落叶系、灵山阔叶系，因为有暗沃表层和均腐殖质特性，不同土纲或不同亚类。临近的清水江系，有黏化层，不同土纲，为淋溶土。

利用性能综述　虽然土壤物质为粉砂壤土，持水性较强，质地适中，但由于地势高、温度低，不适宜种植作物，宜种植林木。处于北京的山区生态涵养区，森林植被对水源涵养和生态保护起到重要作用，保护森林植被，防止水土流失。

参比土种　学名：酸性岩类棕壤；群众名称：麻石渣落叶土。

代表性单个土体　　位于北京市门头沟区灵山，坐标为40°02′22.8″N，115°29′09.4″E。地形为低山，母质为黄土，海拔 1660 m，采样点为林地。野外调查时间 2011 年 9 月 15 日，野外调查编号门头沟 22。

Ah：0~18 cm，暗棕色（10YR 3/3，干），暗灰棕色（10YR 3/2，润）；粉砂壤土；发育弱的细小团粒结构；湿时松脆；土体内有 30 mm 大的弱风化棱状花岗岩碎屑，丰度 10%左右；向下平滑逐渐过渡。

Bw：18~60 cm，暗黄棕色（10YR 4/4，干），暗棕色（10YR 3/3，润）；粉砂壤土；发育弱的细小团粒结构；湿时松脆；土体内有 30 mm 大的棱状弱风化花岗岩碎屑，丰度小于 10%。

灵山系代表性单个土体剖面

灵山系代表性单个土体物理性质

土层	深度 /cm	砾石（>2 mm，体积分数）/%	细土颗粒组成（粒径：mm）/（g/kg）			质地
			砂粒 2~0.05	粉粒 0.05~0.002	黏粒<0.002	
Ah	0~18	10	350	512	138	粉砂壤土
Bw	18~60	<10	221	605	174	粉砂壤土

灵山系代表性单个土体化学性质

深度 /cm	pH		有机质 /（g/kg）	CaCO₃ /（g/kg）	全铁 /（g/kg）	游离铁 /（g/kg）	无定形铁 /（g/kg）	有效铁（Fe）/（mg/kg）	CEC /[cmol（+）/kg]
	H₂O	CaCl₂							
0~18	6.8	6.0	52.7	1.4	40.1	47.4	12.1	3.7	19.6
18~60	7.3	6.5	33.2	1.7	43.2	37.3	13.5	4.7	11.9

9.11　普通简育湿润雏形土

9.11.1　海字村系（Haizicun Series）

土　族：粗骨砂质混合型非酸性温性-普通简育湿润雏形土
拟定者：王秀丽，张凤荣

分布与环境条件　暖温带半湿润大陆性季风气候，冬春干旱多风，夏季炎热多雨。年平均温度 9.9 ℃。年均降水量 592 mm 左右；降水集中在 7~8 月，接近占全年降水量的70%；降雨年际间变化大，而且多大雨，甚至暴雨。地形属于低山，小地形是山区沟谷沟头。成土母质源于两侧山坡花岗岩风化的砂粒。因沟道打坝拦截流沙使得沉积物深厚。现已垒坝修筑成沟谷梯田（虽然梯田面积不大），栽培板栗；山丘坡

海字村系典型景观

上也有梨树、板栗。自然植被覆盖度为80%，主要为次生林灌，如油松、酸枣、荆条等。

土系特征与变幅　本土系诊断层包括雏形层、淡薄表层，诊断特性包括湿润水分状况、温性土壤温度。厚度大于 150 cm 的花岗岩风化物洪坡积层，含大量石英和云母颗粒，但不含大砾石。粗骨砂质，无结构，松散，透水性极强。在 105 cm 左右出现厚约 15 cm 的色较黑暗的埋藏腐殖质层。

对比土系　黑山寨村、南庄系，同一土族，但黑山寨系表层质地为壤土，土体内含大砾石；南庄系土体中均无埋藏层，且南庄系有效土层厚度薄，仅 50 cm 左右。大王堡系、石北系、陈嘴系、双口系，同一亚类不同土族，颗粒大小级别不同。临近的北庄系，基岩也是花岗岩，但土体浅薄，没有雏形层，不同土纲，为新成土。

利用性能综述　土层深厚，粗骨，内、外排水都好；已经修筑成沟谷梯田，不容易发生水土流失，但因为持水性差，容易干旱。适宜利用方向是耐旱型林地、人工经济林。土壤通透性好、矿质营养、丰富、微酸性，适宜栽培板栗。

参比土种　学名：砂质褐土性土；群众名称：砂砾土。

代表性单个土体　位于北京市昌平区延寿镇海字村内，坐标为 40°19′40.8″N，116°21′07.7″E。地形为低山，母质为洪坡积的花岗岩风化物，海拔 320 m，采样点为板栗林（树幼），林下种有黑豆。野外调查时间 2011 年 9 月 25 日，野外调查编号昌平 7。

海字村系代表性单个土体剖面

与其相似的单个土体是 2010 年 9 月 14 日采自昌平区黑山寨村内的编号为"昌平 1"的剖面和张凤荣博士论文中的 1986 年 8 月 19 日采集的位于北京昌平县黑山寨乡政府后沟的 8611 号剖面。

Ap: 0~20 cm, 黄棕色（10YR 5/4, 干），暗黄棕色（10YR 4/4, 润）；砂土；无结构；松散；土体内有 2~3 mm 的半风化的花岗岩碎屑，主要是石英，丰度大于 35%；0.5 mm 粗的草根 5 条/dm²；无石灰反应；向下平滑逐渐过渡。

Bw: 20~105 cm, 黄棕色（10YR 5/4, 干），暗黄棕色（10YR 4/4, 润）；壤质砂土；无结构；松散；土体内有 2~3 mm 的半风化的花岗岩碎屑，主要是石英，丰度大于 35%；0.5mm 粗的草本根系约 3 条/dm²；无石灰反应；向下平滑明显过渡。

2Ahb: 105~120 cm, 棕色（10YR 5/3, 干），深黄棕色（10YR 3/4, 润）；砂质壤土；无结构；松散；土体内有 2~3 mm 的半风化的花岗岩碎屑，主要是石英，丰度大于 35%；0.3 mm 粗的草本根系约 1 条/dm²；无石灰反应；向下平滑明显过渡。

3Bwb: 120~150 cm, 棕色（10YR 5/3, 干），深棕色（10YR 2/2, 润）；砂质壤土；无结构；松散；土体内有 2~3 mm 的半风化的花岗岩碎屑，主要是石英，丰度大于 35%；15 mm 粗的木本根系 1 条/dm²；无石灰反应。

R: 花岗岩。

海字村系代表性单个土体物理性质

土层	深度 /cm	砾石（>2 mm, 体积分数）/%	细土颗粒组成（粒径：mm）/（g/kg）			质地
			砂粒 2~0.05	粉粒 0.05~0.002	黏粒<0.002	
Ap	0~20	>35	859	124	17	砂土
Bw	20~105	>35	814	153	34	壤质砂土
2Ahb	105~120	>35	706	219	76	砂质壤土
3Bwb	120~150	>35	712	229	60	砂质壤土

海字村系代表性单个土体化学性质

深度 /cm	pH		有机质 /（g/kg）	CaCO₃ /（g/kg）	全铁 /（g/kg）	游离铁 /（g/kg）	无定形铁 /（g/kg）	有效铁（Fe）/（mg/kg）	CEC /[cmol（+）/kg]
	H₂O	CaCl₂							
0~20	6.8	5.9	22.5	2.1	154.8	39.2	13.8	22.2	4.2
20~105	6.8	6.0	8.3	1.8	123.9	31.4	14.1	2.5	7.6
105~120	5.8	4.4	41.4	2.0	54.5	78.7	9.9	5.9	5.4
120~150	5.1	4.9	24.7	2.1	77.2	71.3	11.6	6.1	5.8

9.11.2　黑山寨系（Heishanzhai Series）

土　　族：粗骨砂质混合型非酸性温性-普通简育湿润雏形土
拟定者：张凤荣

分布与环境条件　暖温带半湿润大陆性季风气候，冬春干旱多风，夏季炎热多雨。年平均温度 9.6 ℃。年均降水量 569 mm 左右；降水集中在 7~8 月，接近占全年的 70%；降雨年际间变化大，而且多大雨，甚至暴雨。地形属于低山。小地形是山区季节性河流谷地，坡度小于 5°。成土母质为冲积物，物质组成主要是花岗岩风化物。人工修建了防洪堤，开辟谷地为梯田。目前种植人工杏林；郁闭度大于 75%。山上植被为次生乔灌，如油松、酸枣、荆条等，覆盖度 100%。

黑山寨系典型景观

土系特征与变幅　本土系诊断层包括雏形层、淡薄表层，诊断特性包括湿润水分状况、温性土壤温度。厚度大于 100 cm 的砂砾质冲积物，明显分为三层；分层也可能是平整土地和深翻土壤造成的。物质组成为花岗岩风化物，大于 2 mm 的岩石矿物颗粒至少 35%。因为深翻，大砾石已经被捡出；下面的心土和底土中大砾石含量 10%~20%，砾石 10 cm 以上，个别地方大砾石如"卧牛"，某些"卧牛石"接近地表。

对比土系　海字村系、南庄系，同一土族，但海字村系土体内没有大砾石，南庄系有效土层厚度薄，仅 50 cm 左右。大王堡系、石北系、陈嘴系、双口系，同一亚类不同土族，颗粒大小级别不同。临近的北庄系，基岩也是花岗岩，但土体浅薄，没有雏形层，不同土纲，为新成土。

利用性能综述　在河谷地带，土层深厚，粗骨，渗透性好，但有可能受季节洪水影响；必须打坝拦截洪水方可种植，适宜利用方向是大田作物，林地并不合适。但施肥时注意少量多次。渗透性好，化肥易淋失可能污染水源。

参比土种　学名：砂质褐土性土；群众名称：砂砾土。

代表性单个土体　位于北京市昌平区黑山寨村西，坐标为 40°20′59.5″N，116°17′34.6″E。地形为低山沟谷，母质为冲积物，物质组成主要是花岗岩风化物，海拔 340 m，采样点为杏林。野外调查时间 2010 年 10 月 5 日，野外调查编号昌平 4。

Ap：0~35 cm，暗棕色（7.5YR 4/2，润）；壤土；团聚差的细屑粒；松散；土体内含有花岗岩风化物及 20%~25%的 5~20 mm 大的砾石，土体粗碎屑总量大于 25%；0.5~2.0 mm 粗的草本根系约 5 条/dm²；<5%的煤渣；无石灰反应；向下平滑明显过渡。

Bw1：35~70 cm，暗黄棕色（10YR 4/4，润）；花岗岩风化物，20%~25%的 5~10 mm 大的砾石，土体粗碎屑总量大于 25%；砂质壤土；无结构；松散；0.5 mm 粗的草本根系约 5 条/dm²；无石灰反应；向下不平滑逐渐过渡。

Bw2：70~90 cm，暗棕色（7.5YR 3/4，润）；花岗岩风化物，20%~25%的 5~10 mm 大的砾石，土体粗碎屑总量大于 25%；壤质砂土；无结构；松散；0.5~5.0 mm 粗的草本根系约 3 条/dm²；无石灰反应。

黑山寨系代表性单个土体剖面代

黑山寨系代表性单个土体物理性质

土层	深度/cm	砾石（>2 mm，体积分数）/%	细土颗粒组成（粒径：mm）/（g/kg）			质地
			砂粒 2~0.05	粉粒 0.05~0.002	黏粒<0.002	
Ap	0~35	20	513	360	127	壤土
Bw1	35~70	20~25	760	183	57	砂质壤土
Bw2	70~90	20~25	814	137	49	壤质砂土

黑山寨系代表性单个土体化学性质

深度/cm	pH H₂O	pH CaCl₂	有机质/（g/kg）	CaCO₃/（g/kg）	全铁/（g/kg）	游离铁/（g/kg）	无定形铁/（g/kg）	有效铁（Fe）/（mg/kg）	CEC/[cmol（+）/kg]
0~35	7.6	7.1	30.6	1.7	40.0	16.1	14.5	7.7	12.5
35~70	7.5	6.8	10.2	1.0	83.9	18.2	26.9	6.0	6.2
70~90	7.4	6.7	11.0	0.7	34.0	16.1	7.8	2.3	4.6

9.11.3 南庄系（Nanzhuang Series）

土　族：粗骨砂质混合型非酸性温性-普通简育湿润雏形土
拟定者：王秀丽，张凤荣

分布与环境条件　暖温带半湿润大陆性季风气候，冬春干旱多风，夏季炎热多雨。年平均温度 10.0 ℃，年均降水量 628 mm 左右；降水集中在 7~8 月，接近占全年的 70%；降雨年际间变化大，而且多大雨，甚至暴雨。地形是山地。小地形属于河滩地。人工垒坝修筑成梯田。成土母质为花岗岩风化物之洪冲积物。土地利用类型为林地，主要植被为板栗、黄豆，植被郁闭度为 70%。

南庄系典型景观

土系特征与变幅　本土系诊断层包括雏形层、淡薄表层，诊断特性包括湿润水分状况、温性土壤温度、石质接触面。山谷季节性河流滩地上花岗岩风化物冲积物发育成的土壤，土壤厚度 50 cm 左右，含大量石英砂粒、长石砂粒和岩屑，>2 mm 的矿物颗粒和岩屑量大于 45%，但粗大砾石含量不大于 10%。土层之下有"卧牛石"层，达 30 cm，有一定磨圆的砾石，典型的二元结构；细土物质通体为壤质砂土。

对比土系　黑山寨系和海字村系，同一土族，但土体深厚，达 1m 多，土体内有埋藏层。大王堡系、石北系、陈嘴系、双口系，同一亚类不同土族，颗粒大小级别不同。临近的北庄系，基岩也是花岗岩，但土体浅薄，没有雏形层，不同土纲，为新成土。

利用性能综述　土层较薄，位于河滩，外排水较差。土壤为含大量粗碎屑的壤质砂土，渗透性过快，保水保肥性差。虽然已经打防洪堤坝，但毕竟处于滩地，仍然有洪涝威胁；在堤坝防护的情况下，可以种植农作物和果树。土壤通透性好、矿质营养丰富微酸性，适宜栽培板栗。

参比土种　学名：酸性岩类粗骨褐土；群众名称：麻砂渣土。

代表性单个土体　位于昌平区延寿镇南庄，坐标为40°20′47.8″N，116°21′12.3″E。地形为低山沟谷，母质为花岗岩风化物之洪冲积物，海拔170 m，采样点为耕地，林粮间作。野外调查时间2011年9月27日，野外调查编号昌平12。

Ap: 0~18 cm，棕色（7.5YR 5/4，干），深棕色（7.5YR 4/6，润）；壤质砂土；发育非常弱的细屑粒状结构；干时松散，湿时松脆；土体内有2~30 mm大的半圆状的花岗岩碎屑，丰度45%~50%；0.5~1.0 mm粗的草、木根系约10条/dm²；无石灰反应；向下平滑模糊过渡。

Bw: 18~50 cm，棕色（7.5YR 5/4，干），深棕色（7.5YR 4/6，润）；壤质砂土；发育非常弱的细屑粒状结构；干时松散，湿时松脆；土体内有2~30 mm大的半圆状的花岗岩碎屑，丰度45%~50%；30 mm粗的木本根系1条/dm²；无石灰反应；向下不规则突然过渡。

R：花岗岩。

南庄系代表性单个土体剖面

南庄系代表性单个土体物理性质

土层	深度 /cm	砾石 (>2 mm，体积分数) /%	细土颗粒组成（粒径：mm）/（g/kg）			质地
			砂粒 2~0.05	粉粒 0.05~0.002	黏粒<0.002	
Ap	0~18	45~50	800	152	48	壤质砂土
Bw	18~50	45~50	805	144	51	壤质砂土

南庄系代表性单个土体化学性质

深度 /cm	pH H₂O	pH CaCl₂	有机质 /（g/kg）	CaCO₃ /（g/kg）	全铁 /（g/kg）	游离铁 /（g/kg）	无定形铁 /（g/kg）	有效铁（Fe） /（mg/kg）	CEC /[cmol (+) /kg]
0~18	6.8	6.2	22.4	1.3	93.4	27.7	10.6	9.0	4.6
18~50	7.2	6.3	7.4	1.8	100.9	29.9	11.7	4.2	4.0

第10章 新 成 土

10.1 石灰扰动人为新成土

10.1.1 清水河道系（Qingshuihedao Series）

土　族：黏壤质混合型温性-石灰扰动人为新成土
拟定者：张凤荣

分布与环境条件　暖温带半湿润大陆性季风气候，冬春干旱多风，夏季炎热多雨。年平均温度 9.0 ℃，年均降水量 500 mm 左右，降水集中在 7~8 月，接近占全年降水量的 70%；降雨年际间变化大，而且多大雨，甚至暴雨。地形上属于低山。坡面易造成地表径流，河谷易产生洪流。该土系位于河道上，原本为砾质河滩，为了造田种地，修筑了河道堤坝将洪水

清水河道系典型景观

拦在堤外，拉来周围的黄土在堤内堆垫后成为耕地（类似于低阶地）。这种在河道里人工打坝堆垫黄土状物质造田非常普遍。

土系特征与变幅　本土系诊断特性包括人为扰动层次、半干润水分状况、温性土壤温度、石灰性。剖面为 50~70 cm 厚堆垫的均匀马兰黄土物质，下面即为河滩卵石层。因为整个剖面土壤刚刚堆垫不久（6 年），还没有土壤发育，甚至连极易形成（土壤富含碳酸盐）的假菌丝体也还不明显可见；土壤发生层没有形成。土壤结构也还是原来的黄土，大部分是马兰黄土破碎土块，杂有少量老黄土土状，未见煤渣、陶片等人为侵入体。因为土源是均匀的黄土，不似细土物质与大量砾石混杂的自然河滩地土壤。

对比土系　塔河系，是在自然河道冲积物上修筑堤坝造田拦洪，并非搬运土堆垫而成，只是将土内大块的影响耕作的砾石拣走（用于修筑堤坝地埂），不同土纲，为雏形土。门头沟东胡林系，虽然主要土壤物质是黄土，但是以土杂肥形式逐步堆垫的，因此含有大量（至少 10%）侵入体（煤渣、碎陶片等），土壤中动物活动迹象明显，土壤有机质含量，特别是有效磷含量高，不同土纲，为人为土。

利用性能综述　土层较薄，通透性强，保水保肥性差。虽处于较干旱地区，但因为处于河道，雨季有可能受到河道或地下水浸润，水分条件较好；可以种植大田作物；但土层薄，不宜种果树。虽已经修筑成梯田，但因处于河道上，要防止洪水冲蚀。

参比土种　学名：中层堆垫物褐土性土；群众名称：中层堆垫黄土。

清水河道系代表性单个土体剖面

代表性单个土体　位于北京市门头沟区斋堂镇南清水河道，坐标为 39°58′35.0″N，115°42′16.5″E。地貌为河床，母质为堆垫的马兰黄土，海拔 420 m。河滩新造耕地，现在为果园，缺乏管理，杂草丛生。野外调查时间 2011 年 9 月 8 日，野外调查编号门头沟 13。

　　ABu：0~60 cm，黄棕色（10YR 5/6，润）；粉砂壤土；发育较弱的细小屑粒；干时松散，湿时松脆；1~2 mm 粗的草本根系 5 条/dm²；石灰反应强；向下平滑突然过渡。

　　2C：河卵石层。

清水河道系代表性单个土体物理性质

土层	深度 /cm	砾石 （>2 mm，体积分数）/%	细土颗粒组成（粒径：mm）/（g/kg）			质地
			砂粒 2~0.05	粉粒 0.05~0.002	黏粒<0.002	
ABu	0~60	0	238	545	218	粉砂壤土

清水河道系代表性单个土体化学性质

深度 /cm	pH		有机质 /（g/kg）	CaCO₃ /（g/kg）	全铁 /（g/kg）	游离铁 /（g/kg）	无定形铁 /（g/kg）	有效铁（Fe） /（mg/kg）	CEC /[cmol（+）/kg]
	H₂O	CaCl₂							
0~60	8.3	7.6	5.2	54.5	42.9	8.1	1.1	6.3	16.2

10.2 斑纹干润砂质新成土

10.2.1 北小营系（Beixiaoying Series）

土　族：混合型石灰性温性-斑纹干润砂质新成土
拟定者：孔祥斌，张青璞

分布与环境条件　暖温带半湿润大陆性季风气候，冬春干旱多风，夏季炎热多雨。年平均温度 11.3 ℃，平均降水量 619 mm 左右，降水集中在 7~8 月，接近占全年降水量的 70%；降雨年际间变化大，而且多大雨，甚至暴雨。其地形为平原。母质为砂质冲积物。土地利用类型为荒草地，植被为草本。

北小营系典型景观

土系特征与变幅　本土系诊断特性包括砂质沉积物岩性、半干润水分状况、温性土壤温度、氧化还原特征。母质为冲积物，层理明显，表层 22 cm 的壤质砂土层，下为厚度大于 130 cm 的砂土层；22~90 cm 均有氧化还原现象，与下面土层非同源母质；土体有弱石灰反应。

对比土系　太子务系，母质相同，同一亚类不同土族，但通体无石灰反应，且土层可以看到明显层理。西卓家营西系，虽然层理均明显，但不同亚纲，为冲积新成土。

利用性能综述　土层深厚，但质地过砂，漏水漏肥，种植作物应采取节水灌溉技术。

参比土种　学名：固定风沙土；群众名称：黄风沙土。

代表性单个土体　位于北京市顺义区北小营镇，坐标为 40°13′44.99″N，116°42′22.54″E。地形为冲积平原，母质为砂质冲积物，荒草地，海拔 29 m。野外调查时间 2011 年 11 月 2 日，野外调查编号 KJB-38。

北小营系代表性单个土体剖面

Ah：0~22 cm，浅黄棕色（10YR 6/4，润）；壤质砂土；无明显结构；结持性松散；中量小于 0.2mm 的根系；弱石灰反应；向下平滑明显过渡。

Cr1：22~50 cm，黄色（10YR 7/6，润）；砂土；无结构；结持性松散；少量小于 0.2 mm 的根系；有 2~6 mm 铁锈纹，占本土层剖面面积的 5%~15%，对比度明显、边界清楚；弱石灰反应，向下平滑明显过渡。

Cr2：50~90 cm，浅棕色（7.5YR 6/4，润）；砂土；无明显结构；结持性松散；少量小于 0.2 mm 的根系；有 2~6 mm 铁锈纹，占本土层剖面面积的 2%~5%，对比度明显、边界清楚；弱石灰反应；清晰平滑过渡。

Cr3：90~108 cm，灰色（7.5YR 5/0，干），浅棕色（7.5YR 6/4，润）；砂土；无结构；结持性松散；有约 30 mm 的椭圆状砾石，未风化，丰度小于 5%；弱石灰反应；向下平滑明显过渡。

Cr4：108~130 cm，浅棕色（7.5YR 6/4，润）；砂土；无结构；结持性松散；土体内有约 30 mm 的椭圆状砾石；未风化，硬度很高，丰度小于 5%；弱石灰反应；向下平滑明显过渡。

Cr5：130~150 cm，浅棕色（7.5YR 6/4，干），灰色（7.5YR 5/0，润）；砂土；无结构；结持性松散；土体内有约 30 mm 的椭圆状岩石，未风化，硬度很高，丰度小于 5%；弱石灰反应。

北小营系代表性单个土体物理性质

土层	深度/cm	砾石（>2 mm，体积分数）/%	细土颗粒组成（粒径：mm）/（g/kg）			质地
			砂粒 2~0.05	粉粒 0.05~0.002	黏粒<0.002	
Ah	0~22	0	815	172	13	壤质砂土
Cr1	22~50	0	889	82	29	砂土
Cr2	50~90	0	896	77	26	砂土
Cr3	90~108	<5	912	63	25	砂土
Cr4	108~130	<5	907	59	35	砂土
Cr5	130~150	<5	960	26	13	砂土

北小营系代表性单个土体化学性质

深度/cm	pH		有机质/（g/kg）	CaCO_3/（g/kg）	全铁/（g/kg）	游离铁/（g/kg）	无定形铁/（g/kg）	有效铁（Fe）/（mg/kg）	CEC/[cmol（+）/kg]
	H_2O	CaCl_2							
0~22	8.5	7.4	3.4	5.6	14.4	6.4	3.1	12.5	2.0
22~50	8.2	7.4	1.5	2.5	20.7	6.1	5.0	13.9	3.1
50~90	8.3	7.4	1.4	2.5	10.3	8.3	3.5	14.6	3.0
90~108	8.6	7.4	4.8	5.9	26.4	7.6	2.2	17.0	3.7
108~130	8.5	7.5	4.4	4.7	26.4	7.6	1.9	19.6	3.9
130~150	8.4	7.4	1.5	2.3	13.9	7.0	4.5	10.2	2.0

10.2.2 太子务系（Taiziwu Series）

土　族：混合型石灰性温性-斑纹干润砂质新成土
拟定者：孔祥斌，张青璞

分布与环境条件　暖温带半湿润大陆性季风气候，受季风影响，春秋季干旱多风、夏季炎热多雨、年平均温度 11.6 ℃，年均降水量 588 mm 左右。其地形为平原。母质为砂质冲积物。土地利用类型为果园。

太子务系典型景观

土系特征与变幅　本土系诊断特性包括砂质沉积物岩性、半干润水分状况、温性土壤温度、氧化还原特征。土层深厚，土体质地构型为上部 55 cm 的砂质壤土下为砂土层；通体无结构，均有石灰反应，30 cm 以下为具有锈纹锈斑的氧化还原层，厚度大于 100 cm。

对比土系　李二四村系，不同土纲，土壤发育有结构，为雏形土。北小营系，同一亚类不同土族，但土体无石灰性。

利用性能综述　土层厚、黏粒含量少、砂粒多、持水能力差，宜喜砂作物生长。灌溉和施肥需少量多次。

参比土种　学名：固定风沙土；群众名称：黄风沙土。

代表性单个土体　位于北京市大兴区桥榆堡镇太子务村，坐标为 39°30′25.58″N，116°20′46.10″E。地形为冲积平原，母质为砂质冲积物，果园，海拔 3 m。野外调查时间 2010 年 6 月 19 日，野外调查编号 KBJ-27。与其相似的单个土体是 2000 年 7 月 1 日采集于大兴县于垈乡大练庄（E 116°16.51′，N 39°31.50′）的 dx3 号剖面。

太子务系代表性单个土体剖面

Ap：0~30 cm，淡棕色（10YR 7/4，干）；砂质壤土；无结构；干时松散，湿时松脆；很少量 0.5~2.0 mm 粗的根系；强石灰反应；向下平滑模糊过渡。

Cr1：30~55 cm，淡棕色（10YR 7/4，干）；砂质壤土；无结构；发育程度很弱；干时疏松，湿时极疏松；少量 0.5~2.0 mm 粗的根系；剖面上有面积占 2%~5%的铁锈斑纹，对比度模糊，边界清楚；强石灰反应；向下平滑模糊过渡。

Cr2：55~95 cm，淡棕色（10YR 6/3，干）；砂土；无结构；干时松散，湿时松脆；剖面上有 2%~5%的铁锈斑纹，对比度模糊，边界清楚；强石灰反应；向下平滑模糊边界。

Cr3：>95 cm，淡棕色（10YR 6/3，干）；砂土；无结构；干时松散，湿时松脆；剖面上有 2%~5%的铁锈斑纹，对比度模糊，边界清楚；强石灰反应。

太子务系代表性单个土体物理性质

土层	深度 /cm	砾石 （>2 mm，体积分数）/%	细土颗粒组成（粒径：mm）/（g/kg）			质地
			砂粒 2~0.05	粉粒 0.05~0.002	黏粒<0.002	
Ap	0~30	0	675	260	65	砂质壤土
Cr1	30~55	0	674	272	54	砂质壤土
Cr2	55~95	0	888	80	32	砂土
Cr3	>95	0	930	42	28	砂土

太子务系代表性单个土体化学性质

深度 /cm	pH		有机质 /（g/kg）	$CaCO_3$ /（g/kg）	全铁 /（g/kg）	游离铁 /(g/kg)	无定形铁 /（g/kg）	有效铁（Fe） /（mg/kg）	CEC /[cmol（+）/kg]
	H_2O	$CaCl_2$							
0~30	8.9	7.9	40.8	64.9	39.2	11.1	7.0	1.8	14.2
30~55	8.9	7.8	31.4	51.6	42.4	5.3	7.4	1.4	13.2
55~95	8.9	7.8	33.8	44.9	43.1	5.6	9.3	1.2	15.7
>95	8.9	7.8	24.4	34.6	41.9	3.3	8.6	0.9	17.7

10.3 普通湿润冲积新成土

10.3.1 西卓家营西系（Xizhuojiayingxi Series）

土　族：砂质混合型非酸性温性-普通湿润冲积新成土
拟定者：王秀丽，张凤荣

分布与环境条件　暖温带半湿润大陆性季风气候，冬春干旱多风，夏季炎热多雨。年平均温度 8.8 ℃，平均降水量 446 mm 左右，降水集中在 7~8 月，接近占全年降水量的 70%；降雨年际间变化大，而且多大雨，甚至暴雨。地形上属于山间盆地河流低滩地。成土母质为冲积物，呈二元结构。近些年由于河流断流，基本不再接受新鲜冲积物。现为荒草地，植被覆盖度为 100%，主要植被类型为灌草丛，有芦苇、柳树、蒿类等。

西卓家营西系典型景观

土系特征与变幅　本土系诊断特性包括冲积物岩性特征、湿润水分状况、温性土壤温度。厚度大于 85 cm 的黄棕色（7.5YR 6/8）细砂层覆盖在灰黑色的细砂层之上，黄棕色细砂层的层理明显，之下为细砂和大河卵石的混合物。土壤无结构，松散，透水性极强。
对比土系　黑山寨系、南庄系，虽然都属于沉积物，但土壤物质来自于花岗岩风化物，质地粗且含有大量大于 2 mm 的粗碎屑，没有沉积层理，且有微弱土壤结构产生，不同土纲，有雏形层，为雏形土。邻近的佛峪口系，不同土纲，有黏化层，为淋溶土。邻近的西卓家营系，有雏形层，不同土纲，为雏形土。太子务系和北小营系，位于华北平原上，早就脱离了洪水泛滥，只是由于母质砂性，难以形成土壤结构，不同亚纲，属于砂质新成土。
利用性能综述　土层较深厚、砂性大、通透性好；虽然内排水好，但处于河滩地，外排水不好，容易积水。不适宜耕种，利用方向是湿地。

参比土种　学名：固定风沙土；群众名称：黄风沙土。

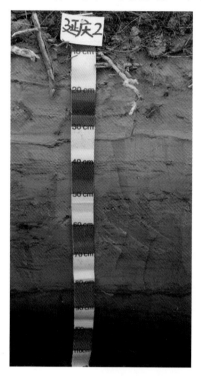

西卓家营西系代表性单个土体剖面

代表性单个土体　位于北京市延庆区张山营镇西卓家营村野鸭湖旁，坐标为40°27′12.5″N，115°51′22.1″E。地形为山前冲积平原，母质为冲积物，荒草地，海拔460 m。野外调查时间2011年10月4日，野外调查编号延庆2。

Ah：0~20 cm，淡棕色（10YR 8/4，干）；砂质壤土；无结构；干时松散；无石灰反应；逐渐平滑过渡。

C1：20~85 cm，红黄色（10YR 6/3，干），红黄色（7.5YR 6/8，润）；壤质砂土；无结构；干时松散；无石灰反应；明显平滑过渡。

C2：85~120 cm，黑灰色（10YR 6/1，干），非常深的灰色（7.5YR 3/0，润）；砂质壤土；无结构；干时松散；无石灰反应。

西卓家营西系代表性单个土体物理性质

土层	深度 /cm	砾石（>2 mm，体积分数）/%	细土颗粒组成（粒径：mm）/（g/kg）			质地
			砂粒 2~0.05	粉粒 0.05~0.002	黏粒<0.002	
Ah	0~20	0	627	327	46	砂质壤土
C1	20~85	0	828	152	19	壤质砂土
C2	85~120	0	637	320	43	砂质壤土

西卓家营西系代表性单个土体化学性质

深度 /cm	pH		有机质 /（g/kg）	$CaCO_3$ /（g/kg）	全铁 /（g/kg）	游离铁 /（g/kg）	无定形铁 /（g/kg）	有效铁（Fe）/（mg/kg）	CEC /[cmol（+）/kg]
	H_2O	$CaCl_2$							
0~20	7.8	7.5	3.7	13.8	41.0	4.4	6.4	24.2	3.6
20~85	8.1	7.5	3.0	17.2	67.1	4.3	13.1	17.8	2.5
85~120	7.7	7.4	20.0	24.5	31.3	4.6	6.3	43.8	4.8

10.4　石质干润正常新成土

10.4.1　梁根村系（**Lianggencun Series**）

土　族：粗骨质混合型石灰性冷性-石质干润正常新成土
拟定者：王秀丽，张凤荣

分布与环境条件　暖温带半湿润大陆性季风气候，冬春干旱多风，夏季炎热多雨。年平均温度 6.4 ℃，年均降水量 618 mm 左右，降水集中在 7~8 月，接近占全年降水量的 70%；降雨年际间变化大，而且多大雨，甚至暴雨，容易造成地表径流。地形上属于中山，该剖面位于山坡的下部，发育于石英岩上，由于冻缩热胀作用风化成大量细岩块。成土母质是残积物。土地利用类型为荒草地，山坡陡峭，覆盖度为 70%，主要植被类型为旱生灌草丛。

梁根村系典型景观

土系特征与变幅　本土系的诊断层只有一个淡薄表层，诊断特性包括半干润水分状况、冷性土壤温度、石质接触面。剖面发育于 60°坡度的石英岩上，岩石风化破碎，在破碎的岩石缝隙间土层厚度约 30 cm，而很多地方土层厚度仅 10~15 cm，之下为连续的基岩。该土壤为淡薄表层直接覆盖基岩的薄层山地土壤。质地为壤质砂土。

对比土系　张家坟系，同一亚类不同土族，因为海拔低，土壤温度状况是温性的。前桑峪系、西斋堂粗骨系和黄坎系，同一亚类不同土族，但前桑峪系基岩为绿色砂岩，西斋堂粗骨系的基岩是紫色砂岩，黄坎系的基岩是硅质灰岩。邻近的大窝铺系、兵马营系、狼窝系，不同土纲，有黏化层，是淋溶土。与上述属于石质干润正常新成土的几个土系相比，梁根村系的 pH 也低，土壤属于酸性。

利用性能综述　坡度大、土层薄，不适宜种植作物，只能是林地或作为自然保护区，恢复植被。处于北京饮用水源密云水库上游，一定要保护好植被，防止水土流失。

参比土种　　学名：硅质岩类粗骨褐土；群众名称：薄层砂石渣土。

代表性单个土体　位于北京市怀柔区与延庆区交界处的东北口关，坐标为 40°31′05.1″N，116°28′10.6″E。地形为中山，母质为石英岩残积物，海拔 980 m。野外调查时间 2011 年 10 月 6 日，野外调查编号怀柔 4。

Ah：0~5 cm，棕色（10YR 5/3，干）；壤质砂土；发育弱的细团粒状结构；干时松散；土体内有 20~40 mm 大的弱风化的棱状花岗岩硬碎屑，丰度大于 90%；1~2 mm 粗的草本根系 10 条/dm²；石灰反应微弱；向下斜平滑明显过渡。

C：5~50 cm。

R：石英岩。

梁根村系代表性单个土体剖面

梁根村系代表性单个土体物理性质

土层	深度 /cm	砾石（>2 mm，体积分数）/%	细土颗粒组成（粒径：mm）/（g/kg）			质地
			砂粒 2~0.05	粉粒 0.05~0.002	黏粒<0.002	
Ah	0~5	>90	771	160	68	壤质砂土

梁根村系代表性单个土体化学性质

深度 /cm	pH		有机质 /（g/kg）	CaCO₃ /（g/kg）	全铁 /（g/kg）	游离铁 /（g/kg）	无定形铁 /（g/kg）	有效铁（Fe） /（mg/kg）	CEC /[cmol（+）/kg]
	H₂O	CaCl₂							
0~5	5.8	4.9	26.4	2.0	27.3	7.2	2.5	23.3	6.8

10.4.2　北庄系（Beizhuang Series）

土　族：粗骨质混合型非酸性温性-石质干润正常新成土
拟定者：张凤荣

分布与环境条件　暖温带半湿润大陆性季风气候，冬春干旱多风，夏季炎热多雨。年平均温度 9.9 ℃，年均降水量 636 mm 左右，降水集中在 7~8 月，接近占全年降水量的 70%；降雨年际间变化大，而且多大雨，甚至暴雨，容易造成地表径流。地形上属于丘陵，上坡为陡峭直线坡，中坡为较陡的直线坡，下坡为和缓的直线坡；该土系在上坡地带，坡度 15°左右。成土母质为花岗岩残积物，基岩为花岗岩。植被类型为人工板栗林。板栗有滴灌，而且施用了有机肥。林下无杂草；郁闭度 60%。地表大量花岗岩风化岩屑。

北庄系典型景观

土系特征与变幅　本土系的诊断层只有一个淡薄表层，诊断特性包括半干润水分状况、温性土壤温度、石质接触面。小于 30 cm 厚的花岗岩风化物层，下面是母岩，处于上坡地带，厚薄不一，有的地方<10 cm，最厚 30 cm；此土系土层厚度不超过 30 cm。
对比土系　张家坟系，同一亚类不同土族，颗粒大小级别为粗骨壤质。军响系，同一土族，但是基岩不同，为安山玢岩，风化后母质的矿物质组成不同。与上述属于石质干润正常新成土的几个土系相比，本土系的 pH 也低，土壤属于微酸性。
利用性能综述　土层浅薄，粗骨，内、外排水都好；容易发生水土流失和干旱。适宜利用方向是耐旱型林地、人工经济林最好有灌溉条件。处于坡地，坡度大、土层薄、持水能力差，容易发生水土流失。
参比土种　学名：酸性岩类粗骨褐土；群众名称：薄层麻石渣土。

北庄系代表性单个土体剖面

代表性单个土体　位于北京市昌平区延寿镇北庄，坐标为 40°00′06.9″N，116°19′50.5″E。地形为低山，母质为花岗岩风化残积物，海拔 234 m，采样点为人工板栗林。野外调查时间 2010 年 9 月 14 日，野外调查编号怀柔 3。

Ap：0~5 cm，黄棕色（10YR 5/4，干）；砂质壤土；80%的花岗岩风化物碎屑；无结构；松散；无根系；无石灰反应；向下平滑逐渐过渡。

C：5~30 cm，黄棕色（10YR 5/6，干）；壤质砂土；90%的花岗岩风化物碎屑；无结构；松散；无根系；无石灰反应；向下不平滑逐渐过渡。

R：花岗岩。

北庄系代表性单个土体物理性质

土层	深度/cm	砾石（>2 mm, 体积分数）/%	细土颗粒组成（粒径：mm）/（g/kg）			质地	容重/（g/cm³）
			砂粒 2~0.05	粉粒 0.05~0.002	黏粒<0.002		
Ap	0~5	80	800	163	37	砂质壤土	—
C	5~30	90	821	143	36	壤质砂土	—

北庄系代表性单个土体化学性质

深度/cm	pH		有机质/（g/kg）	CaCO₃/（g/kg）	全铁/（g/kg）	游离铁/（g/kg）	无定形铁/（g/kg）	有效铁（Fe）/（mg/kg）	CEC/[cmol (+) /kg]
	H₂O	CaCl₂							
0~5	6.2	5.0	20.5	1.0	36.4	13.4	4.4	15.1	7.5
5~30	6.6	5.1	12.8	0.7	40.7	11.8	4.2	12.8	9.4

10.4.3 军响系（Junxiang Series）

土 族：粗骨质混合型非酸性温性-石质干润正常新成土
拟定者：王秀丽，张凤荣

分布与环境条件 暖温带半湿润大陆性季风气候，冬春干旱多风，夏季炎热多雨。年平均温度 9.6 ℃，年均降水量 505 mm 左右，降水集中在 7~8 月，接近占全年降水量的 70%；降雨年际间变化大。地形上属于低山，坡度陡。成土母质为安山玢岩。土地利用类型为林地，自然植被主要为旱生乔灌，如柏树、荆条、酸枣等。

军响系典型景观

土系特征与变幅 本土系的诊断层只有一个淡薄表层，诊断特性包括半干润水分状况、温性土壤温度、准石质接触面。剖面周围的基岩裸露 60% 以上，大部分土层厚 2~5 cm；在少部分岩石凹陷或裂隙部分，疏松土壤物质（含 C 层）有 30~40 cm 厚；岩石已经风化到用镐可刨动，风化成碎屑状；表层土壤物质主要为安山玢岩风化物，但不排除有少量黄土降尘，质地为砂质壤土。

对比土系 前桑峪系、西斋堂壤质系，同一亚类不同土族，但发育在砂岩上，且表层的细土物质中含较多的粉砂，质地较细，颗粒大小级别为壤质，且均有石灰性，土族不同。北庄系，同一土族，但是基岩不同，造成风化的母质物质不同，北庄系为花岗岩风化残积物。七王坟系，同一亚类不同土族，颗粒大小级别为粗骨壤质。

利用性能综述 由于地势陡峭，土层非常浅薄，不适宜种植作物，最好是封山育林，保持水土。处于清水河河流上游，注意保护天然植被，防止水土流失。

参比土种 学名：基性岩类粗骨褐土；群众名称：薄层黑石渣土。

军响系代表性单个土体剖面

代表性单个土体　位于北京市门头沟区斋堂镇军响村，坐标为 40°00′06.2″N，115°46′32.8″E。母质为安山玢岩，海拔 290 m。野外调查时间 2011 年 10 月 30 日，野外调查编号门头沟 28。与其相似的单个土体是张凤荣博士论文中的 1986 年 9 月采集于原北京市门头沟区军响乡政府大院路北山坡的 8627 号剖面。

Ah：0~5 cm，深灰棕色（10YR 4/2，干）；砂质壤土；无结构；干时松散；土体内有 2~20 mm 的弱风化半圆状碎屑，组成物质为安山玢岩，硬，丰度大于 30%；2 mm 粗的草本根系 <3 条/dm²；无石灰反应；向下凹凸状逐渐过渡。

C：5~35 cm，灰棕色（10YR 4/3，干）；砂质壤土；无结构；干时松散；土体内有 5~20 mm 的弱风化半圆状碎屑，组成物质为安山玢岩，硬，丰度大于 90%；无石灰反应；明显凹凸状边界，此下是坚硬岩石。

军响系代表性单个土体物理性质

土层	深度 /cm	砾石 (>2 mm，体积分数)/%	细土颗粒组成（粒径：mm）/（g/kg）			质地
			砂粒 2~0.05	粉粒 0.05~0.002	黏粒<0.002	
Ah	0~5	>30	667	239	94	砂质壤土
C	5~35	>90	682	203	115	砂质壤土

军响系代表性单个土体化学性质

深度 /cm	pH		有机质 /（g/kg）	CaCO₃ /（g/kg）	全铁 /（g/kg）	游离铁 /（g/kg）	无定形铁 /（g/kg）	有效铁（Fe） /（mg/kg）	CEC /[cmol（+）/kg]
	H₂O	CaCl₂							
0~5	7.7	7.1	40.3	1.3	44.5	10.2	1.5	15.0	21.7
5~35	8.0	7.3	23.4	11.8	25.2	9.6	1.3	17.1	17.9

10.4.4　西斋堂粗骨系（Xizhaitangcugu Series）

土　族：粗骨砂质混合型非酸性温性-石质干润正常新成土
拟定者：王秀丽，张凤荣

分布与环境条件　暖温带半湿润大陆性季风气候，冬春干旱多风，夏季炎热多雨。年平均温度 8.6 ℃，年均降水量 507 mm 左右，降水集中在 7~8 月，接近占全年降水量的 70%；降雨年际间变化大，而且多大雨，甚至暴雨。地形上属于低山，位于山坡的中部。成土母质是残积物。土地利用类型为灌木林地，覆盖度为 80%，主要植被类型为旱生灌草，有荆条、酸枣、菅草等。基岩是紫色砂岩。因山坡较陡，容易造成地表径流，基岩出露部分大，在基岩露头之间存留岩石风化物和风积黄土。

西斋堂粗骨系典型景观

土系特征与变幅　本土系的诊断层只有一个淡薄表层，诊断特性包括半干润水分状况、温性土壤温度、石质接触面。剖面发育于坡度 35°的紫色砂岩上，基岩裸露部分大，在岩石露头间存有岩石风化碎屑和风积黄土的混合物，土层厚的不到 30 cm，而很多地方土层厚度仅 10~15 cm，之下即为连续的基岩。该土系为淡薄表层直接覆盖基岩的薄层山地土壤，细土物质主要来自于黄土降尘，质地为砂质壤土。

对比土系　张家坟系，同一土族，但基岩为辉长花岗岩，表层质地为砂土。前桑峪系、黄坎系，同一亚类不同土族，但前桑峪系基岩为绿色砂岩，黄坎系的基岩是硅质灰岩。邻近的桑育系、马栏系、养鹿场系，发育于深厚黄土母质上，土纲不同。

利用性能综述　坡度大、土层薄，不适宜种植农作物，只能是林地或自然保护区，恢复植被。该土壤处于清水河上游，保护植被至关重要，防止水土流失。

参比土种　学名：硅质岩类粗骨褐土；群众名称：薄层砂石渣土。

代表性单个土体　位于北京市门头沟区斋堂镇西斋堂村，坐标为 39°57′58.2″N，115°40′40.6″E。地貌为低山，母质紫色砂岩风化碎屑和风积黄土的混合物，海拔 440 m。野外调查时间 2010 年 10 月 4 日，野外调查编号门头沟 7。与其相似的单个土体是张凤荣博士论文中 1986 年 9 月采集于密云县东庄禾乡司马台水库南山的 8618 号剖面。

　　Ah：0~10 cm，深黄棕色（10YR 3/4，干）；细土物质为砂质壤土；无结构；干时松散；土体内有 5 mm 大的棱状半风化的砂岩硬碎屑，丰度 40%左右；2~4 mm 粗的草本根系<5 条/dm²；无石灰反应；向下齿状模糊过渡。

　　C：10~30 cm，紫色砂岩风化物，约 20 cm。此下是坚硬的紫色砂岩，明显界面。

西斋堂粗骨系代表性单个土体剖面

西斋堂粗骨系代表性单个土体物理性质

土层	深度 /cm	砾石 (>2 mm，体积分数)/%	细土颗粒组成（粒径：mm）/（g/kg）			质地
			砂粒 2~0.05	粉粒 0.05~0.002	黏粒<0.002	
Ah	0~10	40	662	267	72	砂质壤土

西斋堂粗骨系代表性单个土体化学性质

深度 /cm	pH		有机质 /（g/kg）	CaCO₃ /（g/kg）	全铁 /（g/kg）	游离铁 /（g/kg）	无定形铁 /（g/kg）	有效铁（Fe） /（mg/kg）	CEC /[cmol（+）/kg]
	H₂O	CaCl₂							
0~10	7.7	7.3	79.6	17.5	37.5	11.8	1.0	8.5	13.4

10.4.5 张家坟系（Zhangjiafen Series）

土　族：粗骨砂质混合型非酸性温性-石质干润正常新成土
拟定者：王秀丽，张凤荣

分布与环境条件　暖温带半湿润大陆性季风气候，冬春干旱多风，夏季炎热多雨。年平均温度 8.3 ℃，年均降水量 607 mm 左右，降水集中在 7~8 月，接近占全年降水量的 70%；降雨年际间变化大，而且多大雨，甚至暴雨。地形上属于低山，位于山坡的中部。成土母质是残积物。因山坡较陡，容易造成地表径流，基岩（灰长花岗岩）出露部分大，只有在基岩露头之间存留岩石风化残积物，但大部分土层厚度为 10~15 cm，再下即为连续的基岩。土地利用类型为灌木林地，覆盖度为 80%，主要植被类型为旱生灌草丛，有荆条、蒿类、野菊、柏树等。

张家坟系典型景观

土系特征与变幅　本土系的诊断层只有一个淡薄表层，诊断特性包括半干润水分状况、温性土壤温度、石质接触面。剖面发育于 30°坡度的片麻状辉长花岗岩上，岩石风化破碎，在破碎缝间土层厚度约 30 cm，而很多地方土层厚度仅 10~15 cm，之下为连续的基岩。该土壤为淡薄表层直接覆盖基岩的薄层山地土壤。细土部分质地为砂土。

对比土系　西斋堂粗骨系，同一土族，但基岩为紫色砂岩，表层质地为砂质壤土。前桑峪系、黄坎系、西斋堂壤质系，同一亚类不同土族，基岩不同，颗粒大小级别不同，且有石灰性。邻近的梁根村系，同一亚类不同土族，土壤温度状况为冷性。邻近的大窝铺系、兵马营系、狼窝系，不同土纲，有黏化层，是淋溶土。

利用性能综述　坡度大、土层薄，不适宜种植农作物，只能作为自然保护区，恢复植被。处于北京饮用水源密云水库上游，一定要保护好植被，防止水土流失。

参比土种　学名：酸性岩类粗骨褐土；群众名称：薄层麻石渣土。

张家坟系代表性单个土体剖面

代表性单个土体　　位于北京市密云区云蒙山景区张家坟村，坐标为 40°36′48.8″N，116°46′36.3″E。地形为低山，母质为辉长花岗岩风化物，海拔 200 m。野外调查时间 2011 年 10 月 6 日，野外调查编号密云 6。

Ah：0~10 cm，棕色（10YR 5/3，干）；砂土；无结构；干时松散；土体内有 30~50 mm 大的棱状中度风化的辉长花岗岩碎屑，稍硬，丰度 50%~60%；0.5~3.0 mm 粗的草本根系 50 条/dm²；无石灰反应；向下斜平滑明显过渡。

C：10~35 cm。此下是坚硬岩石，明显界面。

张家坟系代表性单个土体物理性质

土层	深度 /cm	砾石 (>2 mm，体积分数)/%	细土颗粒组成（粒径：mm）/（g/kg）			质地
			砂粒 2~0.05	粉粒 0.05~0.002	黏粒<0.002	
Ah	0~10	40~50	892	72	36	砂土

张家坟系代表性单个土体化学性质

深度 /cm	pH		有机质 /（g/kg）	CaCO₃ /（g/kg）	全铁 /（g/kg）	游离铁 /（g/kg）	无定形铁 /（g/kg）	有效铁（Fe） /（mg/kg）	CEC /[cmol（+）/kg]
	H₂O	CaCl₂							
0~10	7.6	6.4	7.6	0.4	84.0	7.3	1.2	10.7	2.0

10.4.6　七王坟系（Qiwangfen Series）

土　族：粗骨壤质混合型非酸性温性-石质干润新成土
拟定者：孔祥斌，张青璞

分布与环境条件　暖温带半湿润大陆性季风气候，冬春干旱多风，夏季炎热多雨。年均温 10.7 ℃，年均降水量 604 mm；降水集中在 7~8 月，接近占全年降水量的 70%；降雨年际间变化大。其地形为山前洪积扇，坡度为 5.5°，鲜有洪涝。成土母质为洪积物。土地利用类型为园地，主要植被为旱生灌丛、果树。

七王坟系典型景观

土系特征与变幅　本土系的诊断层只有一个淡薄表层，诊断特性包括半干润水分状况、温性土壤温度。其地形为山地，较起伏，坡度为 5.5°，有效土层厚度 60 cm，表层质地为粉砂壤土；30 cm 以下即出现很大的新鲜石块，体积占 80% 左右，质地为壤土。

对比土系　邻近的军响系，同一亚类不同土族，颗粒大小级别为粗骨质。邻近的涧沟系，不同土纲，为雏形土。

利用性能综述　地势较起伏，土层薄，土体通透性好，易发生水土流失，易漏水漏肥，施肥易造成水体污染。不宜开垦，以封山育林。

参比土种　学名：砂质褐土性土；群众名称：砂砾土。

代表性单个土体　位于北京市海淀区苏家坨镇七王坟村，坐标为 40°04′59.18″N，116°05′03.00″E。地形为低山，母质为坡积物，海拔 125 m。野外调查时间 2010 年 9 月 2 日，野外调查编号 KBJ-03。

Ap：0~30 cm，棕色（7.5YR 4/3，润）；粉砂壤土；团块状结构；松软；中量中细深根系；30%左右的岩石碎屑；少量蚯蚓；无石灰反应；向下平滑明显过渡。

C：30~60 cm，棕色（7.5YR 4/3，润）；壤土；团块状结构；松软；中量中细深根系；80%的风化弱的大石块；少量蚯蚓；无石灰反应。

七王坟系代表性单个土体剖面

七王坟系代表性单个土体物理性质

土层	深度 /cm	砾石 (>2 mm，体积分数)/%	细土颗粒组成（粒径：mm）/（g/kg）			质地
			砂粒 2~0.05	粉粒 0.05~0.002	黏粒<0.002	
Ap	0~30	0	339	508	152	粉砂壤土
C	30~60	80	—	—	—	壤土

七王坟系代表性单个土体化学性质

深度 /cm	pH		有机质 /（g/kg）	速效氮(N) /（mg/kg）	有效磷(P) /（mg/kg）	速效钾(K) /（mg/kg）	全氮(N) /（g/kg）	全磷(P) /（g/kg）	全钾(K) /（g/kg）	CaCO₃ /（g/kg）
	H₂O	CaCl₂								
0~30	7.7	7.0	29.2	106.5	39.9	218.3	1.46	0.98	22.2	1.6

深度 /cm	全铁 /（g/kg）	游离铁 /（g/kg）	无定形铁 /（g/kg）	有效铁（Fe） /（mg/kg）	CEC /[cmol（+）/kg]
0~30	44.6	11.1	1.4	25.9	14.3

10.4.7　前桑峪系（Qiansangyu Series）

土　族：壤质混合型石灰性温性-石质干润正常新成土
拟定者：张凤荣

分布与环境条件　暖温带半湿润大陆性季风气候，冬春干旱多风，夏季炎热多雨。年平均温度 9.6 ℃，年均降水量 505 mm 左右，降水集中在 7~8 月，接近占全年降水量的 70%；降雨年际间变化大，而且多大雨，甚至暴雨。地形上属于低山，位于山坡的中部。土地利用类型为灌木林地，覆盖度为 80%，主要植被类型为旱生灌草丛，有荆条、酸枣、菅草等。基岩是绿色砂岩。因山坡较陡，容易造成地表径流，基岩出露部分大，在基岩露头之间存留岩石风化物和风积黄土。

前桑峪系典型景观

土系特征与变幅　本土系的诊断层只有一个淡薄表层，诊断特性包括半干润水分状况、温性土壤温度、石质接触面。剖面发育于坡度为 25°的绿色砂岩上，基岩裸露部分大，在岩石露头间存有岩石风化碎屑和风积黄土的混合物，以黄土物质为主，土层厚的不到 30 cm，而很多地方土层厚度仅 10~15 cm，之下即为连续的基岩。该土壤为淡薄表层直接覆盖在绿色砂岩基岩上的薄层山地土壤。

对比土系　西斋堂壤质系，同一土族，但母质为紫色砂岩风化物。西斋堂粗骨系、黄坎系，同一亚类不同土族，西斋堂粗骨系基岩为紫色砂岩，黄坎系的基岩是硅质灰岩。邻近的桑育系、马栏系，母质不同，发育于深厚黄土母质上，土系不同。本土系风积黄土形成的细土物质较多，绿色砂岩风化的粗碎屑非常少。

利用性能综述　坡度大、土层薄，不适宜种植农作物，只能是林地或自然保护区，恢复植被。该土壤处于清水河上游，一定要保护好植被，防止水土流失。

参比土种　学名：硅质岩类粗骨褐土；群众名称：薄层砂石渣土。

代表性单个土体　位于北京市门头沟区老军响乡政府大院东北 108 国道北侧，坐标为 40°00′03.9″N，115°46′36.5″E。地形为低山，母质为绿色砂岩风化碎屑和风积黄土的混合物，海拔 323 m。野外调查时间 2010 年 9 月 19 日，野外调查编号门头沟 1。

Ah：0~15 cm，棕色（7.5YR 4/4，润）；粉砂壤土；发育弱的小屑粒状结构；湿时松脆；土体内有 10~20 mm 大的半风化的棱角状硬碎屑，丰度小于 5%；0.5mm 粗的草本根系 4~6 条/dm²；石灰反应微弱；向下平滑突然过渡。

R：绿色砂岩。

前桑峪系代表性单个土体剖面

前桑峪系代表性单个土体物理性质

土层	深度 /cm	砾石 (>2 mm，体积分数) /%	细土颗粒组成（粒径：mm）/（g/kg）			质地
			砂粒 2~0.05	粉粒 0.05~0.002	黏粒<0.002	
Ah	0~15	<5	389	517	94	粉砂壤土

前桑峪系代表性单个土体化学性质

深度 /cm	pH		有机质 /（g/kg）	CaCO₃ /（g/kg）	全铁 /（g/kg）	游离铁 /(g/kg)	无定形铁 /（g/kg）	有效铁（Fe） /（mg/kg）	CEC /[cmol（+）/kg]
	H₂O	CaCl₂							
0~15	7.8	7.6	20.7	5.0	36.7	11.4	1.3	7.1	13.2

10.4.8　西斋堂壤质系（Xizhaitangrangzhi Series）

土　族：壤质混合型石灰性温性—石质干润正常新成土
拟定者：张凤荣

分布与环境条件　暖温带半湿润大陆性季风气候，冬春干旱多风，夏季炎热多雨。年平均温度 8.6 ℃，年均降水量 507 mm 左右，降水集中在 7~8 月，接近占全年降水量的 70%；降雨年际间变化大，而且多大雨，甚至暴雨，容易造成地表径流。地形上属于中低山；该土系在上坡地带，坡度 20~30°。成土母质是残坡积物，为黄土降尘与砂岩风化物混合物在山坡稍平缓处堆积，基岩为紫色砂岩；在突起部位，基岩裸露，裸露的基岩物理风化为 2~4 cm 的棱角分明的碎屑，脚踩上去容易滑。植被类型为天然次生灌草丛，灌木为酸枣，荆条；草本为菅草、白草；覆盖度 70~80%。

西斋堂壤质系典型景观

土系特征与变幅　本土系的诊断层只有一个淡薄表层，诊断特性包括半干润水分状况、温性土壤温度、石质接触面。10~30 cm 厚的黄土状物质，为淡薄表层；这黄土状物质是风成，里面夹杂着一些紫色砂岩风化的岩屑；它们被水蚀堆积在山坡比较平凹的地方，一般小于 30 cm 厚，但在突起部位，基岩裸露；在凹陷部位，也有大于 30 cm 厚的土层。此土系定义是 30 cm 厚，质地为粉砂壤土。

对比土系　前桑峪系，同一土族，但母质为绿色砂岩风化物。北庄系、军响系，同一亚类不同土族，颗粒组成级别为粗骨质。本土系风积黄土形成的细土物质多，绿色砂岩风化的粗碎屑也较少，但比前桑峪系的粗碎屑多。

利用性能综述　虽然处于低山地带，气候温暖，但土层薄，土壤有机质含量与养分低，蓄水能力极低，不能农作，适宜利用方向是林地。处于陡坡地，如植被破坏，有水土流失风险。

参比土种　学名：硅质岩类粗骨褐土；群众名称：薄层砂石渣土。

代表性单个土体　位于北京市门头沟区西斋堂村，坐标为 39°57′58.2″N，115°40′40.6″E。母质为黄土降尘与砂岩风化物混合物，海拔 443 m，剖面点为天然次生灌木。野外调查时间 2010 年 10 月 4 日，野外调查编号门头沟 8。

Ah：0~20 cm，黄棕色（10YR 5/6，干）；为黄土降尘与砂岩风化物混合物，粉砂壤土；发育弱的细屑粒结构；松散；2 mm 粗的灌草本根系 10 条/dm²；20% 的 5~10 mm 大的棱角分明的砂岩碎屑；弱石灰反应；向下犬牙状突然过渡。

R：紫色砂岩。

西斋堂壤质系代表性单个土体剖面

西斋堂壤质系代表性单个土体物理性质

土层	深度 /cm	砾石 (>2 mm, 体积分数)/%	细土颗粒组成（粒径：mm）/（g/kg）			质地
			砂粒 2~0.05	粉粒 0.05~0.002	黏粒<0.002	
Ah	0~20	20	359	527	114	粉砂壤土

西斋堂壤质系代表性单个土体化学性质

深度 /cm	pH H₂O	pH CaCl₂	有机质 /（g/kg）	CaCO₃ /（g/kg）	全铁 /（g/kg）	游离铁 /（g/kg）	无定形铁 /（g/kg）	有效铁（Fe） /（mg/kg）	CEC /[cmol（+）/kg]
0~20	7.9	7.6	37.1	76.7	33.3	8.9	0.6	0.6	11.6

10.4.9 黄坎系（Huangkan Series）

土　族：壤质混合型非酸性温性-石质干润正常新成土
拟定者：张凤荣

分布与环境条件　暖温带半湿润大陆性季风气候，冬春干旱多风，夏季炎热多雨。年平均温度 10.9 ℃，年均降水量 652 mm 左右，降水集中在 7~8 月，接近占全年降水量的70%；降雨年际间变化大，而且多大雨，甚至暴雨，容易造成地表径流。地形上属于低山，位于山坡的中部。成土母质是残积物。基岩是硅质灰岩。因山坡较陡，基岩出露部分大，在基岩露头之间存留岩石风化物和风积黄土。土地利用类型为灌木林地，覆盖度为80%，主要植被类型为旱生灌草丛，有荆条、酸枣、菅草等。

黄坎系典型景观

土系特征与变幅　本土系的诊断层只有一个淡薄表层，诊断特性包括半干润水分状况、温性土壤温度、石质接触面。剖面发育于坡度 30°的硅质灰岩上，基岩裸露部分大，在岩石露头间存有岩石风化碎屑和风积黄土的混合物，以黄土物质为主，土层厚的不到 30cm，而很多地方土层厚度仅 10~25 cm，之下为连续的基岩。该土壤为淡薄表层直接覆盖在硅质灰岩基岩上的薄层山地土壤。细土物质主要来自黄土降尘，质地为粉砂壤土。
对比土系　前桑峪系、西斋堂粗骨系、西斋堂壤质系，同一亚类不同土族，但母质来源不同，前桑峪系为绿色砂岩，西斋堂粗骨系、西斋堂壤质系是紫色砂岩。邻近的辛庄系，虽然剖面下部都有基岩，但基岩埋藏深，不同土纲，为雏形土。
利用性能综述　坡度大、土层薄，不适宜种植农作物，只能是林地或自然保护区，恢复植被。处于怀柔水库中游，一定要保护好植被，防止水土流失，特别是防止水源污染。
参比土种　学名：硅质岩类粗骨褐土；群众名称：薄层砂石渣土。

代表性单个土体　位于北京市怀柔九渡河镇黄坎村，坐标为 40°20′28.2″N，116°29′06.9″E。地形为低山，母质为硅质灰岩风化碎屑和风积黄土的混合物，海拔130 m。野外调查时间 2010 年 9 月 14 日，野外调查编号怀柔 1。

Ah：0~30 cm，棕色（10YR 4/3，干）；粉砂壤土；发育弱的细屑粒状结构；干时松散；土体内有 10~20 mm 大的风化的半圆状硬石屑，丰度 20%~30%；0.5~1.0 mm 粗的草本根系20 条/dm²；无石灰反应；向下波状突然过渡。

R：硅质灰岩。

黄坎系代表性单个土体剖面

黄坎系代表性单个土体物理性质

土层	深度 /cm	砾石 (>2 mm，体积分数) /%	细土颗粒组成（粒径：mm）/ (g/kg)			质地
			砂粒 2~0.05	粉粒 0.05~0.002	黏粒<0.002	
Ah	0~30	20~30	388	541	71	粉砂壤土

黄坎系代表性单个土体化学性质

深度 /cm	pH		有机质 / (g/kg)	CaCO₃ / (g/kg)	全铁 / (g/kg)	游离铁 / (g/kg)	无定形铁 / (g/kg)	有效铁（Fe） / (mg/kg)	CEC /[cmol (+) /kg]
	H₂O	CaCl₂							
0~30	7.8	7.5	34.7	59.8	19.0	7.2	0.8	10.6	11.5

10.5 石质湿润正常新成土

10.5.1 洪水口村系（Hongshuikoucun Series）

土　族：粗骨质混合型非酸性冷性-石质湿润正常新成土
拟定者：张凤荣

分布与环境条件　暖温带半湿润大陆性季风气候，冬春干旱多风，夏季炎热多雨。年均降水量 517 mm 左右，降水集中在 7~8 月，接近占全年降水量的 70%；降雨年际间变化大。地形上属于中山地，海拔高造成温度下降，年平均温度 5.3 ℃。微地形是上游河谷残留阶地。成土母质为洪积物。土地利用类型为林地，自然植被主要为中旱生乔灌，如山杏、栎树、三桠绣线菊等。

洪水口村系典型景观

土系特征与变幅　诊断层为淡薄表层，诊断特性包括湿润水分状况、冷性土壤温度。土体含大量粗骨碎屑的洪积物，有一定磨圆。土层深厚，有效土层厚度大于 100 cm；含大量砾石，砾石含量基本超过 75%，为粗骨性颗粒大小级别。粗碎屑间的细土物质形成屑粒状结构，为雏形层。

对比土系　妙峰山系，同一亚类不同土族，颗粒大小级别是粗骨壤质。邻近的塔河系、龙王村系，不同土纲，为雏形土。

利用性能综述　地势高、温度低，不适宜种植农作物。况且含大量砾石、透水性好，又处于河流上游旅游风景区，最好的利用方式为林地。在防止水土流失的同时，等待粗碎屑慢慢风化，土壤得以发育。

参比土种　无。

洪水口村系代表性单个土体剖面

代表性单个土体   位于北京市门头沟区清水镇洪水口村，坐标为 39°59′57.7″N，115°29′00.6″E。地形为中山，母质为冲洪积物，海拔 1020 m，采样点为林地。野外调查时间 2011 年 9 月 16 日，野外调查编号门头沟 27。

Ah：0~18 cm，棕色（10YR 5/3，干）；棕色（7.5YR 4/4，润）；砂质壤土；发育弱的小屑粒状结构；干时松散；土体内有 30~50 mm 的弱风化半圆状碎屑，组成物质为花岗岩，丰度大于 60%；3~5 mm 粗的草本根系约 30 条/dm²；向下齿状明显过渡。

BC：18~100 cm，棕色（10YR 6/4，干）；砂质壤土；发育很弱的小屑粒状结构；干时松散；土体内有 50~150 mm 的弱风化半圆状碎屑，组成物质为花岗岩，硬，丰度大于 80%；2~3 mm 粗的草本根系约 5 条/dm²。

洪水口村代表性单个土体物理性质

土层	深度 /cm	砾石（>2 mm，体积分数）/%	细土颗粒组成（粒径：mm）/（g/kg）			质地
			砂粒 2~0.05	粉粒 0.05~0.002	黏粒<0.002	
Ah	0~18	>60	521	382	97	砂质壤土
BC	18~100	>80	543	337	120	砂质壤土

洪水口村代表性单个土体化学性质

深度 /cm	pH		有机质 /（g/kg）	CaCO₃ /（g/kg）	全铁 /（g/kg）	游离铁 /（g/kg）	无定形铁 /（g/kg）	有效铁（Fe） /（mg/kg）	CEC /[cmol（+）/kg]
	H₂O	CaCl₂							
0~18	7.9	7.3	43.2	2.0	28.9	20.4	9.5	2.4	14.2
18~100	7.3	7.0	9.8	2.7	16.3	20.0	5.7	3.4	10.1

10.5.2 妙峰山系（Miaofengshan Series）

土　族：粗骨壤质混合型非酸性冷性-石质湿润正常新成土
拟定者：张凤荣

分布与环境条件　暖温带半湿润大陆性季风气候，冬春干旱多风，夏季炎热多雨。年均降水量 613 mm 左右，降水集中在 7~8 月，接近占全年降水量的 70%；降雨年际间变化大。地形上属于中山，海拔高，年平均温度约 6.0 ℃。小地形是坡的下部，坡度陡，在流水与重力侵蚀下，形成坡积物；因此，成土母质主要是坡积物。坡积物的主要物质来自于基岩风化物质，基岩为非钙质砾岩；在坡积过程中也有风积黄土夹杂其中。土地利用类型为林地，自然植被主要为灌木，如荆条；还有人工栽植柏树等。

妙峰山系典型景观

土系特征与变幅　本土系的诊断层只有一个淡薄表层，诊断特性包括湿润水分状况、冷性土壤温度。剖面发育于坡积物上，含大量岩石碎屑，体积达 75% 左右，土层厚 60~80 cm，可能岩石碎屑之间的细土物质主要来源于黄土，通体质地为粉砂壤土；15 cm 左右的腐殖质层下面的土层已经呈弱发育的屑粒状结构。

对比土系　邻近的涧沟系、樱桃沟系，不同土纲，分别为雏形土和淋溶土。洪水口村系，同一亚类不同土族，颗粒大小级别为粗骨质。

利用性能综述　由于地势高、温度低，不适宜种植农作物。而且处于旅游风景区公路旁，最好的利用是林地，保持水土。

参比土种　学名：硅质岩类粗骨褐土；群众名称：砂石渣土。

代表性单个土体　位于北京市门头沟区妙峰山风景区，坐标为 40°04′14.4″N，116°01′21.1″E。地形为中山，母质为砾岩和坡积物，海拔 1040 m，采样点为林地。野外调查时间 2011 年 11 月 9 日，野外调查编号门头沟 34。

Ah：0~15 cm，暗棕色（10YR 3/3，干）；粉砂壤土；弱发育的细屑粒状结构；干时松散，湿时松脆；土体内有 10~30 mm 的次棱状岩石碎屑，组成物质为砾石，弱风化，丰度约 40%；1~3 mm 粗的草本根系约 40 条/dm²；无石灰反应；向下倾斜明显过渡。

C：15~60 cm，灰棕色（10YR 5/3，干）；粉砂壤土；弱发育的细屑粒状结构；干时松脆；土体内有 20~50 mm 的次棱状岩石碎屑，组成物质为砾石，风化，丰度约 75%；0.5~2.0 mm 粗的草本根系约 10 条/dm²；无石灰反应。

R：非钙质砾岩。

妙峰山系代表性单个土体剖面

妙峰山系代表性单个土体物理性质

土层	深度 /cm	砾石 (>2 mm，体积分数) /%	细土颗粒组成（粒径：mm）/（g/kg）			质地
			砂粒 2~0.05	粉粒 0.05~0.002	黏粒<0.002	
Ah	0~15	10	474	442	84	粉砂壤土
C	15~60	75	438	469	93	粉砂壤土

妙峰山系代表性单个土体化学性质

深度 /cm	pH		有机质 /（g/kg）	CaCO₃ /（g/kg）	全铁（Fe₂O₃） /（g/kg）	游离铁 /（g/kg）	无定形铁（Fe₂O₃） /（g/kg）	有效铁（Fe） /（mg/kg）	CEC /[cmol（+）/kg]
	H₂O	CaCl₂							
0~15	7.4	6.8	45.3	1.6	42.4	30.6	11.1	2.0	16.6
15~60	7.4	6.7	31.1	1.5	43.6	24.9	11.6	2.3	18.3

参 考 文 献

北京市农业区划办公室, 农业局, 农林科学院. 1984. 北京土壤(内部资料).

北京市农业区划办公室. 1981. 北京土壤志.

龚子同. 1999. 中国土壤系统分类: 理论·方法·实践. 北京: 科学出版社.

霍亚贞. 1989. 北京自然地理. 北京: 北京师范学院出版社.

蒋德勤. 1990. 天津土种志. 天津: 天津科学技术出版社.

刘东生, 韩家懋, 张德二, 等. 2006. 降尘与人类世沉积 I: 北京 2006 年 4 月 16~17 日降尘初步分析. 第四纪研究, 26(4): 628~633.

刘东生. 1985. 黄土与环境. 北京: 科学出版社.

王秀丽, 张凤荣, 王 数, 等. 2014. 北京地区红色黏土特性及成土过程和系统分类探讨. 土壤学报, 51(2): 238~246.

王秀丽, 张凤荣, 朱泰峰, 等. 2013. 北京山区土壤有机碳分布及其影响因素研究. 资源科学, 35(6): 1152~1158.

王秀丽, 张凤荣, 吴昊, 等. 2013. 黄土降尘对北京山地土壤性质的影响. 土壤通报, 44(3): 522~525.

熊毅, 席承藩. 1961. 华北平原土壤. 北京: 科学出版社.

张凤荣, 李连捷. 1989. 关于北京地区褐土的发生与分类问题的辨析. 土壤通报, (2): 58~61.

张凤荣, 王 数, 孙鲁平. 1999. 北京低山与山前地带土壤发生过程与不同分类系统的对比. 土壤通报, 30(4): 145~148.

张凤荣. 1989. 关于褐土分类的建议. 土壤, (2): 104~105.

张凤荣. 2002. 土壤地理学. 北京: 中国农业出版社.

张凤荣, 王秀丽, 王数, 等. 2013. 中国土壤系统分类中盐成土及其相关土壤诊断标准的修订建议. 土壤学报, 50(2): 419~422.

张甘霖, 龚子同. 2012. 土壤调查实验室分析方法. 北京: 科学出版社.

张甘霖, 王秋兵, 张凤荣, 等. 2013. 中国土壤系统分类土族和土系划分标准. 土壤学报, 50(4): 826~834.

张勇, 李吉均, 赵志军, 等. 2005. 中国北方晚新生代红黏土研究的进展与问题. 中国沙漠, 25(5): 722~730.

中国科学院南京土壤研究所. 2009. 野外土壤描述与采样手册. 南京: 中国科学院南京土壤研究所.

中国土壤系统分类课题研究协作组. 2001. 中国土壤系统分类检索（3 版）. 合肥: 中国科技大学出版社.

附录 北京天津土系与土种参比表（按土系拼音顺序）

土系	土种	土系	土种
109 京冀界东系	酸性岩类粗骨棕壤	佛峪口系	中壤质褐土
109 京冀垭口系	酸性岩类生草棕壤	扶头后街系	壤质氯化物中度盐化潮土
八达岭系	酸性岩类粗骨褐土	富王庄系	壤质湿潮土
白庙村系	黏层轻壤质潮褐土	港北系	壤质滨海盐土
板南路系	砂质滨海盐土	高庄系	浅位薄层夹黏土壤质湿潮土
板桥农场系	壤质苏打-氯化物重度盐化潮土	龚庄子系	重壤质红黄土质褐土
薄后系	黏质硫酸盐-氯化物中度盐化潮土	郭庄系	黏质湿潮土
北蔡村系	壤质湿潮土	海字村系	砂质褐土性土
北淮淀系	黏质湿潮土	韩指挥营系	轻壤质潮土
北流村系	轻壤质褐土性土	黑山寨系	砂质褐土性土
北小营系	固定风沙土	洪水口村系	—
北庄系	酸性岩类粗骨褐土	胡庄系	黏质硫酸盐-氯化物中度盐化潮土
兵马营系	中壤质红黄土质褐土	黄安坨粗砂系	酸性岩类棕壤
曹村埋藏系	壤质硫酸盐-氯化物重度盐化潮土	黄安坨壤质系	—
曹村砂姜系	轻壤质潮土	黄安坨系	—
常乐村系	轻壤质砂姜潮土	黄港系	砂壤质砂姜潮土
陈庄系	红黏土质褐土	黄坎系	硅质岩类粗骨褐土
创业路系	壤质滨海盐土	火村系	硅质岩类粗骨褐土
慈悲峪系	酸性岩类粗骨褐土	建国村系	壤质滨海盐土
大白系	壤质湿潮土	涧沟系	酸性岩类粗骨褐土
大村系	壤质苏打-氯化物重度盐化潮土	九松山系	轻壤质冲积物褐土性土
大神堂系	黏质滨海盐土	巨各庄系	中壤质红黄土质褐土
大孙庄系	壤质硫酸盐-氯化物中度盐化潮土	军响系	基性岩类粗骨褐土
大窝铺系	酸性岩类粗骨褐土	狼窝系	耕种酸性岩类淋溶褐土
大西沟村系	硅质岩类粗骨棕壤	乐善系	黏质硫酸盐-氯化物轻度盐化潮土
大峪系	泥质岩类粗骨褐土	梨园系	黏质湿潮土
德茂农业园系	轻壤质潮土	李八庄系	黏质湿潮土
德前村系	轻壤质潮土	李二四村系	砂壤质潮土
垭子峪系	红黏土质褐土	联盟系	壤质氯化物重度盐化潮土
叠海公墓系	红黏土质褐土	良王庄系	壤质硫酸盐-氯化物中度盐化潮土
丁家庄系	—	梁根村系	硅质岩类粗骨褐土
东河简村系	壤质硫酸盐-氯化物重度盐化潮土	灵山草甸系	酸性岩类山地草甸土
东胡林系	轻壤质菜园潮褐土	灵山阔叶系	酸性岩类棕壤
东窝系	重壤质砂姜潮土	灵山落叶系	酸性岩类粗骨棕壤
董庄系	轻壤质潮土	灵山系	酸性岩类棕壤
二合庄系	轻壤质褐土	岭东村系	轻壤质冲积物褐土性土

续表

土系	土种	土系	土种
丰台南系	黏质湿潮土	刘岗扬水系	壤质潮湿土
龙门林场系	酸性岩类棕壤	太子务系	固定风沙土
龙王村系	硅质岩类粗骨土	泰陵园系	轻壤质冲积物褐土性土
洛里坨系	黏质潮湿土	桃园系	中壤质褐土
吕各庄系	浅位中层夹黏轻壤质潮土	甜水井系	壤质硫酸盐-氯化物中度盐化潮土
马坊系	轻壤质潮土	团泊新城系	砂质氯化物重度盐化潮土
马栏系	轻壤质黄土质褐土	团结村系	壤质硫酸盐-氯化物中度盐化潮土
马棚口贝壳系	砂质氯化物中度盐化潮土	团结十队系	浅位夹有机质层轻壤质潮土
马棚口系	砂质苏打-氯化物重度盐化潮土	望宝川系	酸性岩类淋溶褐土
孟庄系	壤质湿潮土	五村系	壤质硫酸盐-氯化物中度盐化潮土
苗庄系	壤质湿潮土	武陈庄系	壤质硫酸盐-氯化物中度盐化潮土
妙峰山系	硅质岩类粗骨褐土	西胡林系	中壤质复石灰性褐土
南刘庄系	砂质硫酸盐-氯化物中度盐化潮土	西南吕系	黏层轻壤质潮褐土
南庄系	酸性岩类粗骨褐土	西魏甸系	壤质硫酸盐-氯化物轻度盐化潮土
年丰村系	轻壤质冲积物褐土性土	西斋堂粗骨系	硅质岩类粗骨褐土
聂各庄系	砂壤质砂姜潮土	西斋堂壤质系	硅质岩类粗骨褐土
农科昌平站系	轻壤质潮土	西卓家营西系	固定风沙土
牌楼村系	轻壤质潮土	西卓家营系	砂质褐土性土
潘家洼系	壤质苏打-氯化物重度盐化潮土	小岭系	硅质岩类粗骨褐土
七里海系	黏质潮湿土	小年庄系	砂质苏打-氯化物重度盐化潮土
七王坟系	砂质褐土性土	小茄系	深位砂姜黏质湿潮土
歧庄系	酸性岩类粗骨褐土	小王庄系	壤质苏打-氯化物重度盐化潮土
前桑峪系	硅质岩类粗骨褐土	辛庄系	酸性岩类粗骨褐土
前尚马头系	壤质硫酸盐-氯化物中度盐化潮土	新农村系	砂壤质洪积物褐土
青龙桥系	酸性岩类粗骨褐土	兴隆庄系	轻壤质冲积物褐土性土
清水河道系	中层堆垫物褐土性土	许家务系	砂质冲积物褐土性土
清水江系	—	杨店系	壤质硫酸盐-氯化物轻度盐化潮土
邱庄子系	浅位中层夹黏中壤质湿潮土	养鹿场系	轻壤质碳酸盐褐土
桑育系	中壤质复石灰性褐土	尧舜系	黏质硫酸盐-氯化物重度盐化潮土
沙井子系	壤质氯化物重度盐化潮土	伊庄系	轻壤质潮土
沙岭村系	酸性岩类粗骨褐土	樱桃沟系	硅质岩类厚层淋溶褐土
山立庄系	轻壤质冲积物褐土性土	营城系	壤质滨海盐土
上五系	浅位中层夹砂砂姜黏质湿潮土	永乐店镇系	轻壤质潮土
申隆农庄系	厚层堆垫物褐土性土	远景三村系	壤质滨海盐土
水峪系	轻壤质黄土质褐土	张家坟系	酸性岩类粗骨褐土
四家庄系	厚层堆垫物褐土性土	张家窝系	黏质硫酸盐-氯化物重度盐化潮土
泗村店系	壤质硫酸盐-氯化物重度盐化潮土	赵各庄系	轻壤质褐土
苏家园系	壤质氯化物重度盐化潮土	中农上庄站系	姜石层轻壤质砂姜潮土
塔河系	轻壤质褐土性土	中农西区系	轻壤质潮褐土
太平庄系	轻壤质红黄土质褐土		

(P-3191.01)

ISBN 978-7-03-051332-8

9 787030 513328 >

定价:198.00 元